高校建筑学与城市规划专业教材

城市防灾学

（第二版）

华中科技大学　万艳华　编著

中国建筑工业出版社

图书在版编目（CIP）数据

城市防灾学/万艳华编著. —2 版. —北京：中国建筑工业出版社，2016.6（2024.6重印）
高校建筑学与城市规划专业教材
ISBN 978-7-112-19396-7

Ⅰ.①城… Ⅱ.①万… Ⅲ.①城市-防灾-高等学校-教材 Ⅳ.①X4

中国版本图书馆 CIP 数据核字（2016）第 087064 号

本书运用多学科知识，遵循重点与一般相结合、微观性研究与宏观性研究相结合的原则，阐述了灾害及城市灾害、城市防灾学及其相关研究等范畴，分析了地震、洪灾、地质灾害、火灾、空袭等城市主要灾害，概述了城市灾害风险分析与评价以及城市综合防灾体系，着重阐述了城市抗震防灾、防洪、消防、人防、地质灾害防治等城市防灾规划与防灾工程设计的方法与程序，在保证城市防灾学科内容的系统性与完整性的前提下突出城市防灾规划设计这一重点内容，从而使本书既具有一定的理论性与超前性，又具有实用性与可操作性。

本书可作为城市规划、城市设计、建筑学、园林景观、建筑结构与岩土工程、建筑施工与设备安装技术、建筑工程经济与管理、房地产开发、建筑设备与建筑材料、城乡建设、市政工程、环境工程等专业教材，也可供相应专业工作人员学习参考。

＊　　＊　　＊

责任编辑：王玉容
责任校对：陈晶晶　刘梦然

高校建筑学与城市规划专业教材
城市防灾学
（第二版）
华中科技大学　万艳华　编著

＊

中国建筑工业出版社出版、发行（北京西郊百万庄）
各地新华书店、建筑书店经销
霸州市顺浩图文科技发展有限公司制版
建工社（河北）印刷有限公司印刷

＊

开本：787×1092 毫米　1/16　印张：23½　字数：509 千字
2016 年 7 月第二版　　2024 年 6 月第八次印刷
定价：**49.00** 元
ISBN 978-7-112-19396-7
（28621）

前　　言

本书最初于 1997 年着手编写，初版于 2003 年，之后已多次重印。近年来我国城市建设突飞猛进，防灾形势不断变化，问题和挑战愈来愈多；为顺应这一客观要求，有必要对本书加以适当的修订。

本次修订由华中科技大学万艳华教授主持，其硕士研究生孙婷同学负责文稿打印。为顺应城市气候、环境的变化，本次修订主要在本书第四章的主要灾害研究中增加"热浪"、"雾霾"以及地下空间灾害的研究内容，在第六章中增加了城市防灾空间系统规划、城市市政公用设施防灾专项规划的内容，在第七章中增加了城市地层变形的控制工程，在第八章中增加了城市救灾与重建事项及城市应急体制建设等内容。此外，本次修订还根据国家最新的标准，对书中诸多内容进行了修正与调整更新。

本书虽经修订，难免还有不少问题与不足之处，万望读者指正。

万艳华

2016 年 1 月

目　录

第一章　绪论…………………………………………………………………… 1
　第一节　灾害及城市灾害的概念、类型与特点………………………………… 1
　　一、灾害的概念、特点与类型…………………………………………………… 1
　　二、城市灾害的概念与成因、类型、特点及发展趋势………………………… 7
　第二节　国内外城市防灾减灾工作…………………………………………… 15
　　一、国外城市防灾减灾概况……………………………………………………… 15
　　二、我国城市防灾减灾总体状况………………………………………………… 18
第二章　城市防灾学科建设………………………………………………… 24
　第一节　城市防灾学的概念、背景及研究基础……………………………… 24
　　一、城市防灾学相关概念辨析…………………………………………………… 24
　　二、城市防灾学创立的必要性与可能性………………………………………… 26
　　三、城市防灾学的研究基础及现状问题………………………………………… 30
　第二节　城市防灾学的研究内容、基本原理、相关理论与重点方向……… 31
　　一、城市防灾学的研究内容……………………………………………………… 31
　　二、城市防灾学的基本原理……………………………………………………… 32
　　三、城市防灾学的相关理论……………………………………………………… 37
　　四、城市防灾学的重点研究方向………………………………………………… 41
第三章　城市主要灾害研究………………………………………………… 45
　第一节　地震…………………………………………………………………… 45
　　一、地震的成因…………………………………………………………………… 45
　　二、震灾要素、成灾机制及成灾条件…………………………………………… 50
　　三、我国地震灾害状况…………………………………………………………… 54
　　四、我国防震减灾工作…………………………………………………………… 56
　第二节　洪灾…………………………………………………………………… 67
　　一、洪灾的概念及特点…………………………………………………………… 67
　　二、洪灾的形成及影响分析……………………………………………………… 70
　　三、洪灾监测、预测及管理……………………………………………………… 72
　　四、我国城市防洪工作面临的问题……………………………………………… 77
　第三节　城市地质灾害………………………………………………………… 78
　　一、泥石流………………………………………………………………………… 78
　　二、滑坡…………………………………………………………………………… 83
　　三、崩塌…………………………………………………………………………… 93
　　四、城市地面下沉……………………………………………………………… 94

　　　　五、城市地层变形 ·· 98
　　　　六、地质灾害危险性与防治 ································ 100
　　第四节　风暴潮、沙尘暴、雷暴与热浪 ···················· 104
　　　　一、风暴潮 ·· 104
　　　　二、沙尘暴 ·· 107
　　　　三、雷暴 ·· 110
　　　　四、热浪 ·· 112
　　第五节　城市火灾与空袭 ·· 113
　　　　一、城市火灾 ·· 113
　　　　二、空袭 ·· 118
　　第六节　城市水土流失 ·· 124
　　　　一、城市水土流失的形成与特点 ····················· 124
　　　　二、城市水土流失的危害及防治对策 ·············· 125
　　第七节　酸雨、光化学烟雾、可吸入颗粒物危害与雾霾 ········· 126
　　　　一、酸雨 ·· 126
　　　　二、光化学烟雾 ··· 128
　　　　三、可吸入颗粒物危害 ···································· 129
　　　　四、雾霾 ·· 130
　　第八节　艾滋病 ··· 132
　　　　一、艾滋病的起源、临床表现和传播途径 ········· 132
　　　　二、艾滋病在中国城市的流行趋势及其缘由 ····· 133
　　　　三、艾滋病流行对中国城市的影响 ·················· 134
　　　　四、国内外艾滋病的防治工作 ························· 135
　　第九节　城市生产事故 ·· 137
　　　　一、城市生产事故的内涵、特征及影响 ············ 137
　　　　二、城市生产事故的预防与控制 ····················· 139
　　第十节　城市蚁害与蟑害 ·· 142
　　　　一、城市蚁害 ·· 142
　　　　二、城市蟑害 ·· 143
　　第十一节　城市地下空间灾害 ·································· 146
　　　　一、城市地下空间灾害状况 ···························· 146
　　　　二、城市地下空间灾害的类型与特征 ·············· 147
　第四章　城市灾害风险分析与评价 ···························· 149
　　第一节　风险概论 ··· 149
　　　　一、风险的内涵与定义 ···································· 149
　　　　二、风险的属性与特征 ···································· 150
　　　　三、风险的构成要素与类型 ···························· 152
　　　　四、风险分析的目的、内容与程序 ·················· 153
　　第二节　风险识别与估计方法 ·································· 155

一、风险识别 ·· 155

二、风险估计的概率分析法 ·············· 160

第三节　风险评价路径与方法 ·············· 164

一、风险评价的主要内容与路径 ·········· 164

二、风险评价的主要方法与指标 ·········· 164

第四节　减灾决策 ······························ 167

一、减灾决策的特点 ···························· 167

二、减灾决策的过程 ···························· 168

三、减灾决策的方法 ···························· 169

第五章　城市综合防灾体系 ····················· 172

第一节　城市防灾体系 ························· 172

一、城市防灾体系的组成 ···················· 172

二、我国城市防灾体系的现状问题 ········ 174

第二节　城市综合防灾 ························· 175

一、城市综合防灾的依据与内涵 ············ 175

二、城市综合防灾的对策与措施 ············ 177

三、城市生命线系统的综合防灾 ············ 182

四、城市生态安全 ···························· 187

五、城市计算机系统容灾 ···················· 188

第三节　城市综合防灾管理信息系统 ········ 189

一、城市综合防灾管理信息系统建立的必要性与可行性 ··· 189

二、城市综合防灾管理信息系统建立的原则与内容 ········ 190

三、城市综合防灾管理信息系统的设计 ···· 191

第四节　城市综合防灾管理评价体系 ········ 192

一、城市综合防灾管理评价体系研究的意义及我国的现状 ······· 192

二、城市综合防灾管理评价体系的主要结构 ··············· 193

三、城市综合防灾管理评价指标的选择与分析 ············· 193

第六章　城市防灾规划 ························· 202

第一节　城市防灾规划的作用与地位 ········ 202

一、城市防灾规划的重要性 ·················· 202

二、城市防灾规划与城市规划的关系 ········ 202

第二节　城市防灾规划内容、程序与分析方法 ···· 203

一、城市防灾规划的内容与程序 ············ 203

二、城市防灾规划分析方法 ·················· 205

三、城市防灾规划若干原则性问题 ·········· 207

四、日本城市防灾规划编制、实施和管理经验 ··········· 208

第三节　城市抗震防灾规划 ·················· 210

一、城市抗震防灾规划目标、期限及编制与实施 ········· 210

二、城市抗震防灾规划编制内容与程序 ···· 211

　　三、不同模式的城市抗震防灾规划内容与成果 ………………………… 212
　　四、城市抗震防灾规划基础资料 ………………………………………… 216
　第四节　城市防洪规划 ……………………………………………………… 217
　　一、城市防洪规划任务与原则 …………………………………………… 217
　　二、城市防洪规划内容与程序 …………………………………………… 218
　　三、城市防洪规划成果及编制、审批与实施 …………………………… 223
　　四、城市防洪规划基础资料 ……………………………………………… 224
　第五节　城市消防规划 ……………………………………………………… 225
　　一、城市消防系统构成 …………………………………………………… 226
　　二、城市消防规划任务、依据、原则与成果要求 ……………………… 226
　　三、城市消防规划内容与程序 …………………………………………… 227
　　四、城市消防规划编制与审批、实施与管理 …………………………… 231
　第六节　城市人防规划 ……………………………………………………… 231
　　一、城市人防规划编制原则与审批要求 ………………………………… 231
　　二、城市人防规划依据与主要内容 ……………………………………… 232
　　三、城市人防规划编制程序与成果要求 ………………………………… 234
　　四、城市人防规划基础资料 ……………………………………………… 236
　第七节　城市地质灾害防治规划 …………………………………………… 236
　　一、城市地质灾害防治规划与城市规划 ………………………………… 236
　　二、城市地质灾害防治规划内容与程序 ………………………………… 238
　　三、城市地质灾害防治规划成果与审批 ………………………………… 239
　　四、城市地质灾害防治规划的地质普查与基础资料 …………………… 240
　第八节　城市地下空间的防灾规划 ………………………………………… 240
　　一、城市地下空间的特殊性 ……………………………………………… 240
　　二、城市地下空间的防火规划 …………………………………………… 241
　　三、城市地下空间的防洪规划 …………………………………………… 245
　　四、城市地下空间的抗震防灾规划 ……………………………………… 246
　第九节　城市防灾空间系统规划 …………………………………………… 246
　　一、城市防灾通道规划 …………………………………………………… 246
　　二、城市应急避难场所规划 ……………………………………………… 247
　第十节　城市市政公用设施防灾专项规划 ………………………………… 249
　　一、城市市政公用设施防灾专项规划的对象与方针 …………………… 249
　　二、城市市政公用设施防灾专项规划的主体内容与要求 ……………… 249
第七章　城市防灾工程 ………………………………………………………… 251
　第一节　城市抗震防灾工程 ………………………………………………… 251
　　一、地震的震级、烈度、基本烈度和设计烈度 ………………………… 251
　　二、城市抗震防灾措施 …………………………………………………… 252
　　三、城市与建筑抗震设防标准 …………………………………………… 257
　　四、城市抗震防灾场所 …………………………………………………… 259

　　　　五、城市建筑结构体系抗震选型 ·················· 260
　　第二节　城市防洪工程 ························· 261
　　　　一、我国城市防洪现状 ···················· 261
　　　　二、城市与工程防洪措施 ··················· 261
　　　　三、城市及建筑物防洪标准 ················· 263
　　　　四、城市防洪工程设计洪水和设计潮位 ········ 265
　　　　五、城市防洪、排涝工程设施 ··············· 266
　　第三节　城市消防工程 ························· 272
　　　　一、城市与工程消防对策 ··················· 272
　　　　二、城市消防标准 ······················· 276
　　　　三、城市消防给水 ······················· 278
　　　　四、城市消防设施 ······················· 282
　　　　五、城市居住小区的消防规划 ··············· 286
　　　　六、城市特殊部位的防火、灭火与疏散 ········ 289
　　第四节　城市人防工程 ························· 291
　　　　一、城市人防工程建设的意义 ··············· 291
　　　　二、我国城市人防工程建设的现状问题 ········ 291
　　　　三、城市人防工程建设的原则与标准 ·········· 292
　　　　四、城市地下空间与人防工程的转换 ·········· 294
　　　　五、城市人防工程设施的建设要求 ············ 296
　　　　六、城市人防工事的规划设计 ··············· 301
　　第五节　城市防雷工程 ························· 305
　　　　一、避雷的基本原理 ····················· 305
　　　　二、接闪器和引下线的结构设计 ············· 306
　　　　三、雷电的重点保护及建筑物的防雷措施 ······ 308
　　　　四、特殊建、构筑物的防雷措施 ············· 315
　　第六节　城市泥石流防治工程 ··················· 316
　　　　一、城市泥石流作用强度分级与防治工程设计标准 ··· 316
　　　　二、城市泥石流防治措施及工程设计原则 ······ 317
　　　　三、城市泥石流防治工程设施 ··············· 318
　　第七节　城市地下建筑的防火工程 ··············· 320
　　　　一、城市地下建筑紧急疏散与防火设计特点 ···· 320
　　　　二、城市地下建筑紧急疏散与防火设计要点 ···· 322
　　第八节　城市地层变形的控制工程 ··············· 325
　　　　一、城市隧道整体施工控制措施 ············· 325
　　　　二、城市地层稳定工程措施 ················· 325
第八章　灾害学及城市防灾学科相关研究 ··············· 328
　　第一节　灾害学研究 ··························· 328
　　　　一、灾害学概念、体系层次及研究内容与方法 ··· 328

二、灾害学的主要分支学科研究 …………………………………… 329

第二节　城市防灾学科相关研究 …………………………………… 338

一、中国传统救灾思想史 …………………………………………… 338

二、城市灾害行政学研究 …………………………………………… 341

三、城市减灾保险体系研究 ………………………………………… 342

四、城市综合防灾减灾法规建设 …………………………………… 345

五、城市防灾的价值工程分析 ……………………………………… 348

六、现代城市防灾学的理论模型 …………………………………… 353

七、城市救灾与重建事项 …………………………………………… 355

八、城市应急体制建设 ……………………………………………… 361

附录：城市防灾规划图例 ……………………………………………… 364

主要参考文献 ……………………………………………………………… 365

第一章 绪 论

第一节 灾害及城市灾害的概念、类型与特点

进入 20 世纪 90 年代以来，随着城市经济、社会的快速发展，我国尤其是世界其他国家城市的重、特大恶性灾害事故频繁发生，直接威胁着城市的生存环境，严重影响着城市可持续发展战略的实施与城市社会的稳定。专家们预言，21世纪人类在追求城市经济发展速度的同时，也面临着许多人为和自然灾害的威胁。如何面对日益严峻的城市灾害形势，并有序地应对城市灾害的威胁，有效地将城市灾害损失降低到最低限度，不仅是城市政府及其职能部门必须认真研究解决的现实问题，而且也是全社会关注的焦点。

一、灾害的概念、特点与类型

（一）灾害的概念与特点

我国地域辽阔，南北约跨 50 个纬度，跨热带、亚热带、温带、寒温带等多个气候带，地理条件和气候条件十分复杂，自古就是一个多灾的国家。正如邓拓在抗战前夕以邓云特的笔名出版的《中国救荒史》所云："我国历史上，水、旱、蝗、雹、风、疫、地震、霜、雪等灾害，自西历纪元前 1766 年（商汤十八年）至纪元后 1937 年止，计 3703 年间，共达 5258 次，平均约六个月强即罹灾一次。"其中，水、旱灾害又是各种自然灾害中发生最频繁的；"据文字记载，从公元前206 年到 1949 年的 2155 年间，几乎每年都有一次较大的水灾或旱灾"（1990 年3 月 14 日《人民日报》）。

1. 概念

所谓灾害（disaster），一般指那些可以造成人畜伤亡和物质财富毁损的自然或社会事件，它们源于天体、地球、生物圈等方面以及人类自身的失误，形成超越本地区防救力量的大量伤亡和物质毁损。《灾害科学》一书认为："灾害并不是单纯的自然现象或社会现象，而是一种自然—社会现象，是自然系统与人类物质文化系统相互作用的产物。灾害的引发和形成与致灾因子有关，一定数量且相互有关系的、制约的致灾因子之间相互作用而导致了灾害的发生。"1994 年在日本横滨召开的世界减灾大会对致灾因子和灾害有了明确定义："致灾因子是可能引起人民生命伤亡、财产损失和资源破坏的多种自然与人为因素，而灾害是由于致灾因子所造成的破坏性因素。"根据联合国灾情调查报告，世界性大灾在过去 30 年内增加了数倍，主要灾害有：雪崩、寒流、干旱、疫病、地震、饥饿、火灾、洪水、病虫害、滑坡、热浪、暴风、海啸及火山爆发等 14 类。实际上，灾害的种类可达数百种之多，但一般按灾因不同概括为自然灾害和人为灾害这两大类。

2. 特点

（1）随机性

灾害的发生以及发生的时间、地点、强度、范围等似乎是不能事先确定的随机事件。虽然随着科学技术水平的不断进步，人类已经能够依照灾害发生的规律对一部分灾害进行预测，但由于对灾害发生与发展规律掌握的有限性，人们还不能够对一切灾害发生的时间、地点进行准确的预测。

（2）突发性

灾害的突发性常常表现在人们猝不及防的时候降临，导致大量的人员伤亡与财产损失，例如地震、火山喷发、海啸等的发生。

（3）迟缓性

灾害的迟缓性是与灾害的突发性相对而言的。从灾害本身来看，大部分灾害都是"迟缓"积累过程的结果，只不过这个"迟缓的过程"不为人们所注意到。

（4）时间性

同一灾害发生在同一天内不同的时段，其灾害现象互不相同。灾害现象在一个连续的时间内不断发生变化。因此，每一时段内各种灾害的把握最为重要。

（5）空间性

同原因的灾害在不同的空间会产生相异的灾情。不同的空间使用方式也会造成不同结果的灾害。

（6）连锁性

灾害的发生并不是个别的独立存在。某一种灾害的发生常常会波及其他的空间，从而导致一连串的灾害，形成灾害链。

（7）滞后性

灾害的滞后性是指灾害发生后的后果不一定在当时完全表现出来，而有可能经过一段时间以后再显现。

（二）自然灾害

1. 内涵

自然灾害（natural disaster）是指由于自然力的作用而给人类造成的灾难。由于我国土地辽阔，人口众多，环境复杂，自然变异强烈，而经济基础和减灾能力又比较薄弱，所以我国的自然灾害强度大，分布广，种类多，是世界上自然灾害最严重的少数国家之一。新中国成立以来，每年仅气象、洪水、海洋、地质、地震、农作物病虫害、森林灾害等 7 大类自然灾害所造成的直接经济损失（折算成 1990 年不变价），在 20 世纪 50 年代年均约 480 亿元，20 世纪 60 年代年均约 570 亿元，20 世纪 70 年代年均约 590 亿元，20 世纪 80 年代年均约 690 亿元，20 世纪 90 年代前 5 年年均约 1190 亿元，其中 1994 年直接经济损失高达 1800 多亿元。以上损失约占工农业总产值的 5%～25%，平均每年有 1～2 万人死于各种自然灾害。

据统计，我国自然灾害造成的直接经济损失约占国内生产总值（GDP）的 3%～6%。与发达国家相比，我国的年均灾损高出几十倍（表 1-1），且每种自然灾害造成的损失以及总灾害损失均占世界很大比重。

中、美、日三国灾损比例比较　　　　　　　　　　表 1-1

国别　　灾损比例	中国	美国	日本
直接经济损失（GDP）	3%～6%	0.27%	0.5%
直接经济损失（财政收入）	20%～30%	0.78%	—

2. 分类

自然灾害的分类是一个很复杂的问题，从不同的角度可以有许多不同的分类方法。

（1）按自然灾害发生的原因分

1）由大气圈变异活动引起的气象灾害和洪水；

2）由水圈变异活动引起的海洋灾害与海岸带灾害；

3）由岩石圈变异活动引起的地震及地质灾害；

4）由生物圈变异活动引起的农、林病虫草鼠害；

5）由人类活动引起的人为自然灾害。

需要说明的是，这里所列举的灾害成因系就起主导作用的因素而言；实际上，大气圈、水圈、岩石圈、生物圈及人类活动共同构成一个大系统，在这一大系统内各个圈彼此作用和相互影响，从而对每一个圈层自然灾害的产生与发生都有一定的作用。

（2）按灾害特点、灾害管理及减灾系统的不同分

1）气象灾害。包括干旱、雨涝、暴雨、雾霾、高温热浪、热带气旋、寒潮、冷害、冻害、寒害、风灾、雹灾、暴风雪、龙卷风、干热风、雷暴等。随着全球变暖趋势的进一步加剧，气象灾害已成为人类社会面临的最严重的自然灾害。我国地处东亚季风区，是世界上最严重的气候脆弱区之一，季风的进退异常和年际变化使我国气象灾害频繁发生。

2）海洋灾害。包括风暴潮、海啸、海浪、海冰、海水入侵、赤潮、潮灾、海平面上升和海水倒灌等。

3）洪水灾害。包括洪涝灾害、江河泛滥等。

4）地质灾害。包括崩塌、滑坡、泥石流、地裂缝、塌陷、火山、矿山突水突瓦斯、冻融、地面沉降、土地沙漠化、水土流失、土地盐碱化等。

5）地震灾害。包括由地震直接引起的各种灾害以及由地震诱发的各种次生灾害，如沙土液化、喷沙冒水、城市设施毁坏、河流与水库决堤等。

6）农作物灾害。包括农作物病虫害、鼠害，农业气象灾害、农业环境灾害等。

7）森林灾害。包括森林病虫害、鼠害，森林火灾等。

此外，按自然灾害形成的物理过程还可分为快变自然灾害和慢变自然灾害。前者如地震、暴雨等，后者如干旱、荒漠化、水土流失等。

3. 全球百年十大自然灾害

从 20 世纪到 21 世纪，世界上发生的自然灾害不计其数，但有十个标志性自然灾害显示了自然对人类社会的巨大破坏力。

（1）西班牙流感

1918～1919 年间，全球爆发西班牙型流行性感冒，造成全球约 10 亿人感染，2500 万到 4000 万人死亡（当时世界人口约 17 亿人），比第一次世界大战死亡人数还多。此外，此流感也是一战提早结束的原因之一，因为各国都已没有额外的兵力作战。

（2）北美黑风暴

1934 年 5 月 11 日凌晨，美国西部草原地区发生了一场空前未有的黑色风暴。大风整整刮了 3 天 3 夜，形成一个东西长 2400km、南北宽 1440km、高 3400m 的迅速移动的巨大黑色风暴带。风暴所经之处，溪水断流，水井干涸，田地龟裂，庄稼枯萎，牲畜渴死，成千上万的人流离失所。

（3）秘鲁大雪崩

著名的安第斯山脉的瓦斯卡兰山峰山体坡度较大，峭壁陡峻；山上常年积雪，"白色死神"常常降临于此。1970 年 5 月 31 日，这里发生了一场大雪崩，将瓦斯卡兰山峰下的容加依城全部摧毁，造成 2 万居民死亡。

（4）孟加拉国特大水灾

1987 年 7 月，孟加拉国连日暴雨，狂风肆虐，全国 64 个县中有 47 个县受到洪水和暴雨的袭击，造成 2000 多人死亡，2.5 万头牲畜淹死，200 多万吨粮食被毁，受灾人数达 2000 万人。

（5）喀麦隆湖底毒气

1986 年 8 月 21 日晚，位于非洲喀麦隆西北部的帕梅塔高原上的一个火山湖——尼奥斯火山湖，突然从湖底喷发出大量的有毒气体，沿着山的北坡倾泻而下，向处于低谷地带的几个村庄袭去，至少夺去 1740 条人命。

（6）伦敦烟雾事件

1932 年 12 月 4 日，伦敦城发生了一次世界上最为严重的"烟雾"事件：连续的浓雾将近一周不散，工厂和住户排出的烟尘和气体大量在低空聚积，整个城市为浓雾所笼罩，陷入一片灰暗之中。期间，有 4700 多人因呼吸道病而死亡；雾散以后又有 8000 多人死于非命。

（7）俄罗斯通古斯大爆炸

1908 年 6 月 30 日，俄罗斯帝国西伯利亚森林的通古斯河畔突然发出一声巨响，巨大的蘑菇云腾空而起，天空出现强闪光。据后来估计，爆炸威力相当于 1500～2000 万 t 的 TNT 炸药，让超过 2150km^2 内的 6 000 万棵树倒下。

（8）智利大海啸

1960 年 5 月 21 日，南美洲智利的蒙特港附近海底突然发生世界地震史上罕见的强烈地震，震级高达 9.5 级。大震接踵引发了大海啸；海啸波横扫了太平洋沿岸，把智利的康塞普西翁、塔尔卡瓦诺、奇廉等城市摧毁殆尽，造成 200 多万人无家可归。

（9）唐山大地震

1976 年 7 月 28 日，我国唐山发生 7.8 级地震，地震烈度达 11 度，震源深度仅 12km。大地震共造成 24.27 万人死亡，16.4 万人重伤。

（10）印度洋海啸

2004年12月26日，印度尼西亚苏门答腊岛发生地震，地震引发了大规模海啸。到2006年末为止的统计数据显示，印度洋大地震和海啸以及所造成的瘟疫灾害已造成近30万人死亡；这可能是世界上近200多年来死伤最惨重的海啸灾难，也是世界灾害史上较悲壮的一次。

4. 我国自然灾害的特点

自然灾害种类多，是我国自然灾害的突出特点；除了这个特点外，我国的自然灾害还有这么一些主要特点：如强度大，频次高，危害面广，破坏性大，以及具有规律性、群发性、转移性、继发性和制约性等特点。

（三）人为灾害

1. 内涵

人为灾害也称技术灾害（technological disaster），是指由于人的行为失控或不恰当的改造自然行为，打破了人与自然的动态平衡，导致了科技、经济和社会大系统的不协调而引起的灾害。它是人类认识的有限与无限、科技发达与欠发达等矛盾的必然表现形式，有时也是人和人所属的社会集团的有意行为。

2. 成因

人为灾害主要分为：战争、空难、海难、车祸、火灾、噪声、水土流失、沙漠化、核泄漏、核污染、土地退化、酸雨、毒雪以及生态环境的日益退化等。其成因包括：

（1）由于人类对于大自然处理不当，超过了大自然的承受力；

（2）由于人类在科技、经济、社会关系上处理不当，引起了人与自然关系和社会生活的失调，从而造成了环境灾害；

（3）由于人类对科技进步处理不当，在运用新的科研成果和开发新资源与新能源、利用新技术上出现失误，造成人、财、自然资源、生物资源上的损失与灾害，孕发"技术灾害"。

3. 分类

按人的活动范围和行为主体，上述人为灾害可大致概括为以下3类。

（1）生产活动型

人类为了生存、繁衍和发展，要从事各种各样的生产性活动，但由于人的生理和心理特性、科技文化素质、生产技能水平、对事物的判断能力等的限制，难免产生人为失误。这些失误无论是技术性的、生理性的，还是心理性的，都可能使灾害风险在生产及其经营活动中诱发成灾难，如噪声、核泄漏、土地退化、酸雨、职业病等。

（2）社交活动型

也称"非生产活动型"。指在人类生存活动领域，由于个人或群体的失误，破坏了社会活动的正常秩序，危害了和谐的生存环境而诱发的社会性灾害，如车祸、空难、海难、环境污染、疾病流行等。

（3）人为致灾型

也称"人祸天灾型"或"天灾人祸型"。它是因人为因素而引发的灾害，如战争、核污染、火灾等。

4. 全球十大人为灾害

飓风、地震等天灾不是人类可以控制的，但地球上一些致命灾害都是人类一手造成的人祸。为了追求更多的能源、食物和建材，人类大量消耗地球资源，威胁着人类自身与生态系统。美国《新闻周刊》曾评出全球十大人为灾害，以警醒世人。

（1）切尔诺贝利核事故

1986 年 4 月 26 日，苏联乌克兰切尔诺贝利核电厂发生严重泄漏及爆炸事故，造成有史以来最大的核灾难，辐射物质污染空气、食物来源和地下水。事故发生数年后，当地上万人死于癌症；而这种影响持续数十年之久。

（2）金斯敦发电站倒塌事故

美国的煤炭发电厂多达 600 家，很多发电站随便将厚厚的煤灰堆放在煤灰池里。

2008 年 12 月，美国田纳西州的金斯敦发电站倒塌，摧毁数间民房；煤灰弥漫到空气里，土地和河流受污染（积累了大量水银），造成野生动物死亡。

（3）波斯湾原油泄漏

世界最大的原油泄漏发生在 1991 年的海湾战争。当时，萨达姆故意向波斯湾倾倒多达 100 万加仑（约合 $3785.4m^3$）的石油，造成当地鸟类和鱼类的大量死亡。

（4）拉夫运河事件

拉夫运河位于美国纽约州，是在一个世纪前为修建水电站而挖成的一条运河，20 世纪 40 年代干涸而被废弃。1942 年，美国一家电化学公司购买了这条长约 1000m 的废弃运河，当作垃圾仓库来倾倒大量工业废弃物，持续了 11 年。1953 年，这条充满各种有毒废弃物的运河被公司填埋覆盖好后转赠给当地的教育机构。此后，纽约市政府在这片土地上陆续开发了房地产，盖起了大量的住宅和一所学校。从 1977 年开始，这里的居民不断发生各种怪病，孕妇流产、儿童夭折、婴儿畸形、癫痫、直肠出血等病症也频频发生。1987 年，这里的地面开始渗出含有多种有毒物质的黑色液体。

（5）印度博帕尔毒气事故

1984 年，印度中央邦首府博帕尔的一间杀虫剂工厂的储气罐阀门失灵，大量有毒气体泄漏，造成 1 万人死亡。博帕尔灾难留下的伤口长久在人们心上发痛，敲响工业灾害的警钟。

（6）"得克萨斯垃圾带"

"得克萨斯垃圾带"是最大的海洋"垃圾漩涡"之一，位于北太平洋亚热带海域。之所以得名，是因为这个"海洋垃圾带"的面积和得克萨斯州面积相当。这里的漂浮垃圾估计多达上亿吨，以塑料为主，还包括玻璃、金属、纸等。

（7）雨林滥伐

在过去 10 年里，牧场主、农民和伐木工滥砍滥伐巴西亚马逊雨林，每年破坏 10088 平方英里（约合 2.6 万 km^2）的雨林。

（8）过度捕捞

在过去 20 年里，金枪鱼、北大西洋鳕鱼等鱼类数量急剧减少。鱼类是海洋生态系统中的重要一环，失去它们，人类的生存将面临威胁。而且，海洋健康对气候变化影响至关重要。

（9）极地冻土侵蚀

两极冰冠在夏季融化、冬季再生，但极地的永久冻土在此过程中却受到侵蚀。气候变暖，海冰融化，带走了其中的泥土等沉淀物；没有海冰保护海岸线，越来越强烈的海洋风暴不断侵蚀大片冻土。

（10）工业采矿

对发达国家和发展中国家而言，发掘稀有金属，都意味着可观的经济利益。但是，要为此付出的环境代价也很大。过度开采，会腐蚀土壤，导致泥石流灾害，还会破坏生态平衡。而且，开采造成的破坏几乎不可修复。

（四）其他分类

中国的灾害分类方法除上述按灾因不同分为自然与人为灾害以外，还有：

（1）按灾害与环境的关系分为生态灾害与非生态灾害；

（2）按灾害的不同现象及其渐变性分为显性与隐性灾害；

（3）按灾害出现概率分为可避免型灾害与不可避免型灾害（前者为人为事故，可以控制；后者不以人的意志为转移，只能防范或适度控制，如地震等）；

（4）按灾害发生的不同状态可分为连带型（毁林开荒→水土流失→水旱灾害）、并发型（风灾→沙灾）、渐变型（海洋侵蚀→环境灾害）、突发型（断裂、爆炸、地震）灾害；

（5）按灾害发生的范围分有城市、农村、工矿、森林、海洋等灾害，其中最富代表性的就是城市灾害。

二、城市灾害的概念与成因、类型、特点及发展趋势

（一）城市灾害的概念与成因

1. 城市灾害的概念

所谓城市灾害，就是承灾体为城市的灾害。由于承灾体——城市是社会、经济和自然复合的人工生态系统，其人口和建筑物高度密集，生产和生活高度集中，车流拥挤，道路相对不足，绿地和旷地稀少，危险源广布（指存储和使用易燃、易爆、有毒、放射性等物质的单位），如规划和管理不当，在自然力和人力的作用下，这些城市极易成为发生危险和灾害的地方，给城市居民的生命、财产带来损失。因此，了解和掌握城市灾害的成因、类型、特点及发展趋势，积极预防城市灾害，使灾害损失减小到最低程度，是每一个城市科学工作者与城市规划人员以及全社会的责任和义务。

2. 城市灾害的成因

新中国成立后至唐山大地震，共发生 11 次灾害性地震。其中，9 次在农村，另两次在唐山和海城。11 次地震总的经济损失中，唐山占 75%，海城占 15%，农村只占 10% 左右；总的人员伤亡中，唐山占 90% 以上。这表明，工商业和人口集中的现代化城市抵御灾害的能力非常脆弱。其原因主要在于：

7

（1）城市是危险要素（如人员、建筑、社区和基础设施）高度集中的地区，因而成为最易遭受灾害的地区；

（2）城市的不断膨胀和工业规模的不断扩大，既破坏了城市环境，也导致了城市地区生态的恶化和灾害的发生；

（3）一些重要因素，如人口密度、地区的危险度、城市功能的重要程度以及对基础设施的依赖程度和城市的管理能力，影响了城市的易损性；

（4）由于城市无法控制外来居民的增长，又没有能力提供基本的服务，而使城市地区的防灾减灾变得更加复杂。

总之，作为特殊的承灾体，城市未来可能导致灾害发生的因素越来越多。自然因素方面，如气象因素中的大风、暴雨、冰冻、大雾等，地质因素中的滑坡、地面沉降、海水倒灌、地震等，环境方面的污染、噪声等，生物灾害中的瘟疫、病虫害等。此外，人为或技术原因造成的城市灾害隐患也越来越多，如火灾、交通事故、化学事故、水管破裂、燃气泄漏、输电事故等。这些灾害因素均可以导致城市自然灾害和人为灾害，以及城市主灾与次生灾害的发生。

（二）城市灾害的类型

1. 城市自然灾害与人为灾害

（1）城市自然灾害

1）城市气象灾害。即由大气圈运动与变异而形成的城市灾害，如雨涝、干旱、热带气旋、寒潮、雹灾、雷暴等。

2）城市海洋灾害。由水圈中海洋水体运动与变异形成的城市灾害，如风暴潮、海啸等。

3）城市洪水灾害。由水圈中大陆部分地表水体运动形成的城市灾害。它是一种发生最为频繁的城市灾害。

4）城市地质与地震灾害。主要由岩石圈运动形成的城市灾害，如滑坡、泥石流、地面沉降、地面塌陷、地震等。其中地震是给城市造成威胁和损失最大的城市灾害之一。

5）城市蚁害和蟑害。

（2）城市人为灾害

1）战争。在我国古代称为"兵灾"或"兵祸"。它对城市的破坏力最大。

2）火灾。在城市中发生频率极高，破坏力也相当大。伦敦、巴黎、芝加哥、东京和我国的长沙，都曾发生过城市性大火，造成大量的人员伤亡与财产损失。

3）化学灾害。城市中有一些生产、储存、运输化学危险品的设施，往往由于人为失误而引起中毒、爆炸等事故。化学灾害中，又以煤气中毒和燃气爆炸最为常见。在上海市，化学灾害所造成的人员伤亡数已在诸多灾害中名列前茅。

4）交通事故。城市中交通流量大，人、车交叉点多，交通事故发生频繁，人员伤亡数和财产损失十分巨大，已成为城市灾害中致死致伤的头号杀手。1999年1～6月，北京市共发生道路交通事故15015次，伤4586人，死亡677人。上海市1999年发生道路交通事故8.7万多次，伤6509人，死亡1646人，直接经济损失 2 亿元。

5）传染病流行。由于城市人口稠密，一些传染性疾病易在短时间内大范围爆发。上海市即曾大规模爆发过甲肝和红眼病疫情，给城市居民的生产、生活造成极大影响，也一度损害其城市形象。

6）职业病。随着城市经济、社会发展和科技进步，职业病在我国城市的分布已经涉及煤炭、冶金、建材等 30 余个行业。据统计，在世界范围内，1925 年职业病只有铅中毒、汞中毒和炭疽病 3 种，1964 年上升为 15 种，到 2002 年上升到 70 种。我国的城市职业病共有 9 大类，99 种，主要分布在煤炭、冶金、建材、有色金属、机械、化工等行业。1989～2000 年，我国共报告职业病新病例 167587 例，年均增加新职业病人数为 15235 例。其中，急性职业中毒者 1999 年比 1998 年增加 15.13%，中毒人数增加 47%，死亡人数增加 67%。2000 年与 1999 年相比死亡率增加 8% 左右。

我国重点的职业病种类分为三大类：第一类为尘肺病，以煤工尘肺、矽肺、石棉肺为重点；高危行业包括矿山、水泥、冶金、陶瓷行业等。第二类为重大职业中毒，以硫化氢、一氧化碳、氯气、氨气等气体中毒和铅、苯、镉、锰、汞等重金属中毒为重点；高危行业包括化工、冶金行业等。第三类为职业性放射性疾病，以放射性肺癌、放射性血液病、职业性肿瘤为重点；高危行业如矿业、核技术应用行业等。

湖北省职业病发病率较高，防治形势严峻，平均每年新发病例在 500 人以上；其中，以尘肺病人为主（占到 80% 以上），其次是铅、苯等有害物导致的职业中毒。最容易导致工人患尘肺病的主要是采矿、水泥制造和石英粉加工等三大高危行业。其中，石英粉加工行业对工人健康的潜在危害性最强。尘肺发病迟缓，一般情况下，在接触了有害粉尘后 5 年之后才发病，有的甚至在 30 年后发病。因此，很难引起相关行业的警惕。目前，尘肺病尤其是硅肺病尚无根治的药物，主要采取对症治疗和支持治疗，控制病情的进一步发展和预防并发症的发生。我国职业病增多的原因，一是防范意识差，二是缺乏明确而规范的法律保护，三是缺乏严格的赔偿制度。

7）药害。全球共有 1/3 的病人死亡不是源于疾病本身，而是由于用药。药害已成为威胁人类健康的五大杀手之一。据不完全统计，我国每年 5000 多万住院病人中至少有 250 万人是因为药物不良反应而入院治疗的，它占了住院人数的 5%。

8）物理灾害。主要有室内氡灾害、次声波灾害和电磁波污染。

① 氡是空气中唯一的天然放射性气体，它无色无味，能溶于水和一些有机溶剂，是铀、镭等放射性元素衰变过程的中间产物。房屋地基土壤，富含铀、镭的花岗岩、辉绿岩、千枚岩以及瓷砖和水泥等建筑材料和装修材料，都可以产生氡。如果室内通风不好，氡$_{222}$ 就会聚集。高剂量的氡可以产生体外辐射，导致肺癌（是仅次于吸烟的第二大肺癌诱因）、白血病和呼吸道病变，其危险程度超过交通事故。此外，氡还对人体脂肪有很高的亲和力，从而影响人的神经系统，使人精神不振。专家认为，除建筑和装修时要注意材料的选择外，日常生活注意开

9

窗通风，也有利于减轻氡气伤害。因为它虽不能从根本上减少室内氡气的析出量，但可以暂时降低室内的氡浓度。

② 次声波的频率大致为 0.0001～20Hz，低于声波。在次声波作用下，人体器官会受到破坏。自然界产生的次声波相当多，也有人工产生的，如飞机飞行、火车奔驰、开炮、核爆炸、火箭发射以及高速行驶的汽车均会在一定条件下产生次声波。

③ 电磁污染损伤着人的神经系统、心血管系统、生殖系统，甚至诱发癌症，成为继大气污染、水质污染、噪声污染后的第四大公害。有关调查表明，在大功率发射台附近，或使用了射频设备的工厂、医院，其电磁辐射有不少超出了每平方米 $30\mu W$ 的安全限值；工业、医疗等部门使用的热合机、理疗机等射频设备，特别是第三能源的微波设备，其泄漏出的电磁能量形成的"电子烟雾"也污染着空间环境。电磁波污染的另一个威胁是使仪器、设备无法正常工作，大功率无绳电话、寻呼台的干扰使得飞机不能正常起飞，人称"小呼机逼停大飞机"。使用天线的银行在杂波的干扰中，其网上信息易出现错误。

9）生产事故。1999 年，上海各企业共发生生产事故 271 起，死亡 330 人。

10）环境公害。它包括大气污染、水污染、固体废弃物污染、噪声等，是我国城市灾害中的严重问题，严重威胁着居民的健康和生命财产安全。

11）城市生物灾害。它包括鼠害、白蚁、蟑螂、狂犬、蚊虫等。1978～1980 年间，北京地铁因老鼠造成 3 次停电事故，全线停运、一片漆黑，最长一次停电历时 40 分钟。

12）放射性事故。各种各样的放射源早已被民间广泛用于食品消毒、医学检测及工业勘探等方面，其中工业放射源对公众威胁较大。信息不对称之下，危险的放射源可能就悄无声息地潜伏在人们身边。据统计，1988～1998 年间，全国发生各种放射性事故 300 多起，平均每年有 30 起，近 4000 人遭受辐射。近年来，国内放射性事故虽有所减少，但平均每年仍有数十起。2004 年，国家环保总局联合卫生、公安部门在全国范围内对放射源进行普查，结果相当惊人：拥有放射源的单位超过 1 万家，放射源超过 1000 万枚，其中 7 万多枚在用，至少 2000 枚废旧放射源下落不明。

当人接近放射源时，会产生大量能引起物质电离的粒子，这就是核辐射。它属于电离辐射的范畴，对人体内组织破坏较大。特别是其中的 x 射线和 γ（伽马）射线，穿透力极强。除核爆炸或核反应过程以外，医院拍 x 光片和"伽马刀"手术中使用的放射源属于电离辐射，在使用过程中要特别注意意外照射防护。而核爆炸或核反应过程必然产生钚。钚是一种放射性元素，其对人体的毒害比其他放射性元素更强，一旦侵入人体，就会潜伏在人体肺部、骨骼等组织细胞中，破坏细胞基因，提高罹患癌症的风险。

13）光污染。环境中光照射（辐射）过强，对人类或其他生物的正常生存和发展产生不利影响的现象，即为光污染。国际上一般将光污染分成 3 类，即白亮污染、人工白昼和彩光污染。当阳光照射强烈时，城市里建筑物的玻璃幕墙、釉面砖墙、磨光大理石和各种涂料等装饰反射光线，明晃白亮，炫眼夺目，即为白亮污染。专家研究发现，长时间在白色光亮污染环境下工作和生活的人，其视网膜和虹膜都会受到程度不同的损害，导致视力急剧下降，使人产生头晕心烦，甚至失眠，食欲下降，情绪低落，身体乏力等类似神经衰弱的症状。当夜幕降临后，商场、酒店上的广告灯、霓虹灯闪烁夺目，即所谓人工白昼。在这样的不夜城里，夜晚难以入睡，人体正常的生物钟扰乱，导致白天工作效率低下。而舞厅、夜总会安装的黑光灯、旋转灯、荧光灯以及闪烁的彩色光源构成了彩光污染。彩色光源让人眼花缭乱，不仅对眼睛不利，而且干扰大脑中枢神经，使人感到头晕目眩，出现恶心呕吐、失眠等症状。科学研究表明，彩光污染不仅有损人的生理功能，还会影响心理健康。

14）核安全事故。1986 年 4 月 26 日，苏联切尔诺贝利核电站 4 号反应堆发生爆炸，造成 30 人当场死亡，8t 多强辐射物泄漏。此次核泄漏事故使电站周围 6 万多平方公里土地受到直接污染，320 多万人受到核辐射侵害，酿成人类和平利用核能史上的一大灾难。此外，全球重大核事故还有以下三个：

1993 年 4 月 6 日，俄罗斯西伯利亚托姆斯克市附近的托姆斯克化工厂的一个装满放射性溶液的容器发生爆炸，释放出大量的放射性气体，泄漏的放射性物质污染面积达 $100 km^2$，并引发大火，附近的几个乡村被迫集体迁徙。1979 年 3 月 28 日，美国宾夕法尼亚州三里岛核电站制冷系统出现故障，导致核反应堆局部熔化，造成美国最严重的一次核泄漏事故，最少 15 万居民被迫撤离。1957 年 10 月 10 日，英格兰西北部的温德斯凯尔（现更名为"塞拉菲尔德"）核电站的一座反应堆起火，释放出放射性云雾；核电站四周的农场产品被禁卖一个月，数十人因蒙受核辐射而罹患癌症并死亡。

国际核安全和辐射事件等级（INES）按照核泄漏事件的严重性将核事故分为七个等级：1 级为异常，2 级为普通事件，3 级属于严重事件，4 级为一般事故，5 级为严重事故，6 级为重大事故，7 级为特大事故。上述的苏联乌克兰切尔诺贝利核事故、美国三里岛核事故分别为 7 级和 5 级。

15）煤尘爆炸。在采煤过程中，巷道中飞扬着的煤粉、煤尘污染空气，影响矿工身体健康，在空气中达到一定浓度时遇火会引起爆炸，造成灾害。煤矿煤尘燃烧，造成煤尘爆炸，对矿井危害性极大，也是瓦斯爆炸后造成二次爆炸的主要原因。

16）尾矿库灾难。我国多数尾矿库选址时很难避开生态敏感区或人口密集区。国家安监总局的资料显示，截至 2009 年底，即便经过清理和整顿，全国仍共有尾矿库 12523 座。其中，危、险、病库仍存 2098 座。这些尾矿库普遍存在浸润线过高、调洪库容不够、坝体裂缝现象严重、坝体安全观测设施不健全等重大安全与环保隐患。

这些"巨无霸"尾矿库连同其他小型的尾矿库一起或隐于山谷，或平地而起，不仅存在自爆渗漏之虞，而且暴雨、地震等天灾更易为这些"炸弹"点燃引线。而目前我国尾矿库治理中存在的另一个问题是这些废弃的尾矿库根本无人监管。2008 年 9 月 8 日，山西襄汾新塔矿业尾矿库溃坝，酿成 276 人死亡的惨剧，被称为"人类历史上最大的一次尾矿库溃坝灾难"。国家安监总局的年报称，

11

2009 年全国尾矿库共发生生产安全事故 5 起、死亡 3 人。2010 年 9 月 21 日，台风"凡比亚"袭粤，紫金矿业信宜银岩锡矿尾矿库大坝崩塌，造成 28 人死亡或失踪。

2. 城市主灾与次生灾害

城市灾害往往是多灾种持续发生，各灾种间有一定的因果关系。发生在前，造成较大损害的城市灾害称为"城市主灾"；发生在后，由主灾引起的一系列灾害称为"城市次生灾害"。城市主灾的规模一般较大，常为地震、洪水、战争等大灾。次生灾害在开始形成时一般规模较小，但灾种多，发生频次高，作用机制复杂，发展速度快；有些次生灾害的最终破坏规模甚至还超过主灾。1923 年 9 月 1 日发生在日本的著名关东大地震中，共死亡 14 万人；其中，因地震被倒塌房屋压死者占 2.5%，而被地震引发的全城性大火烧死者占总死亡人数的 87%。次生灾害对城市的损害由此可见一斑。

3. 城市突发性灾害与缓发性灾害

城市灾害具有一种超越城市而将危害波及一个更大时空的特性。就时间特性而言，主要包括灾害发生速度、灾害持续时间、灾害演变过程等内容。速度和时间具有一致性：灾害发生速度快，则持续时间短；灾害发生速度慢，则持续时间长。据此，有突发性灾害和缓发性灾害之别。前者如地震、水灾、火灾短期内发生，危害后果、破坏强度十分明显；后者如城市地面沉降、人口爆炸、沙漠化等长期而缓慢，个别事故的危害甚至不易察觉，带有一定的隐蔽性，而整体效应十分显著。

城市缓发性灾害在一定程度上会加强突发性灾害的灾害程度。如沿海城市地面沉降问题，平静之时不觉其危害，一旦地震、台风等灾害悄然而至，地面沉降的灾害效应立即显露，从而造成更大的损失。城市突发性灾害对城市的破坏，在某种程度上会造成区域整体的结构性振荡。城市突发性灾害和缓发性灾害的相互作用，共同构成对城市及其区域发展的威胁和危害。

4. 其他分类

(1) 金磊曾在其《城市灾害学原理》中将城市灾害分为地震灾害、洪灾与水害、火灾与爆炸、地质灾害、公害致害、"建设性"破坏致灾、高新技术事故、城市噪声危害、住宅建筑"综合症"、古建筑防灾、城市流行病及趋势、工程质量事故致灾、城市交通事故等 14 类。

(2) 也有人把城市灾害分为以下 4 种类型：

1) 生产建设型。指在城市生产、加工和建设中发生的灾害，诸如火灾、爆炸、塌方、倒塌、泄漏等。

2) 交通安全型。指城市各种交通运载工具在运输过程中发生的各种事故，如飞机、火车、船艇、汽车发生的坠毁、倾覆、相撞等灾害。

3) 自然灾害型。指因气候原因造成的水灾、风灾、旱灾、地震等城市灾害。

4) 民事安危型。指对城市居民的生命和财产构成侵害的各种城市灾害，如战争、恐怖事件等。最典型的例子是 2001 年 9 月 11 日发生在美国纽约的恐怖袭击事件——"9·11"。

（三）城市灾害的特点

1. 高频度与群发性

"事故"型的小灾害如交通事故、火灾、煤气中毒等，发生的频度较高，而且城市规模与灾害发生次数基本呈正相关关系。另外，地震、洪水等大灾则体现出群发性，次生灾害多，危害时间长，范围广，形成灾害群，从多方面连续地给城市造成损害。

2. 高度扩张性

城市灾害的另一特点是发展速度快。即使小灾害，若得不到及时控制，也会发展成大灾害。而对于大灾害，若不能进行有效抗、救，将会引发众多的二次、三次次生灾害。如地震可能引起塌方、火灾、交通事故、毒品泄漏。由于城市各系统间相互依赖性大，所以，灾害发生时容易殃及全城，形成"多米诺骨牌"效应。

3. 高灾损失性

由于城市人口密集，产业林立，是其所在地区的经济、政治、文化中心，因此，在同样的灾害强度下，其损失明显高于非城市地区。虽然现代城市进行自我保护的能力有所增强，但众多灾害学家和经济学家都认为，现代城市承受大地震、洪水、台风、火灾打击的能力并不强，一次中型灾害可使一个城市的发展进程延缓多年。而且，城市的防护重点目前主要集中在人员的安全上，对财物尤其是固定资产的防护手段较少。因此，尽管灾害中人员的伤亡从总体上呈下降趋势，但在同等灾情下，城市经济损失却呈快速上升的势头。现阶段，我国各种灾害损失中城市灾害占到 70%，这一比例还会因城市化程度的提高而以每年 2 倍于 GDP 增长率的速率增长。在古代，城市灾害甚至导了整个城市的毁灭（表 1-2）。

历史上因城市自然灾害而毁灭的中、外城市　　　　　　　　　表 1-2

国别	时期	被毁城市名	现地名	可能致灾因素
中　国	北　宋	汴京（国都）	河南开封	洪灾
中　国	①约 376 年；②14 世纪末；③17 世纪末；④994 年	①楼兰；②昌邑；③四州；④统万	新疆	风沙、旱灾
叙利亚	拜占庭时期、罗马时期、希腊时期、波斯时期、青铜时期	5 座古城	阿勒颇（同一地点）	地震
意大利	公元 79 年	庞贝城	维苏威	火山爆发
意大利	公元前 800 年	奥尔城	罗马	
希　腊	约公元前 227 年	罗得	罗得	地震
牙买加	1692 年 6 月 7 日	罗亚尔港	罗亚尔港	地震
土耳其	约 4 世纪	阿夫罗耿蒂斯	阿夫罗耿蒂斯	地震
智　利	1835 年 2 月 20 日	康塞普罗翁	康基普罗翁	地震

4. 区域性

区域性是城市灾害的一个重要特点。一方面，城市灾害往往是区域性灾害的组成部分，尤其是发生较大的自然灾害时，常有多个城市受同一灾害影响。灾害的治理和防御不仅仅是一个城市的任务，单个城市也无法有效地防、抗区域性灾害。另一方面，城市灾害的影响往往超出城市范围，扩展到城市周边地区和其他城市。这种影响不仅是物质性的，也包括精神性的灾后的灾民安置与恢复重建工作。这也是一个区域性问题。

我国城市灾害的地域分布表现为两个带状地区：一是沿海地带。这里城市密集，产业集中，人口众多，既是我国精华之地，又是生态脆弱与环境变化的灾害敏感区；既有来自海域的，又有来自陆域的灾害。二是晋、陕、蒙地带。从地形上讲，这里是高原与平原交接带；从气候上讲，是干燥与湿润过渡带。黄河这一著名灾河流经这里，旱、洪不断；近年来地震频繁，直接制约了城市经济发展与西部大开发进程。

（四）城市灾害的发展趋势

现代城市灾害的发展趋势主要体现在城市人为灾害之上，它加大了城市灾害的社会损失程度。

1. 频率增加

20 世纪的最后 20 年是新中国成立以来城市各类灾害事故的高发期。尽管城市政府和社会各界对城市灾害有了高度重视，也加大了处置力度，但仍未能遏制城市灾害上升的势头。仅以火灾为例，1994 年的"11·27"辽宁阜新市艺苑歌舞厅火灾死亡 233 人，"12·8"新疆克拉玛依市友谊宾馆火灾死亡 325 人，2000年的"12·25"河南洛阳市东都商厦火灾死亡 309 人。由此可见，城市灾害事故发生的频率大有增多之势。

2. 种类增多

事物发展的客观规律告诉我们，城市社会文明程度的提高、科学技术的发展、新事物的不断出现，也决定了新的城市灾害会不可避免地随之发生。

（1）由于城市规模的扩大，人口与资源紧缺的矛盾加剧，城市灾害如水荒等将日益加剧。

（2）城市的气候效应增加了灾害危险，如热岛效应，街道建筑加大局部风速的狭管效应，高层建筑的烟囱效应，逆温现象加重雾灾和空气污染等。

（3）城市高能源材料带来新的隐患，如核泄漏、核辐射事故。另外，如燃气、电器、房屋化学装修材料等都有可能引发火灾、电击和中毒。

（4）现代设施和技术带来新的污染和灾害，如噪声污染，汽车尾气在高温下产生的光化学污染，电力通信设备和家用电器产生的电磁污染等，以及高层大跨度建筑、高架桥梁的倒塌事故，高速公路上的"追尾"事故。

（5）城市生命线系统在受灾时更易产生连锁反应和次生灾害，使得缺乏现代化管理的发展中城市在灾害面前表现得特别脆弱。

3. 危害增大

众所周知，城市现代化程度越高，城市灾害事故发生后的危害也越大；特别是各种城市灾害相互交错，同步叠加，从而加大城市灾害的损失程度。值得注意的是，人为灾害的随机性很强，损失也越来越大，如连续不断发生的列车相撞、飞机失事、轮船淹没以及瘟疫流行等，造成了巨大的人员伤亡和社会震动。

第二节　国内外城市防灾减灾工作

一、国外城市防灾减灾概况

世界上的大部分城市都坐落在遭受一种或多种灾害侵扰的地区。地球表面的许多地方都存在自然灾害，如：河谷地区受到周期性洪水影响，沿海和三角洲地区经常发生海啸和涌潮，台风盛行于海洋地区和岛屿，暴风雨和龙卷风又经常光顾大面积的平原地带。遗憾的是，这些地区同时也是最适于人类居住和活动的地区。即使有了 21 世纪的技术进步，但自然灾害造成的城市损失仍然有增无减。这是因为，城市化的快速发展、工业的日益集中、人口增长的压力加大、城市用地的不断扩张，使得现代城市更易于受到各种灾害的伤害。

（一）欧洲文艺复兴时期的城市防灾减灾实践

我们在考察 17、18 世纪欧洲城市形态的时候，要么把它看作当时政治准则的象征，要么把它当作某种美学原则的体现，而很少考虑形成这种城市形态的内在原因。其实，当时许多建于地震区的欧洲城市在其规划建设时已经考虑了防灾减灾问题，并非常明显地体现在当时的城市与建筑形态之中；为了控制和避免地震可能造成的伤害，他们采取了许多在今天看来仍然十分有效的预防措施。

1. 卡塔尼亚(Catania)的重建与文艺复兴城市风格

卡塔尼亚是坐落在地中海西西里岛(Sicily)东南部的一个海港城市，由于临近火山，经常发生火山爆发和地震。1693 年 1 月 11 日发生的大地震，曾使整个城市就像"人的手掌"(like the plam of your hand)一样被夷平。震后成立的由当地长老和教士组成的重建委员会，创造性地提出了以保证再次面临灾害时最大可能地避免生命和财产损失的重建规划。

首先，他们摒弃了狭窄、曲折的城市街巷系统。因为这种街巷系统在发生地震时很容易被坍塌的废墟堵住通道，而取而代之的宽阔、笔直的大道可以保证即使在房屋倒塌后，居民仍能安全、快捷地离开居所。其次，他们规划建设了一些特大型的广场，以保证震时居民有避难疏散的开阔场地。这些场地在震时可供搭建帐篷，使居民有效地看管自己的财产，不至于发生一般灾后常见的偷盗、劫掠及强奸等犯罪行为。

卡塔尼亚人关于防灾减灾的规划措施被西西里地区的其他城市大量借用。另一个中世纪建造的城市——阿窝拉(Avola)，原来拥挤在一个山头上，后来迁往平地的新址并规划了笔直的道路。当时，该地的官员写道："迁址不是随意的，而实在是必需。山体本身滑坡不论，就是房屋布局的方式也非常危险，一群建筑居于另一群建筑之上，哪怕是一幢房屋滑塌，就将摧毁所有在其之下的房屋。而这种情况在大地震中太多见了。"

自从笔直、宽阔的街道代替狭窄、曲折的小巷，平地择址取代山区，史书上

15

称为"文艺复兴"风格的城市规划概念便与防灾减灾完美地结合起来了。这种在城市中的巨大广场、放射形的笔直干道，不仅仅代表了"威严"和"绝对的权威"，更是保证居民迅速疏散到郊区和暂避于城市中的开阔地的重要措施。尽管现代地震专家认为：躲在室内，可以避免遭受室外坠落物的伤害，但当时的西西里人已经意识到他们的住宅无法抵抗强烈的震动，因而有意识地规划了逃生的路线和避难的场所。

2. 里斯本(Lisban)的灾后改造和建设规范

里斯本是葡萄牙的首都。从 1755 年 11 月 1 日始，首先是强大的地震夷平了部分城区，接着是海潮吞没了滨水地带，因地震而引起的城市大火又毁灭了大量房屋。灾后，有许多改造与重建方案被提交出来，最后选中了按新设想重新规划建设遭破坏最严重的地区，同时又按原规划重建城市其他地区的方案。在被改造的地区中有一个明显的共同点，即用笔直的街道连接城市公共广场，所有的街区(block)几乎都是方方正正的。

当时的重建规划负责人梅亚(Manuel da Maia)还向市政当局提出了两条建议：一是限制建筑的高度不得超过街道的宽度，以保证灾后的疏散通道；二是所有新建建筑不得超过两层，以减少建筑本身坍塌所造成的危害。尽管这两条建议未被采纳，但它具有重要意义，它表明当时的规划师、建筑师已清醒地意识到可以通过颁行建筑法规来保障震时生命财产的安全。

此外，震后的里斯本还采取了其他方法来加固建筑和减少灾害。其一是在石材建筑内套建一个名叫 gaiola 的木结构框架，以加强石材建筑的柔韧性和稳定性。另一个是梅亚提出的"防火墙"(firebreak)；它们建于屋顶，以防止火灾从一幢房屋蔓延到另一幢房屋。

(二) 美国的城市灾害研究及防范措施

美国也是一个多灾的国家。据统计，美国的城市地区每年由于自然灾害而造成的损失达 120 亿美元；特别是由于城市的蔓延、人口的聚集，美国城市遭受突发性城市灾害破坏的可能性愈来愈大。美国的西海岸城市是全美最危险的地震带之一。全美的其他主要城市地区也面临着诸如飓风、龙卷风、洪水、大火等灾害，这些灾害造成的损失也不比西海岸地区少。

美国政府对城市防灾减灾十分重视。早在 19 世纪，由于芝加哥、波士顿连续大火，当地政府就先后颁布了有关建筑和土地利用的条例，以减轻灾害的威胁和损失。从 20 世纪初开始，加州旧金山、洛杉矶地区所发生的一系列地震和火灾，迫使当地政府发布了一系列的建筑和规划法规。一些重要的设施还有更为严格的防灾措施，如：美国核能管理委员会(the US Nuclear Regulatory Commission，简称 NRC)规定，对核电站的安全至关重要的结构设施必须能抵御百万年一遇(one in the million years)的龙卷风。

在美国，有很多科研机构和政府部门从事防灾减灾方面的救助及研究，如美国国家大洋大气管理局(the National Oceanic and Atmospheric Administration，简称 NOAA)、联邦灾害救助局(the Federal Disaster Assistance Administration，简称 FDAA)、国家科学基金(National Science Foundation，简称 NSF)、总统灾

害救济基金(the President's Disaster Relief Fund，简称 PDRF)以及联邦紧急事务管理署(Federal Emergency Management Agency，简称 FEMA)等。

美国的大学也高度重视防灾减灾方面的教育。它们定期出版杂志，如《Journal of Architectual Education Disaster》；召开学术会议；开设有关的必修课和选修课，如"生命与灾害设计"(Life - Hazard Design)和"环境与建筑规范"(Environmental and Building Regulatory)等。同时，他们还开展大量的研究，以提高城市防范灾害的能力："微区划技术"和"计算机模拟技术"就是其中的两个方向。"微区划技术"是通过地理信息系统(mapping)技术在细化的区域内指明危险的地段，从而为城市地区总体的土地利用规划提供决策参考。"计算机模拟技术"也是规划人员的重要工具，其模拟模型可以形象地显示各类灾害的发生、发展模式及对不同地区产生的后果。

美国城市灾害管理机制的基本特点是：统一管理，属地主义，分级响应，标准运行。所谓统一管理，指自然灾害等重大灾害事件发生后，一律由各级政府的应变管理部门统一调度指挥，平时与应变相关的准备工作如训练、宣导、演习等也属于政府应变管理部门负责。所谓属地主义，是指无论事件的规模有多大，涉及范围有多广，应急响应的指挥任务都由事发地的政府来承担，联邦与上一级政府的任务是援助和协调，一般不负责指挥。所谓分级响应，强调的是应急响应的规模和强度，而不是指挥权的转移；在同一级政府的应急响应中，可以采用不同的响应级别，确定响应级别的原则是事件的严重程度与公众的关注程度。所谓标准运行，主要是指从应急准备一直到应急恢复的过程中，要遵循标准化的运行程序，包括物资调度、信息共享、通信联络、术语代码、文件格式乃至救援人员服装标志等，都要采用所有人都能识别和接受的标准，以减少失误，提高效率。

(三)国际减灾十年

针对自然灾害对全人类特别是对发展中国家的危害，美国科学院院长弗兰克·普雷斯博士于 20 世纪 80 年代中期提出了把 20 世纪最后 10 年作为"国际减轻自然灾害十年"。他的倡议得到了一些国家政府、学术团体和联合国有关机构的重视和支持。第 42 届联大于 1987 年 12 月 11 日通过了 169 号决议，确定 1990～2000 年为"国际减轻自然灾害十年"(IDNDR：International Decade for Natural Disaster Reduction，以下简称"国际减灾十年")。其目的是通过国际社会协调一致的努力，充分利用现有的科学技术和开发新的技术，提高各国减轻自然灾害的能力，以减轻自然灾害对世界各国，特别是对发展中国家造成的生命财产损失。活动的重点是针对地震、风灾、洪灾、海啸、土崩、火山喷发、森林火灾、作物病虫害、旱灾等突发性自然灾害。在这十年中，联合国每年都提出一个主题，世界各国围绕这个主题开展多种宣传教育活动，以提高防御灾害所必需的公众意识。

1996 年 1 月，联合国国际减灾十年秘书处提出 1996 年"国际减灾日"的主题为"城市化与灾害"(Disaster and Urbanization)。这个主题与 1996 年 6 月在土耳其伊斯坦布尔召开的"人居Ⅱ"相配合，提出该主题的目的是：(1)提高市政当局对于人类居住地区减灾的意识；(2)促进地方、城市和国家把减灾作为政府计划的一个部分；(3)推动社区、国家和国际社会采取措施，减轻人居地区对自然灾害的易损性；(4)提出城市减灾问题的解决办法。

为了配合这个主题的宣传活动，1996 年 9 月 8 日我国在北京举办了"96 国际减灾专题报告会"，一些专家、学者就我国存在的多灾重灾情况作了报告。同年 9 月 25 日~26 日，北京又召开了"中国城市发展与减灾研讨会"，来自中央有关部委及全国部分城市的领导和专家，就我国城市人口即将达到总人口的 40% 所产生的城市灾害，以及城市综合减灾对策问题进行了广泛、深入的研讨，并提出了积极的意见，且通过了《城市减灾发展战略建议书》。

二、我国城市防灾减灾总体状况

(一)我国城市灾害的主要新源

原国家建设部 1997 年公布的《城市建筑综合防灾技术政策》纲要，把地震、火灾、洪水、气象灾害、地质破坏等五大灾种列为导致我国城市灾害的主要新源，它们同时也是国家认可的主要城市灾害。

1. 地震

地震是我国危害最大、分布面最广的一大城市灾害。从地震区的分布来看，我国有 60% 的国土、一半以上的大中城市位于地震基本烈度 6 度及 6 度以上的地区，45% 的城市位于地震基本烈度 7 度及 7 度以上的地区。其中，50 万人口的城市 30 多座，占 60%；百万人口的城市 20 多座，占 30%；特别是北京、天津、西安、兰州、太原、包头、海口、呼和浩特等均在地震的高危区。大地震造成的强烈地面运动除直接使建筑物倒塌或破坏之外，还诱发山崩、滑坡、泥石流、地基液化等地质灾害。例如，邢台、海城、唐山地震不仅使大型建筑倒塌，还引起大范围的地面沉陷、开裂、滑坡和喷沙，进而导致桥梁坠毁，水坝塌裂，机井淤积等。此外，地震还引起设施破坏，从而导致火灾、水灾、爆炸、毒气蔓延以及瘟疫等城市次生灾害的发生，呈现大破坏性、瞬时突发性、连锁性、社会性、不可避免性等特点。和其他国家相比，近 40 年来我国城市地震死亡总人数和一次最高死亡人数均居世界各国之首，死亡人数约占全世界死亡人数的 60%。我国地震灾害发生频率虽不高，但一旦发生，所造成的人员伤亡和财产损失极大(表 1-3)。

我国部分城市地震灾害统计(1966~2010 年)　　　　　　　　　　表 1-3

时间	城市名	死亡人数(人)	直接经济损失(亿元)	死亡率	直接经济损失率
1966 年 2 月 5 日	东川	200	0.2	$2.6×10^{-7}$	$1.1×10^{-4}$
1966 年 3 月 8 日	邢台	7983	10	$1.6×10^{-5}$	$5.2×10^{-3}$
1970 年 1 月 5 日	通海	15621	0.2	$1.9×10^{-5}$	$8.6×10^{-5}$
1975 年 2 月 4 日	海城	1328	8.1	$1.4×10^{-6}$	$1.4×10^{-6}$
1976 年 7 月 28 日	唐山	242769	100	$2.6×10^{-4}$	$2.7×10^{-3}$
1989 年 10 月 18 日	大同	17	3.7	$1.5×10^{-8}$	$3.4×10^{-2}$
1989 年 11 月 20 日	重庆	3	1.5	$2.6×10^{-7}$	$9×10^{-5}$
1990 年 4 月 26 日	共和	119	2.0	$1.0×10^{-7}$	$1.1×10^{-4}$
2008 年 5 月 12 日	汶川	69227	8452.1	—	—
2010 年 4 月 14 日	玉树	2698	228	—	—

2. 洪水

我国大江大河的中、下游地区有 800 多个县、市处于洪水水位以下，占全国县、市总数的 34%，人口 5 亿多，工农业总产值占全国的 60%。生活其间的 5 亿人口全赖 16 万 km 的堤坝保其安全，一旦决堤，灾难之大不堪设想。1998 年的大洪水使一系列重点城市被包围，淹泡，造成至少 3000 亿元的直接经济损失。

3. 气象灾害

如大气风暴，包括雨暴、热带风暴（台风）、雷暴、雹暴、暴雨暴、大风风暴和龙卷风暴等。我国东临西北太平洋，是世界上发生台风最多的地区，1951～1980 年间平均每年在我国登陆的台风约 8 个。有的台风虽然没有登陆，但从沿海地区掠过，对沿海城市仍造成重大影响。1980 年，台风袭击杭州，倒房上万间，损坏 41 万间，直接经济损失 10 亿元以上。

4. 火灾

我国城市在 1990～2000 年的 10 余年间发生火灾 4 万多起，死伤 6000 多人，经济损失 3 亿元，且呈逐年增加趋势。

5. 地质灾害

城市地质灾害是地壳内动力地质作用及岩石圈表层在大气圈、水圈、生物圈的相互作用和影响下，使城市的生态环境和生命、财富遭受损失的现象。它包括地震（已单独提出）、火山、崩塌、滑坡、泥石流、地面沉降、地面塌陷等 11 大类。

（1）我国山地、高原、丘陵占国土面积的 69%。在大气、地震及人类活动影响下，每年都产生大量山崩、滑坡、泥石流等城市滑崩流地质灾害。其危害有：导致人员伤亡，破坏城镇、矿山、学校、铁路、公路、航运、水坝等多种工程设施。我国受泥石流灾害威胁的城市有 70 余座，特别是中西部地区的大部分城市处于滑崩流灾包围之中。

（2）我国的上海、天津、常州、无锡、宁波、北京、太原等城市，由于过量开采地下水，造成地面沉降和地面裂缝；导致房屋倾斜，开裂；市政管道错位，断裂；河口、沿海地区潮水上岸，地面积水；桥墩、码头和仓库下沉等。目前，我国发生地面沉降活动的城市达 70 余座，明显成灾的有 30 余座，最大沉降量已达 2.63m。这些沉降城市有的孤立存在，有的密集成群或断续相连，形成 6 条广阔的地面沉降区或沉降带。另外，地下岩溶和采矿空洞也可能造成城市地面的塌陷，危及地面建筑和工程设施。

（二）我国城市防灾减灾面临的问题

1. 城市人口密度过大

我国城市人口总量多，城市用地布局较为紧凑，人口密度与建筑密度较大，而防护间距较小，再加上人口素质不高，人为失误引起灾害的可能性较大。特别是人口最为密集的老城区防灾减灾问题更多，增大了城市防灾减灾的难度。

2. 城市市政基础设施状况差

我国大多数城市的市政基础设施建设一直处于相对滞后的状态，设施配套不齐，设备陈旧落后，资料残缺不全；特别是给水、排水、电力、电信等"生命线

19

工程"的防护措施相当薄弱，在较大灾害发生时，经常出现断水、断电、通信中断、排水不畅等状况，严重影响救灾减灾工作。

3. 城市设防标准低

我国城市在防火、防涝、防洪、抗震方面的设防标准普遍偏低。地震前的唐山市原地震基本烈度仅为 6 度，结果地震发生时，大多数建筑倒塌，造成巨大伤亡。按照国家防洪标准，我国一般城镇防洪标准应为 20～50 年一遇，但实际上大多数城镇的设防标准在 20 年一遇以下。因此，一般性洪水灾害的发生都给城镇带来巨大损失。

4. 城市居民防灾观念薄弱

多年来，我国城市化社会长期对防灾问题未予足够重视，"头痛医头，脚痛医脚"，"好了伤疤忘了痛"的现象屡屡发生。许多城市连续多年受同一灾害的袭扰，当地部门却不能下决心根治，舍不得进行防灾投入，结果历年来因灾损失远大于防灾所需资金。另外，因防灾宣传不够而使人为失误致灾频率大增，由于不了解防灾知识而造成人员伤亡，灾害发生时出现恐慌情绪等现象也屡见不鲜。

5. 城市防灾减灾立法体系不完善

城市防灾减灾立法即以法律规范的形式把城市综合灾害管理系统固定化、制度化，赋予其权威性和强制性。它是城市防灾工作得以实施的基础和保障，也是开展各项城市防灾活动的依据。据统计，新中国建立后颁布的与自然灾害有关的法律法规文件共有 600 多部，与减灾相关的法律法规文件共 30 余部。但是，我国防灾减灾立法普遍针对水灾、地震灾害、火灾、气象灾害等单一灾种，虽然涉及的方面不少，但存在法律条例重复、相互协调性差、不同法律间缺乏整体性与相关性、可操作性不强等问题。尤其是我国一直缺乏一部多灾种的综合性防灾基本法，导致在各种防灾减灾中的共性问题缺乏统一规定，灾害发生后救灾权责划分不明确。其次，与发达国家的防灾减灾法律体系相比较，我国的防灾减灾立法只囊括了我国发生较为频繁的几种灾害，灾种覆盖面窄，灾后救助与灾后恢复重建领域的法律法规十分缺乏。

（三）我国城市灾害管理体制与问题

1. 城市灾害管理体制

我国的城市灾害管理体制概括地讲是：政府统一领导，上下分级管理，部门分工负责，以地方为主，中央为辅。

所谓政府统一领导，是指由政府统一负责制定、实施有关灾害管理的政策、法规和规章，对灾害管理的各项措施实施领导、决策、指挥、监督和协调等职能。

所谓上下分级管理，是指中央负责特大救灾问题的决策管理，各级政府负责本行政区域灾害管理工作，并根据灾害大小，明确分级的责任。例如，中央负责救特大灾，省级负责救大灾，地级负责救中灾，县级负责救小灾。

所谓部门分工负责，是指政府内的灾害管理职能部门、辅助救灾部门、救灾决策指挥机构及临时性的灾害管理协调机构，按照各自的职责，分兵把口，解决灾害带来的问题。

灾害管理职能部门直接负责防灾、减灾、救灾和灾后恢复等活动。中央政府中的国家发展和改革委员会主要负责重大防灾抗灾项目的审批立项、救灾物资的计划安排、协调重大的抗灾救灾工作，科学技术部负责救灾科研活动，民政部负责灾情检查、灾后救助及抗灾捐赠工作，国土资源部负责地质灾害的防治工作，住房和城乡建设部负责灾区特别是重点城市的灾后重建工作，国家气象局负责气象灾害的监测、预报工作，国家地震局负责地震灾害的监测、预报等。

辅助救灾部门是政府系统内的部分职能机构，它们以其特有的技术专长、业务范围，拥有的资源、设备和队伍以及主管事务的特殊性而承担起紧急救灾中的特殊任务。它们是铁路、航运、交通、邮电、商业、卫生、财政、公安、红十字会、银行、保险公司、审计部门等。这些部门在灾害发生后承担交通、航运、通信、工程抢险、抢修、物质供应、医疗救护、卫生防疫，接受国际有关援助，维持社会治安，提供救灾资金和贷款、保险理赔，对救灾款物的使用实施审计监督等任务和职能。

2. 救灾决策指挥机构

我国救灾决策指挥机构分为常设机构和临时机构两类，其共同点是灾害发生后由各级行政首长亲自负责指导工作。

（1）常设性的救灾决策指挥机构

如国家防汛抗旱总指挥部，设在水利部内。我国七大主要江河流域如长江、黄河、珠江、松花江等，均设有由有关省、自治区、直辖市政府及该流域管理机构负责人等组成的防汛指挥机构。地方政府根据需要，设立由有关部门、驻军、预备役部队等负责人组成的防汛指挥部。

与国务院的灾害管理职能部门相对应，县级以上各级地方政府也设有对口的灾害管理职能部门。这些部门既受同级政府领导，在业务上又受上级对口职能部门的领导，由此构成一个横向与纵向沟通结合的灾害管理体制。

（2）临时性的救灾决策指挥机构

1）为对付灾害性地震、突发性重大工业事故，中央政府或地方政府有关部门会同驻军、武警部队的负责人组成临时性的抗灾救灾指挥机构。

2）当出现全国性的重大灾害时，由国务院有关部门的负责人组成抗灾救灾领导小组，协调全国的抗灾救灾活动。如：1991年华东大水灾时成立了由原副总理田纪云为组长的领导小组，成员来自国务院的有关部门。

3）某些部门、行业为对付重大的自然、技术灾害，在本部门或行业设立的救灾指挥机构，如邮电通信、铁路交通、工程建设等行业的临时救灾机构，以领导本部门、本行业的抗灾救灾业务和服务。

3. 中国国际减灾十年委员会

为了响应第42届联大第169号决议，我国政府于1989年4月成立了中国国际减灾十年委员会（简称"减灾委"），设在民政部。其办公室由民政部救灾救济司承担，负责"减灾委"日常工作。

该委员会为国家级的在减灾领域的部际协调机构，由28个成员单位的负责人担任委员，由国务院领导任主任委员。它负责制订中国国际减灾十年活动的方针政策和行动计划，组织有关部门、群众团体、新闻机构共同开展国际减灾十年活动，并指导地方政府开展减灾工作。

自成立以来，"减灾委"组织各方面的专家完成了《中华人民共和国减轻自然灾害报告》、《中华人民共和国减灾规划》(1996～2010)等成果，并与联合国有关机构、成员国开展了减灾方面的国际合作项目，同时通过减灾、救灾方面的培训项目，大大提高了我国的灾害管理水平。

自2008年5月12日汶川大地震发生后，"减灾委"确定每年的5月12日为我国的"防灾减灾日"。2011年全国防灾减灾日的主题是"防灾减灾，从我做起"，倡导公民开展"四个一"活动，即：阅读一本关于防灾减灾的书籍；观看一部涉及灾害的影视作品；与他人分享一次避险经历和经验；开展一次家庭灾害风险隐患排查。同时，所涉灾的相关部门要结合工作部署，组织开展灾害风险隐患排查和治理，重点是社区各类建筑和民房、学校、医院、工厂以及各类公共场所。

4. 城市灾害管理体制问题

我国城市灾害管理体制存在如下问题：

(1) 灾害预防体制落后，灾害预报工作分门分类；

(2) 各类防灾机构、设施重复设置，社会资源浪费；

(3) 各防灾减灾管理部门分割、协调不足，导致信息沟通与共享缺乏，造成防灾减灾效率低下和社会资源的巨大浪费；

(4) 政府包干式体制导致对政府及其财政的过度依赖，不利于调动社会和民间资源，社区自救积极性差，不利于防灾减灾的可持续发展。

(四) 我国城市防灾减灾政策、系统与目标

1. 城市防灾减灾方针政策

为了防御城市重大灾害的发生，减轻灾害造成的损失，我国城市长期坚持"以预防为主，防抗救相结合"的减灾基本方针，同时也体现"除害兴利并举"的经济原则，一直把防灾减灾视为保障经济、社会健康发展的重要工作。

2. 城市防灾减灾系统

(1) 城市自然灾害监测与预警系统

包括对城市自然灾害发生、发展过程实施监测的系统，监测信息的收集、传输和交换系统，信息的处理、分析、模拟和预报系统，预报结果的传播和服务系统。

(2) 城市减灾工程建设

主要包括影响与受益范围较大的城市防洪(防潮)工程、防震抗震工程、防治滑坡与泥石流工程、防护林体系建设工程等。

(3) 城市减灾非工程建设

主要是在灾害立法、救灾经济、灾害医疗、灾害保险、减灾宣传和教育、减灾科技以及减灾综合管理方面开展工作，为抑制城市灾害的过快增长起了不可忽视的作用。

20世纪90年代以来，在"国际减灾十年活动"的推动下，我国城市减灾各

有关部门均相应加强了所主管的减灾工作：在城市自然灾害监测方面，不仅加强了设备更新改造，而且开展了一系列的技术攻关；在城市减灾工程建设方面，加大了对城市减灾关键工程的投入；在城市减灾应急管理方面，开展了城市灾害快速评估、灾害区划与灾情评定标准的研究工作，以及应急能力的建设；在城市防灾教育、科技与宣传方面，加强了减灾人才的培养、减灾科学的基础与应用研究以及科技成果的推广工作，开展了多种形式的减灾宣传活动；同时，在充分发挥现有减灾管理部门的职能的基础上开始注重减灾法规建设。

3. 城市防灾减灾目标

（1）总目标

完善与城市经济、社会发展相适应的城市灾害综合防治体系和科学的防灾减灾规划，综合运用工程技术以及法律、行政、经济、教育等手段，提高城市防灾减灾能力，为城市的可持续发展提供与经济技术水平相适应的可靠保障。

（2）城市规划和建设方面的目标

健全和加强城市综合防灾规划，提高城市合理布局的水平，进一步加强城市各类工程的综合抗灾能力，强化城市生命线工程，为城市的安全和可持续发展提供物质保障。

第二章　城市防灾学科建设

第一节　城市防灾学的概念、背景及研究基础

一、城市防灾学相关概念辨析

（一）城市减灾与城市防灾等相关概念辨析

1. 城市减灾

众所周知，作为永远不会退出历史舞台的自然与社会现象，城市灾害已构成对现代城市的严峻挑战，越来越成为现代社会普遍关注的重要问题。20世纪90年代是联合国提出的"国际减灾十年"全球统一行动的第一个十年。所谓"减灾"，包含了两重含义：一是指采取措施对自然与人工环境进行改良，以减少灾害发生的次数和频率；二是指要减少或减轻灾害所造成的损失。就城市而言，灾害的发生及其损失往往是难以避免的，因此应着重于采取各种措施，尽量减轻城市灾害所造成的损失；这就是"城市减灾"。

2. 城市防灾

由于城市中各种财富和人员高度集中，一旦发生灾害，造成的损失很大，所以，在城市减灾的基础上，还应采取措施，立足于防。所谓"城市防灾"，就是对城市区域内的灾害环境采取防御性措施，尽量防止城市灾害的发生，以及防止城市所在区域发生的灾害对城市造成不良影响。但这不仅仅指防御或防止城市灾害的发生，实际上还应包括对城市灾害的监测、预报、防护、抗御、救援和灾后重建等多方面工作。由此可以看出，城市防灾注重措施、过程与结果，其内涵体现在以下三个方面：第一，内容的综合性。它不仅限于城市灾害防治，而且涵盖了城市减灾、抗灾、救灾等更为广泛的内容。第二，阶段的连续性。城市防灾贯穿于灾前预防、灾中应急、灾后恢复的完整过程。第三，执行的协调性。城市防灾的执行进程中需要监测预报、规划设计、建设实施、监察管理各个领域和机构的统一组织与相互配合，发挥最大合力。

3. 城市抗灾

指借助工程性措施和行为，增强城市承载和阻挡灾害的能力，最大限度地降低城市灾害的影响和伤害。

4. 城市救灾

是指在城市遭遇灾害后，制定有效的应急预案，开展相关疏散救护与物资投放行动，以控制灾情的蔓延和恶化，尽快恢复生产、生活的正常秩序。

5. 城市灾后重建

指城市灾情结束后进行各种恢复生产和重建家园的活动。

6. 城市适灾

是基于"天人合一"思想，在遵循城市灾害规律的基础上，推行循序渐进式的建设方式，以顺应城市灾害环境，避免形成不良冲击。

7. 城市防灾避难

指在城市临灾预报发布后或城市灾害发生时，把居民从危险性高的住所、工作或活动场地紧急撤离并安置到预定的更安全的场所。避难是人类躲避灾害的本能行为，也是城市防灾体系中的重要环节。

城市防灾避难包括城市防灾与避难两个要点。防灾侧重于构建一个保障安全的空间环境和运行机制；而避难侧重于城市灾害发生率减少，消除对人的危险性。综合起来，城市防灾避难可理解为：人与环境在应对城市灾害时对一切安全需求的实现方式。

（二）安全、城市安全与安全城市等相关概念辨析

1. 安全与风险

安全是具有特定功能或属性的事物，在外部因素及自身行为的相互作用下，足以保持正常的、完好的状态，免遭非期望的损害现象。安全的定量描述可用"安全性"或"安全度"来反映。

同时，安全具有时间和空间的双重属性，指在某一特定时间阶段中所维持的安全状态在置于空间维度之后则可能变为不安全状态。即：空间相对于时间来论是否安全，也就是说风险的概念。风险管理理论认为，系统中风险的存在是绝对的，受各种条件的制约，系统中的风险不可能被完全地消除或者控制，而只能集中有限的资源在一定程度上降低系统所面临的风险水平。

2. 城市安全与安全城市

城市是一个巨大的综合有机体，承载着高度聚集的人口、建筑和基础设施，面临着各种来自外部和自身的安全威胁。"城市安全"的概念往往与"城市灾害"一词相对存在，无论是自然原因，还是人为原因，只要是造成对人民生命和财产安全威胁的事件就构成灾害；从灾害源来看，城市受到地震、台风、洪涝、山崩、海啸、飓风、滑坡和泥石流等自然灾害，以及火灾、空难、海难、车祸、噪声、核泄漏、污染等人为灾害的影响。城市安全研究的最初阶段即针对灾害危险，以及灾害事件进行研究；随着研究的深入以及城市的发展，城市安全研究趋于系统性视角，主要包括灾害易损性（vulnerability）、城市耐灾性、恢复能力（resilience）以及耐灾城市（resilient city）等概念的提出以及相关的研究成果，进而发展到后来，"安全城市"被广泛提出并深入研究。

关于"安全城市"，各国有不同的概念和研究重点。出于其社会问题，欧美国家较为重视治安方面，故其语中的"safer city"一般与阻止犯罪联系在一起，而具有防灾功能的城市则称为"resist disaster city"。由于日本经常受到自然灾害的威胁，日语中的"安全都市"、"防灾都市"及"安全安心城市"等提法则更为强调对地震、洪涝及暴风潮等自然灾害的防灾减灾。中国关于安全城市的相关研究重点集中在城市的防灾减灾方面，并与"生态城市"、"健康城市"等城市发展方向相类似，而将安全城市作为一种城市未来发展模式，重视城市应急能力、

安全资源共享能力、防灾能力、适灾能力等方面的建设，同时强调"对城市保持安全状态的日常能力的建设"。

（三）城市防灾学概念

众所周知，城市灾害具有两重性：即自然属性和社会属性。其自然属性是指，它的发生是地球、大气圈、生物圈自身运动与发展所引起的——这些运动的不协调就导致了种种灾害。其社会属性是指城市灾害与城市社会的相互作用，亦即：城市灾害的发生必然影响城市社会的发展，而城市社会活动也会反过来导致或诱发城市灾害的发生与加剧。因此，人不是游离于城市灾害之外，而是始终处于灾害作用的大系统之中。而从城市灾害的社会后果来看，也有两重性：一方面，城市灾害促成了人民生命财产的重大损失；另一方面，城市灾害又迫使人们聪明起来、从灾害中学习，并通过先进的科学技术研究城市灾害的防治。

城市防灾学创立的目的，就在于通过综合研究与充分认识城市灾害及其产生原因，掌握其规律，预测城市灾害可能发生的时间和空间，并着重提出如何使城市灾害所产生的影响减少到最低程度的对策，进而达到防灾、救灾、抗灾的目的。具体而言，城市防灾学是一门运用先进的科学技术对城市灾害进行评估、预报、预防以及早期警报、监测和综合性研究，并提出使城市灾害产生的影响减到最小的对策，从而达到防灾、减灾目的的新兴学科、边缘学科与交叉学科。作为一门新兴学科、交叉学科与边缘学科，城市防灾学的研究要有方法上的创新，要充分运用自然科学和社会科学、技术科学的理论与方法，综合探求城市灾害与自然因素、科学技术、经济社会各环节间的内在联系及其规律性，从而为城市防灾提供最优化决策方案。

所谓交叉科学，就是在学科与学科之间相互交叉、渗透、融合，构成新的理论。人类整个科学有自然科学、社会科学、技术科学三大领域。城市防灾学就是把这三大领域中涉及城市防灾问题的知识相互交叉，构成一个相对完善的知识系统。具体而言，城市防灾学的研究要涉及土地资源学、地震学、环境工程学、结构工程学、生态学、林学、土壤学、灾害学、海洋学、资源环境学、系统工程学等自然科学和技术科学，以及社会制度、政策法规、国土开发、城市规划、社会治安、公众素质、行政管理、文化教育等社会科学；要运用多学科知识，系统探讨地震、洪灾、地质灾害、风暴潮、沙尘暴、雷暴、火灾、空袭、水土流失等城市主要灾害的成因、特点及发展趋势，国内外城市防灾减灾工作，城市防灾的基本原理，城市灾害风险分析与评价，城市综合防灾体系，城市防灾规划与防灾工程，以及城市防灾的历史、行政、保险、法规、价值分析等相关内容。与此同时，它属于城市科学系列，主要介于城市学和安全科学之间，也是两者的交叉与边缘。

二、城市防灾学创立的必要性与可能性

（一）城市防灾学创立的必要性

城市是国家和地区的经济、政治、文化、科技中心和交通枢纽，是人口和国家财富的集中地；同时，国家的对外开放也要通过城市作为窗口来实现。因此，城市是国家防灾减灾的中心和重点；而深入研究城市防灾减灾问题，以不断增强城市防御灾害和减轻灾害之能力的城市防灾学学科建设，便成为国家现代化建设中的一项战略性任务。

1. 城市安全关系到国计民生

统计资料表明，2000 年我国 GDP 的 68.63%、第三产业产值的 82.98% 和绝大多数科技力量及高等教育都集中在城市。因此，在灾害面前，城市，尤其是关系国家经济命脉的中心城市的安全度便成为关系整个国计民生的大事。与此同时，我国大城市中心区和旧城区人口密度很高（有的每平方公里已超过 5 万人），一旦受灾，将影响千百万人民群众的生命财产安全。所有这一切，既大大增加了城市灾害发生的可能性以及防灾减灾的困难性，同时也大大增加了城市防灾学科研究的重要性。

2. 我国城市遭受各种灾害威胁的形势严峻

资料表明，地震烈度大于或等于 7 度的城市约占我国城市总量的 45%；许多城市位于沿海、沿江、沿湖地区，汛情不断；各种气象、地质灾害也对城市造成威胁。《中国 21 世纪议程》指出："全国 70% 以上的大城市，半数以上的人口和 75% 以上的工农业产值分布在气象灾害、海洋灾害、洪水灾害和地震灾害都十分严重的沿海及东部平原丘陵地区。"中西部地区的城市也同样面临自然灾害的威胁。与此同时，城市人为灾害也日益加大：由于管理和技术等方面原因，城市交通事故、火灾以及环境污染等人为灾害呈扩展之势；高层建筑的迅猛发展对于建筑防火提出了更高要求；不合理的资源开发造成潜在灾害（如不少城市过量抽取地下水，引起地面下塌）；一些用地开发活动也由低风险区不断向高风险区扩展。所有这些，均大大增加了城市各种灾害发生的概率，同时也使城市防灾科学研究的意义得以凸显。

3. 我国城市防灾减灾能力仍十分薄弱

新中国成立后，尤其是改革开放以来，国家十分重视城市防灾减灾建设，全国共加固了 2.4 亿平方米的各类建筑以抗御地震（绝大部分在城市地区），并不断加强城市防洪和消防设施建设，积极开展城市防灾减灾规划研究，城市防灾能力有所提高。但总体上看，城市防灾标准普遍偏低。与此同时，我国城市还远未形成综合性的防灾体系，各方面的防灾能力未能综合运用，城市防灾科技水平亦低。

综上所述，城市防灾问题关系到国家与地区发展的大局，同时我国城市遭受各种灾害威胁的形势更为严峻，而防灾减灾能力又十分薄弱，因此，无论是从战略上看、还是从战术上看，城市防灾学的学科建设都应当引起我们的高度重视。

（二）城市防灾学创立的可行性

人类对于城市灾害本质的认识是随着时代的进步、经验的积累和科技的发展而不断提高的。当前，我们已充分认识到，人类在城市化发展的同时也在为其发展付出代价，每一个城市都必须考虑自身可持续发展的保障条件；因此，20 世纪 90 年代以来国内外开始格外关注城市防灾减灾的综合性研究。在我国，提出并创立城市防灾学这一新兴学科，是基于下述前提背景的：

1. 安全科学技术入列国家一级学科

国家技术监督局于 1992 年 11 月 1 日发布的国标《学科分类与代码》已将"安全科学技术"正式列入一级学科(代码 620)。"安全科学技术"学科理论的诞生对于城市防灾学科的发展具有重大意义。这是因为，安全科学是研究人的身心存在状态(含健康)的运动及变化规律，找出与其对应的客观因素及转化条件，研究消除或控制其影响因素和转化条件的理论和技术。它着重研究安全的本质及其运动规律，并试图建立安全、高效的人机规范和形成人们保障自身安全的思维方法和知识体系。现行"安全科学技术"学科框架中的灾害理论、安全理论、安全工程技术、卫生工程技术、安全管理工程等分支学科，均可以为城市防灾学学科建设提供支撑条件。

同样是在 1992 年，原国家教委将始建于 1975 年的国家地震局天水地震学校规范确定为"防灾科技学院"，是国家地震局直属的部委院校。该学院设有地震科学系、防灾工程系、防灾仪器系等特色系以及地球物理学、地质学等专业。

2. 中国环境科学取得进展

我国现代环境科学的发展也为城市防灾学的创立创造了条件。环境科学是一门联系实际的科学，它依据不同时期客观存在的环境问题及其内容而发展。中国环境科学源于 1972 年国务院成立的北京官厅水库水源领导小组。此后的 40 多年，中国环境科学在以下方面取得了大的进展：

(1) 环境化学研究方面，有环境分析化学、土壤环境污染化学、环境化学、生态效应化学等；

(2) 环境医学研究方面，有环境污染物控制标准的研究、环保措施与决策的研究、依据环境保护与优先利用天然植物资源进行抗环境致癌物的研究；

(3) 环境评估研究等。

很显然，环境科学的发展也为城市防灾学的发展创造了背景条件。

3.《中国 21 世纪议程》发布

《中国 21 世纪议程》对于城市防灾学的创立起了很好的促进作用。城市可持续发展是《中国 21 世纪议程》的核心；而我国目前的城市基础设施与环境状况堪忧，对城市持续发展的承受力十分有限。城市防灾学的创立和城市防灾减灾工作的加强，无疑体现了城市可持续发展观。因此，《中国 21 世纪议程》为城市防灾学的创立提供了机遇。

4. 国际减灾活动持续开展

1996 年 10 月 9 日的"国际减灾日"主题为"城市化与灾害"。它不仅与"人居 II"相配合，而且也表明了人们对城市防灾减灾的重视。日本"国际减灾十年"国家委员会 1993 年的报告《发展中国家大城市灾害易损性评估的对比研究》，通过系统分析和风险评价技术，选择了马尼拉、墨西哥市、安卡拉、旧金山、惠灵顿和东京等大城市进行研究，并指出灾害易损性已使现代城市地区直接或间接地成为造成人类、财产和经济严重损失的温床。总之，全球对城市防灾减灾的日益关注，也说明了城市防灾学创立的必要性。

5.《21 世纪国家安全文化建设纲要》出台

由于影响国家安全生产及安全生活的特、重大事故和环境公害突发事件越来越多地集中在城市，因此我国《21 世纪国家安全文化建设纲要》特别强调了城市综合减灾研究是 21 世纪中国最值得关注的保障技术之一。这也可以作为城市防灾学创立的背景条件。

6.《中国减灾规划》发布

1994 年在日本横滨《世界减灾大会》上发布的《中国减灾规划》，不但从宏观的战略高度提出了我国国家减灾目标与战略，标志着我国在社会、经济发展规划中开辟了"防灾减灾"这一重要窗口，同时它还提出要逐步提高工业基地、高风险区域城镇、基础设施和高风险源的抗灾设施建设，以增强企业的防灾能力。此外，它要求到 2010 年完成全国各级城镇的减灾规划，进一步提高城市防灾减灾设防标准，基本控制因灾造成的次生灾害。这一规划也把城市防灾学研究"逼"上了议事日程。

7. 防灾法规陆续颁布

目前，我国政府已陆续颁布与实施了《水法》（1988 年 7 月 1 日施行）、《环境保护法》（1989 年 12 月 26 日颁布）、《军事保护法》（1990 年 8 月 1 日施行）、《人民防空法》（1997 年施行）、《防洪法》（1998 年 1 月施行）、《防震减灾法》（1998 年 3 月施行）、《消防法》（1998 年 5 月 1 日施行）、《减灾法》（1998 年施行）、《防沙治沙法》（2002 年 1 月 1 日施行）、《职业病防治法》（2002 年 5 月 1 日施行）、《安全生产法》（2002 年 11 月 5 日施行）、《国家突发公共事件总体应急预案》（2006 年）、《突发事件应对法》（2007 年 11 月 11 日施行）、《汶川地震灾后恢复重建条例》（2008 年）、《国家自然灾害救助应急预案》（2011 年）、《全国综合减灾示范社区创建管理暂行办法》（2012 年）等一系列防灾法规，规定了各级政府防御和减轻城市灾害的责任，这必将促进我国城市防灾事业和城市防灾学科的加速建立。与此同时，国家还颁布了《国务院关于全国加强应急管理工作的意见》（2004 年）、《国家安全社区建设基本要求》（2006 年）、《国家综合减灾十一五规划》（2007 年）、《中国的减灾行动》白皮书（2009 年）、《国家减灾委员会关于加强城市社区综合减灾工作的指导意见》（2011 年）、《国家综合防灾减灾规划（2011～2015 年）》（2011 年）等一系列城市防灾相关政策。此外，我国相继出台了《城市抗震防灾规划标准》GB 50413—2007、《地震应急避难场所场址及配套设施》GB 21734—2008、《防洪标准》GB 50201—2014、《城市消防站建设标准》建标 152—2011、《城市消防规划规范》GB 51080—2015、《城镇防灾避难场所设计规范》GB 51143—2015 等与城市防灾相关的国标、规范；正在编制《城市防洪规划规范》、《城镇综合防灾规划标准》。

8. 国家自然科学基金资助

从 1989 年起，国家自然科学基金委员会把"减轻自然灾害"列为专门领域予以支持，其主要资助范围为有关我国主要灾种的成因机理、成灾规律，灾害监测与调查，灾害评估方法以及灾害预测与救灾对策等方面的基础研究和应用基础研究。

9.《中国自然灾害对策》白皮书编成

1999年3月编制完成的《中国自然灾害对策》白皮书作为我国科学家群体减灾智慧的结晶，已将中国城市灾害作为减灾重点之一，并强调在我国应首先从大城市、大区域上强化综合减灾能力的建设，这无疑是创立城市防灾学的希望所在。

三、城市防灾学的研究基础及现状问题

（一）城市防灾学的研究基础

新中国的城市防灾减灾工作由来已久，但过去的防灾减灾工作多采取"运动"形式，很少进行严密的科学研究。此外，长期以来，我国城市防灾管理思想一直有偏差，正确的综合减灾思想是在20世纪最后十年逐步形成的。

具体而言，我国城市防灾学的研究基础表现在以下方面：

1. 学术研究

20世纪80年代末原国家建设部就发起并组织了一系列抗震防灾技术会议，编制了数以百计的国家及部颁标准，之后又完成了其他防灾研究，如"电气安全防灾标准级重大科技攻关项目报告"；1990年代初国家自然科学基金立项、原国家计委于1992年批准并实施中国大型土木工程及典型城市防灾减灾研究课题；中国国际减灾十年委员会专门组织了"地震、地质灾害及城市减灾重大技术研究"，"城市抗震减灾规划及城市综合减灾工程研究"等专题研究；而国家资助的"中外大城市灾害及法规案例对比研究"、"首都城市综合减灾管理模式研究"、"城市重大危险源：城市易燃、易爆灾害性分析"课题也已作出成果。

2. 减灾工程

国家不仅强调安全减灾标准化及立法建设，并已在一批大城市的规划设计中采纳了多项减灾技术及综合减灾管理，一批示范性减灾工程亦在构想之中；全国668个城市的总体规划中都已涉及城市防灾减灾规划内容，北京、上海、天津等特大城市的"九五"科技发展规划中专门开辟了"减灾篇"——国家减灾规划正是在以上各主要城市减灾规划的基础上完成的。

3. 理论成果

20世纪90年代国内陆续创办（或更名）了一批学术研究刊物，如《灾害学》杂志（陕西）、《自然灾害学报》（哈尔滨）、《城市减灾》（天津）等；出版了一批减灾专著，如《中国减轻自然灾害研究》（1990年）、《中国自然灾害地图册》（1992年）、《中国城市综合减灾对策》（1990年）、《减灾管理科学指南》（1996年）、《城市灾害学原理》（1997年）等。此外，还有《科技导报》、《大自然探索》等刊物也经常刊出城市防灾减灾方面的文章。

（二）城市防灾学研究的现状问题

总体而言，我国城市防灾的软件建设较之硬件建设更为薄弱，尚未形成体系，城市防灾管理、安全文化建设、防灾科学研究、防灾法制建设和社会保障系统建设都亟待建立和进一步完善。同时，我国城市防灾科研力量比较分散，对于城市防灾的综合对策和管理、灾害损失的综合评估、灾害医学和灾害社会学等方面的综合研究亟待加强协调管理。

第二节　城市防灾学的研究内容、基本原理、相关理论与重点方向

一、城市防灾学的研究内容

1. 城市防灾学的系统研究内容

学科的创立是一个相当复杂的问题。城市防灾学能否得到学术界的承认以及主管部门的认可，并最终纳入国家标准学科分类序列，亦即取得法定的学科地位，是城市防灾学科成不成立的重要标志。

学科分类通常遵循从理论到应用、从一般到个别、从抽象到具体、从普通到特殊、从简单到复杂、从低级到高级、从宏观到微观的排列顺序。与此同时，有关研究也表明，看起来相对孤立的城市灾害（事故）事件之间，可以通过"灾害链"而紧密联系，最终构成城市灾害系统。从这两点出发，较为系统的城市防灾学的理论框架或体系至少应包括以下内容：

（1）灾害、城市灾害，城市防灾、城市减灾等范畴的定义或概念；

（2）城市各类灾害产生的途径，灾害信息的监测与管理；

（3）城市灾害链、灾害区划、易损性分析、灾害预测与评估研究；

（4）城市灾害特点研究，如危害性、相关性、多样性、区域性、突发性、群发性、模糊周期性、社会性等；

（5）城市灾害性质及危害程度、防御标准及体系、模式、对策研究；

（6）城市灾害致灾机理及形成要素（因子）、发展规律研究；

（7）城市灾害模型研究，包括模型概念、系统动力学、风险分析、脆弱性评估、危机控制、层次分析法等；

（8）城市防灾工程决策与防灾规划对策、模式分析；

（9）城市防灾减灾总体构想及学科建设；

（10）城市防灾减灾工程技术；

（11）城市防灾减灾管理综合评估体系与灾情评估信息系统；

（12）城市灾害保险政策、减灾基金制度；

（13）城市灾害社会学相关内容；

（14）城市自然灾害与技术灾害的关系及其防灾机制。

2. 城市防灾学的近期研究内容

主要为地震、洪水、风暴、火灾、雷电、危险品泄漏、战争对城市的危害及其产生途径与成灾损失的评估，各种灾害载荷对城市生命线工程系统与结构物的作用和破坏机制，城市防灾规划及灾后重建决策理论与方法。具体包括地震的震源与在地层中传播的数学模型，城市防洪规划与洪水对建、构筑物的破坏模式，风暴的极值风压、风振与风谱的实测与统计分析，城市火灾、危险品泄漏或爆炸的成灾模式，城市生命线工程系统的防灾可靠度分析，城市灾害信息监测、考察及信息系统的管理与建库理论。

二、城市防灾学的基本原理

城市防灾学的基本原理是关于城市防灾的定性、定量的基本知识体系或信息体系，它既要解决"是什么"的问题，也要解决"为什么"和"怎么办"，或"是非优劣"等问题。它具有高度的概括性（即以简明的术语、概念、法则涵盖丰富的内容）、完整的体系性（由一系列术语、概念、法则相互补充，联成系统）、普适性（它揭示带有普遍性的内容，源于个性、高于个性，能启发和指导对特殊性的认知）、开放性（它既指导防灾实践，又接受防灾实践的检验）、阶段性（它具有阶段性的正确性，而不一定永远正确）、局限性（如范围和深度的局限）等特征。

（一）城市灾害的成灾机制与演化机理、类型与测度

1. 城市灾害的成灾机制

（1）城市灾害的作用要素

根据灾害学理论，城市灾害系统是一个复杂巨系统，它的结构体系（Ds）由孕灾环境（E）、致灾因子（H）和承灾体（S）三个要素复合组成（图 2-1）；而孕灾环境稳定性（S）、致灾因子风险性（R）和承灾体脆弱性（V）则构成了该系统的功能体系（Df）（图 2-2），灾情则是这个系统内部各要素相互作用、影响的产物。

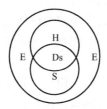 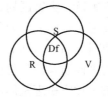

图 2-1　城市灾害系统的结构体系　　　图 2-2　城市灾害系统的功能体系

1）孕灾环境

任何灾害的发生都有其特定的自然环境或社会背景，故可将酝酿城市灾害事件的孕灾环境划分为自然环境和社会环境。前者指由地理、地质、气候、水文等多种自然要素组成的大气圈、水圈、岩石圈与生物圈，后者包括以经济、市场、人口、建筑用地、交通系统等人工要素为代表的人类社会的物质实体与发展状况（表 2-1）。

城市孕灾环境类型及其组成要素　　　表 2-1

类型	组成要素
自然环境	地理、地质、水文、气候、植被、土壤、动物等
社会环境	人口、建设用地、交通系统、工程设施、住房与市场等

2）致灾因子

指孕灾环境中产生的各种异动，包括自然因子和人为因子。自然因子指因存在于自然界中的物质和能量的时态分布发生较大偏差，使得某种自然现象出现了反常，如地震活动、极端天气等（图 2-3）。人为因子主要是人类违反、干预自然规律而使致灾风险增强的某些生产、生活活动，如切挖坡脚、破坏河道等。

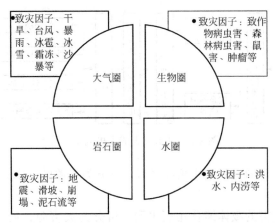

图 2-3　自然界中的致灾因子类型

3）承灾体

既是致灾因子的作用对象，同时也是直接蒙受灾害的实体，包括自然环境、人类、人类社会及其所创造的各种物质财富和资源。致灾因子只有施加于承灾体且造成损失时，才能形成灾害。承灾体的性质及结构会影响致灾因子的致灾强度，或者促进其形成，或者采取积极措施防止或消除其产生。其最终反映为灾情的严重程度。

总之，城市灾害系统三要素之间存在复杂而深刻的联系（包含与被包含，或是部分内容重叠），任意两者都是双向互动的关系，各个要素之间都是以反馈作用的机制在城市灾情形成中发挥作用，且缺一不可。可以认为，城市灾害形成就是承灾体不能适应或调整环境变化的结果。城市灾害是地球表层之孕灾环境、致灾因子、承灾体变异过程的产物。

（2）城市灾害的形成机制

城市灾害的时空分布和破坏程度取决于城市灾害系统内致灾因子、孕灾环境与承灾体三部分结合作用而导致的变异过程及其影响强度。具体地说，致灾因子风险性（R）变化过程、孕灾环境稳定性（S）变化过程及承灾体脆弱性（V）变化过程环环相扣、节节推进，一起构成了城市灾害的形成过程（图 2-4、图 2-5）。在不同时态条件下，这一变化的条件、方向和影响水平都是动态调整的。

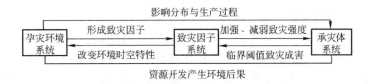

图 2-4　城市灾害系统三要素互动关系

2. 城市灾害的演化机理

（1）从城市灾害的时间演化角度来看，其灾害过程可划分为孕育期、潜伏期、持续期、衰减期和平息期。

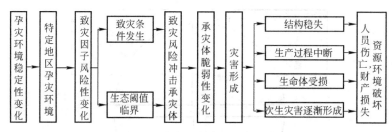

图 2-5　城市灾害成灾机制示意

（2）从城市灾害的空间演化角度来看，可分为灾源区、中介区、灾泛区和抑灾区等四个区域。

（3）以城市灾害的载体演化角度来看，可分为灾害源、灾害载体和承灾体。对于"宏观"的城市灾害，直到可以预见的将来，我们还不可能控制灾害源与灾害载体。如对于河流流域范围内的城市洪灾，其灾害源是气象上的降水，灾害载体是地面径流，承灾体则是城市及其居民。这样，城市洪水灾害在灾害发生时对灾害源是不可控的，灾害载体一时也难以改变，因此应重点考虑对承灾体（城市）的保护。而对于"微观"的城市灾害，则可控制程度较大，至少能较好地控制灾害源。

如果我们全面把握了上述演化规律，进而积极应变，构成完整的城市防灾决策体系，就不至于被动地穷于应付。

3. 城市灾害的类型、测度研究

城市灾害属自然性与社会性合为一体的混合灾害，其分类与测度研究应包括以下内容：

（1）城市灾害分类，含致灾因子分类、承灾体分类、城市社会性分类，尤其要关注由原生→次生→衍生的灾害扩大化问题；

（2）城市灾害等级。这里并非仅指地震强度及烈度，而包括了城市灾害的"震、水、风、火"及"新灾"等不同灾害的等级；

（3）城市承灾体受灾程度。其中，尤应关注城市灾损度。所谓城市灾损度，是指某一城市的总经济当量（或以 GNP、GDP 为代表的经济当量）与灾损总值的比例关系，用以评估该城市社会、经济基础的受灾程度。

（二）城市灾害辨识、评估与避灾对策及预警

1. 城市灾害的辨识

考虑到城市有限的防范能力，对城市灾害应有所防，也有所不防。一般来说，出现概率极小、造成巨大损失的概率也很小的灾害就可以不设防，如城市被陨石击中的自然灾害即是此类。因此，各城市必须根据自身的条件和环境，对灾害进行辨识，确定各种灾害对城市威胁的大小，以确定设防的力度。应该说，城市灾害辨识是一个动态滚动的过程，不是一劳永逸的事。因为外部环境在变化，如一些新技术的出现除给城市带来便利外也会带来潜在的灾难，因而城市灾害辨识往往要定期复核或再辨识。

城市灾害辨识的过程可按以下步骤进行：

确认可能构成威胁的不确定性→列出初步灾害清单→初步分类→每种灾害确认与推测灾害结果→灾害预测→调整与做目录摘要。

2. 城市灾害的衡量评估

在城市灾害辨识的基础上，还有必要对城市灾害进行深入一步的衡量评估工作。但评估工作是一件困难的事，因为它是事前的衡量评估，有许多不确定性因素。面对这一复杂局面，防灾研究人员也提出了一些较为可靠的、实用的评估方法，如风险评价的模糊数学方法、随机数学方法等。这些方法用到一些较为复杂的数学模型，经过训练的防灾工作人员应会使用这些模型来进行城市灾害的衡量评估。

3. 城市灾害的避灾对策

城市防灾实践表明，在城市灾害发生前、发生中以及发生后如应对得当，完全可以防灾、避灾和减少灾害的损失。也只有做了大量的事前工作，制订出临灾时的行动方案，并进行必要的演练，临灾才能不慌，并按行动方案采取正确的应对措施。这是人们在和灾害长期的斗争中总结出来的成功经验。

这一阶段工作可分为：

确认具体灾害→确认每种灾害的发展过程→提出行动方案→避灾演习等 4 个步骤。

4. 城市灾害的预警

作为城市防灾救灾的"神经中枢"，城市政府及其防灾部门应承担起临灾组织协调及前述的各阶段工作。此外，这个"神经中枢"还应承担灾前预警工作。

预警就是要抓住先兆，并辨识出先兆所预示的城市灾害，迅速将信息传递给预定方案的执行者，以便采取相应行动。预警要有完善的信息传递系统。预警可分为常规预警与临灾预警两种：前者主要是指预警城市自然灾害发生的可能性，如按气候条件发布城市森林发生火灾的危险程度级别；后者是某种突发致灾因素发生或得到灾害即将发生的信息时，迅速发布临灾信息并启用预定行动方案。例如：一旦发现城市易燃易爆液体或气体泄漏，应立即实施临灾预警。

（三）城市主要灾害的可管性分析

在灾害面前，人们并非束手无策，这是因为灾害具有可管性。所谓灾害的可管性，就是通过人类活动所达到对灾害源消灭或削弱的可能性，对灾害载体削弱或限制的可能性，对承载体保护或转移的可能性，以及对灾害发生与发展趋势的预见性和人类采取防灾措施的可行性。不同的灾害，其可管性也有所不同。

1. 地震灾害的可管性分析

地震一般是由地壳的构造运动引起的。通常情况下，凭借人类现有的科学技术水平和能力，地震的震源是不能削弱和消灭的。因此，它基本上是不可管的。地震的震源能量是通过地震波的形式传播和进行破坏的，人为防止地震波的传播也很困难。它基本上也是不可管的。地震的承灾体主要是人、建筑物、城市生命线系统和其他动产、不动产以及由此可能造成的经济停滞和社会动荡。通过工程性措施和非工程措施，是可以保护这些承灾体，并减少损失的。从这个意义上说，地震灾害具有可管性。

2. 洪水灾害的可管性分析

洪水灾害的灾源多由暴雨形成，可管性小。洪水灾害的载体是水流，在一般情况下通过筑堤、建坝、分流、泄洪等工程措施是可以对其限制或削弱的，因而具有可管性。洪灾的承灾体主要是位于洪水水位线以下的城市中的人员、建筑物、交通线路等，采取必要的措施，也是可以防御洪水侵袭的，因而也具有可管性。

3. 风灾的可管性分析

城市风灾多为风速很大的台风、龙卷风。其灾害源是具有一定动能和热能的气团，基本上是不可管的。风灾的载体是气流，小规模的气流可采用人工屏障、植树造林等工程措施来阻隔或改变其路径；但对于大规模的气流，目前尚无能为力，是不可管的。风灾的承灾体主要是人、建筑物和城市供电、通信系统，可以采取措施进行保护，因而具有可管性。

4. 火灾的可管性分析

城市火灾多由于人为因素如违章操作电器、易燃物泄漏等原因而引起，如果加强教育，严格管理，是具有可管性的。城市火灾的载体是易燃物质，通过采取隔离火源等措施，可以对其限制或削弱，具有可管性。火灾的承灾体主要是人员、建筑物，可以采取一定的消防措施进行保护，也具有可管性。

由上可知，保护承灾体对减轻大多数的灾害都是可行的。规模不大的灾害载体和强度较小的灾源也可以限制或削弱，因而具有可管性。而那些强度很大的自然灾害源，通过加强监测、预报，采取避防性措施，也是可以减轻其灾害损失的。

（四）城市防灾的基本观念

1. 城市防灾的区域观念

城市是一种综合性的地理环境，也是区域的主要构成单元，区域科学十分关注这一地理实体。从区域观念出发来研究城市灾害问题，应立足于城市空间、城市资源利用、城市生态环境、城市地貌与气候、城市水文等要素。

如以城市生态灾害为例，要从居住地（HA）、支持地（SA）、功能影响地（FA）三方面入手。很显然，HA、SA 和 FA 属宏观的圈层结构，应满足如下集合式：FA∪SA∪HA；越是接近核心，"城市病"的综合性越强，"病情"也越重。由此亦可见，城市系统实际上是十分脆弱的，其脆弱性表现在城市是超稳定系统。

2. 城市防灾的经济评估准则

应该说，我国城市防灾的严峻态势与我国城市化的快速发展很不适应。最大的问题是对城市灾害损失估计不足，未进行工程项目灾害风险的经济评估。主要原因是研究经费严重不足。

城市防灾的经济评估准则涉及建设项目灾害影响及经济损益的定量方法，包括自然资源、生态和人的生命价值，洪灾、地震、火灾、污染（大气、水体、放射性）等内容。它将为城市防灾减灾提供最佳投资费用比，亦为城市灾害保险及灾害损失补偿提供依据。

3. 城市防灾的应急决策准则

城市防灾减灾对策包括技术性措施和社会性措施两大类。而城市防灾学的应急决策准则旨在强调现代城市要建立完整的防灾减灾网络及预警预案，从而在灾害事故到来时能有效地指挥、管理，使城市政府及公众有充分的时间按预案要求有计划地搬迁、救灾、避难，最大限度地减少伤亡及控制灾情。

所谓应急决策，亦即按应急法规办事。首先是要按防灾要求制定应急规划，要具有便捷畅通的道路系统以及充分开发利用城市地下空间等。

三、城市防灾学的相关理论

（一）安全城市理论

1. 安全城市概念

所谓安全城市，是指对自然灾害、社会突发事件等具有有效的抵御能力，并能在环境、社会、人身健康等方面保持一种动态均衡和协调发展，能为城市居民提供良好的秩序、舒适的生活空间和安全的人身财产的地域社会共同体。随着时代的发展，安全城市问题研究的范畴和内容不断调整和拓展，逐渐发展成为一个跨学科、多维度、系统化的开放性研究平台。

2. 安全城市理论研究的侧重点

安全城市理论对于全球范围内的城市建设发展有着普遍的指导意义。出于国情和灾情的不同，各国关注和研究的侧重点也有所不同，但总体上集中在城市防灾、城市治安和防卫等方面。

（1）城市防灾研究

在美国，系统的城市灾害研究大致经历了三个阶段。第一阶段以20世纪50年代为发端，主要是针对灾害危险（hazard）与灾害事件（disaster）的研究。前者的研究目的是主动地提前采取防灾对策，减少灾害发生；后者是相对被动地采取应急对策来减少灾害损失。第二个阶段是20世纪60年代～20世纪70年代，是以还原论思想为基础展开关于灾害易损性（vulnerability）的研究。第三阶段始于20世纪90年代，由D·R·Godschalk最早提出和引入耐灾性（resilience）思想，从此开辟了从系统论角度研究城市安全防灾的新视角。

日本是一个自然灾害高发、频发的国家。因此，其开展城市安全研究起步较早，重点是城市与街区防灾减灾。1995年日本阪神大地震后，神户大学成立"都市安全研究中心"，提出建立"安全安心城市"的理想目标。同时，神户市以构建"安全都市"为理念，通过制定《神户复兴计划》，指导城市防灾规划与地区防灾系统的落实。

我国台湾地区也建立了安全都市规划体系，其包含计划层面和执行层面。内容架构包含四个向度，分别是：都市防、救灾基本计划，都市防、救灾实质规划，都市基础建设与防、救灾整备，安全都市防灾管理。

（2）城市治安和防卫研究

由于存在较为严重的社会问题，以美国和加拿大为代表的西方国家的安全城市内涵更为重视减少犯罪、维护社会安全等城市治安与安全防卫内容。其一般通过物质环境设计、社区教育来阻止和预防治安性事件。

（3）综合研究

我国学者也展开了安全城市理论体系研究。研究内容集中在城市防灾规划、

37

城市灾害安全、城市突发性公共安全事件处理、城市社会治安防卫等方面。其中，马德峰（2004 年）从城市灾害学、城市社会学、犯罪心理学等学科视角出发，对安全城市的内涵进行了梳理和阐述；董晓峰（2007 年）总结了国内外安全城市研究的历程与最新动态，阐述了该理论对于我国城市规划建设的基本要求；张汉卿（2011 年）认为，基于还原论思想的传统城市安全研究范式已显示出不适应性，需要从城市系统性认识出发，从多灾种防救角度探讨城市安全规划的理论框架。

3. 安全城市理论的借鉴意义

安全城市理论要求城市与住区规划设计树立"安全第一，以人为本"的理念，以系统论视角与方法指导城市防灾规划体系建设，强调从宏观的城市结构到微观的住宅单体、从灾体空间计划与整备到管理与执行无不贯彻与实现安全品质的要求。

（二）城市灾害学

1. 城市灾害学概念与由来

城市灾害学是一门从灾害学中逐渐分化出来，建立在安全科学、环境科学、城市科学和管理科学等多学科交叉的基础上，以城市防灾减灾为研究对象，以系统性视角探讨各种城市灾害的成因、特征、作用环境、影响程度、发展趋势和防灾减灾对策措施的新兴学科。从目前来看，该学科尚处于探索、发展之中，相关研究成果有待深化与完善。

金磊（1997 年）的《城市灾害学原理》一书奠定了城市灾害学科研究的理论基础。该书较系统地介绍了城市灾害学的基本观点，梳理了城市防灾减灾规划、法制、管理、科技等方面的综合防灾对策，并展望了分支学科与重点研究方向，如：城市综合减灾规划、城市小区与住宅的安全建设、城市生命线系统、城市灾害社会心理与社区安全文化、城市地下空间的防灾减灾研究等。何振德、金磊（2005 年）的《城市灾害概论》较全面地阐述了国内外城市发展过程中的安全防灾问题，展现了大安全观下的综合防灾减灾思路，并列出新章节探讨安全社区概念与建设对策。章友德（2006 年）的《城市灾害学：一种社会学的视角》一书运用社会学理论与方法，探索不同历史时期城市灾害的种类、原因、功能以及人对灾害的不适应性问题，揭示出人为因素是城市灾害产生的主要原因，必须从制度上建立起城市防灾减灾的体制和机制。

2. 城市灾害学的基本原理

（1）城市灾害的"时—空"原理

城市灾害具有一种超越灾区，进而危害、波及一个更大时空的特征。任何城市灾害的累计、发展质变周期及其对城市造成的破坏、损失都有所不同，具有明显的区域差异性。因此，城市防灾减灾要做到因地制宜。

（2）城市灾害的区域性原理

城市是区域地理环境的构成单元之一。因此要立足于城市空间、资源利用和区域生态环境、地理、水文和气候等因素来研究城市灾害及其防、减灾问题。

（3）城市灾害的应急决策原理

其强调城市要建成完整的防灾减灾网络和预警方案，规划师、建筑师尤其要按照备灾要求制定应急规划。

（4）城市灾害的综合防护原理

城市灾害（事故）之间不是孤立的，而是通过"链"形成紧密联系并构成灾害系统。因此，应当基于系统学角度，建立统一的城市综合防灾体。

（5）城市防灾的可持续性原理

有效的城市防灾减灾体系属于大系统范畴，必须实行分层控制，并加强系统的反馈机制。

3. 城市灾害学的借鉴意义

目前，城市灾害学与城市规划学的结合不足，存在着城市灾害学的研究成果不能有效地应用于指导城市空间布局与资源配置的问题。未来的学科建设和具体的建设活动应更积极地拓展两者的契合领域，探索更有效的衔接方式，加强两学科的协调反馈机制，促进理论与实践相结合的深度与广度。同时，也提升城市灾害研究的实效性和城市规划依据的科学性。此外，城市灾害学对城市住区安全防灾给予了强烈关注，反映其具有丰富的研究价值和空前的研究前景，借鉴与深化的意义重大。

（三）灾害风险管理理论

1. 灾害风险构成与内涵

灾害风险由三个基本要素构成：风险源、风险载体和人类采取的防灾减灾措施。灾害风险是在导致灾情或灾害产生之前，由风险源、风险载体和人类社会的防减灾措施等三方面因素相互作用产生的，人们不能确切把握且不愿接受的一种不确定性态势。

2. 灾害风险管理内涵及其理论观点

灾害风险管理是对城市灾害（事故）发生、发展和结果的不确定性进行干预和管理，以减轻或消除其对社会的不利影响，本质是减少灾害的发生概率或降低损失程度。同时，灾害风险管理理论认为，系统中风险的存在是广泛、恒定、绝对的，在人工、财力等因素的规定、制约下，它不可能被完全消除或控制，只能集中、高效地使用有限的资源，在一定程度上削弱系统的风险水平。因此，灾害风险管理应当确定"综合性—重点性—阶段性"的复合化运作取向。

3. 灾害风险管理流程与环节

在菲律宾灾害风险管理专家 Cater W·W 所提出的灾害管理周期理论中，灾害风险管理包括以下流程：防灾→减灾→备灾→灾害侵袭→响应→恢复→发展→防灾。据此，可将城市灾害风险综合管理分为三个阶段、六个环节，分别是：灾前降低风险阶段（包括预防和准备两个环节）、灾中应急风险管理（包括应急和救援两个环节）和灾后恢复阶段（包括恢复和重建两个环节），构成灾害综合风险管理三维模型中的阶段秩序。

4. 灾害风险管理理论的借鉴意义

城市防灾要具有风险管理意识，重点关注"灾前"时序阶段，并对灾害源头进行把关，从两个途径实现综合管理：一是避免风险，采取主动回避或调整某些致灾频率高、损失程度大的建设活动，来减少风险源的危险性，防御灾害风险的发生；二是预防损失，针对以自然环境为主要代表的风险载体，强化生态系统在外界扰动下的承压能力，目的是降低其脆弱性水平及遇灾受损的可能性。

(四) 可持续发展理论

1. 可持续发展概念

可持续发展（sustainable development）源于生态学，是一种资源管理战略，之后被广泛应用于经济学和社会学范畴，成为一个涉及经济、社会、文化、技术和自然环境的综合、动态的概念。20 世纪末以来，可持续的人居环境建设成为了城市发展的核心主题。它要求城市"既满足当代人的需求，又不危及后代人满足其需求的发展"。具体地说，城市的发展要在环境保护、经济效益和社会公正三个目标之间取得平衡，实现共赢。

2. 可持续发展目标与城市防灾减灾的关联和影响

由于各类灾害给人类社会带来的创伤既惨重且影响深远，不断给城市的良性成长制造障碍，因而，正确处理城市环境、经济、社会与灾害的关系，又是世界范围内所共识的可持续发展重要课题之一。在现实的城市开发中，城市住区建设往往成为这一系列冲突与矛盾爆发的集中点，具体表现在两个方面：第一，灾害易发多发的环境敏感区（如山麓、湿地、滨河地带等）。因为景观、生态的优越地位，吸引着居住人口和经济投资的集中，地产利益操控下的城市住区扩张对自然环境的重点改造行动增大了灾害风险，更加不利于环境保护和灾害防御。第二，社会结构关系、经济运作过程与城市空间形态相互作用，并最终以居住空间分异的形式体现出来：越是处于低端阶层的居民越容易被分到城市中灾害风险高、住房质量差、公共设施配置落后的地区，一旦受灾，将出现较为严重的损失。由此可见，如何在城市住区建设中应对城市灾害威胁，妥善处理好环境维育、经济活力和社会福祉的关系，为人与城市提供一个有安全保障的空间并非易事；而可持续住区模式提出了具体的空间建设要求。

就可持续发展目标对城市防灾方向和思路指引而言，其体现在与城市灾害风险和灾害应急两个环节的关联及影响作用之上，具体包括：环境保护目标要求建立一个稳定、健康、耐灾的城市自然空间和生态系统，从而缓解城市灾害风险，支持城市灾害应急；经济效益目标的追求一方面加剧了城市灾害风险，另一方面对城市灾害应急性有需求；社会公平目标关注居住空间分异带来的城市灾害风险差异化，并通过统筹协调使城市灾害应急所涉及的设施、物资分配均衡(图 2-6)。

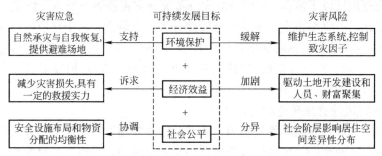

图 2-6　可持续发展目标与城市防灾减灾的关联和影响

3. 可持续发展理论的借鉴意义

正如联合国人居署灾害、冲突和安全处处长丹恩·路易斯所言："城市是灾害最为复杂因而也最难以防治和缓解的地方。不管在灾害发生的哪一阶段，可持续发展概念都为降低城市风险和实现其社会与环境目标提供了宝贵的框架"。以可持续为指导原则和最终目标的城市住区防灾化建设，在树立人与环境和谐共生观念的同时，保护了经济成果和考虑了社会正义，是城市防灾的基本前提和规划准则之一，也是城市实现永续发展的必由之路。

四、城市防灾学的重点研究方向

（一）城市综合防灾规划

城市综合防灾规划旨在通过多种手段、措施，科学应对对城市长期发展有全局性影响的主要灾害，降低城市的综合风险水平，提升城市的综合防灾能力，保护民众的生命财产安全，促进城市社会、经济可持续发展。它是城市总体规划的重要组成部分，具有公共物品属性，实质上是一种城市防灾安全的公益政策。它逐渐由单项规划趋向综合规划，即使是编制单项防灾规划，也要综合考虑城市全局及城市灾害的多发性与连锁性。

从研究对象上看，城市综合防灾规划是针对各类灾害的防治都需要的物质空间和设施，也就是各单项灾种规划的交集部分，主要涉及避难疏散与应急指挥、救援、医疗、物资、治安等方面工作对城市用地和空间设施的需求。反映在城市空间形态方面，就是城市防灾空间结构、功能分区、建筑群体组合方式、道路布局形式与密度等。反映在城市空间和设施上，就是避难场所、疏散通道、消防设施、医疗急救设施、应急物资储备设施、防灾指挥设施和应急治安设施等。

从成果表达上看，城市综合防灾规划的内容应包括现状研究、总体目标、支持系统、风险评估系统和单灾种规划，如城市抗震防灾规划、城市防洪规划、城市消防规划和城市人防规划等。

从实现手法上看，以规划手段应对城市灾害的主要途径应包括：

（1）建设用地选址应尽量避免自然灾害的威胁；

（2）建立安全、开放、有弹性的城市结构，防止巨型城市的蔓延；

（3）进行合理的城市空间布局和功能分区，减少高层建筑；

（4）利用自然和人工地形建设隔离地带，阻隔城市灾害的扩散；

（5）建设充足、便捷且满足人们需要的城市防灾空间（图2-7）；

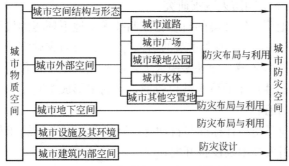

图2-7　城市防灾空间的系统构成

（6）建立便捷、高效的交通系统来应对灾时各种紧急情况；

（7）加强市政基础设施布局的安全性，完善应急保障系统；

（8）建立数字城市平台、防灾指挥系统，提供及时、准确的资料。

（二）城市生命线系统防灾减灾研究

交通运输、通信、能源、给排水等工程系统，对于维持现代城市社会生活是必不可少的基础设施，它们犹如人体中的血脉、骨骼、神经、消化、排泄、免疫等器官系统。所以，人们形象地将其统称为"城市生命线系统"。

城市生命线系统的防灾减灾要着重研究下列内容：

（1）埋地管道的抗震设计指标和方法，以及考虑地面运动输入机制及土与管道相互作用的设计方法；

（2）供水和煤气系统在灾害条件下的可靠度评价和监测、调度方法；

（3）城市生命线系统的专用 GIS 系统和防灾减灾信息管理系统；

（4）城市基础设施的综合减灾对策；

（5）城市快速交通系统及其枢纽工程的防灾减灾设计和现有结构的诊断与加固；

（6）建筑和设备意外爆炸事故的防御技术等。

我国在以上方面的研究起步较早，已具有较好的基础，但在研究范围及观测试验和实时监控等方面尚有较大差距。

（三）城市地震综合减灾技术研究

城市地震综合减灾对策强调"软"、"硬"并重。软对策指工程抗震设防标准、地震灾害损失预测、地震诱发相关灾害机理研究、地震文化宣传等。在硬的方面，有基础隔震标准、耗能减震技术、吸振减震技术等。

目前，国外广为开展并可借鉴的具体项目有：

（1）高烈度地震区低造价居住和公共建筑（包括多层砌体房屋、底层框架砖房和内框架房屋等）的实用隔震减震体系和配套技术；

（2）发展和改进隔震机械，提出降低材料和加工费的实用途径和方法；

（3）预测在基本烈度地震和罕遇地震作用下隔震建筑的加速度和位移反应，提出相应的安全保障措施；

（4）通过示范工程和批量推广，提出隔震建筑的设计施工要点、质量控制和维护要求等。

（四）城市地下空间防灾减灾研究

国外很注重地下空间环境的自动化控制技术、地下环境的设计艺术与改善技术措施（如太阳光的引入、地面景观的引入等），以及防灾救灾措施与成套技术设备。我国在这一技术领域与国外差距太大，一些重大地下工程的主要设备大都采用进口设备，一般性设备的可靠性也较低，且尚未形成配套生产能力。

具体研究项目有：

（1）地下空间环境设计标准与自动化控制成套技术设备的开发；

（2）太阳光引入技术及设备开发；

（3）地下空间中人的心态特征与诱导设计；

（4）地下空间中火灾的自动探知、警报，灭火系统的设计与产品开发；

（5）地下空间的消防救护技术与设备开发等。

（五）城市防灾安全文化建设

现代城市文明带来的负面效应是人们对突发事故缺少警觉，并不大的"灾情"往往被扩大化。所以，城市防灾应引入安全文化机制，最高层次的城市防灾减灾便是防灾安全文化建设。

安全文化是指在人类发展的历程中，在人类生产、生活及科学实验的一切领域内保障人类身心安全与健康，并使其能顺利、舒适、高效地从事一切活动的观念文化。其目的是预防、避免、控制和消除意外事故的灾害，建造安全可靠、和谐无害的环境及匹配运行的安全体系，促进全人类的友爱与和平。

城市防灾安全文化的建设必须加大投入，有计划地传播、吸收、优化和发展。防灾安全文化其最重要的载体和手段就是安全宣传和教育，可通过电视、广播、办学、培训、科普、文艺、专题宣传、知识竞赛、全民安全知识教育、中小学安全自护教育、公众安全技术教育、企业安全技能比赛等途径进行宣传教育。此外，开展以小康安全文化及家庭安全文化为中心的防灾减灾安全教育尤有必要。

我国的防灾安全文化建设还处于起步与推广阶段，许多人甚至一些有相当文化水平的人还未听到过防灾安全文化的概念，因此在我国必须大力提倡并推广防灾安全文化意识。当然，我国有许多有识之士已开始重视防灾安全文化。我国1994年4月发表的国家减灾报告已提出：尽快在国家决策层及公众中建立起如同"环保"一样重要的防灾安全意识，使防灾安全专题纳入中国21世纪议程，使防灾安全文化成为21世纪公民的必备素质。

（六）城市防灾救援医学研究

鉴于现代城市灾害的突发性及社会性特点，应使患有"文明恐惧症"的居民得到及时救助。为此，应在城市防灾学框架中建立相应的现代医学学科，使危重急症和灾害卫生救援工作科学化、规范化。这门新的医学学科就是"现代救援医学"。

1989年世界卫生组织（WHO）在瑞典斯德哥尔摩举行的"首届世界预防事故和伤害会议"提出并产生了"安全社区宣言"。它肯定安全的生活是人的基本权利，要使"人人安全"。这是基于现代城市意外伤害、天灾人祸此起彼伏，严重威胁着人类的安全生产与生活而形成的共识。毫无疑问，城市防灾救援医学学科的建立将为城市防灾减灾提供强有力的支撑。

（七）城市灾害防疫研究

大灾之后须严防大疫。医学研究与相关经验表明，灾后可能发生流行和重点控制的疾病，主要是当地既往已经存在的疾病。其包括：经水和食物传播的肠道传染病，如痢疾、霍乱等；经昆虫叮咬的传染病如疟疾、乙型脑炎；因人群聚集、居住拥挤造成的接触传播和呼吸道传播疾病，如麻疹、百日咳、流脑、上呼吸道感染、手足口病、红眼病和肺结核等。

历史经验表明，灾后传染病的发生和传播主要与受灾群众临时集中安置点的

43

卫生条件有关，主要涉及受灾群众安置点饮用水、食品及环境卫生状况，居住拥挤程度、垃圾和污水的管理及处理状况等。

当然，1985 年至 2004 年全球 600 多起地震、海啸和火山喷发等地球物理灾害发生后，均未出现过明确的、与灾害相关的大规模传染病，特别是烈性传染病的流行，仅有 3 起明确与灾害相关的疾病暴发报道。因此，当城市经历重大灾情后，究竟会有哪些疫病出现，现有措施能否实现有效防控与封堵，灾情之后又存在哪些风险，等等问题，都是值得未来重点研究的内容。

第三章 城市主要灾害研究

第一节 地 震

人类生活的地球，它的一点点反常和"震怒"都会带给人类不可估量的灾害。其中，地震灾害最为严重，可谓百害之首。它可在瞬间给人类造成巨大灾难，这在历史上不乏先例。史上最致命的地震于1556年1月23日发生于中国陕西，这次地震造就了古今中外地震死亡人口之最（据估计，当时有83万人在这次地震中丧生）。1976年7月28日的唐山地震，顷刻之间竟使一座百年城市疮痍满目，24.27万居民葬于瓦砾之中，16.4万人顿成伤残，7千多家庭断门绝烟。据我国各类灾害损失统计，地震灾害死亡人数占54%，其他各种灾害的死亡人数之和仅为46%。尽管地震如此凶狠地吞噬人类的生命和财富，但这并不意味着人类在地震面前束手无策；经过不断地研究、探索，地震工作者已逐渐揭开地震神秘的面纱。

一、地震的成因

地震一般指地壳的天然震动，当地下某处岩层突然破裂或因局部岩层塌陷、火山爆发等发出震动，并以波的形式传到地表而引起地面颠簸和摇晃。这种地面运动称为"地震"。

地震是一种复杂的自然现象，地球上平均每年发生可以记录到的大、小地震达500万次以上。其中，大约10万次地震可以使人感觉到，大约100次地震造成人员或财产损失。目前对地震成因的看法众说纷纭，尚无定论。虽然人们总的认为地震是由于地壳运动断层滑移所引起的，但其详细过程就不那么清楚了。多少年来，人们力图综合分析地震发生前后所表现的客观现象，研究其因果关系，以期根据现象来推测其本质。

（一）地震成因的类型

按地震发生的原因，通常分为天然地震和人为地震两大类。人为地震主要指人工爆破、矿山开采、核爆炸以及工程活动所引起的地震。天然地震产生的原因是多方面的，主要有构造、火山、陷落等因素所导致的地震。

1. 构造地震

地球及其内部物质的不断运动在地球内部产生的应力，沿地壳的某些特殊构造部位引起地壳应力的局部集中，当它超过地壳介质所能承受的某一强度极限、并以破裂或错动的方式突然大量地释放能量时，就产生地震。这种由地壳应力直接作用所引起的地震就是构造地震。一句话，构造地震就是由构造断裂活动产生的地震，它是自然界中最主要、最常见的一种地震类型。其中，绝大多数构造地震又属浅源地震。由于震源距地壳近，因此对地面的影响显著，破坏性较大。1975年2月4日海城7.4级地震、1976年7月28日唐山7.8级地震都属此类。

构造地震主要发生在两种构造背景下。一是地震发生地位于板块边界，如环太平洋地震带；二是地震发生于板块内部，如2008年的汶川大地震。板块内部是否发生地震，取决于那里是否存在活动断层，地壳是否稳定，特别是地壳内部有无软流体的存在。

2. 火山地震

在火山活动过程中，由于岩浆的冲击或岩浆的大量喷发引起强烈的运动，形成应力集中和释放的有利条件，导致下部岩层空虚塌陷，产生地面震动，称之为"火山地震"。研究表明，火山地区的地震分布范围与地温160℃的等温线所勾画的范围是一致的。火山地震的震级一般不大，震害也仅局限于火山附近数十公里范围之内。我国的火山地震并不多，现在已无火山地震发生。

火山地震往往与构造地震相混融。有些地区常常是火山地震发生在岩浆主要喷发之后，并与构造地震混在一起。如1964年堪察加半岛的谢伏鲁契火山爆发，伴随着一系列地震的发生，最大震级为5.5级。这些地震既由火山活动引起，又有断裂活动的因素。

3. 崩陷地震

这是出于地壳某部分的不稳定性，由重力作用所致。特别是在一些石灰岩、盐岩等易溶岩石发育地区，因地下水的长期潜蚀作用，发生大范围的地面溶蚀陷落而引起地震。另外，也可由洞穴的崩塌、地层的陷落与滑动、陡峭山崖的岩崩和滑坡等引起。但这些现象引起的地震一般都比较小，且有一定的局限部位；除大规模的滑坡外，不会造成其他严重破坏。

以上所述的是天然地震的主要方面。三类之中，构造地震以其破坏之强、规模之大、次数之多位居首位，在全世界每年发生的500万次天然地震中占90%。而火山地震和崩陷地震则分别占天然地震总数的7%和3%。

4. 诱发地震

它是由于某种人为因素的触发作用而发生的地震。人类某种工程活动所引起的局部因素，作用在地壳构造应力原来处于相对平衡状态，或者虽未达到平衡但尚未超过介质极限强度的那些地域，使相对平衡的状态遭受破坏，这就引起地震的发生。这类地震包括水库蓄水、深井注水、大型采矿以及抽水等诱发的地震。随着人类工程活动的增加，这类地震活动也在不断增多。另外，由于核事业的发展，地下核爆炸所导致的地震也有发展，已开始被人们所重视。

其中，矿震是矿山诱发地震的简称，在矿区常称为"煤爆"、"岩爆"或"冲击地压"。矿震是煤岩体破裂过程辐射的弹性波。由于矿震震源浅，频度高，较小级别就能给地面造成较大的破坏。矿震的强度和频度随着开采深度和掘进的增加而严重。由于矿震是在井下瞬间爆发，烈度虽然没有地震影响范围大，但由于在极短时间内积聚的压力突然爆发，产生的冲击力和危害相对严重，可能对岩层、巷道、井下生态系统，尤其是井下作业人员造成严重危害。类似于气球，随着煤炭开采逐渐深入，压力积聚越来越大，最终就可能产生矿震。

研究诱发地震，目的之一是预测预防诱发地震及其可能带来的危害；二是用以探索天然地震的成因。人为的诱发地震一般都是中、小地震或微震，且有一定的局限性；虽然有时可以造成灾害，但尚不易引起较大的破坏性灾难。当然，它往往会引起人们极大的惊恐心理。只要我们对这类地震给予足够的重视，防患于未然，是完全可以提防的。

（二）地震成因的假说

地震成因，不外乎两个基本问题：一是地震能量积累及释放的方式和过程；二是地震产生的动力（能量）的来源。但事实上，地震成因是个比较复杂的问题，至今世界上还存在不同看法。1910 年美国学者里德根据 1906 年旧金山大地震的断层活动情况，提出了"弹性回跳说"；这一地震成因的断层假说得到世界上多数地震工作者的广泛支持。在此基础上，后来又进一步提出了"粘滑说"。一些中源和深源地震成因也随着"板块构造"的问世能够从断层假说中得到比较合理的解释。与此同时，作为地震成因的另一类假说——岩浆冲击说、相变说、温度应力说等也相继提了出来。尽管有关地震成因问题的研究已经取得了一定的进展，但目前基本上仍然处于假说阶段。要真正解决这个问题，还有相当漫长的路程。

1. 弹性回跳说

该说认为：地壳运动产生的能量以弹性应变能的形式在断层及其附近的岩层中长期积累，并使断层两侧的岩块相对位移。由于断层面的摩擦和粘结作用，岩块的相对位移以弹性应变（切变）的形式表现出来。当岩块断续受力且达到一定程度时，断层上的某一点就开始断裂错动，并使其邻近点的弹性应变能紧跟着突然释放。错动沿着断层迅速扩展，断层两侧向相反方向突然滑动或跳动，产生相对位移，发生地震。这种假说对地壳内发生的浅源地震的解释尚可，但对深源地震还不能完善解释。因此，又有人提出了深部断层可能在较低应力作用下滑动的"粘滑说"。

2. 粘滑说

1966 年，由布雷斯和拜尔利通过试验提出。他们把地震看作是沿已有断层面上的粘滑，也就是说：在某一瞬间，闭锁在一起的断层面突然释放出能量，并且向前滑动，继而重新闭锁。当它们向前滑动时，剪应力被释放，同时产生弹性振动，发生地震。

通常认为，粘滑作用只发生在地壳中 3km、3.5～20km 的深度范围内，更深的部位则由于温度的增大而难以产生这种机制。

3. 板块构造说

根据板块构造学说，板块之间会相对移动，板块交汇的地方有断层线，从而提出了能量释放的薄弱环节。这些地方发生地震的概率就要高些，这是现在较为一致的看法。

4. 相变说

早在 19 世纪就有人根据热力学原理及地震观测的结果认为，地震是由地下物质在一定温度和压力条件下，从一种结晶状态突然转变为另一种结晶状态的过程中，伴随着密度变动引起的物质体积的突然改变而产生的。1963年，埃维森提出了"相变说"；他认为，相变过程会产生密度变化，并且只需要3％的相变能就可以获得最大地震所需要的能量。

由于相变说对于能量的大量积累和快速释放的机制以及横波的产生机制等问题尚未给出令人满意的解释，用它去阐明浅源地震成因存在的问题更多。所以，地震的相变成因假说还没有被多数地震工作者接受。

5. 岩浆冲击说

日本石本已四雄根据有些地震的P波初动在地面上的节线呈圆锥形曲线，以及环太平洋地带中的地震带与火山活动带在空间上的一致性这一事实，提出了"岩浆冲击说"。

地壳深部存在的岩浆的物理化学变化，使岩浆具有向外扩张的强大爆炸力。当地壳运动造成局部围岩强度削弱时，岩浆就会冲破围岩向地壳最软弱的部位插入，从而引起地震。这就是"岩浆冲击说"的主要观点。但就多数地区而言，地震是由断层活动引起。因此"岩浆冲击说"的适用范围有很大局限性，至今未被广泛采用。

6. 温度应力说

苏联别洛乌索夫等人认为，产生地震的应力状态与热能有关。热能主要来自于放射性元素的蜕变。由于地层内温度的非均匀分布会引起温度应力，不同的温度均将产生相应的应力场。因此，温度场的变化、膨胀系数的改变等都可引起应力场的局部变化。除此之外，应力场的局部变化还可由与周围介质膨胀系数不同的包裹体所引起。

7. 地幔对流说

根据对地幔的研究，有人认为：地幔是固体、液体、气体及等离子体的四态复合体。地震便是由这些复合体的对流和破裂引起的。地震的破裂机制就是地幔中的塑性破裂。

以上是目前相对成熟的几种地震成因假说。

（三）地震动力的来源

伴随着地震成因问题的深入研究，必然会涉及一个最关键的东西，就是产生地震的动力来源问题，也就是地壳运动的原动力问题。这正是地球科学的关键和根本。以下介绍几种地震动力源的假说。当然，对这些假说也不应无保留地接受。

1. 收缩说

这是最早企图解决地壳运动动力来源的假说之一。按杰弗里斯（1929年）的看法，地球为一个热的天体，在其演化过程的早期分异为铁质核心和以硅酸盐为主的地幔。地幔在液态铁质核心的基础上逐渐固结，并且由于无对流情况下的热传导而逐渐冷却。自地球因显著冷却而固结或发生体积变化以来，在地球中心到距地表约700km的范围内基本上没有多大变化，仍处于无应变滞热状态，属于地球的非收缩部分。在距地表大约700～70（或100）km的区域内，由于存在着热传导而正在变冷、收缩，故具有内张应力。到了距地表70（或100）km以内，岩石已大多冷却，需要由太阳的辐射热来维持热平衡，因此它们在温度上没有很大变化，但深层的收缩使地球的这一最外层处于内压状态。由此可见，地下70（或100）km处应力为无应变面的位置；随着地球的逐渐冷却，各层之间的界线也相应地向地球的深处移动。

因此，根据收缩说，震源深度小于70（或100）km的地震，其能量来源于压应力的集中；70（或100）km到700km深度的地震，其能量则来源于张应力的集中；到了700km以下，既没有张应力集中，也没有压应力集中，所以不发生地震。

虽然收缩说能解释地球的许多形态现象，如岛弧的形成，然而它不能说明世界上大多数地震的发震构造为什么都是平推断层。同时，它也忽视了地壳中应力的不均一分布问题。

2. 地幔对流说

早在20世纪30年代，霍姆斯（1928～1929年）为解决大陆漂移假说的能源问题，提出了地幔对流的假说；他认为，大陆漂移的原动力就是地幔的热对流。当地幔内的流体上升到巨大的大陆中央并向两侧散开时，大陆就会从这里裂开，海洋也就借机扩张。

20世纪60年代以来，把地幔物质的对流运动当作板块运动的驱动力源，已成为当今较为流行的一种看法。根据推测，地幔内部可能存在着全球规模的圆环状对流体，随着地核的不断增大，环形地幔对流圈的范围越来越小，数目却越来越多。然而，对流运动是十分缓慢的，当它向上流动或者向下流动时，可以引起地壳的升降运动。当地幔软流层作水平流动时，则可以驮运、牵引岩石圈，从而使地壳内部产生水平运动。显然，由地幔对流引起的地壳运动是地震的一种动力来源。

地幔对流说不仅解释了海岭裂谷带扩张和岩石圈俯冲的力源，而且也说明地震发震构造为什么平推断层占优势的问题。同时，对流作用在时空上的不连续性，恰好与地震活动在空间展布上的不均一性和时间发展中的间歇性特点相一致。因此，这一假说在当今为不少人所接受。然而，问题的关键是地幔物质是否如人们所想象的那样产生对流？其对流速度又如何？有人认为，高黏滞度的地幔物质不可能产生对流，即便是能够流动，其流动速度也是很微小的，约每年2mm，不足以成为地壳运动的一种力源。

3. 地球内部的热机理论

若按地幔对流假说，地幔中有热向地壳底面附近传导和对流，使地壳底面的温度升高。有人认为，在地下40～50km的地壳底面，温度可达1000℃以上，那里的岩石处于固体与液体间的临界状态。由于地壳岩石的传热能力很差，因此地壳底面附近的热就可以储存起来，形成热区，使上述临界状态的岩石发生相变，并伴随着发生岩石体积的增加。与此同时，周围的岩石又在阻止热区增加体积；于是，热区便以强大的扩张力和热应力推动地壳，并在一定条件下引起地壳岩石的破裂，产生地震。随后，热区中的一部分液体物质填入地震时产生的裂缝中，减少了对热区的束缚力，使热区的体积得到伸张，温度有所降低。这样，热

49

区上面的地壳和附近的岩石就不再承受强大的推力作用，地震活动也就平息。这样的过程循环往复，好似火车头的蒸气锅炉，将锅炉里的水煮沸变为蒸气，然后推动活塞运动，往复进行。这就是一般所称的"热机理论"。

4. 地球自转说

早在20世纪20年代，人们就注意到地球自转速度有变化，并与地震有很大关系。20世纪50年代，苏联斯托瓦斯根据300年绝大多数毁灭性大地震都发生在南、北半球纬度5°附近的事实，明确指出，地震的发生可能与地球自转的不均匀性有关。我们知道，地球在围绕自转轴旋转时要发生形变。当地球转速增大时，两极物质便向赤道移动，其转动角速度愈大，地球就被压得愈扁；而当转动角速度减小时，则情况刚好相反。

地震与地球自转不均匀之间有着某种联系，这一点能为多数人所承认。但若要把地球自转作为一种地壳运动的力源，则就有不同的看法：

(1) 地震是由地球自转速度的变化引起的；

(2) 大地震引起了地球自转速度的变化；

(3) 地球自转速度变化与大地震发生，两者是相辅相成的；

(4) 地球自转速度和地震活动都是由其他过程所控制的一种共生现象。

5. 月球引力论

构造地震虽然是地球的内因造成的，但它的发生往往与外部的诱因有直接关系。有人对华北地区的地震情况作过统计，发现华北地区从1922～1977年发生的9次6级以上地震中有7次发生在朔、望之际，包括唐山7.8级大地震在内的3个7级以上大地震均在朔附近。南京紫金山天文台也有一项统计数据：1950～1990年我国大于7级的地震发生在朔、望后2天的频率在表上出现峰值。科学家解释说，朔、望之时，太阳和月球的引潮力的合力最大，是强发震的诱因条件，因此引发地震的可能性极大。月球围绕地球运行的轨道是椭圆的，轨道上距地球最近之处称为"近地点"，最远处称为"远地点"。月球在近地点时，对地球的引力最大。地球内部的构造稍有不稳定因素，月亮"推波助澜"，不稳定分子就会趁机"兴风作浪"。

日本地震科学家的研究显示，发生在海底板块交接处的地震常常是以月球引力为最后导火线的。他们对1977～2000年间世界9个地区发生在海底板块交接处的1923次里氏5.5级以上地震进行了研究，得出的结论是：在月球引力朝着有助于断层滑动的方向起作用时，发生地震的次数显然多于其他时刻，特别是发生在日本东北地区到俄国堪察加半岛一带海底7.5级以上的大地震与月球引力的这种相关关系尤其显著。他们分析说，在地震发生之前，月球或太阳很小的引力差异就会产生很大影响，容易成为引发大地震的导火线。

二、震灾要素、成灾机制及成灾条件

地震是一种自然现象，而地震灾害是地震作用于人类社会而形成的社会事件，是对人类生存环境、人身安全与社会财富构成严重危害，以致超过该地区抗震防灾能力，进而丧失其全部或部分功能的自然及社会现象。由于地震灾害有其突发性、连锁性、综合性特点，因此，地震造成的灾害后果往往十分严重和广泛，其灾害程度和范围又常常同地震成灾机制、成灾条件密切相关。

（一）震灾要素

地震造成的震灾后果十分广泛，归纳起来主要有对人员的伤害、对财产的破坏、对资源环境的破坏和对社会经济功能的影响4个方面。

1. 对人员的伤害及影响

包括人员死亡，生理受伤，心理、精神创伤，以及对居住和生活状况的影响等。

2. 对财产的破坏及直接经济损失

包括对建筑物如房屋、设施的破坏，对生命线工程如通信、交通、供水、供电、供气设施的破坏，对设备和家庭财产等的破坏，以及因此而造成的直接经济损失。

3. 对资源、环境的破坏

如地震造成山体崩塌、滑坡、地表裂缝、塌陷、窟窿或喷沙冒水、砂土液化、海水或湖水激起波浪或积水上漫等，造成森林、土地、水等资源和环境的破坏及带来直接经济损失。

4. 对社会、经济的影响

指地震对经济、社会产生的综合影响，包括对经济功能和社会功能的影响及由此而造成的间接损失，如生产条件破坏造成自然停工、停产和因恐震心理造成人为停工、停产、人员外流、搭建防震棚等带来的间接经济损失和社会影响，以及地震灾害对社会发展的长远影响等。

上述震灾要素或指标反映了地震灾害的基本情况，调查、统计、评估和上报灾情时可根据灾害大小、类型（山区或平原、城市或乡村等）酌情选用。通常，在震后的短时间内，以人员伤亡、房屋设施破坏、经济损失作为主要指标调查、上报；在全面衡量整个震灾时，才运用全部要素。

（二）地震成灾机制

地震成灾机制是指地震对人和社会造成危害的原因、方式和过程。按《地震社会学初探》一书的划分，地震成灾大致有四种机制，造成的灾害称之为原生、直接、次生、诱发灾害，此外还有伴生灾害。

1. 原生灾害

指地震断层、大范围地面倾斜、升降和变形等地震原生现象直接造成的灾害。原生灾害多发生于震中区，其破坏力大，成灾严重。

2. 直接灾害

指地震产生的弹性波引起地面震动和地面破裂变形而造成的灾害。它包括三种情形：一是建筑物、工程设施的破坏。这是造成社会财富损失的最重要原因，也是造成人畜伤亡最直接、最主要的原因。二是地表破坏。其常见的有山崩、滑坡、地裂、坍塌、喷砂、冒水等。三是海底的震源错动引起水体扰动而发生海啸，以及地震波引起海啸所造成的破坏。还有一类直接灾害，是由地震时逸出的可燃性气体造成的，主要是对人畜和植物的烧伤。直接灾害的发生不局限于震中区。

原生灾害和直接灾害虽然成灾机制不同，但都是地震的直接后果，有时两者难以区分，因此有的人也把两者统称为直接灾害。

3. 次生灾害

即由建筑物或自然物遭地震破坏后而导致的其他灾害，亦称为"二次灾害"。它对人类的危害有时也是十分严重的，如地震造成的火灾、水灾，以及使毒气、毒液、放射性物质逸出而造成的地震中毒灾害等。

4. 诱发灾害（衍生灾害）

即由地震灾害引发的各种社会性灾害，常见的有瘟疫和饥荒等。近代社会还容易出现经济失调、停工停产、社会秩序混乱以及由心理恐慌、创伤造成的一些灾害，如盲目跳楼避震或自杀造成的伤亡等。现代社会中重要计算机系统在震中受损或被毁，记忆消失，可造成被称为"第三次灾害"的诱发灾害。

5. 伴生灾害

与地震并无成因联系的某些特殊自然现象（或灾害），因恰好与地震同时发生而造成（或加重）的灾害，称为"伴生灾害"。如震后的强冷空气或大雨雪可能造成无家可归的灾民大量冻死，震后的大风可使已被破坏的房屋大量倒塌等。伴生灾害同次生灾害和诱发灾害的区别在于该种灾害同地震是否有成因上的联系，在不必作这种严格区分的情况下也常把伴生灾害归入次生灾害或衍生灾害。

不同地震的灾害构成或成灾机制可以不同。例如，城市地区发生的地震，其次生灾害、诱发灾害较其他地区的地震更为严重。其中，地震火灾往往又是最为严重的次生灾害。著名的 1906 年美国旧金山 8.3 级地震，其火灾造成的损失比直接损失高 3 倍。成灾机制的差别对地震灾害的大小产生重要的影响。对成灾机制的研究和分析使我们了解地震对人和社会造成灾害的原因和条件，并可通过适当的防范措施减轻地震所造成的灾害，尤其是地震造成的次生灾害和诱发灾害。世界史上伤亡人数最多的 1556 年我国陕西华县 8 级大震，死亡 83 万人，实际上有 70 多万人是死于次年瘟疫和饥荒；而 1976 年唐山大地震虽然时值盛夏，但由于有关部门及时采取防疫措施，震后并未出现严重的瘟疫。

（三）地震成灾条件

地震是否成灾与成灾大小，一方面取决于地震本身的条件，另一方面取决于受灾对象——人和社会状况。

1. 地震方面的条件

（1）地震强度、频度的影响

地震灾害同地震强度、频度呈正相关，地震强度越大，灾害也越大。一般而言，小震无灾，5 级左右地震可造成轻微或一般破坏，6 级左右地震可造成中等破坏，7 级左右地震造成严重破坏，8 级左右地震可造成特大破坏。地震次数越多，灾害也越重。

（2）地点的影响

地震灾害同其他自然灾害一样，都是自然同人的关系的表现；离开了人和社会，任何自然现象便无灾可言。地震发生的地点对灾害大小具有制约作用，发生在人口密集的城市地震相比发生在人口稀少的山区地震，其灾害将严重得多。我国自古至今震级最高的地震为 1950 年西藏察隅—墨脱地震，其震级高达 8.6 级，但由于地震发生在人烟稀少的山区，死亡人数为 3300 多人；而 1976 年的唐山地震，震级仅为 7.8 级，但地震发生在城市地区，属城市直下型地震，其死亡人数则高达 24.27 万人。

地震发生的地点对于震灾种类也有制约作用。发生在山区的地震多伴有滑坡、泥石流等灾害，邻近水域的地震有可能发生水灾。

（3）时间的影响

地震发生的时间对于震灾大小具有明显的影响，夜间地震死亡人数比日间地震死亡人数大得多。据对我国 1900 年以来有灾害的和有明确时间的 Ms≥6.0 级地震的统计，夜间（18～6 时）发生的地震共 122 次，死亡 533472 人，平均每次死亡 4373 人；日间（6～18 时）发生地震共 126 次，死亡共 80277 人，平均每次死亡 639 人。每个地震平均死亡人数，夜间与日间约为 7：1。

地震发生的时间对于震灾种类也有刺激作用。干冷的冬季发震，往往易发生冻灾和水灾；而在多雨水、炎热的夏季，则有可能发生水灾和疫病等。

我国地震学家在考虑历史上和近年来世界范围内的地震情况后发现，经济损失巨大和伤亡严重的地震灾害损失主要由当地建筑物的质量和地质条件所引起，而并非完全由地震震级的大小来决定。迄今，地震引起的人员伤亡，有 80% 是由于建筑物本身的质量和地质、土层条件导致的建筑物倒塌或毁坏引起的。在这方面，发展中国家有大量的人口生活在生态环境恶劣的地区，如坡边地带、断层带、火山地区、城乡接合部，这些因素能使地震造成的人员伤亡大大增加。

2. 受灾对象方面的条件

（1）人口、建筑物等财产密度

地震灾害大小同人口密度、建筑物等财产密度和经济发展程度呈明显正相关——人口、房屋密度大，震灾就大。由于建筑物等财产密度不同，我国东部地区一个低震级的损失则常常相当于西部高一级地震的损失。如 1990 年江苏常熟—太仓 5.1 级地震的经济损失为 1.34 亿元，与同年甘肃天祝—景泰 6.2 级地震的损失（1.05～1.50 亿元）相当。经济发达、单位面积国民生产总值（GNP）高，地震造成的直接损失和地震诱发的停工、停产损失就大。

应当指出，随着科技的进步，人类抗御地震灾害的能力固然增强了，但是成灾对象（人口、建筑物等财产的类型、数量和密集程度等）增加得更快。因此，至少在现阶段，地震灾害随着科技进步并不是随之减轻，而是仍呈递增趋势。然而，随着科技进步、社会经济的发展、防灾法规的健全和防灾投入的增加，地震损失同财产总值（或 GNP）之比将逐渐减少。

（2）对地震的防备程度

地震灾害是否发生，灾害大小，很关键的因素是人和社会的警觉和防备程度。地震灾害大小同防备程度的强弱呈负相关。

1）建筑物的抗震性能

对新建工程，按抗震设防标准进行抗震设计，对现有不符合抗震设防标准要求的建筑物进行抗震加固，增强建筑物抗震能力，可以大大地减轻地震造成的灾

53

害。1966 年邢台地震后，当地采取了一系列抗震措施；1981 年 11 月在原地再次发生 5.8 级地震时，房无毁坏、人无死亡。而江苏溧阳市在 1974 年地震之后没有采取抗震措施，致使 1979 年原地再次发震时，房屋毁坏为 1974 年地震的 10 倍。唐山地震之所以损失惨重，最重要的原因就是震前它是一座没有设防的城市，绝大多数工程和建筑在建设前没有进行场地地震安全性评价，没有采取抗震措施，地震时这些建筑几乎全被摧毁。

2) 政府的防灾职能和公众的防灾意识

政府的防灾职能和公众的防灾意识强，不仅在房屋、生命线工程等建设中实施抗震设防，而且能根据预报意见事先作好防震准备和避震疏散，也可避免或减轻地震灾害。比如，辽宁省政府的正确决策和实施便使海城地震预报获得成功，从而极大地减轻了灾害。

三、我国地震灾害状况

（一）我国的地震活动和地震区

我国地处世界两大地震带中间，是世界上地震活动最强的国家之一。20 世纪以来，全球所发生的 4 次 8.5 级以上特大地震中，我国不幸占有 2 次（即 1920 年宁夏海原 8.5 级地震和 1950 年西藏察隅—墨脱 8.6 级地震）。同一期间，我国大陆发生的 7 级以上地震就占全球大陆强震的 1/3。

从全球地震带的角度看，我国位于欧亚地震带的东部，地震活动大多数属于欧亚地震带，环太平洋地震带从我国台湾经过。从板块构造分析，我国大陆位于欧亚板块东南部，我国台湾坐落在欧亚板块和菲律宾板块的边界上。我国大陆内部的地震属于板块地震，我国台湾及其附近的地震则是板间地震。我国分布有两条主要地震带：一条是北起贺兰山，经六盘山南下，穿越秦岭，沿川西直至云南东南部的南北地震带；另一条是东西地震带，它又分为沿陕西、山西、河北北部向东延至辽宁北部的北条，和西起帕米尔高原，经昆仑山、秦岭至大别山区的南条。

1. 地震活动的总体特征

我国的地震活动总体上具有下述特征：

（1）地震的频度高，强度大

据《中国地震简目》，我国历史上记载有 8 级以上强震 20 次，其中 20 世纪以来发生的有 8 次。这 8 次强震中，大陆 6 次、台湾 2 次。20 世纪以来，7 级以上地震约 100 次，平均每年 1 次多。

（2）地震活动分布广泛

我国所有省份无一例外地都曾发生过 5 级或 5 级以上地震，除浙江、贵州两省外均遭受过 6 级以上地震的袭击，10 个省历史上曾发生过 8 级以上地震。

（3）地震的震源深度浅

除东北和东海一带有少数中、深源地震外，我国绝大多数地震的震源深度在 40km 以内；大陆东部震源更浅，多在 10～20km。

我国地震活动的上述总体特征决定着我国地震灾害的严重性和广泛性。

2. 地震活动的空间分布

（1）地震活动地域分布概况

台湾及其附近海域是我国震中分布最密集的地区，是我国地震活动水平最高的省份，不但频度高，而且强度大。

我国大陆可大体以宝鸡、汉中、贵阳一线（东经107.5°线附近）为界划分为东、西两部分，西部的地震活动水平明显高于东部。在我国大陆20世纪以来7级以上大震的统计结果中，西、东部的频次比高达5∶1，呈现出西强东弱的特征。

（2）地震活动水平对比

1949～1993年间，我国各省、区地震活动水平（按地震应变释放大小，即用地震能量平方根的和 $\sum\sqrt{E}$ 来衡量地震活动水平的高低，它同地震应变释放成正比，故称为"地震应变释放"）的排序结果表明，我国地震活动水平最高的省份是台湾，大陆地区活动水平最高的4个省、区是西藏、新疆、云南和四川，紧随其后的4个省、区是青海、河北、宁夏、甘肃。这一期间，大陆地震活动最强的8个省、区中，西部占6个，东部仅占2个。西部地震活动水平明显高于东部。

3. 地震活动的时间分布

我国地震活动的时间分布也是不均匀的，呈现出活跃与平静相间的特征。19世纪末叶以来，我国大陆及其邻区已经历过4个地震活跃期（1897～1912年、1920～1934年、1944～1957年、1966～1976年）和4个地震平静期（1913～1919年、1935～1943年、1958～1965年、1977～1984年），活跃期的平均持续时间约为14年，平静期的平均持续时间为8年。

4. 地震区划

1990年，我国颁布了新的"中国地震烈度区划图"，这是我国第三代地震区划图。该图在我国国土上划分出东北、华北、华中、华南、新疆、青藏高原、台湾、南海共8个地震区和30个地震带。其中，位于人口密度较高地区的高强度地震带有郯城—庐江带、华北平原带、汾渭带、东南沿海带、河套—银川带等。

据该图统计结果，我国地震烈度为Ⅷ度和Ⅷ度以上地区的面积为397万 km^2，占国土面积的41%；Ⅵ度和Ⅵ度以上地区的面积为758万 km^2，占国土面积的79%。

（二）我国的地震灾害

1. 灾害概况

我国的地震灾害十分严重，在全球灾害分布中占有十分突出的位置。据联合国统计，20世纪以来，我国地震死亡人数约占全球地震死亡人数的50%。据江苏省地震局《中国地震灾害数据库》，我国自公元前780年～公元1993年，有灾害记载的地震约1330余次，地震死亡人数约230万人。20世纪以来，全球两次死亡20万人以上的大震不幸都发生在我国，它们是1920年的宁夏海原8.5级地震（死亡22万人）和1976年唐山7.8级地震（死亡24.27万人）。1949～1993年间我国共发生造成大、小灾情的地震476次，造成人员伤亡111.3万人、民房受损2082万间。仅据对有经济损失调查、评估的129次地震的统计，直接经济损失就达227亿元（当年价）或421亿元（1990年不变价），间接经济损失更是难以估计。每次地震灾害事件的平均损失为：伤亡人数2334人/次，其中死亡人数为

55

583 人/次；房屋受损 43652 间/次，其中民房毁坏为 22859 间/次；经济损失为 32634 万元/次（1990 年不变价）。

2. 综合地震灾害及其分区对比

按我国省、区统计，无论是死亡人数，还是经济损失，河北、云南两省均是 1949 年以来我国地震灾害最严重的省份，四川、辽宁两省的地震灾害也相当严重。西藏、新疆两区的地震活动水平虽排在大陆之首，但它们的综合灾害水平明显低于前述四省。在经济损失尤其是单位国土面积经济损失方面，1949 年以来，地震活动水平不高的江苏、山东两省都占有显著地位。这表明，我国地震灾害的地区分布与地震活动的地区分布有较大差别，我国地震活动分区的基本特征是西强东弱，而地震灾害的基本特征却是东强西弱。

四、我国防震减灾工作

新中国成立后，特别是 1966 年河北邢台强震后，我国防震减灾工作迅速发展，逐步形成了在指导思想、方针、原则和组织机构体系、工作内容上都独具一格的中国式防震减灾道路，并取得了令人瞩目的成就，引起了多震国家政府和地震界的关注。

（一）防震减灾指导思想与"四个环节"，"三个方面"

1. 指导思想

"在党和政府的领导下，充分发挥各级政府防震减灾职能，促进地震科学技术的进步，动员社会公众积极参与；坚持预防为主、防救结合的方针，走综合防御的道路，最大限度地减轻地震灾害损失，为经济建设和社会安定服务。"这一指导思想是基于我国的震情、灾情和国情，并在总结新中国成立以来防震减灾工作的经验、教训的基础上提出的，它对于指导我国防震减灾工作具有重要意义。

2. "四个环节"

（1）地震监测

是为地震预报等获取资料所进行的观测。地震预报是对破坏性地震发生的时间、地点、震级的预报及地震影响的预测。按我国在实践中形成的渐进式、分阶段推进地震预报的科学思路，将其分为长期（几年到几十年）、中期（几个月到几年）、短期（几天到几个月）和临震预报（几天之内）等四个阶段（或四种）。此外，震后趋势判断、震区破坏性地震预报、恐震事件发生时的无震预报等，则可谓是特殊情况下的预报形式。

（2）震灾预防

主要包括工程地震、震害预测、工程抗震、社会防灾四个方面工作。

（3）地震应急

主要指在破坏性地震即将发生前和发生后的短时间内（约 10 天左右）应当采取的各种紧急防灾和救灾措施。它包括震前应急防御、震后应急反应及恐震事件处理三方面工作。

（4）地震救灾和重建

是地震应急反应之后的全面救灾行动和恢复生产、重建家园工作。

上述四个环节彼此相关，互相补充，相辅相成，构成一个防震减灾工作的系统工程。其中，监测预报是减轻灾害的基础性措施；震灾预防是减轻灾害的根本性措施；地震应急是减轻灾害的关键性措施；救灾是减轻灾害的补救性措施（同时还有一定的预防意义，如防止灾情扩大、防止次生灾害发生和蔓延、防止社会失稳等）；恢复重建则是最能消除灾害后果的善后性措施，又可视为防震减灾工作新循环的开始。

3. "三个方面"

防震减灾工作是政府根据地震部门对震情、灾情的科学预测和判断而作出决策并领导、组织社会公众采取防、抗、救的社会行动。充分作好防震减灾工作，是最有效地减轻人员伤亡和经济损失的手段。据测算，每把1元钱用于防震减灾，平均可节省10元钱用于救灾和灾后恢复重建。同时，防震减灾又是一个复杂的社会系统工程，单靠一个或几个部门的工作和努力是不够的，必须把推进地震科技进步与应用同政府领导职能，以及发动广大公众的积极参与等三个方面结合起来。在三者之中，最关键的是充分发挥政府的领导职能。

我国政府十分重视并不断加强防震减灾工作，各级政府在稳定大局、发展经济、推动社会进步的高度上将防震减灾工作列作重要议事日程，并实施统一领导，承担了地震之前和之后的一切防震减灾责任，负责决策、指挥、组织、协调和监督全社会的防震减灾工作。具体而言，县级以上政府负责地震工作的部门和发展与改革、住房与城乡建设、民政、卫生、公安、城乡规划、教育、民防、交通运输、国土资源及其他有关部门，按照职责分工，各负其责，密切配合，共同做好防震减灾工作。同时，县级以上政府应当建立和完善地震宏观测报、地震灾情速报和防震减灾宣传网络。乡镇级政府和街道办事处配备防震减灾专、兼职工作人员。

地震工作部门是各级政府设置的主要防震减灾职能部门，同时又是科技业务工作部门，在制定和实施防震减灾工作方针政策、法规条例、发展战略及规划方面，在作好政府防震减灾的参谋、咨询工作方面和在防震减灾工作的管理方面均发挥了积极的作用；在科学研究，提出科学的预测、预报和判断意见，进行震害预测和灾情评估，制定对策方案等方面发挥着主要作用，为政府在防震减灾工作中作出科学决策和有效实施提供了依据。同防震减灾工作有关的学科和部门，也同样发挥其相应的作用。

社会公众既是防灾的主体、又是受灾的客体，只有对政府决定作出积极的响应并正确参与，形成全社会的合理行动，才能有效地减轻地震灾害。目前，我国实行的专业队伍同广大群众相结合的防震减灾工作体制，大力开展的防震减灾宣传教育工作，是贯彻预防为主的重要战略措施，其使社会公众在心理上和行为上均积极参与并承担防震减灾工作责任，从受灾的客体变为防灾的主体，从而使我国防震减灾工作有着广泛的群众基础。

（二）地震监测、预报与预警

1. 地震监测

地震科学是一门观测和预测科学。监测（即包括以监视地震活动和获取地震前兆信息、掌握背景场变化等为主要目的的观测）是地震预报的基础。地震前兆是地震发生前可能观测到的异常现象，通常有：地下水位异常、水文变化，逸出氡气浓度变化，动物异常，土地电场、磁场变化，地光、地声，小震报大震等。

我国现已基本形成布局科学、多种手段合理配套、专群结合的综合观测体系。它包括：测震台网、前兆观测台网和流动观测系统。此外，还有群众测报点5666个。这种全国同区域、测震同前兆、固定同流动、专业同群众相结合的观测台网所进行的连续和定期的观测，日夜监视地震活动，及时为地震预报和科研提供和积累了可靠而丰富的资料。如海城地震前观测到的527次地震活动和1886起宏观前兆，为海城地震成功预报提供了依据。

21世纪初，武汉即已建成智能化测震台网。该数字遥测地震台网由4个无人值守子台、1个中继站和1个台网中心构成。它通过收集地震波，再转换成数字信息，自动测绘出地震发生的位置、等级、破坏程度等。其灵敏度非常高，可监测到武汉地区地下1.3级以上的地震(2.5级以上才有震感)，并可测出湖北省内2.5级和全国范围内3级以上的地震。同时，该测震台网还可将监测到的地震情报及时发射到手机、寻呼机、因特网上。因而，大大提高了武汉地震监测能力和速度。之后，武汉又建成数字地震前兆与强度观测系统，结束了武汉市没有实时地震前兆台网和强震观测系统的历史，数字数据全部实现实时传输。其地震前兆台网部分主要观测地下流体和大地电场数据，能较大提升武汉市的地震预报能力。其强震观测系统能捕捉强地震数据，为武汉城市抗震设防服务。该系统由分布于武汉行政区域的6个地震前兆台、12个地震强震台和台网中心构成。

2. 地震预报

地震预报是综合防御的基础。1998年，国务院颁布的《地震预报管理条例》将我国的地震预报分为长、中、短期和临震四种，并规定了地震预报发布的权限。

(1) 长期预报

一般指未来十年内的地震危险性及其影响的预测，主要为全国或区域性的地震危险区划。它使我们有可能避开某些地震危险程度较高的区域来进行建设。在难以避开的情况下，抗震设防也有较明确的科学依据，从而使各项建设达到既安全、又节省投资的目的。长期预报也为中期预报和地震监测台网的总体布局提供背景和科学依据。全国性的长期预报由国务院发布，省域范围的长期预报由省政府发布。

我国已于1957年、1977年和1992年编制并颁布了三代《中国地震烈度区划图》。第三代烈度区划图采用了当前国际上通用的地震危险性概率分析方法，考虑了地震活动的时空非均匀特征，充分吸收了中国地震预报的研究成果，并对分析方法作了许多重要改进，具有国际领先的科学水平。该图的应用范围为：

1) 国民经济建设和国土利用规划的基础资料；

2) 一般工业与民用建筑的地震设防依据；

3) 制定减轻和防御地震灾害对策的依据。

(2) 中期预报

指未来一二年内将要发生破坏性地震的预报。它为我国确定几年时间尺度的地震危险区，从而为确定地震重点监视防御区（1990年以前叫"重点监视区"）提供依据。全国性的中期预报由国务院发布，省域范围的中期预报由省政府发布。确定重点监视防御区的条件是：

1) 在未来几年内有可能发生破坏性地震的地区；
2) 区内人口比较稠密、经济相对发达，震后可能造成较大灾害；
3) 有一定的地震监测预报工作基础，即具有加强监视和防御价值的地区。

（3）短期预报和临震预报

短期预报（3个月内）和临震预报（10天之内）是在中期预报基础上对将要发生的破坏性地震的时间、地点和震级三要素进行的追踪预报。短期和临震预报是震前采取应急防御措施的重要依据，对减轻地震灾害，尤其是减少人员伤亡具有重要意义。这两种预测由省政府发布，但在时间充裕的情况下要经国务院批准。

我国对7级及7级以上地震作出短期预报和临震预报（或提出预报意见）的有海城、松潘、龙陵、盐源、甘孜等地震，均极大地减轻了地震灾害。其中，海城地震预报的成功尤为显著。据估计，这次成功的预报减少了10万人的伤亡和40亿元（当时价）的经济损失，1976年2月被联合国教科文组织认定为人类第一次对破坏性地震进行的成功预报。我国作为唯一对地震作出过成功短期预报和临震预报的国家而载入史册。

由于国家的高度重视和明确的任务性，经过一代人的努力，我国的地震预报水平已属于世界先进水平：对地震孕育发生的原理、规律有所认识，但还没有完全认识；能对某些类型的地震作出一定程度的预报，但不能预报所有地震；所作出的较大时间尺度的中长期预报已有一定的可信度，但短、临预报的成功概率还相对较低，而对震后趋势判断、"无震"预报的准确性则相对较高。其原因在于：

其一是地下的信息很难搜集，利用卫星只能搜集地表的信息，很难据此准确推测地下结构。监测天然地震的P波和S波，是推断地下结构的主要手段，但凭借这些信息很难描画出地下结构的精确信息。这样，在没有精确信息下的建模精确度就会大打折扣。其二，即使能像精确搜集气压、气温、风和云的信息那样精确搜集到地下结构的信息，也不能精确预测地震。地下结构系统和大气系统一样都是复杂系统，有一点点微扰、一点点参数的改变，结果会大不一样。

3. 地震预警

在目前的预测及技术水平下，要精确预测地震，几乎是不可能的。但在地震发生前，可以向受影响的人群发出预警信号，为大家赢得极短的应急准备时间，最大限度地减少对生命的伤害和各种次生伤害。

（1）地震预警的基本原理

地震预警（Earthquake Early Warning）的原理很简单。地震发生之时，从震源发出两种体波（body wave）：P波与S波，它们穿过地下岩石层到达地面。这两种波的行进速度是不一样的，只要用地震仪探测到首先到达的P波，就可推断地震的发生。

P波（P是primary或pressure的首字母）主要源于对岩石的压缩时间。岩石被压缩时有一个回复力，导致其膨胀：这个压缩与膨胀交替的过程传播开来，就形成了 P 波。P 波的性质与声波非常类似，均能在固体、液体和气体中传播，均是纵波（longitudinal wave），即振子来回振动的方向与波行进方向一致。这样，当 P 波抵达地面时，将引起建筑物上下震动。地震导致的 P 波的典型的速度在每秒 5～8km 之间。

S 波（S 是 secondary 或 shear 的首字母）主要源于弹性岩石所有的剪切作用。岩石在剪切力的作用下扭曲，这种剪切和扭曲传播开来，就形成了 S 波。它有点像抖动一端的绳子，绳子的扭曲会传播开来，形成绳波一样。S 波只能在固体中传播，是横波（transverse wave），即振子来回振动方向同波行进的方向垂直。这样，当 S 波抵达地面时，将引起建筑物前后、左右震动。S 波的行进速度一般为 P 波的六成左右。

当 P 波抵达地面时，S 波只行进了 60% 的路程。它要比 P 波额外多花 2/3 的时间才能到达地面。这种速度差使得地震预警成为可能。P 波是上下震动的，与地球引力方向大致重合，振幅小，因此破坏力小；S 波是前后、左右震动的，同地球引力方向大致垂直，振幅比 P 波大，因此破坏力大。这种悬殊的破坏力使得地震预警成为必要。

（2）日本的"紧急地震速报"

日本是一个群岛，位于亚欧板块、菲律宾海板块和太平洋板块交汇处，地震频发。每个世纪，日本均会发生若干次极具破坏性的大地震，往往还会导致海啸，造成巨大的生命、财产损失。因此，日本有很强烈的动机关注如何防震减灾，其在不断试错和调试中演化出来的地震预警系统是目前全球最精细、最成熟、最发达的预警系统。

日本的地震预警系统，日文为"紧急地震速报"，英文缩写为 EEW（Earthquake Early Warning），由日本气象厅统一负责。1995 年阪神大地震后，日本决定推行面向一般公民的预警系统，并投资了 36 亿美元，于 2007 年 10 月正式运行该系统。同时，日本也有专门面向写字楼和工厂的私营地震预警系统。如日本铁路公司早在 20 世纪 80 年代就自己搞了一个大规模的预警系统，当时高速的子弹头列车才刚刚投入运营。日本私营预警系统的成功经验被政府的公众预警系统所吸收。

为了监测地震，日本气象厅在全国范围内放置约 200 个地震仪（seismograph）及 622 个地震烈度计（Seismic Intensity Meter）。此外，日本地方政府和防灾科学技术研究所也在全国各地分别放置了 2912 个地震仪与 777 个地震烈度计。不论这些仪器的归属，日本气象厅从所有的仪器中定时搜集和记录所有的信息。

地震一发生，当震源发出的 P 波经过两个及以上监测点，或者 P 波和 S 波先后经过一个及以上监测点，理论上就可以计算出震源和震级，并测量出烈度。就日本气象厅而言，在地震刚发生之后，它能够利用一个地震仪搜集的数据立即估算出震源、震级和烈度的最初数据。在地震发生后 10 秒，能够利用两至三个地震仪的记录数据来修正最初的估算。在地震发生后 20 秒，能够利用三至五个地震仪的数据来进一步让这些参数更精确。

如果地震烈度达到 5 度及以上，日本气象厅就会向一般公众发布预警，称为"紧急地震速报（警报）"，其通过电视、广播、有线电视、无线电、手机、网络和卫星等各种可能的媒介传播到一般公众。如果烈度达到 3 度及以上，或者震级达到 3.5 级以上，或者 P 波或 S 波振动的最高加速度达到 100Gal（Gal 为厘米每秒平方）及以上，日本气象厅则会向"高度利用者"（专业用户）发布预警，称为"紧急地震速报（预报）"；订户包括铁路公司、建筑工地、学校和医院等，其需要有先进电脑终端专门用于接收预警信息。

（3）地震预警的局限与效用

1）地震预警的局限性

如果震源太近，可能来不及发出或刚发出预警，S 波就来了。这样，一般公众根本来不及做任何应急准备。这里有内在的矛盾：越是离震源近，遭受的烈度越大，对地震预警的需求也就越大，越迫切，但预警能提供的时间又越少。相反，离震源比较远，遭受的烈度较小，对预警的需求没有那么大和迫切，而预警能提供的时间反而越多。

地震预警假阳性的情形会让公众虚惊一场，或遭受经济损失。日本面向专业用户的"紧急地震速报（预报）"自 2007 年 10 月以后的三年里共发出 1713 次预警，其中有 30 次是假阳性，误报率为 1.75%。许多误报由于人为错误或仪器缺陷，这在原则上是可以不断改进的；但也有一个时间和精度的权衡问题，为了及时，降低一些精度在所难免。

2）地震预警的效用

根据震源远近的不同，日本气象厅发布的预警能为受影响的居民和专业用户争取到几秒到几十秒的时间，以最大限度地保护生命和减少各种次生灾害。比如，一家人在就餐时收到预警，那就停止用餐，主妇关上煤气，防止引发火灾；打开门，以便在摇晃结束时撤到室外；一家人躲在桌子底下保护好头部，以免被东西砸伤。当人们在乘坐电梯时收到预警，就让电梯在最近的楼层停下来，然后迅速撤出来。

地震预警对于外科手术、建筑工地、化工厂和高铁等至关重要。如果外科医生正划开患者肚皮或正在给血管打结时突然遇到地震，那患者可能有生命危险；有了预警，医生就可以及时终止精细的手术。如果化工厂在运营中突然遇到地震，就可能发生有害物质泄漏及火灾和爆炸；有了预警，就能关上管道阀门，紧急停止危险作业等，避免大事故。如果高铁在高速前进时突然遇到地震，就可能列车脱轨甚至飞出去，从而导致大规模人员伤亡；有了预警，就能迅速减速并停下来，避免大事故。

（三）震灾预防

震灾预防主要分工程措施和非工程措施两个方面。工程措施主要是以提高工程建筑对地震的抗御能力来减轻灾害，故叫"工程抗震"，也叫"抗震防灾"。非工程措施主要采取社会组织、宣传、保险等措施，以提高全社会对地震的应变防御能力来减轻灾害，故叫"社会防灾"。除地震预报外，工程抗震和社会防灾的依据还有工程地震和震害预测。因此，震灾预防主要包括工程地震、震害预测、工程抗震、社会防灾四方面工作。

1. 工程地震

指一个地区、一个城市在规划和建设过程中，或一项工程项目（主要是国家重点建设项目、大中型工程项目、易发生严重次生灾害的建设项目和特殊工程建设项目）在可行性论证阶段进行的地震安全性评价工作。即：通过地震烈度复核、地震危险性分析、地震小区划以及确定场址周围的断层分布和影响、场地的设计地震动参数等项工作，对区域或工程场址的地震安全性作出评价，为工程抗震确定设防标准。幼儿园、学校、医院等人员密集场所按照高于当地房屋建筑的抗震设防要求进行设计和施工。

要作好工程地震工作，确定科学、合理的设防标准十分重要。如盲目提高标准，会增加不必要的投资，一般按烈度 7 度设防要比按 6 度设防增加投资 5%，按 8 度设防要比按 7 度设防增加投资 8%。设防标准越高，投资增加幅度越大。如盲目降低标准，则会留下隐患。只有作好工程地震工作，才能实现震时安全和建设投资合理的双重目标。

近年来，我国地震部门为城市建设、工程建设、工业园区等作了大量的工程地震工作，其中小浪底、大连、渤海、海南岛等地项目均取得了显著的经济效益，并取得了一批具有国际先进水平的研究成果。

2. 震害预测

即根据当地未来破坏性地震的烈度及其社会经济情况、人口密集程度和建筑物的抗震性能及因素，预测未来地震可能的震害类型、分布情况和造成的人员伤亡和财产、经济损失程度以及因各项能源供应、交通运输、信息传递的网络系统和基础设施的中断而引起的间接经济损失。它不仅是城市和地区抗震设防的依据，也是重点监视防御区震灾预防工作的重要内容和措施，可为城市规划、防灾规划、救援部署、预报决策等提供重要依据，还能为震后快速评估奠定基础。

中国的震害预测研究是在 1976 年唐山地震之后开始的，并已对我国强震区一些大、中城市的建筑物进行过抗震鉴定和加固。唐山大地震的发生告诫我们：只按基本烈度对现有建筑进行抗震鉴定是不够的，应在地震危险性分析和地震预报的基础上，假设可能遭遇到不同烈度地震的情况下进行震害预测，才能为地震重点监视防御区和抗震设防重点城市的防震减灾提供依据。

国家地震局于 20 世纪 90 年代结合具体城市开展了大、中城市的震灾预测与防震减灾对策的示范研究，其中一个结合乌鲁木齐市进行的项目已于 1997 年完成。它有以下五个特色：在国内首先采用了先进的地理信息系统；对重要工程采用了抗灾能力的单体调查；估计了间接经济损失；提出了具体的防震减灾措施；便于与其他日常减灾工作相结合。该研究成果现正在其他一些大、中城市中推广应用。

3. 工程抗震

它是在长期预报和工程地震的基础上，对地震危险区内新建的建筑物和工程设施进行抗震设防，对现有的建筑物和工程设施进行抗震加固，以提高其抗御地震的能力。

新中国成立初期，我国除对极为重要的工程进行抗震设防外，对一般民用和工业建筑是不考虑抗震设防的。邢台（1966年）、通海（1970年）及以后的地震灾害事件表明，破坏性地震造成的人员伤亡和经济损失主要是由于建筑物和工程设施的破坏、倒塌，以及引起的次生灾害造成的。因此，1974年我国政府作出了凡位于地震区的基本建设工程都要进行抗震设防的决策；1979年作出了对6度区进行抗震设防和加固的决策，同年还作出了对既有建筑物进行抗震加固的决策，并在全国贯彻执行。这些重大决策的实施，对于促进抗震防灾工作的开展、减轻地震灾害所造成的损失起到了重要作用。

作好工程抗震工作，一方面要确定地震区的设防标准，另一方面还要制定建筑物的设防原则。在认真总结多次地震灾害教训的基础上，通过技术、经济、社会、环境诸因素的综合分析，我国现阶段的建筑物抗震设防原则为：

（1）一旦被破坏，会对国计民生带来巨大灾难的水工、核电等，要求能确保安全；

（2）城市生命线工程应能保证震时的城市功能和抗震救灾的需要；

（3）停止生产，会造成重大经济损失的工矿企业，要求能不中断生产或迅速恢复生产；

（4）大量的工业与民用建筑则要求"小震不坏，中震可修，大震不倒"。

4. 社会防灾

它一般在中期预报和震害预测基础上进行，主要包括：建立防震减灾工作体系，制定防震减灾工作计划（或方案）及地震应急预案，开展防震减灾宣传和训练、演习以及地震保险等。这些重要措施使防震减灾工作成为政府领导的有组织的社会行为，从而极大地提高全社会对于地震的应对能力。

（1）建立防震减灾工作体系

确定为重点监视防御区的所在省、市、县需建立防震减灾工作体系，包括以政府领导人为首、地震部门和军队负责人参加的领导机构（一般叫"防震减灾领导小组"，短、临预报后转为防震抗震指挥部，震后转为抗震救灾指挥部），以及以有关专业人员为主的部门和行业的地震应急反应队伍，并确定防震减灾工作原则及处理程序，建立工作责任制和省与省、市与市间的联防等。

（2）制定防震减灾计划或方案、应急预案

防震减灾计划或方案是指政府根据地震预报和震害预测结果，经周密研究，事先对政府本身及社会的防御、救援等减灾措施作出的全面安排，一般是中期预报后对所确定的重点监视防御区进行综合防御工作的计划（或方案）。

地震应急预案是在短期预报和临震预报发布后，或在没有作出其预报情况下破坏性地震突然发生而如何作出准确且快速反应的预先拟订的方案。应急预案一般应根据破坏性地震分类制订数套，以防不测。

有了上述计划、预案，就可以有计划地指挥防震减灾工作。一旦发生地震事件，政府就可以胸有成竹、从容不迫地指挥救灾。这些计划与预案有的已在近些年发生的地震中发挥了应有的作用，取得了减轻地震灾害的实效。

（3）防震减灾宣传和演习

防震减灾宣传工作在政府职能意志同公众的行动之间起着桥梁和纽带作用。

要组织社会防灾，就要作好宣传工作，并使其贯穿于整个防震减灾工作的全过程。

地震演习也在地震应急中有着重要作用。例如，张掖地震模拟演习后的三个月，天祝—景泰发生 6.2 级地震，参加张掖地震演习观摩的有关领导和人员按照演习提供的经验，在震后迅速作出反应，正确指挥，取得了减轻灾害的实效。

（4）地震保险

它是一项减轻地震灾害损失的社会措施。保险不仅是灾后经济补偿的重要手段，以及救灾和重建工作的重要组成部分，而且还可以满足人们对于安全的心理需要，保持公众情绪和社会的稳定。它对于作好防灾防损工作、消除隐患、减少社会财富的损失，结合保险宣传、提高防震减灾意识等，都有重要作用。可见，保险不仅在震后有补偿作用，而且在震前也有防灾作用。保险赔付工作虽在震后，但以投保为中心的所有其他工作均在震前。因此，必须在震前，尤其是在确定为重点监视防御区以后加强保险工作。

近年来，地震部门同保险部门合作，除作好通用型保险外，正在通过宣传、政策、行政、法规等手段，努力推进地震保险工作的开展，以进一步调动全体公民在防震减灾问题上的社会参与意识，使救灾立足于自救，从制度上和措施上把防震减灾工作引向社会化。

（四）地震应急

包括地震应急预案、震前应急防御、震后应急反应和恐震事件处理等方面。做好应急工作，十分重要的是作好应急准备，包括建立机构、制定应急预案及准备财物等。

1. 地震应急预案

地震应急预案要求：如果发生地震，1 小时之内省、直辖市、自治区地震局和有关地、市的地震局将组织发布关于地震时间、地点和震级的公告；在地震灾害发生 24 小时内，相关部门将组织发布灾情和震情趋势判断公告，并视情况组织后续公告。同时，预案要求：一旦发生地震，相关部门要分别对可能受损的高大或重要建筑物、水库、堤坝、桥梁、隧道、电力、给排水、燃气、热力等要害设施进行检测和安全鉴定工作，对易于发生次生灾害的目标或设施采取紧急处置措施并加强监控，视情采取紧急处置措施，解除危险，防止灾害发生或扩展。

2. 震前应急防御

指在有短期预报，特别是临震预报后，政府、团体和公众采取的有组织的紧急防灾行动，主要为：实施地震应急预案，防震减灾工作体系作出响应，并进入紧急状态；派出防震流动队伍，并每天组织震情会商，组织避震疏散；对次生灾害源进行检查，并作出必要的临震紧急处理；对生命线工程进行检查，并采取临震应急防灾措施；加强地震新闻、社会治安、交通管理工作，做好救灾应急准备等。

3. 震后应急反应

指在突发地震事件后的应急反应。鉴于目前短、临预报成功率不高的现状，震后各项应急措施要立足于按事先没有预报、地震突然袭击来作准备。

（1）地震部门应急反应

按要求作出速报和符合实际的趋势判断，并对强余震作出预报，实事求是地对灾情作出快速评估，为政府组织抗震救灾和稳定社会秩序提供科学依据，取得明显的社会、经济效益。目前，我国地震部门的应急反应已从常规的书面报告发展到采用地理信息系统（GIS）等高科技支持的快速图文显示，便于领导应急决策和管理。

（2）政府的应急反应

无应急预案的，立即召开紧急会议，商讨对策，采取抗震救灾应急行动。有预案的，即按预案采取行动。一般均在两、三天内作出应急决策和部署，并完成抢救、抢险等应急任务。

4. 恐震事件处理

恐震事件是以某种自然现象（如有感地震、天气异常等）或人为现象（如误传、谣传、新闻导向失误等）为诱因，造成一部分人群惊恐不安，出现骚动甚至局部混乱，并采取一些无谓的避震行为，影响正常秩序的社会现象。较大的恐震事件造成的损失往往不亚于一个中强地震造成的损失。

据不完全统计，自 1980 年以来，发生在我国的恐震事件约有 50 多起。事件发生后，政府在地震、宣传等部门配合下，以在澄清起因的基础上的无震预报和以消除恐震心理为核心的宣传疏导两项工作为主要对策，很快地予以处理和平息，在防止和制止恐震事件造成社会、经济损失方面取得了显著的效果。

（五）地震救灾和重建

指在抢救生命和紧急抢险等应急反应后所进行的工作，包括灾民安置、伤病员救治和卫生防疫、修复生命线工程、恢复生产和社会正常生活、解决地震遗留的社会问题、重建家园等一系列全面救灾行动和恢复重建工作。

1. 救灾工作

救灾工作是具有一定规模的社会行动，其成效不仅同国家或地区的经济、科技发展水平有关，还同社会政治制度、政府机构的防震减灾功能、社会公众的防灾意识及社会道德风尚等有关。

我国政府极为重视地震救灾工作。破坏性地震发生后，各级政府立即处理地震灾害事件，政府领导速赴灾区视察灾情，组织救援，指导救灾。在重视物质救灾的同时，各级政府也十分重视精神救灾，及时进行宣传、教育、抚慰工作，引导灾民正确对待灾害，同灾害积极斗争。

2. 恢复与重建

在各项救灾任务基本完成后，即转入恢复重建工作。一次大的破坏性地震发生之后，房屋建筑和公共设施遭到破坏，必然造成大量工矿企业停工停产、金融贸易萧条，甚至破坏社会和家庭结构，引起巨大衍生损失。因此，尽快地在震后恢复生产、重建家园，对于减轻灾害的损失是十分重要的。

我国震后恢复与重建工作实行"统一规划，统筹安排，突出重点，分步实施"的办法，并要求在恢复生产的基础上搞好重建工作。恢复生产包括恢复工农业生产和金融贸易等。从防震减灾范畴而言，重建工作是新循环的开始，因此要对地震区重新进行烈度复核，给出新的抗震设防标准。我国绝大多数地震的重建工作都按复核后的烈度设防，并十分重视规划、设计工作和材料、施工质量。如唐山重建时，国家先后调集几百名专家帮助制订重建的总体规划，选定建筑设计方案；选派 10 万人的建筑安装队伍，帮助唐山施工建设——重建后的新城，布局更为合理，环境更为美化，防灾功能增强。

3. 灾后经济补偿及援助

灾后经济补偿及援助对于恢复生产和生活、重建家园、保持经济发展的持续和稳定有着十分重要的作用，是一项减轻地震灾害损失的重要措施。其补偿方式主要有：保险补偿、国家财政资助、地方政府自筹，企事业单位或集体单位或家庭自己负担，以及其他地区或国外的各类援助等。

（1）国家财政补偿

根据我国的经济发展水平和自然灾害情况，并参照日本、美国、苏联等国经验，我国每年提留的自然灾害后备基金约占 GNP 的 1.0%～1.2%。其中，地震灾害后备基金占 0.2%～0.3%。

（2）地方自筹

即地方政府自己筹集资金和物资对受灾地区的抗震救灾和恢复重建所进行的一种经济补偿。根据"地方自筹为主，国家补助为辅"的原则，各地方政府在一般、中等破坏性地震中积极筹集资金，立足于自补。对于严重、特大破坏性地震，在积极寻求国家财政补偿的同时，也积极自筹基金用于自补，以减轻国家的负担。

（3）自付补偿

国有大企业每年提留 1% 左右的利润作为防震救灾和重建资金，用作灾后自付补偿基金。家庭可利用银行存款或自己的积蓄来补偿地震灾害所造成的财产损失。

（4）外界援助

由其他地区提供的震灾支援，以及国外政府和民间机构提供的国际援助来进行的地震灾害经济补偿。

（六）地震科学研究

地震科学研究是推进防震减灾工作的翅翼。我国十分重视地震科学研究，1988 年以来已进入高科技发展阶段。

1. 监测方面

除改进和优化原有的九大观测手段以外，一些新的监测技术如电磁波、卫星热红外、GPS 定位系统、CT 地层扫描和卫星通信技术得到了开发与利用，已形成具有十几种观测手段的地震监测网络。一台由国家地震局地震研究所研制的超宽频带数字地震仪只需 5 分钟，便可监测到我国 300km 半径内发生的地震的所有情况。1998 年，该仪器开始在武汉和北京试运行，2002 年已在国内安装 37 台，2005 年前再安装 103 台，为震后救援赢得宝贵时间。

2. 预报方面

我国自行研制的"地震综合预报专家系统"经过不断改进，在地震预报及管理中发挥了积极作用。它具有较强的软件和智能功能，在计算机专家技术系统与地震预报研究的结合上达到了国际先进水平，受到了国内外地震专家的肯定，并得到广泛应用。

3. 震害预测方面

震害预测已取得重大进展。其中，中国地震灾害损失预测研究工作基本完成，将为各级政府开展防震减灾工作提供参考依据。

4. 抢险救灾技术方面

一些高起点的救灾仪器、装置已研制成功，如红外生命探测仪及多功能微声生命仪及微型顶升设备等。这些救灾仪器、装置的研制成功，结束了我国地震现场救灾一直苦于没有有效手段的历史。

5. 地震对策方面

继《地震对策》一书出版后，又研究并出版了《城市地震对策》一书，无论在理论或实用化方面均有较大的深化与发展。

6. 地震灾害研究方面

开展了地震灾害社会、经济指标体系的研究，建立了"中国地震灾害数据库"及"国外地震灾害数据库"。

第二节　洪　　灾

一、洪灾的概念及特点

（一）洪水、洪灾与城市洪灾

1. 洪水

洪水（flood）是一种高度复杂的自然现象，它与天文圈、大气圈、水圈、生物圈、人类圈和岩石圈都有密切的联系，是这几个圈层相互非线性作用和反馈的产物。目前对洪水尚没有统一的定义。《现代地理学辞典》把"洪水"定义为："河流水位超过河滩地面溢流的现象的统称，常由出现洪水地区上游或当地的暴雨或融水所致，常以人定的某一有影响水位为标准，越过这一水位则被定义为洪水。"这一定义对洪水灾害的研究具有较强的可操作性和适应性。

洪水大小常以洪峰水位（洪峰流量）、洪水总量、洪水历时来描述，统称"洪水三要素"。洪水三要素越大，则洪水越大。洪水大小也常采用统计学方法，以洪水三要素之一（常用洪峰流量或洪峰水位）出现的超过频率来表示。

按成因和地理位置的不同，洪水又分为暴雨洪水、融雪洪水、雨雪混合洪水、冰凌洪水、山洪、溃坝（堤）洪水和海岸洪水（如风暴潮、海啸等）。就发生的范围、强度、频次以及对人类的威胁性而言，中国大部地区以暴雨洪水为主。

2. 洪灾

洪水给人类正常生活、生产带来的损失与祸患称为"洪水灾害"（Flood Disaster），它是通常所说的水灾和涝灾的总称。水灾一般指因河流泛滥、淹没田地所引起的灾害。涝灾指的是因过量降雨而产生地面大面积积水或土地过湿使作物生长不良而减产的现象。人们常把地面积水称为"明涝"；把地面积水不明显而耕作层土壤过湿的现象称为"渍涝"。由于水灾和涝灾往往同时发生，有时也难于区分，我们便把水涝灾害统称为"洪水灾害"，简称"洪灾"或"水灾"。

洪水灾害的孕育、发生、发展和消亡的演化过程受天体背景（如太阳活动、月球活动等）、气候、气象、海洋、水文、下垫面和人类活动等众多因素的作用、牵引和制约。从地学角度出发，根据洪水灾害形成的机理和成灾环境的区域特点，将洪水灾害分为溃决型洪灾、漫溢型洪灾、内涝型洪灾、行蓄洪型洪灾、山洪型洪灾、风暴潮型洪灾、海啸型洪灾及城市洪灾。

3. 城市洪灾

城市洪灾泛指城市地区的洪水灾害。城市具有独特的地表形态和性质，如：不透水地面面积大，有天然的和人工的地下管网等两套排水系统，导致地面径流系数大，水流速度快，时间短，下渗少。我国现有 100 多座大、中城市处于洪水水位之下，受到严重威胁。

（二）洪灾的特点

我国的洪水灾害在空间上既具有普遍性，又具有区域性；在时间上既表现出无序的非稳定性，又存在有序的规律性、周期性。大量研究表明，洪水灾害具有不均匀性、差异性、多样性、随机性、可预测性、突发性与规律性等特点。

1. 不均匀性与差异性

首先是空间分布上的不均匀性和差异性；这是因为我国洪水灾害以暴雨成因为主，而暴雨的形成和地区关系密切。我国暴雨主要产生于青藏高原和东部平原之间的第二阶梯地带，特别是第二阶梯与第三阶梯（东部平原区）的交界区成为我国特大暴雨的主要分布地带。降雨汇入河道，则形成位于江河下游的东部地区的洪水。因此，我国暴雨洪水灾害主要分布于 24 小时 50mm 降雨等值线以东，即燕山、太行山、伏牛山、武陵山和苗岭以东地区。这表明形成洪水的自然条件在区域上表现出了不均匀性和差异性。另一方面，由于我国的东南地区又是经济发达和人口稠密的城市地区，因此这两个方面的结合便形成了洪灾空间分布的不均匀性和差异性。

历史文献记录和近年的统计资料表明，我国的山洪灾害在空间分布上也明显地呈现不均匀性和差异性，中部山区和东南部山区山洪危害最大，西北山区和青藏山区山洪危害较小。

其次，在时间分布上，洪水灾害也具有不均匀性和显著的差异性。这是因为，我国地处欧亚大陆的东南部，东临太平洋，西部深入亚洲内陆，地势西高东低，呈三级阶梯状；南北则跨热带、亚热带和温带三个气候带，最基本、最突出的气候特征是大陆性季风气候。因此，降雨具有明显的季节变化，从而导致洪水灾害的时间差异和不均匀性特点。受季风活动的影响，我国洪灾发生时间的不均匀性和差异性主要表现为：

（1）春、夏之交，我国华南地区暴雨开始增多，洪水发生概率随之增大。受其影响，珠江流域的东江、北江在 5、6 月易发生洪水，西江则迟至 6 月中旬至 7 月中旬。

（2）6、7 月间主雨带北移，受其影响，长江流域易发生洪水。

（3）7月至10月是四川盆地各水系和汉江流域的洪水发生期。

（4）8月到9月是松花江流域的洪水发生期。

（5）由于台风的影响，6月至9月为浙江和福建洪水灾害的发生期。

2. 多样性

我国地域辽阔，自然环境差异极大，具有产生多种类型洪水和严重洪水灾害的自然条件和社会、经济条件，因此洪水灾害的种类多样，表现为：

（1）我国地貌组成中，山地、丘陵和高原约占国土总面积的70%，山区洪水分布很广，并且发生频率很高；

（2）我国平原区，尤其是七大河下游和滨海河流地区，是我国洪灾最严重地区；

（3）我国海岸线长达18000多公里。当江河洪峰入海时，如与天文大潮遭遇，将形成大洪水，对长江、钱塘江和珠江河口区威胁极大；

（4）风暴潮带来的暴雨洪水灾害也威胁沿海地区；

（5）我国北方一些河流有时发生冰凌洪水；

（6）在干旱的西北地区，例如新疆、甘肃和青海等地，存在融雪和融冰洪水。

3. 随机性与可预测性

洪水灾害的随机性源于洪水灾害的多样性、差异性及模糊性。地貌、气象、下垫面状况的随机性导致天然河流中洪水过程和洪水年流量的不确定性。对于暴雨补给的河流，洪水过程和洪峰流量取决于降雨的分布和雨量、降雨区域的植被情况及暴雨区至坝址的距离等；而这些都是难以预测的，是随机的。对于融雪和暴雨共同补给的河流，又与气温、暴雨时间和空间位置有关；而这些因素同样是随机的。河道的洪水过程是一个随机过程，洪峰流量是随机变量，一般用频率分析方法求得各种大小洪峰流量出现的可能性或出现的频率。而防洪工程的设计洪水标准就是选取某一频率(或重现期)的洪峰流量而得到的。当超标准的洪水发生时，就有可能造成洪水灾害。因此，洪水灾害的不确定性主要是水文的不确定性；而水文的不确定性也包括河道水流洪峰流量的不确定性和洪水过程的不确定性。后者主要表现在洪峰位置和洪峰流量的不确定性方面。

洪水灾害的可预测性是指洪水灾害发生、发展的过程是具有规律性的，并且是可以预测的；只是由于人类目前对洪灾还不完全了解，不能准确地把握一切时间、一切地域各种洪水灾害的形成与发展过程，某些或某一地区洪水灾害的发生对人类而言具有随机性。洪灾的随机性与可预测性是相对于人类的认识水平而言的，如果人类的科学技术发展到这样一个水平，即对于各种洪水灾害的成因、机制与过程都彻底了解，则可及时对各次洪水灾害事件作出及时的预报。因此，为了实现对洪灾的预报，必须深入开展洪灾成因、成因规律与机制的研究。

4. 突发性与规律性

洪水是造成洪灾的直接原因。作为自然现象的洪水，它的出现并不以人的意志为转移，具有相当的突发性。因此，洪灾也在一定程度上、在一定时间尺度内表现出突发性。另一方面，从历史资料的统计分析来看，我国洪灾也具有其规律性；近 70 年来，我国发生多次特大洪水，它们都能够在历史上找到与其成因及其分布极为相似的特大洪水。因此，洪水灾害不但具有突发性，而且具有规律性。

5. 自然属性与社会属性

城市洪灾的致灾因子、孕灾环境主要表现为自然属性，而承灾体、灾情活动则主要表现为社会属性。

二、洪灾的形成及影响分析

（一）洪灾的形成

洪灾是指超过人们防洪能力或未采取有效预防措施的大洪水对人类生命和财产所造成的损害。根据这一定义可知，一场洪灾成为现实，必须具备三个因素：第一，存在诱发洪水的因素——灾害性洪水；第二，存在洪水危害的对象，即洪水淹没区内有人居住或分布有社会财产，并因被洪水淹没而受到损害；第三，人们在潜在的或现实的洪灾威胁面前，采取回避、适应或防御洪水的对策。只有这三个因素综合作用，才有现实洪灾发生。

可以说，洪灾是自然和社会相互作用的结果。产生洪水的自然因素是形成洪水灾害的主要根源；但洪灾不断加重，却是经济、社会发展的结果。

1. 气候变暖，加剧洪灾

根据湖北省 1961～2000 年 71 个气象台的气温资料分析，40 年间，全省平均气温每十年上升 0.2℃。而 1960～2004 年，全省范围内强降水的次数和强度都呈增加趋势。强降水中心多发生在江汉平原及鄂东南地区，洪灾频率增加，危害也显著加重。另据历史统计，长江洪灾自汉代至元代平均 11 年一次，明代平均 9 年一次，清代平均 5 年一次。1995～2008 年，长江接连发生了 4 次大洪水。

2. 围湖造田和泥沙淤积严重，使蓄洪能力大为减弱

由于围湖造田和泥沙淤积，洞庭湖面积锐减。20 世纪 50 年代洞庭湖的面积是 4350km^2，到 1983 年减少了 1659km^2。从 1949 年至今，洞庭湖湖底平均淤高 1.1m，临近堤垸的湖床淤高达 2.7m，出现部分湖床高于堤外房顶的危险状况（我国其他湖泊也和洞庭湖大同小异）。因湖泊面积锐减，湖泊调蓄洪水能力大为减弱，酿成"水与人争地为殃"的灾害。

3. 植被破坏和水土流失的组合叠加效应加剧了洪灾的发生

我国许多河流的上游地区森林植被严重破坏，对于降雨的截留率下降，蓄水量减少；大量雨水裹着泥沙直下江河，导致洪水总量增多。同时，水土流失，使土壤薄层化，土壤蓄水量降低，泥沙冲刷增多，抬高河床，淤塞湖泊、水库，最终导致洪峰流量增多，加剧洪灾发生。

4. 防洪标准偏低，病险工程多，抗灾能力依然不高

目前，黄河下游的防洪标准最高，也只能防御 60 年一遇的洪水。而长江中下游、淮河、海河、珠江、松花江、辽河、太湖等，一般只能防御 10～20 年一遇的洪水。在已建成的水库中，1/4 的大中型水库、2/5 的小型水库老化失修，属病险工程。

5. 河道上人为设障，影响行洪

近年来，向河滩要地的现象又有抬头，许多乡镇企业与江河争地，修船厂、

拆船厂、临时仓库等在城镇江河沿岸随处可见。这些障碍物是造成小水量、高水位、大损失的一个重要原因。

可见，洪水是造成洪灾的最根本原因，但人为因素在洪灾形成过程中也具有重要作用。

（二）洪灾的影响分析

洪灾是可持续发展的重要制约因素，严重影响国家、城市或地区的生态、经济和社会的持续发展。因此，洪灾的影响分析主要涉及自然生态、社会、经济、国家政策等4个方面。

1. 自然生态方面

频繁的洪水造成了特有的洪泛区自然生态系统，孕育了三角洲文明和流域文化。但随着人类活动的发展，洪泛区自然生态环境不断恶化，产生大量次生环境，使得抗击洪灾后果的能力不断降低。因而，洪灾不仅直接影响着流域的自然生态，而且威胁着人类的社会与经济活动。

伴随着洪水的发生，水土流失、泥石流、滑坡及岩崩等伴生灾害一一出现。洪水从上游带来的大量沙石流使下游的农业耕地遭到泥沙石的淹埋，破坏该地区的生态平衡，影响农业生产的发展。洪灾破坏了该地区原有水利系统和饮水系统，使水质恶化，卫生标准大大降低。洪水的淹没、冲击、压盖直接造成动、植物的死亡或生存威胁，影响动、植物种群数量与多样性——这类影响对珍稀或濒危动、植物来说更为严重。

2. 社会方面

洪灾期间，洪泛区大量的人和牲畜挤在不卫生的庇护处，残渣、粪便横溢，有可能引起瘟疫。由于食物受到污染而变质，生活条件差，相互交叉感染，也可能形成某些急性传染病的流行。人与洪水搏斗，气候条件差，劳动强度大，会导致机体抵抗力下降，各种疾病的发生和传染病传播流行的危险性增加。

洪水淹没，导致地区居民搬迁。频繁受淹地区会造成居民的迁移，从而产生居民生活空间变化及可能的民俗变化。同时，洪灾使群众生活遇到极大困难，精神上受到沉重打击，大大降低生产积极性，致使洪泛区经济发展滞后，形成脆弱的社会环境，使洪灾自救能力减弱。

洪灾对具有特殊文化特性的建筑或遗迹，以及具有科学价值和旅游价值的珍稀动植物、自然保护区、风景旅游区都可能造成不利影响。

3. 经济方面

洪灾给国家、城市或地区的经济发展带来极大的消极影响，包括：洪泛区内各类农作物的绝产或减产，居民私人财产的损失，工业的破坏和停产，城市学校、医院、交通运输、邮电通讯、商业等部门的经济损失，在防洪抢险过程中投入的各种防汛器材、材料和消耗的燃料等费用，在转移群众过程中投入的各种救济粮食、材料以及交通费用等等。此外，洪灾造成的经济损失不只限于洪灾发生地区，而可能影响到整个国家的经济稳定性。

4. 政策方面

洪灾对国家政策有很大的影响。洪灾导致经济收入降低，税收减少，而恢复生产、重建家园的重要任务迫切需要政府投入大量的财政经费，从而影响国民财富的积累及重新分配。

洪灾还影响着政府的防洪政策。政府通过各种立法以及各种行政措施，限制洪泛区的不合理开发，实行有效的洪泛区管理。同时，通过各种防洪措施保护洪泛区的经济发展，鼓励投资，使原本的洪泛区变成经济开发区。

洪灾逐年增加的局面使国家的防洪战略从采用控制性措施转向采用综合利用的控制性和减缓性措施，要求采取技术上、经济上、环境上均可行的方案。

三、洪灾监测、预测及管理

(一) 洪灾监测

洪灾监测研究已从传统的雨量观测站网研究、水文观测站网研究发展到了当前结合传统观测站网的洪灾遥感监测研究的新阶段。

应用遥感(RS)和地理信息系统(GIS)等高新技术对洪灾进行监测，是当前及今后的重点研究课题。目前，Landsat 卫星、SPOT 卫星及云雨卫星等已用于洪灾监测。例如，美国应用卫星和现场资料建立估计河流洪水量的模型，在纽约东北部的 Black 河流域使用 Landsat 卫星数据获取洪水资料；法国利用 SPOT 卫星图像对 1988 年 2 月旺代省斯旺普峰的洪水进行监测；在南美洲，Landsat 卫星和云雨卫星被用于监测洪水；而在印度，利用遥感资料对 Sahibi 河流域的洪水监测已取得成功。

在我国，从"六五"至"八五"期间，国家"遥感技术应用研究"科技攻关项目在建立中国洪水监测信息系统方面取得了一系列成果。并且，"八五"期间所开发的信息系统在 1995 年 6、7 月份江西省鄱阳湖、湖南省洞庭湖地区以及辽宁省辽河和浑河流域的洪灾监测中取得了较好的效果。在"八五"工作的基础上，洪水灾害遥感监测技术在"九五"期间又有了飞跃性的发展，星载 SAR 数据和我国自行研制的航空雷达遥感系统全面应用，已基本建立可实际运行的洪灾遥感监测业务运行系统。

(二) 洪水预测

洪水预测是指对洪水可能发生的地点、时间、强度、规模的预报。洪水预测(预报)的常用方法 是水文学方法，即利用暴雨信息经产、汇流水文模型计算来预报洪水。随着水文学理论研究的深入和自动测报、计算机等技术的进步，这种洪水预报的理论和实用性都有了长足的进展。

目前，洪水预测中洪水时空变化规律的研究，尤其是异常暴雨形成的特大洪水时态变化规律的研究还很少，而这种研究对于防洪减灾而言是极为重要的。因此，近年来科学家根据成因方法和数理统计方法，逐步从与洪水有联系的更广阔的空间去寻找形成洪水的各种物理因素，探索它们与洪水之间的相关关系，从而推测未来洪水的时空变化规律。关于这一方面的研究主要有以下方面。

1. 利用 ENSO 现象预测洪水

ENSO 现象是厄尔尼诺现象(El Nino)和南方涛动(Southern Oscillation)的总称，它们对全球性的大气环流和海洋状况异常都有重要的指导意义。研究指出，ENSO 现象是由地球自转速度的变化引起的：在地球自转速度大幅度减慢时期，赤道附近的海水或大气获得较多的向东角动量，引起赤道洋流减弱，导致东太平洋涌升流得以减弱，从而造成该地区大范围海表温度异常升高。据研究，江淮流域的特大洪涝多发生在地球自转、ENSO现象的同年或次年；四川盆地西部的历次大洪水多发生在速度由慢变快和由快变慢的不规则运动的转折点附近。由于估计1992~1995年是地球自转速度由慢变快的转折点，据此，研究人员指出，这一时期应警惕大洪水。事实上，1995年川西发生了大洪水。

2. 利用地震预测洪水

自然灾害系统中各种灾害之间具有相互触发、因果相循的关系，从而造成灾害群、灾害链现象。郭增建等人（1992年）的研究指出，如果在蒙、新、甘交接地区发生7级以上大震，那么，其后一年内黄河往往会出现特大洪水。这种大地震与大洪水的对应率可以达到88％以上。研究认为，当蒙、新、甘交接地区发生大震时，大范围的构造运动使地下携热水汽逸入低层大气。它一方面使大气水汽含量增加，同时使这里的气压变低，诱使西风带上的水汽向这里输送。另一方面，大震后造成低压环境，可吸引北方的冷空气南下和西太平洋副热带高压西伸北上，由此在黄河流域形成特大洪水。因此，我们可以利用蒙、新、甘交接地区的大震活动来预测黄河流域的特大洪水。

3. 利用火山爆发预测洪水

强烈的火山爆发所形成的尘幔在高层大气中能停留数年之久，它们强烈地反射太阳辐射，从而产生使地球表层变冷的效应。历史上赤道地区四次强烈的火山爆发曾引起四川温度偏低，大量凝结核使降水偏多，相当一部分地区出现洪水灾害。根据历史资料分析，在火山爆发的第二年，四川盆地发生较大洪水的概率为85％，在第三年发生较大洪水的概率为79％。

4. 利用地磁异常预测洪水

地球磁场在正常月份为线性分布，其空间线性相关系数约为75％~100％。当地球磁场出现异常时，相关系数值将减少。从1990年11月开始，我国出现了以皖南为中心，包括安徽、江苏和浙江在内的大面积地磁异常区。到1991年1月，异常中心的相关系数值降至10％；5个月后，在淮河、太湖流域出现了特大洪水灾害。其他地磁异常地区也出现了类似情况。研究者推测，太阳风与地球磁层顶相互作用，在极区上空的电离层中形成极区电极流。极区电极流通过地球磁力线传至中、低纬度地区的电离层中；在未来要发生灾害性天气的地区上空，电离层可能在5个月前受到扰动，以致地磁场出现异常变化。

5. 利用太阳黑子活动预测洪水

太阳是离地球最近的恒星，太阳活动深刻地影响着地球上的洪灾。太阳黑子活动具有11年的周期变化规律。研究表明，在太阳黑子活动峰年，一方面太阳经大气输入的能量增多，导致大气热机功能加强；另一方面，在此时期地壳因磁致伸缩效应和磁卡效应易于产生变形和松动，地壳内的携热水汽易于泄出，并与大气过程配合，在此情况下易于发生特大洪水。在太阳黑子活动谷年，磁暴减弱，地壳内居里点附近的生热效应降低，此时居里点附近的岩石就会因自发磁致伸缩效应而产生形变。它可触发地壳内一些不稳定地段发生变动，从而有利于发生大震，使地下热气逸出，并与大气过程配合，形成特大洪水。自 1840 年以来，长江发生特大洪水的年份主要有 1870 年、1931 年和 1954 年；淮河主要有 1975 年和 1991 年；黄河主要有 1843 年。而这些年份都在太阳黑子活动的峰年、谷年或其前后。因此，可利用太阳黑子活动峰谷年的变化来预测长江、淮河、黄河可能发生的特大洪水。

6. 利用太阳质子耀斑预测洪水

太阳质子耀斑是一种辐射出大量高能质子的耀斑。周树茶等人（1992 年）的统计研究表明，约 81.3％和 76.1％的质子耀斑事件发生后的第一个月内，长江中下游和华北地区的雨量明显增加，易出现洪水。太阳质子耀斑对大气环流的调制作用有两个过程：

（1）太阳质子耀斑喷射的高能质子流造成了地磁扰动。被扰动的地磁场每当地磁活动指数 kP 增加一个单位时便使增强的电离层主槽向赤道方向移动约 3.5°，从而导致极涡南移，使冷空气频繁南下。

（2）在夏季日西部出现大耀斑爆发后的半个月内，西太平洋副热带高压有增强北上的现象（西伸北移）。据此推测，极涡南移造成的冷空气频繁南下和西太平洋副高压的西伸北移是太阳质子耀斑事件发生后长江中下游和华北地区汛期洪水的主要原因。在 1991 年 5 月和 6 月，日面上连续两次出现了太阳质子耀斑事件。如果天气预报时考虑到这一天文因素，那么，就有可能提前 27～30 天预报 1991 年夏季淮河、太湖流域的两次特大洪水过程。

7. 利用日食预测洪水

太阳辐射能在地球上出现不均匀的纬向分布，使两极成为低温热源，赤道成为高强热源，从而导致大气环流的运行。赵得秀等人的研究发现，日食与洪水有一定的关系：当日食发生时，地球上接受的太阳辐射能减少，从而使大气环流发生异常变化，以致出现洪水。研究表明，大尺度涡旋的动能约为地球一日获得的太阳能量的 7/800，不到 1/100，远远小于一次日食形成的大气有效位能，所以一次日食可以激发大气长波。大气长波形成的触发作用有热力作用和动力作用。海、陆之间的温差是热力作用，而高山、高原对西风环流的阻挡是动力作用。日食形成的热力作用是形成洪水的主要因素。因为海、陆和地形的作用长年是相对稳定的，不能形成气候的巨变。而日食次数每年不尽相同，多者为 5 次，少者为 2 次，这足以使大气环流出现异常变化。利用日食对我国各大江河 1981～1987 年的洪水进行检验性预报，其预报成功率可达 84.7％。

8. 利用近日点交食年预测洪水

在近日点，地球受太阳的吸引力最大，公转速度最快。日、月食在年头、年尾出现，此一种年分称为"近日点交食年"。在近日点交食年，我国的一些大江大河多发生特大洪水，如长江特大洪水发生在近日点交食年的年份有 1852、1860、1870、1935、1945、1954 年等，黄河有 1842、1843 年等，海河有 1871、1917、1963 年等。究其原因，一方面，在近日点交食年，日、月引潮力引起近日点交食年潮汐，并引起厄尔尼诺现象。另一方面，在近日点地球接受的太阳辐射比在远日点多 7％，赤道暖流把吸收的热量通过黑潮送至我国沿海，且暖流蒸发也较多，增强了西太平洋副热带高压的活动能量，进而影响我国水文气象的异常变化，以致发生特大洪水。研究者根据近日点交食年资料，预知 1991～1992 年和 2000 年我国将出现这种异常变化，前一时期的推测已被 1991 年江淮流域的特大洪水所证实。

9. 利用九星会聚预测洪水

九星会聚指地球单独处在太阳的一侧，其他行星都在太阳的另一侧，且最外两颗行星的地心张角为最小的现象。研究认为，九星会聚发生于冬半年时，地球的冬半年延长，夏半年缩短，以致北半球接受的太阳总辐射量减少，这就是九星会聚的力矩效应。这种效应累积若干年后最终导致北半球气候变冷的趋势。反之，九星会聚发生于夏半年时，就会导致北半球气候变暖的趋势，产生各种气象灾害。据研究，近 1000 年以来，长江流域 1153、1368、1870、1981 年的特大洪水都处在九星会聚的前、后阶段。近 500 年以来，黄河流域发生过 4 次特大洪水，其年份是 1482、1662、1761、1843 年，其中除 1761 年之外，其他三次也都处在九星会聚的附近时期。

10. 利用天文周期预测洪水

根据天文奇点非经典引力效应以及近几年关于天体引潮力的研究，把黄道面四颗一等恒星先后与地球运行形成三点一直线的四个天文奇点的太阳投影瞬时会相，形成一种天文周期。研究指出，天文奇点出现时，地球受到的天体引潮力达到最大值，同时大气环流也发生异常变化，以致洪水灾害发生。研究证实，已知的天文周期与长江流域的旱涝有着较好的统计相关，相关率达 94%。

综上所述，近年来科学家从地球系统、太阳活动、行星运行等广阔的空间去探求与洪水有关的物理因素，在预测洪水时空变化规律方面作了大量工作，取得了成就。这些研究往往用单一的物理因素来预测洪水，然而，洪水是多种物理因素综合作用的结果。因此，在未来研究中应该根据系统论的观点，对这些物理因素进行全面、综合分析，尤其要注重根据它们的组合效应来分析它们对洪水影响的大小。

（三）洪灾管理

1. 洪水管理的目的与特征

洪水灾害管理包括洪灾预防预警、抗灾救灾、恢复重建、洪灾教育、立法保险、综合管理等所有减轻洪灾损失的人类活动及其过程，它是一项复杂的系统工程。洪灾管理的目的在于减轻洪灾造成的损失，向灾区和灾民提供及时和必需的援助，以及最迅速、最可行的恢复、重建的帮助，建立预防洪灾文化，增强人们的洪灾意识和承受能力。洪灾管理是减灾成功的关键和减灾系统工程的核心。

洪灾管理也是一门将洪水灾害研究成果应用于现实的防灾减灾应用科学，它具有如下特点：

（1）时间的紧迫性。在抗灾救灾中，时间就是生命。

（2）需要较强的协调能力。

（3）需要较详细、较安全的救灾、援助预案。

（4）在缺少信息的情况下，需对灾情、灾区需求作出及时的评估。

（5）需要较强的救援力量和经济援助力量。

2. 洪水管理的内容

近年来，灾害管理已愈来愈受到广泛重视和研究。联合国人道主义事务部（DHA）、联合国开发计划署及其他机构同有关成员国建立了培训项目，为多灾害国家，尤其是发展中国家培训灾害管理人员。灾害管理的国际合作与协调正在逐步加强。关于洪水灾害管理，主要包括以下方面内容：

（1）洪灾心理学研究

主要研究洪灾发生时和发生后，社会各阶层人们的心理状态与反应。"国际减灾十年"活动中，有学者倡导建立灾害预防文化，加大防灾减灾宣传力度，以提高大众的灾害意识，利于防灾减灾工作的普及以及帮助人们克服不良心理因素。其中，一个重要内容便是研究如何医治人们因灾害引起的心理创伤（包括不同灾害造成的心理障碍），灾害发生后短期心理障碍的治疗方法及长期心理疗法。

（2）洪灾立法

目前已引起决策层和学术界的关注，已有中华人民共和国《防洪法》、《水法》、《河道管道条例》、《防汛条例》、《水库大坝安全管理条例》以及《关于蓄滞洪区安全与建设指导纲要》等国家法规，还有一些政策、法规正在制定或酝酿之中。

（3）行蓄洪区管理

它是洪灾管理的重要内容之一。行蓄洪区的作用在于用局部、较小的牺牲换取全局、更大的防洪经济效益。

（4）洪泛区管理

洪泛区是指河道附近由周期性洪水泛滥所影响的区域。洪泛区管理包括洪泛区内推行洪水保险以及制订和推行长治久安的土地利用政策等。

（5）洪灾保险

这是管理洪泛区的一项经济措施。被保险者交纳一定的保险费，政府可以补偿一部分洪灾救护费。同时，保险政策可对洪泛区开发起一定的调节作用。目前，我国救灾基金往往由中央、地方政府和保险公司构成，但政府仍是灾害救助的主要投入者和组织者。

（6）防洪经费管理

防洪是社会性公益事业，所需防洪经费应由各级政府及其受益地区的单位和个人共同承担。防洪经费管理包括固定防洪经费投入渠道、防洪经费使用规程和如何有效地使用防洪经费等，是目前洪灾管理的一个基本部分。

（7）防洪调度

利用行蓄洪区、洪泛区、水库、水闸等方式人为地改变天然洪水的时空分布规律，通过蓄、滞、泄、分等措施达到减免洪水灾害的目的。由于防洪保护范围广大，关系到国民经济的发展和人民生命财产的安全，因此要求汛期防洪调度必须准确、及时。

（8）防洪抢险

指采取紧急防护措施，阻止或减缓防洪工程与设施的险工、险患、险情的进一步变化，避免失事，在险情不再发展或洪水退后进行除险加固，以恢复它的正常防洪功能。由于防洪抢险是紧急、重要的任务，要求措施得力，任务明确，动作迅速，认真负责。

（9）防洪工程效益分析计算

防洪工程效益包括经济、社会、生态三个方面的效益。其经济效益主要指修建和未修建防洪工程对由此所减免的国民经济损失减去防洪工程的投入和所引起的负效益。其社会和生态环境效益是指防洪工程具有保障社会安定、促进经济持续发展、改善人民生活水平、改善生态环境等作用。

（10）防洪工程管理

包括水库、河道、堤防工程的管理。

（11）防洪规划

指为流域或区域、城市制订一套包括水库、蓄滞洪区和河道堤防等在内的比较经济合理、符合实际、切实可行，顾大局、讲科学的防洪工程总体部署，以期改善耕地、人口、城镇、工矿企业及铁路等水陆交通干线的防洪安保条件，减少洪水给人民生命财产、社会经济、生态环境等方面带来的损失，以利安邦治国，发展经济，解决群众疾苦，改善群众生活。

四、我国城市防洪工作面临的问题

我国城市防洪的主要任务是加快防洪工程与非工程设施建设，防洪患于未然，确保防洪安全，适应城市经济、社会发展需要。当前，我国城市防洪工作存在如下主要问题：

1. 城市防洪意识不强

一些城市没有真正重视防洪工作，水患意识淡漠，存在侥幸心理，没有按照《防洪法》的要求采取措施来加强防洪工程设施建设。

2. 城市防洪标准普遍偏低

据统计，全国 639 座防洪城市中有 85％的城市防洪标准低于 50 年一遇，50％的城市防洪标准低于 20 年一遇。对照国家《防洪标准》GB 50201—2014，全国 68％的防洪城市低于国家规定标准，全国 78 座大城市和特大城市中，仅有 11 座达到国家现行规定的防洪标准。由于城市防洪标准偏低，每年的城市洪涝灾害损失巨大，城市经济、社会发展受到严重制约。

3. 城市防洪投入严重不足，工程建设缓慢

城市防洪工程建设所需资金数额巨大，少则数千万元，多则数亿元。多数城市财政困难，实际用于城市防洪工程建设的投资远远不能满足工程建设要求。一些已完成了防洪规划的城市，亦由于无资金来源，难以实施规划。据统计，全国 31 座重点防洪城市的规划总投资约 337 亿元，实际完成投资仅 58 亿元。

4. 城市段河道的岸线和滩洲利用不合理

城市段河道行洪障碍多、泄洪不畅，导致洪峰通过时间长、水位高；部分堤防堤脚冲刷严重，堤防防守压力大，容易发生大的险情。1998 年汛期，松花江洪峰在哈尔滨持续了 31 小时，长江洪峰在武汉持续了 26 小时，都大于洪峰通过上、下游水文站所用的时间。这种瓶颈现象在各主要城市表现得越来越明显，更

增加了城市防洪的难度。

5. 城市防洪工程质量相对较差

特别是堤防基础较差，穿堤建筑物与堤防的结合不好，高水位下市区的堤防险象环生，不得不投入大量的人力、物力和财力。

6. 城市防洪工程的规划设计、施工和日常管理、维护存在许多薄弱环节

1998 年九江城市防洪墙溃口就暴露出这一问题。为此，必须加强行业管理，科学规范城市防洪涉及的各项工作。

第三节　城市地质灾害

1999 年世界地球日(4 月 22 日)的主题是"防治地质灾害"。自然变异和人为的作用都可能导致地质环境或地质体发生变化。当这种变化达到一定程度，其产生的后果诸如滑坡、泥石流、崩塌、地面沉降、地裂缝、地面塌陷以及地震、火山、地热害等给人类社会造成的危害，即称为"地质灾害"。当前，由于城市由平面开发转向空间开发，城市工程活动和工业生产对地质环境的影响与日俱增，由此而引起的各种城市地质灾害更将频繁发生。

由于我国所处的特殊地质构造部位，2/3 为山地，加之气候与人类活动的影响，崩塌、滑坡、泥石流灾害相当严重，尤其是云、贵、川、鄂为全国地质灾害多发的四大省份。在 1949～1990 年间，崩塌、滑坡、泥石流使我国至少造成100 亿元的直接经济损失，造成近万人伤亡。滑坡、崩塌、泥石流三者既相互联系，相互转化，又相互区别。

一、泥石流

(一) 泥石流成因类型

泥石流(包括泥流、泥石流、水石流)是指流动体重度大于 $14kN/m^3$ 的山洪，它是在地理地带性和地质非地带性因素的控制下，自然条件组合与不合理的人类活动共同作用的产物。泥石流的形成必须具备充足的水源、一定的地形坡降和丰富的松散固体物质量这三个基本条件，但泥石流的发生还必须有激发、触发和诱发的充分必要条件。据此，泥石流的成因可分为激发、触发和诱发三大类。

1. 激发类泥石流

可分出雨水亚类和冰雪融水亚类。降雨是泥石流体的组成部分，各个地区超过当地一定量级的降水又是泥石流发生的一种激发条件。就雨水而言，各种级别的降雨都可以激发形成泥石流。但在许多地区，受泥石流形成因素组合作用的限制，各地区激发泥石流的降水量有特定的等级，并非暴雨到处都能激发泥石流，非暴雨降雨就不能形成泥石流。由于气象、气候条件具有地理地带性特点，它远比地质构造这种非地带性因素控制面积大，液态降水既可成为泥石流体的组成部分，又是泥石流的激发动力，故激发类中的雨水亚类泥石流比任何亚类的泥石流都分布广，数量多，规模大，危害严重。

冰雪融水亚类泥石流和非地带性因素的地质构造作用联系密切。高山地区现代冰川发育，积雪丰富，因而冰雪消融泥石流类型几乎发育齐全。

2. 触发类泥石流

可分出地震亚类和重力亚类。真正由地震触发的泥石流为数不多，不过也确有之，这在泥石流分类上有意义。无论是旱季、还是雨季，6级以上强地震均会触发泥石流。

3. 诱发性泥石流

主要由修路开渠、开矿弃渣、森林火灾、森林过伐和地下水溢流等原因诱发。

（二）泥石流特征及危害

1. 泥石流的活动特征

泥石流是山区沟谷中，由暴雨、冰雪融水等水源激发的、含有大量泥沙石块的特殊洪流。它与滑坡、山洪一样，均属于山区地貌现象之一。它侵蚀、搬运山区坡面和沟内松散土体，促使沟道加深，沟床加宽，坡面后退，山体高度降低，同时又堆填于河谷或山麓地带，加速山体地貌演化。泥石流的泥沙、卵沙、石块等土体物质含量高，流体浓稠，黏性强，而导致泥石流具有结构性、惯性强、搬迁力大、冲淤变幅大、分选性差、破坏性强等特征，其主要活动特征表现为突发性、剧变性。

（1）突发性

泥石流虽没有地震、山崩、滑坡的突发性强，但比洪水的突发性强。其突发性包括夜发性、间歇性、隐蔽性等。泥石流夜发率高，加剧了泥石流的突发性和成灾的严重性。间歇性指泥石流发生的间歇期长短不一。间歇期越长，越不易被人察觉，其成灾程度就越大。泥石流的隐蔽性指事前无任何将要暴发泥石流迹象的性质。例如 1991 年湖北省巴东县城区泥石流，事前流域源地缺少崩塌、滑坡等物质补给预兆，却在暴雨过程中出现了灾害性泥石流，根本无法预测和防避。

（2）剧变性

这一性质表现在泥石流体众多方面，如流体性质、运动速度、流体厚度、最大流量、一次总方量、冲淤变化幅度等方面。长江上游泥石流的类型变化多端，既有稀性泥石流、黏性泥石流，又有水石流和偶尔出现的泥流。这些流体既单独出现于某一流域的沟道内，又可出现于同一沟道或同一观测断面上的不同时段内。稀性泥石流一般出现在流体上涨和下落阶段中，黏性泥石流出现于峰值持流阶段或其前后。有些沟道，稀性、黏性两种泥石流交替出现于上、中、下游的不同沟段上，这些均属泥石流类型剧变的特征。

（3）季节性

我国泥石流的暴发主要是受连续降雨、暴雨，尤其是特大暴雨等集中降雨的激发。因此，泥石流发生的时间规律是与集中降雨的时间规律相一致的，具有明显的季节性，一般发生于多雨的春、秋季节。具体月份在我国的不同地区，因集中降雨时间的差异而有所不同。四川、云南等西南地区的降雨多集中在 6～9 月，因此西南地区的泥石流多发生于 6～9 月。而西北地区降雨多集中在 6、7、8 月，尤其是 7、8 两月降雨集中，暴雨强度大，因此西北地区的泥石流多发生于 7、8 两月。

（4）周期性

泥石流的发生受雨、洪、地震的影响，而雨、洪、地震的出现带有周期性，因而泥石流的发生也具有一定的周期性。当雨、洪、地震的活动周期相叠加时，常常形成一个泥石流活动周期的高潮。其次，泥石流一般发生在一次降雨过程的高峰期，或在连续降雨稍后。

2. 泥石流体的组成成分

泥石流为固相、液相、固液混合相的流体。其土体颗粒多种多样，粒径变幅很大，包括从粘粒至漂砾的各级土粒，粒间孔隙充满水或泥浆。泥浆多由细土粒（粒径<2mm）、水和离解于水中的离子等组成，不含或含极少空气。泥石流内土粒的体积沉度 Cv 介于挟沙水流与崩滑土体之间。

3. 泥石流分类

泥石流的定义与其分类原则、指标等，目前尚不统一。常用的泥石流单指标或局部综合分类详见表 3-1。

常见泥石流分类表　　　　表 3-1

指标	类型	主要特征
成因	人为泥石流	不合理的人类活动引起，包括经济、社会、军事活动
	自然泥石流	纯自然因素引起
地貌	坡面泥石流	由坡面散流、股流冲刷松土层而形成，或由崩滑体液化而形成
	河谷泥石流	由坡面泥石流汇集成，或沟槽水流掀揭土体而形成
物质外给方式	散流坡泥石流	坡面散流冲刷饱和土层而形成
	崩塌泥石流	崩塌体液化而成，或遭冲刷而成
	滑坡泥石流	滑坡体液化或遭冲刷而成
	溃决泥石流	溃决水流冲击溃坝土体而形成
流体组成	泥石流	粗土粒（粒径>2mm），含量超过 30%
	泥流	粗土粒含量<30%
	水石流	缺少细土粒（粒径<2mm）
流体性质	黏性泥石流	黏浓，容重一般超过 2t/m³，惯性强，冲击力大，固体物质占 40%～60%
	稀性泥石流	较稀，容重变化在 1.3～1.8t/m³，黏性土含量少，固体物质占 10%～40%
动力学特征	土力类泥石流	起动厚度较大，是整体性搬运，埋没危害严重
	水力类泥石流	起源于水流，水、土易分选，时冲时淤
发育阶段	发展期泥石流	沟道和坡面源地扩大，土量增加，频率增加，可预测、预报
	旺盛期泥石流	源地和土量增重达最大值，泥石流频频，可预测、预报和警报
	间歇期泥石流	源地土体趋向稳定，偶尔暴发，留有余地，须提高警惕
	衰退期泥石流	源地补给土量递降，频率、规模递减，可预测、预报

4. 泥石流的成灾特征与危害

（1）泥石流成灾特征

泥石流是山区一种严重的自然灾害，它具有毁灭性、间歇性、伴生性和局地性特征。泥石流成灾的毁灭性指其对人们生命财产、建筑设施、自然资源和生态环境等造成毁灭性破坏。泥石流成灾的伴生性指其往往与暴雨、冰雹、滑坡等自然现象伴生，从而形成灾害链。一旦发生灾害链，造成的损失将不可估量。泥石流的间歇性系指该灾害经历不同时限间断后可再次暴发的特性。其成灾程度往往与其间歇性长短有关。在其他条件大体相近的情况下，泥石流的间歇期越长，源地累积土量越大，故规模亦大，侵蚀、搬运和堆积中的破坏作用亦大。间歇期长，人们的防灾意识也会逐渐淡薄。泥石流危害的区域性取决于激发雨量、雨强值的大小和分布状况。

（2）泥石流的主要危害

泥石流具有暴发突然、来势凶猛的特点，并伴有崩塌、滑坡和洪水破坏的多重作用，往往比单一的滑坡、崩塌和洪水之危害更广泛。它对人类的危害主要表现在以下方面：

1）对城市居民点的危害。最常见的危害是冲进城镇、乡村，摧毁房屋、工厂、企事业单位及其他场所、设施。

2）对公路、铁路的危害。它可直接埋没站台，摧毁路基、桥涵，致使交通中断，还可引起正在运行的火车、汽车颠覆，造成重大的人身伤亡事故。

3）对水利、水电工程的危害。主要是冲毁水电站、引水渠道及过沟建筑物，淤埋水电站尾水渠，并淤塞水库、磨蚀坝面等。

4）对矿山的伤害。主要是摧毁矿山及其设施，淤埋矿山坑道，伤害矿山人员，造成停工停产，甚至使矿山报废。

（3）泥石流的危害度

泥石流的危害度亦称"灾害度"。系指某时段内某流域（或不同级别的地区）泥石流已经造成的损失与对照值的比值。例如，可用泥石流损失值（转化为人民币：元）与全国自然灾害总损失值之比值来反映；再如，死亡人数、伤员人数、经济损失、生态环境损失等亦可用相应的比值来表示。这样，可较真实地反映灾区各个方面损失的相对程度。而用绝对值，比如死亡人数为100人，在人口稀少地区便十分严重了，而在人口密集区其程度就可能不甚严重。利用当地的危害度，还可间接反映出抗灾、救灾、治灾、减灾的相对能力，以利于各省区、市县、乡镇等分层次承担防灾义务。

（三）泥石流预报及预警

1. 泥石流预报

包括空间和时间预报。空间预报是指推断可能发生泥石流的地区和位置。时间预报是指泥石流地区泥石流发生的趋势。

（1）空间预报

这是一项复杂的技术性工作，无论是对观测仪器，还是对观测人员的素质要求都很高，因此对于"以土为主，土洋结合"的监测手段来说，只能以经验推理来实现预报，如25分制法：

先对泥石流沟的主要参数分别计分，然后累加各项分数，视分数大小划分等级（表3-2），最后根据单项评分结果按下式计算总分 N。

$$N = A_i + B_i + C_i + D_i + E_i + F_i \qquad (3-1)$$

若 $N \geqslant 25$，为严重；$20 \leqslant N \leqslant 24$，为中等；$N \leqslant 19$，为轻微。

泥石流分项计分标准表　　　　表 3-2

	相对高差	分数		沟槽堵塞情况	分数
A	>350m	4	D	严重	10
	200～349m	3		中等	8
	100～199m	2		轻微	4
	<99m	1		极微	2
	平均坡降	分数		年内流水次数	分数
B	>30°	36	E	1次	4
	20°～29°	18		2次	3
	10°～19°	9		3次	2
	<9°	3		4次	1
	植被	分数		泥石流频次	分数
C	荒地	4	F	每年发生	8
	幼林	3		非每年发生	2
	壮林	1		无	0

（2）时间预报

分长期和短期预报。长期预报指 1～3 个月内可能发生泥石流的情况，可根据气象部门的中长期预报、年内天气形势图，结合泥石流的临界触发因素求得。短期预报指 1～3 天内可能发生泥石流的情况，主要根据气象部门的短期预报、卫星云图分析、天气形势预报及测雨雷达资料进行预报。

2. 泥石流警报

指泥石流暴发源地或监测断面发现泥石流观测项目的观测参数达到所设警戒参数值时所发出的警报信号。从泥石流警报的定义可以看出，实现警报，须确定好警戒参数值。

当警戒参数值确定后，一旦观测发现泥位等触发因素达到警戒值，即可实现报警。其方法有断面泥位观测法、分析法。如果泥石流规模很大且设备较为先进，还可采用传感法、三重报警法。

（1）断面泥位观测

当监测断面泥位到达警戒值时，应立即发出预警信号；当泥位到达避难泥位时，则发出警报信号。

（2）分析法

根据观测资料确定激发泥石流的临界雨量，具体作法是：画一个直角坐标图，纵坐标为降雨强度，横坐标是降雨总量，将沟道中每次观测到的降雨都点绘在图上，分暴发泥石流和未暴发泥石流两类；根据经验或泥石流暴发参数等，在两者间画出一条临界线（图 3-1），

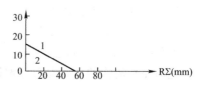

图 3-1　泥石流临界雨量线制定示意图
1—发生泥石流；2—未发生泥石流

只要降雨强度和降水量达到该范围，立即发出警报信号。

二、滑坡

（一）滑坡产生条件，活动特点与各阶段发育特征，前兆与危害

斜坡上的岩（土）体由于种种原因在重力作用下失去稳定，沿一定的软弱面（或软弱带）缓慢地、整体地向下滑动的地质现象叫"滑坡"，俗称"走山"、"垮山"、"地滑"、"土溜"等。由于滑坡的孕育过程与其内部岩层结构关系密切，而不暴露于地表，不易为人们所认识，因而常发生突发性的滑坡灾害，给人民的生命财产带来巨大危害。

1. 滑坡的产生条件

产生滑坡的主要条件，一是造成岩、土体失稳的地质条件和地貌条件。岩、土体是产生滑坡的物质基础，其中结构松软、抗剪强度和抗风化能力较低，在水的作用下其性质易发生变化的岩、土，如松散覆盖层、黄土、红黏土、页岩、泥岩、煤系地层、凝灰岩、片岩、板岩、千枚岩等及软、硬相间的岩层所构成的斜坡易发生滑坡。斜坡岩只有被各种构造面切割、分离成不连续状态时，才可能具备向下滑动的条件。因而，地质构造与滑坡产生有很大关系。地形地貌和水文地质也是形成滑坡的必要条件，例如坡度、地下水活动在滑坡形成中都起着重要作用。

形成滑坡的另一个主要条件是内、外营力和人为作用的影响。一般，现今地壳运动的地区和人类工程活动的频繁地区是滑坡多发区，违反自然规律、破坏斜坡稳定条件的人类活动都会诱发滑坡。总之，长时间的降水，地表水（灌溉水、高位水池的渗漏）的渗入，人工开挖和切坡、填土，河流侵蚀和地震等均为形成滑坡的外部条件；特别是水的侵入能降低软弱结构面的抗滑能力，是诱发滑坡的主要外因。

2. 滑坡的活动强度与时空分布特点

（1）滑坡的活动强度

滑坡的活动强度主要与滑坡的规模、滑移速度、滑移距离及其蓄积的位能和产生的动能有关。一般而言，滑坡体的位置越高，体积越大，移动速度越快，移动距离越远，则滑坡的活动强度越高，危害程度也就越大。

（2）滑坡的时空分布特点

滑坡的活动时间主要与诱发滑坡的各种外界因素有关，如地震、降雨、冻融、海啸、风暴潮及人类活动等。滑坡的空间分布主要与地质因素和气候因素有关。通常，下列地带是滑坡的易发和多发地区：江、河、湖（库）、海、沟的岸坡地带，地形高差大的峡谷地区，山区、铁路、公路、工程建筑物的边坡地段等。这些地带为滑坡形成提供了有利的地形地貌条件；地质构造带中，如断裂带、地震带等则有利于滑坡的形成；易滑岩、土分布区，如松散覆盖层、黄土、泥岩、页岩等岩、土的存在为滑坡形成提供了良好的物质基础；暴雨多发区或异常的强降雨区，为滑坡形成提供了有利的诱发因素。上述地带的叠加区域，就形成了滑坡的密集发育区。如我国从太行山到秦岭，经鄂西、四川、云南到藏东一带就是这种典型地区，滑坡发育密度极大，危害非常严重。具体而言：

1) 西南地区(含云南、四川、西藏、贵州四省区)为我国滑坡分布的主要地区,且类型多,规模大,发生频繁,分布广泛,危害严重。

2) 西北黄土高原地区,面积达 60 余万平方公里,连续覆盖五省区,以黄土滑坡广泛分布为其显著特点。

3) 东南、中南等省的山地和丘陵地区,滑坡也较多,但规模较小,以堆积层滑坡、风化带破碎岩石滑坡及岩质滑坡为主。其滑坡的形成与人类工程、经济活动密切相关。

4) 西藏、青海及黑龙江北部的冻土地区,分布有与冻融有关、规模较小的冻融堆积层滑坡。

5) 秦岭—大巴山地区也是我国主要滑坡分布地区之一。该地区的宝成铁路自通车以来沿线的滑坡每每发生,给铁路正常运营带来很多麻烦。其中,以堆积层滑坡为主,与修建铁路时开挖坡脚有密切关系。

3. 滑坡发育的各阶段特征

滑坡的发育可分为蠕动、滑动、剧滑、趋稳等四个阶段,各阶段特征详见表 3-3。

滑坡发育的各阶段特征　　　　　　　　　　　　　　　　　　表 3-3

阶段\特征	Ⅰ蠕动阶段	Ⅱ滑动阶段	Ⅲ剧滑阶段	Ⅳ趋稳阶段
地表宏观裂缝	即使出现横向拉张,裂缝也不明显,或很快被自然营力所夷平。由于经历时间很长,在巨型滑坡上其后界裂缝可因滑坡体的巨大应变积累能力被拉开数十米,留在人们记忆中已达数十年	周界裂缝产生并连通,可见前缘鼓张裂缝	所有种类的裂缝都可出现,但变化很快,甚至丧失;后界的侧界裂缝两边可有高差,中段有很多拉张裂缝,前段出现扁形裂缝	因闭合被填充而逐渐消失;或因冲刷作用而发展成为洼槽冲沟
宏观地貌形态	无明显变化	显露出滑坡总体轮廓,在纵向上可见有解体现象	经常发生分级、分块、分条等解体现象,可见滑坡洼地、鼓丘、台地、台坎滑坡舌(趾)等形态	可见滑坡湖、滑坡湿地(沼泽)。典型的滑坡地貌形态逐渐消失甚至只留其内部的滑积物,证明了原始地貌形态
滑动面(带)	由局部的塑性蠕变点逐渐发展成为剪切变形带,相当于处在减速蠕变和常速蠕变阶段。剪变带内的抗剪强度由峰值强度逐渐降低	剪变带已处于加速蠕变阶段的初期。剪变带加速发展至形成滑动面。抗剪强度继续降低至残余强度	剪应力集中在三维空间的滑动面上	剪变带压密结固,抗剪强度逐渐增大
滑动体运动状态	可有不明显的局部位移	滑速逐渐加大	符合运动学规律。一次性或断断续续地多次完成运动过程,后壁上常有崩塌	可有反复,但总体上向稳定方向转化,直到完全稳定

续表

阶段 特征	Ⅰ蠕动阶段	Ⅱ滑动阶段	Ⅲ剧滑阶段	Ⅳ趋稳阶段
触发因素 的作用	可有触发因素的 作用	触发因素起主导作 用，甚至有新的触发 因素加入	触发因素可继续起 作用	触发因素可继续起 作用，或当三个基本 （内部）条件有缺失 时，触发因素的作用 才能消失
伴生现象		地下水运动异常； 动物异常；声发射地 物形变；后壁或前缘 可有小崩塌	火光、生烟、地 声、重力型地震、冲 击波（气浪）	
稳定系数	1.20（或更大）→ 1.10 左右	1.10 左右→1.00	1.00→0.90（或更 小）→1.00	1.00→1.20（或更 大）
发育历时	很长	较长或较短	较短或很短	长或永久性
备注	本阶段的滑坡发育 特征似乎全部集中在 剪切变形带的逐渐形 成过程之中，宏观现 象不明显			

4. 滑坡发生的前兆

不同类型、不同性质、不同特点的滑坡在滑动之前，均会表现出多种不同的异常现象，显示出滑动的前兆，常见的有以下几种：

（1）大滑动之前，在滑坡前缘坡脚处有堵塞多年的泉水复活现象，或者出现泉水（水井）突然干枯、井（钻孔）水位突变等异常现象。

（2）在滑坡体中，前部出现横向及纵向放射状裂缝。它反映了滑坡体向前推挤并受到阻碍，已进入临滑状态。

（3）大滑动之前，在滑坡体前缘坡脚处，土体出现上隆（凸起）现象。这是滑坡向前推挤的明显迹象。

（4）大滑动之前，有岩石开裂或被剪切挤压的音响，这种迹象反映了深部变形与破裂。动物对此十分敏感，有异常反应。

（5）临滑之前，滑坡体四周岩体（土体）会出现小型坍塌和松弛现象。

（6）滑坡后缘的裂缝急剧扩展，并从裂缝中冒出热气（或冷气）。

（7）动物惊恐异常，植物变态。如猪、狗、牛惊恐不安，不入睡，老鼠乱窜不进洞，树木枯萎或歪斜等。

5. 滑坡发生后的危害

位于城市附近的滑坡常常砸埋房屋，摧毁工厂、学校、机关单位等，并毁坏各种设施，造成停电、停水、停工，有时甚至毁灭整个城镇。例如，1987 年 9 月 17 日凌晨，重庆巫溪县城龙头山发生岩崩，摧毁一栋 6 层的宿舍、两家旅舍、居民房 29 户，掩埋公路干线 70 余米，造成 122 人死亡，直接经济损失达 270 万元左右。

发生在工矿区的滑坡可摧毁矿山设施，伤亡职工，毁坏厂房，使矿山停工停产，从而造成重大损失。除此之外，滑坡在水利水电工程、公路、铁路、河运及海洋工程方面也经常造成很大危害。并且，除直接危害居民外，还常常产生一些次生灾害，危害居民。

（二）滑坡观测项目与避灾方案

1. 观测项目

斜坡上的地面裂缝是斜坡不稳定的标志。对变形迹象明显、潜在威胁大的单个滑坡体或滑坡群体进行形变观测，可以进一步掌握滑坡特征和发展趋势，分析其稳定性，为滑坡预警提供可靠依据，以利领导者决策，达到防灾减灾的目的。

迄今为止，滑坡观测主要是进行滑坡动态综合观测，包括滑坡变形、地下水、地表水、气象、地震、人为活动、地声、动物异常、山崩塌等观测项目。

（1）地表裂缝观测

斜坡上的地面裂缝是最容易引起人们注意的观测对象。滑坡体表面，尤其以垂直于滑坡体运动方向的滑坡体后缘、腰部和前缘的地表最易观测，与这些地表裂缝相伴生的各种地物的变化也极为明显。因此，地表裂缝观测是各预警点普遍采用的一种方法。其优点在于：观测工作能够及早安排，观测手段简便易行，观测成果比较直观，容易被人们所理解。归纳起来，大致有纵剖面排桩、横向视准线、三角交会法及主裂缝两侧控制观测等四种方法。

（2）降水观测

采用 SU 型虹吸式雨量计，并配备一台作为雨量校正用的雨量筒，进行降水观测，以了解降水在地区和时间上的分布规律，并掌握降水与滑坡的相互关系。

（3）宏观伴生现象观测

滑坡发育过程中，往往在滑动阶段和剧滑阶段出现许多伴生现象。其滑动阶段可能出现的伴生现象有：地物形变、地下水活动异常、动物异常、频繁的小型崩塌等，多发生在剧滑之前的 1～2 天之内，而且多见于首次滑坡。剧滑阶段可能发生的伴生现象有：火光、尘烟味、地声、气流、涌浪等。因此，应把伴生现象观测列为重要监测项目之一。

1）地下水活动

滑坡体的活动和变形往往改变了坡体内地下水的原有通道，使地下状态变化，如湿地增多或减少，泉眼数增减，泉水量增多或枯干，泉水变浑，水温增高，泉水水压变高成喷泉等。一般，采用测杆测量水位变化情况，采用刻度大于 0.2℃ 的柱式水温计测量温度，直观其他伴生现象；个别的（丘岩）也布设直角三角堰法进行泉水流量观测。

2）地表巡视

任何滑坡的滑动都具有各种变形征兆。尤其进入滑动阶段的末期，由于滑体变形更加明显，不仅滑坡体表面的各种地物发生明显变形，如树木歪斜，建筑物开裂，滑体前缘鼓丘丘缘沉陷，而且还可能发生岩石爆裂、滚石、小崩塌、动物异常、泉水变浑、地下水出露增多、水池漏水以及异常气味和响声等伴生现象。因此，滑坡变形监测过程中应特别注意观察、收集这些宏观信息，作好记录，以利全面掌握滑坡动态，结合裂缝、位移观测数据进行综合分析，增加滑坡预报预警的可靠性、准确性。其次，还应注意观察坡脚河流冲刷情况和人类活动情况等，力求全面，不漏掉任何信息。

3）动物异常

当滑体内部发生轻微破裂时，通常带来一系列物理、化学变化，如特殊气味、低频声、地面微振动、局部电磁场变化。这些物理、化学变化对动物的机体和感觉器官产生明显的刺激作用，使动物行为出现异常。可能出现行为异常的动物多达80余种，通常地下穴居动物最早出现异常行为。由于动物的异常行为是滑坡体剧烈变化的征兆之一，因此，观察、收集动物异常行为资料，是滑坡监测预警的重要组成部分。

2. 避灾方案

滑坡（崩坡）等自然灾害涉及千家万户的生命财产安全，是影响城市建设和社会安定的重要因素之一。在滑坡崩塌之前保护人的生命安全，是一项首要任务。城市工厂、水利水电设施、桥涵、铁路、公路以及国防重要工程和设施等，均是重要保护对象。居民的生活资料及各种物资，有可能搬走的应尽量搬走，以达到把灾害损失减少到最低限度之目的。因此，务必要在详细调查、勘测设计的基础上制定切实可行的避灾方案，这是一项必不可少的工作内容。

（1）避灾的方法和步骤

1）按照滑坡（崩滑）调查方法，对滑坡的基本情况、特征，形成滑坡的自然地质环境条件以及险区范围内的社会、经济情况和可能造成的滑坡灾害程度进行详细调查，收集所需的有关资料和数据。

2）根据调查情况分析、研究滑坡的稳定性与发展趋势，判断滑坡规模和主滑方向，以利设计监测预警方案，并落实相应的保护措施。

3）在规划防治措施和设计监测预警方案的同时，根据保护对象的重要性及可提供的避灾条件，制定周密的避灾方案。

（2）避灾方案内容

1）前言

简要说明滑坡名称、地理位置、自然地质概况（包括与滑坡形成有关的地貌、地层岩性、降水、人类工程活动特征等）；同时要介绍滑坡的基本状况、发育过程及发展趋势；重点阐述可能发生的危害程度，防避的重要性与目的。文字宜简明扼要，不宜过长。

2）防灾、救灾的组织体系及职责

第一个层次为滑坡监测预警领导小组，第二层次为防灾救灾指挥部，第三层次为现场抢险救灾指挥部（具体职能略）。

3）预报程序及报警方式

滑坡预报是一种政府行为，一般由政府或防灾救灾指挥部决策并实施，通常分趋势预报和临滑预报两种。避灾方案中的预报程序指预警点的临滑预报。此项工作涉及人民生命财产安全和社会秩序安定的大事，必须持慎重、认真、负责的态度，严格遵循预报程序(图3-2)，以避免人为混乱，切实达到防灾减灾目的。通常，由政府责成主管部门或直接牵头组织有关专家、科技人员和行政领导组成联合调查组，赶赴现场勘察论证，认定确实达到临滑阶段，再由政府决定发布临滑预报。

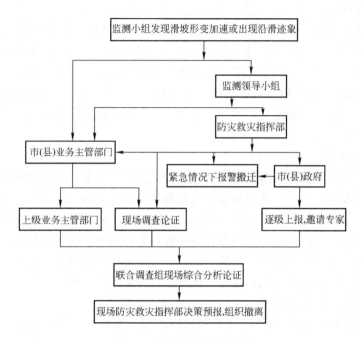

图 3-2　滑坡预报程序简图

报警信号一般采用报警器、广播或鸣锣等方式。无论哪种方式和信号，避灾方案中均须事先确定，规定清楚。一旦发出紧急警报后，险区人员不准滞留，必须迅速按撤退线路轻装转移；否则，采取相应的措施强制撤离。

必须说明，由于滑坡具有突发性特点，无论哪一级组织或个人，如发现特别紧急情况，可打破常规预报程序，直接发出警报信号。

4) 险区划分及撤离线路确定

制定避灾方案时，应根据滑体的主滑方向、发育趋势和险区居民居住的位置划分险区级别。主滑方向下方为一号险区，临近主滑方向为二号险区，依次类推；然后按险区分级，并明确每个险区撤离的具体线路、地点和负责人，一一写入避灾方案，以期临险不惊，撤离有序。

(3) 避灾管理

避灾方案拟定后，一是要组织有关领导和人员认真讨论、修改并认可，由政府或防灾救灾指挥部门交至居委会；二是采取各种宣传形式，反复向险民宣传，作到家喻户晓，切勿认为制定了避灾方案，就万事大吉，而束之高阁；三是要根据各地情况，由防灾救灾指挥部适时组织报警避灾演习活动，使险民胸中有数；最后，随险情变化或指挥部人员变动，每年对避灾方案作一次修改，调整并补充指挥部成员。

（三）滑坡预警与预报

1. 滑坡预警

滑坡预警是指在动态观测点上某项数据达到预先设置的警戒值时所发出的警报。警报种类有声音、光信号等。它是警告观测人员及险区内居民应引起注意的信号，只表明具有预警功能的观测仪器设备在达到警戒值时能有效自动报警，并不意味着滑坡已确定临近剧滑阶段了。所以，当收到预警信号时应冷静对待滑坡预警信号，不能把滑坡预警同滑坡预报等同起来，既要提高警惕、作好充分的避灾思想准备，又不能因恐慌而发生意外事故。

在实际报警过程中，预先确定报警警戒值，是一项十分复杂的工作，迄今为止，还没有研究出有普遍意义的滑坡模型。即使是正在开展动态观测工作的滑坡，人们对该滑坡的认识也还处在逐步深化的过程中，尚未真正认识这一滑坡，不可能得出能够表达这一具体滑坡的模型，更不能针对某观测点上的某项指标确定出切合实际的警戒值。因此，只能凭预警人员的工作经验，密切结合滑坡点所发生的各种信息，并根据地质结构、诱发因素等进行综合分析、判断，随机确定警戒值，实现预警。

在实际监测预警过程中，各个滑坡预警点主要是由监测预警人员通过动态观测手段，对获取的动态观测资料及各类科技人员的分析、判断加以归纳和综合后，提出经验数值型预报，由行政部门决策并发布预报公告及撤离搬迁命令。

2. 滑坡预报

其以预先判断滑坡发生时刻为主要内容。其预报准确与否，不仅具有重要的经济意义，而且具有较大的社会效益，将直接影响社会的安定团结和国民经济的发展。它是一种政府行为，只有行政部门才有权发布滑坡预报。

（1）预报类型

滑坡预报是一个笼统概念，实际工作中通常分临滑预报和趋势预报两种类型。

1）临滑预报

指预先判断数天内滑坡发生或活动的时间，也就是人们日常所说的滑坡预报。滑坡临滑预报是一种数值预报，是在建立正确的滑坡滑动模式、同时又具备可靠的滑坡观测资料的基础上进行的，是滑坡预报中难度最大的预报类型，也是人们追求的目标。

2）趋势预报

指预先判断数月、数年、数十年甚至更长时间以后将要发生滑坡或发生滑坡复活的预报。目前只能根据滑坡体的地质、地貌综合分析，其分析结果是定性的，至多是半定量的。

滑坡的趋势预报又分为短期、中期、长期和超长期预报。短期预报是预先判断数月内滑坡发生或复活的预报。中期预报是预先判断数年内滑坡的发生、发展状况。长期预报是一种预先判断数十年内滑坡发生、发展趋势的预报。而超长期预报是一种预先判断数百年内滑坡发生、发展趋势的预报。

这 4 种类型中，短期预报和中期预报同灾害相联系，其预报水平是政府部门决策的根本依据。中期预报侧重于形变趋势，在此期间重要建筑物或工程应开始搬迁，但居民点不一定立即搬迁。短期预报侧重于边坡失稳时间的推断，同时具有预测与预报的任务。这一期间，所有居民点要全部搬迁。

（2）实现临滑预报的途径

在各种滑坡预报中，临滑预报难度最大，是预警系统追求的目标，更是人们在滑坡防灾减灾中期盼最大的一种预报。随着科学技术的迅速发展、滑坡观测技术和实验技术水平的极大提高，临滑预测已有了一定的基础。概括起来，实现临滑预报，有以下基本途径。

1）滑坡的地质、地貌综合分析

它是实现临滑预报的基本途径。对滑坡进行地质、地貌综合分析，是认识滑坡发生、发展状况的出发点。首先，要从滑坡的形成条件入手，找出形成滑坡的必要条件（基本条件）和某些相关的充分条件（诱发条件）。在此基础上，结合坡体的地质露头和地貌现象，得出可能发生滑坡或已经发生滑坡的结论，进而得出有关滑坡的发育史，类型、周界，主轴线、滑动总方向，滑动面（带）的形状、厚度、层次，滑坡稳定性现状等特征的认识，并作出相应的预报。

2）滑坡观测

它是实现临滑预报的必要条件。其目的就是在滑坡地质、地貌综合分析的基础上，运用各种有效的观测手段，捕捉临滑前的滑坡或边坡所暴露出来的种种前兆信息以及诱发滑坡的各种相关因素。前兆信息包括宏观信息和微观信息：宏观信息指暴露在滑坡地表的，尺度较大的或变化幅度显著、人们能凭感官感觉得到的前兆信息；微观信息则指必须运用仪器设备才能探测到的信息。滑坡观测的对象主要是微观信息，也包括一些宏观信息。

滑坡观测的另一重要内容是观测能够导致边坡、滑坡失稳的易变因素，如地下水、地表水、降水、地震、人为因素等。

滑坡的观测成果不仅要表现出滑坡动态要素的定量数据，更要体现出动态要素的演变趋势，以利临滑预报。

3）模拟试验

其是实现临滑预报的另一必要条件。滑坡的观测成果只能向人们提供滑坡的有关动态数据和发展演变趋势，还不能告诉人们该边坡或滑坡接近临滑状态的程度，更不能显示出滑坡的临界时刻。模拟试验就是开展一系列相关的岩体、土力学试验和模型试验，其目的是确定滑坡的滑动模式，预先确定边坡或滑坡处于临滑状态时的相关极限指标。只有确定了滑坡的滑动模式之后，滑坡的观测成果才变得具有实际意义，临界预报才能得以实现。

4）重视宏观的临滑前兆

宏观临滑前兆可大致分为：地下水异常（出水点数目、水量、水质、水温等发生变化）、动物异常、滑坡地表形变（拉张裂缝、鼓胀裂缝、地表倾斜等）、滑体上的地物变形(开裂、倾斜、倒塌、沉陷等)、滑坡体前端小型崩塌突然急剧增多5类。成功的临滑预报实例表明,宏观的临滑前兆在临滑预报中起着重要作用。今后相当长的时期内,即使滑坡观测技术和试验技术水平有了更大提高,宏观的临滑前兆对作出临滑预报的作用也不可低估。

(3) 预报内容

1) 滑动范围

指滑动及影响面。其包括滑坡体的范围、滑坡后壁牵动的范围、滑坡前段能达到的范围、剧冲型滑坡在滑动过程中产生冲击波和涌浪所波及的范围等。

2) 滑动规模

指滑动体积的预报。要结合滑坡范围与滑动面(带)的发育深度进行预报。滑动面(带)多沿原来位置发育,但亦可能在更深的层次出现,所以滑动面(带)的深度是正确预报滑坡规模的重要参数。

3) 滑动方向

指实际滑动方向。滑坡实例证明,往往滑动方向并非总是地质、地貌分析中所认定的主轴线,而是依据滑坡观测资料重新确定的实际滑动方向。因此,滑动方向预报切不可忽视,应作为预报的重要内容。

4) 滑坡灾害

指对人类的生命、财物造成的损害。要根据滑动范围、滑动规模、滑动方向,并结合临滑时滑坡现场的人类经济活动状况,进行分析、判断,并作出预报;这是滑坡临滑预报的目的。

3. 滑坡预报程序

滑坡预报及报警工作是一件涉及人民生命财产安全和社会秩序安定的大事,必须持严谨的科学态度,遵循严格的预报程序,以避免造成不必要的混乱。根据预警工作实践,滑坡预报、预警程序通常分以下两种情况:

(1) 趋势预报程序

趋势预报(短期、中期、长期、超长预报)程序为:信息获取→调查分析→预报决策→实施防避措施。即当获悉到滑体裂缝形变时,由所在地的基层组织电话或书面向上一级地方政府或业务主管部门报告。受理单位接到报告后及时派员到现场调查踏勘,进行综合分析,确认预报类型。如因技术问题难以预报,则须聘请有关科技人员或专家进一步勘察论证,最后将其调查论证结果形成书面材料,报告所在政府,供行政机关研究决策。一般情况下,此类报告不向社会宣传,由内部掌握,据情采取相应防避措施。

(2) 临滑预报程序

通常为:监测监视→综合论证→临滑预报→发布警报。即当发现滑体加速形变或出现临滑征兆时,预警点(或发现者)立即增派力量,严密监视,及时并逐级向当地政府和业务主管部门汇报。由政府责成主管部门或直接牵头组成有科技人员、行政领导参加的联合调查组,迅速赶赴现场勘察、论证,认定确属临滑阶段后,即由政府决策发布临滑预报(表3-4)。

91

滑坡预测的分类与意义 表 3-4

预测类型	预测依据	预测方法	预测内容	成图比例尺	预测意义
地域性滑坡预测	① 各种因子的区划界线；② 滑坡分布规律；③ 卫片	因子叠加法	滑坡区划。预测可能发生滑坡危险的地区	1：50 万或更小	① 表明滑坡灾害概况；② 为中央政府制定国土开发战略提供科学依据；③ 验证滑坡分布规律
地区性滑坡预测	① 各种因子的分级；② 滑坡分布规律；③ 中比例尺地形图；④ 航片	① 因子叠加法；② 特征向量长度计算及变异序列信息标志筛选法	① 可能发生滑坡危险的地区；② 滑坡可能发生的基本类型、规模和特征	1：20 万～1：1 万	① 分析滑坡灾情；② 为地方政府制定国土开发规划提供科学依据；③ 验证滑坡分布规律与滑动机制理论
地段性滑坡预测	① 滑坡机制；② 勘探、试验成果；③ 大比例尺地形图	逻辑信息法	① 可能发生滑坡的具体斜坡单元；② 滑坡类型、规模和特点；③ 作为斜坡稳定性判断和开展滑坡动态观测的基础	1：5000～1：2000	① 为工程布置提供科学依据；② 为工程勘测、滑坡动态观测、滑坡预报提供基础性资料；③ 验证滑坡机制理论

（四）滑坡诱发与防治

1. 滑坡诱发

如前所述，由于人类越来越多的工程、经济活动破坏了自然坡体，因而近年来滑坡的发生越来越频繁。以下违反自然规律的城市工程活动，都会诱发滑坡。

（1）开挖坡脚

修路、依山建房，常常因使坡体下部失去支撑而发生下滑。例如，我国西南、西北的一些铁路、公路，因修建时大力爆破，强行开挖，事后陆续地在边坡上发生了滑坡，给道路施工、运营带来危害。

（2）蓄水、排水

水渠和水池的漫溢和漏水、工业用水和废水的排放，均会使水流渗入坡体，加大孔隙压力，软化土石，增大坡体容量，从而促进或诱发滑坡的发生。

（3）堆填加载

在斜坡上大量兴建楼房、修建重型工厂、大量堆填土石矿渣等，使斜坡支撑不了过大的重量，失去平衡而沿软弱面下滑。

此外，在山坡上乱砍滥伐，使坡体失去保护，亦会因雨水大量渗入而诱发滑坡。

2. 滑坡防治

为此，防治各种人为因素造成的滑坡已经刻不容缓，必须抓好恢复植被、退耕还林等补救措施。在进行工程建设时，要时刻注意事先防范这些灾害，如：在城市选址时要避开滑坡体，不要随便将废矿渣堆放在坡地上等。

三、崩塌

（一）崩塌的类型与成因

1. 类型

崩塌也叫"崩落"、"垮塌"或"塌方"，是较陡坡上的岩体在重力作用下突然脱离母体崩落、滚动、堆积在坡脚（或沟谷）的地质现象。崩落岩土体以接近自由落体的高速度向下坠落或滚落，于坡麓形成倒石堆地形，多发生于岩性坚硬且裂隙不太发育的深切沟谷区。产生在土体中者称"土崩"。产生在岩体中者称"岩崩"。规模巨大、涉及山体者称"山崩"。大小不等、零乱无序的岩块（土块）呈锥状堆积在坡脚的堆积物称"崩积物"，也可称为"岩堆"或"倒石堆"。按崩塌体的规模、范围、大小，崩塌还可分为剥落、坠石等类型。

2. 成因

崩塌的形成与岩土类型、地形地貌、地质构造等条件有关。一般来说，各类岩、土都可形成崩塌，但不同类型的岩、土形成崩塌的规模大小则不同。通常，岩性坚硬的各类岩浆岩、变质岩及沉积岩类的碳酸盐岩、石英砂岩、砂砾岩、初具成岩性的石质黄土、结构密实的黄土等形成规模较大的崩塌，页岩、泥灰岩等互层岩石及松散土层等往往以小型坠落和剥落为主。坡体中裂隙越发育，越易产生崩塌。江、河、湖（水库）、沟的岸坡及各种山坡，铁路、公路边坡，工程建筑物边坡都是有利崩塌产生的地貌部位。崩塌的形成还与一些诱发崩塌的外部因素有关，诸如地震、融雪、降雨及地表水的冲刷、浸泡等。此外，不合理的人类活动如开挖坡脚、地下采空、水库蓄水与泄水等改变坡体原始平衡状态时，都会诱发崩塌活动。

崩塌一般发生于：暴雨、大暴雨、较长时间连续降雨过程中或稍后；强烈地震过程中；开挖坡脚过程之中或稍后一段时间；水库蓄水初期及河流洪峰期；强烈的机械震动及大爆破之后。

（二）崩塌的特征与危害性

1. 特征

崩塌具有明显的地域性。西南地区为我国崩塌分布的主要地区。因其崩塌类型多，规模大，频率高，分布广，危害重，已成为该地区主要自然灾害之一。其次是西北黄土高原地区。该地区以黄土崩塌广泛分布为显著特征。东南、中南等省的山区和丘陵地区，崩塌也较多，但规模一般较小。西藏、青海、黑龙江省北部的冻土地，分布着与冻融有关、规模较小的冻融堆积层崩塌。秦岭—大巴山地区既是滑坡主要分布地区，也是多崩塌地区，尤其是宝成铁路，自通车以来沿线滑坡、崩塌年年发生，这与修筑铁路时开挖坡脚有密切关系。

2. 危害

崩塌也是山区主要自然灾害之一，常常给工农业生产以及人民生命财产造成巨大损失，有时甚至是毁灭性的灾难。位于城市附近的崩塌常常砸埋房屋，伤亡人员，毁坏田地，摧毁工厂、学校、机关单位等，并毁坏各种设施，造成停电、

93

停水、停工，有时甚至毁灭整个城市。例如，1987 年 9 月 17 日凌晨，重庆巫溪县城龙头山发生崩塌，摧毁一栋 6 层的宿舍、两家旅舍、居民房 29 户，掩埋公路干线 70 余里，造成 122 人死亡、直接经济损失 270 万元。发生在工矿区的崩塌可摧毁矿山设施，伤亡职工，毁坏厂房，使矿山停工停产，造成重大损失。

崩塌与滑坡并发造成的危害更严重，除直接造成灾害外，通常带来一些次生灾害：如为泥石流积累固体物质源，促使泥石流灾害的发生；或在崩、滑过程中在雨水或流水的参与下直接转化成泥石流。崩塌、滑坡另一常见的次生灾害是堵河断流，形成天然坝，引起上涨回水，并使江河溢流，造成水灾；或堵河成库，一旦库水溃决，便形成泥石流或洪水灾害。新中国成立后，我国有近千座水电站及数万座水库受到崩塌、滑坡、泥石流灾害的严重威胁。

（三）崩塌与滑坡的主要区别(表 3-5)

崩塌与滑坡的主要区别　　　　　　　　　　　　　　　　　　　表 3-5

特征 ＼ 类型	崩塌	滑坡
斜坡坡度	＞50°	＜50°
边界面	崩裂面、支撑面	滑动面
斜坡上的发生部位	斜坡坡面上	斜坡坡面上，有时也在坡脚上剪出
运动本质	倾倒	剪切
运动速度	极快	极慢或极快
运动状态	一次性	过渡性，重复性
块体规模	小	大或小
堆积地貌	崩塌倒石堆(或倒石堆、岩堆、坡积堆、岩屑堆)	滑坡体
典型堆积结构	大小混杂，小块被崩塌气浪推向远方，而略现水平方向上的分选性	基本上保持原来地层层序，有时呈分级、分条、分块、分层现象，可见块石架空
后期运动类型转化方式	可转化为泥石流	可转化为崩塌，也可转化为泥石流
典型治理工程	支撑	支撑

四、城市地面下沉

（一）城市地面下沉现象

城市地面下沉是发生在世界范围内各个城市的一种灾害性工程地质现象，它普遍发生在人口稠密且工业化程度较高的国家的大多数城市地区。由于长期干旱、地下水位降低，加之过量开采地下水和地壳形变，我国城市地面下沉已十分严重。据不完全统计，我国已陆续发现具有不同程度的区域性地面下沉的有 16 个省、市、区的 70 余座城市，包括上海、天津、北京、西安、太原、武汉、宁波、常州、嘉兴、沈阳、包头、苏州、无锡、台北、南通、阜阳、沧州等。

1. 上海市的地面下沉状况

从 1921 年发现地面下沉到 1965 年止，最大的累计沉降量已达 2.63m，中心区地面平均下沉 1.76m，影响范围达 400km²。有关部门采取倒灌地下水等综合治理措施后，市区地面下沉已基本上得到控制，在 1966～1987 年的 22 年间累积下沉量 36.7mm，平均每年下沉量为 1.7mm。进入 20 世纪 90 年代，由于大规模的市政、建筑工程，抽采深层地下水等综合因素的影响，上海再次出现明显的地面下沉。

2. 天津市的地面下沉状况

在 1959～1982 年间最大累计下沉量为 2.15m；1982 年测得市区平均下沉率为 94mm。目前，最大累计下沉量已达 2.5m，下沉量 100mm 以上的范围已达 900km²。

3. 北京市的地面下沉状况

自 20 世纪 70 年代以来，北京的地下水位平均每年下降 1～2m，最严重的地区地下水位下降达 3～5m。地下水位的持续下降导致了地面下沉，有的地区（如东北部）沉降量达 590mm，沉降总面积超过 600km²。而北京城区面积仅 440km²，所以沉降范围已涉及郊区。

4. 西安市的地面下沉状况

其城市地面下沉发现于 1959 年，1971 年后随着地下水过量开采而逐渐加剧。1972～1983 年最大累计沉降量 0.777m，平均每年 30～50mm 的沉降中心有 5 处。1983 年后，西安市地面沉降趋于稳定，部分地区还有减缓的趋势。到 1988 年，最大累计沉降量已达 1.34m，沉降量 1.509m 的范围达 200km²。

5. 太原市的地面下沉状况

经 1979 年、1980 年、1982 年三次在市区 600km² 范围的测量，发现沉降量大于 200mm 的面积有 254km²，大于 1000mm 的沉降区面积达 7.1km²。最严重的吴家堡，其水准点的累计沉降量：1980 年为 0.819m，1982 年为 1.232m，到 1987 年累计沉降量达 1.380m。

6. 武汉市的地面下沉状况

常见的是岩溶地面塌陷，主要分布在长江两岸的白沙洲和鹦鹉洲地区。1997 年 9 月～10 月，中南轧钢厂形成 5 个塌陷坑，约 1500t 煤和 600t 钢坯陷入坑内，切断专用铁路线，工厂停产月余。形成塌陷的主要原因即附近桥梁机械厂的抽水井长期抽取岩溶地下水，使地面超载所致。据专家分析，这"两洲"地区还有再次发生地陷的可能，应作为岩溶地下水禁采区。

（二）城市地面下沉的模式与危害

我们常说的"地面下沉"主要指由于开采石油、煤、地下水等资源，以及工程施工或灌溉等人为因素引起的地面沉降，又称"狭义的地面沉降"。

1. 模式

（1）按发生地面下沉的地质环境分

可分为三种模式：即现代冲积平原模式（如我国的几大平原）、三角洲平原模

95

式(尤其是在现代冲积三角洲平原地区，如长江三角洲)、断陷盆地模式(它又分为近海式和内陆式两类：近海式指滨海平原，如宁波；内陆式则为湖冲积平原，如西安市、大同市)。

(2) 根据地面沉降发生的原因分

即：抽汲地下水引起的地面下沉，采掘固体矿产引起的地面下沉(如辽宁本溪城市中心区因长期过量采煤而导致地面下沉)，开采石油、天然气引起的地面下沉，抽汲卤水引起的地面下沉。其中，过度且不合理的地下水开采是大多数市区地面持续下沉的主要原因。例如，宁波市区为海积成因的滨海平原，地质环境十分脆弱，自20世纪50年代后期宁波大量开采地下水以来，1964年开始出现区域性地面沉降，到2001年底沉降区域总面积已达175km²，使整个宁波市区成为一个巨大的碟形洼地。据浙江省地质监测总站宁波监测站的长期监测与研究，如果宁波保持目前的地下水采灌水平，那么，到2030年，沉降中心累计沉降量将达0.770m，地面沉降漏斗范围将扩大到300km²。届时，若不考虑城市设防，大潮时整个宁波市区将全部受淹。再如，33km²的湖北孝感城区就有水井300多口，以致在城区出现多处"漏斗区"。

2. 危害

地面下沉使区域性地面标高降低，因而会导致一些次生灾害，如地裂缝和地面塌陷(指地表岩、土体在自然或人为因素作用下向下陷落，并在地面形成洞、坑的地质现象)。最严重的西安市因地裂缝年经济损失数亿元。天津市因地面下沉，导致：海水上岸，防潮堤相应加高；滨海平原潜水位抬高，加重土壤次生盐渍化、沼泽化；海河泄洪能力降低，如遇较大洪水，市区有淹没之虞；河道纵坡降变形，航运受阻；部分地段水管破损，污水溢出等。北京市因地面下沉引起地裂缝两侧不均匀下沉，破坏建筑物及道路工程，损坏井管，使排水道功能降低，河水倒灌，淡水含水层碱化。本溪已采空的18.7km²的地面建筑物遭到破坏，采空区地表平均下沉达2m，最深的达3.7m；在受灾面积达4.3km²的市中心区，5400户灾民无法正常生活。湖北的荆江大堤因地面下沉，其实际标高已远低于原先的设计标高，使防洪能力相应降低(表3-6)。

我国部分城市地面沉降情况统计　　　　　　　　　　　　　　表3-6

沉降城市	最大累积沉降量(mm)	沉降范围(km²)	致沉原因	地面沉降及灾害简况
河北沧州市	1001	2600	主要为抽水，其次为构造下沉	1971年后发生比较强烈的沉降活动，至今仍在迅速发展，造成井管上升、个别房屋开裂、汛期积水
河北邯郸市	329		抽水	1966年开始，20世纪70年代加剧。1982年后采取措施，沉降减缓，个别房屋开裂
河北保定市	651		抽水	20世纪70年代开始，主要发生在一亩泉水源地，建筑设施受到危害
河北衡水市	600	2600	抽水	20世纪70年代出现，并急剧发展

续表

沉降城市	最大累积沉降量(mm)	沉降范围(km²)	致沉原因	地面沉降及灾害简况
山东济宁市	181	53	主要为抽水	20世纪80年代后逐渐发展
山东德州市	104		抽水	20世纪80年代后逐渐发展
河南安阳市	337	38	抽水	20世纪80年代后安阳东部楚旺一带发生地面沉降
山西太原市	1381	2700	主要为抽水	一些房屋受到破坏，汛期积水
陕西西安市	1509	200	主要为抽水，其次为构造下沉	1959年出现较明显的地面沉降活动，1972年后迅速发展，一些房屋开裂，名胜古迹下沉、倾斜，排水管道破坏
安徽阜阳市	810	45.2	主要为抽水	始于20世纪70年代初，20世纪80年代开始加剧，至今继续发展，造成井管上升、倾斜，房屋开裂，泉河堤坝下沉，部分节制闸遭破坏，洪水威胁加剧，高程标志失效
江苏苏州市	1050	56	主要为抽水	井管上升、倾斜；地面开裂；测量标志失效，洪峰警戒水位不准；桥梁净空减小，影响河运；排水不畅，积洪滞涝，洪水威胁严重；地下水环境恶化
江苏无锡市	1025	100	主要为抽水	
江苏常州市	820	200	主要为抽水	
浙江杭州市	42		主要为抽水	井管上升，局部排水不畅
浙江宁波市	360	175	抽水	井管倾斜和上升，排水不畅，潮水上岸，淹没码头、仓库等
广东湛江市	110	690	抽水	井管上升，局部积洪滞涝
台湾台北市	720	300	抽水	始于1950年，20世纪70年代迅速发展，除建筑、设施安全受威胁以外，还造成海水侵袭、风暴潮灾害加剧

（三）城市地面下沉防治对策

1. 限量开采地下水

在城市规划中，应根据地下水的分布、可开采量等因素规划工业区及生活区，并根据需求进行地下水资源分配，确定每一区的开采井数、宜井深度及单井出水量，做到有计划地开采地下水。

2. 评估、预测规划区因开采地下水可能导致的灾害

（1）松散岩类区

对于可能产生地面沉降的地区（黏土层与含水层厚且分布稳定及地层压力大的地区），应分析、研究地下水开采过程中可能产生的变形量及变形作用的发展机理，预测地面变形总量和土层的压缩极限，预测对地面构筑物和地下管道造成的威胁，并制定有关的预防及治理措施。

（2）石灰岩区

应研究石灰岩的水文地质特征、岩溶发育程度及规律，岩溶裂隙水、地表水

与覆盖层中水的联系条件，人为因素与岩溶裂隙水动态之间的关系，抽排水的强度、深度对降落漏斗的影响等；评价、预测岩溶塌陷发生的范围、强度及破坏程度，并制定相应的对策。

3. 建立必要的长期观测系统

为防止前述危害的发生，应建立观测系统，对地下水位、开采量、地面进行长期观测，达到及时预报、及时防治的目的。而这一观测系统应置于各城市城建系统的管理之下，使其成为城市建设与规划的重要参谋。

4. 采取边治理、边预防的方针防治地面沉降灾害

对产生地面沉降的地区，可采用人工补给方法，恢复地层压力的状态，起到卸载作用。同时，对地下水的开采不能超过极限值。

对地面塌陷区，应先将塌陷洞穴用反滤层填上，并加固松散覆盖层（溶洞分布地段）；迅速关闭一些开采量大的厂矿，使地下水恢复到最佳状态。

五、城市地层变形

随着我国城市规模的不断扩大，人口数量的持续增长以及机动车总量的迅猛增加，城市交通拥堵问题日趋严重，带来了大量的财富损失和资源浪费，严重制约了经济、社会的进一步发展。为了缓解日趋严重的城市交通压力，兴建各种城市隧道，发展城市地下交通，已成为实施中国城市可持续发展战略的必然选择和重要途径。然而，由于城市隧道多采用暗挖法开挖，由此引发地层损失并产生地层变形。

（一）城市地层变形的危害

我国城市地下交通形式主要为地下铁道、公路隧道等城市交通隧道。根据其横断面布置形式，城市交通隧道可分为分离式隧道、小净距隧道、连拱隧道。其中，连拱隧道是指双洞隧道的内侧结构设置为整体的隧道。相比于其他两种隧道形式，连拱隧道以其路、桥、隧相连的线性最为理想与流畅，线路占用和分割土地最少，房屋拆迁和土石方开挖量最少，地下空间利用率最高，最大限度地减少对自然、人文景观和生态环境的破坏，运营管理最为方便等无可比拟的优点，而越来越多地受到城市交通隧道建设者的青睐。尤其是在山岭重丘区较多的中、西部城市或城市周边地区，受地理条件的限制，连拱隧道更是独一无二的选择。

尽管在城市中修建隧道有着诸多的优点，但出于城市环境的复杂性，在施工方法上多采用暗挖施工。因此，城市连拱隧道不可避免地穿越地表建筑密集地段及中心街道。而隧道施工会使周围土体产生底层损失及扰动，地下水位变化等，从而导致地层原始应力场、渗透场重新分布，产生卸载效应并改变有效应力场分布，导致地层发生变形。当产生的应力调整及变形传递到既有建筑物下方时，会引起地基土体性质及其支承条件的改变，进而迫使基础产生变形。基础变形又引发上部建筑变形，最终造成地表邻近建筑物的沉降、倾斜、开裂，甚至破坏、倒塌。

这种由于城市交通隧道施工而引起的地层变形及地表建筑物损害问题在我国不乏实例。2003年7月1日凌晨，上海地铁4号线浦东南路至南浦大桥越江隧

道区间的安全联络通道因大量的水和流沙涌入，引起隧道部分结构损坏及周边地区地面沉降，造成 3 栋建筑物严重倾斜，黄浦江防汛墙局部坍塌并引起管涌。其中，中山南路 847 号八层楼房的主楼裙房部分倒塌，直接经济损失约 1.5 亿元。2007 年 2 月 5 日凌晨，南京汉中路与牌楼巷交叉路口北侧正在施工的南京地铁 2 号线因发生渗水造成约 $60m^2$ 路面局部塌陷，导致地下自来水管断裂，天然气管道断裂、爆炸，并产生火苗燃烧。

（二）城市地层变形的模式

根据城市地层移动和变形发生的竖向位置可分为地表以下地层移动和变形，以及地表移动和变形，后者是造成地表建筑物损害的直接作用因素。地层移动包括地层沉降和水平位移两个部分。地层变形主要指地层不均匀沉降和不均匀水平位移所形成的地层倾斜、水平变形及地层曲率变形。

（三）城市地层变形的机理

城市隧道暗挖施工引发的地层变形主要由施工引起的地层损失和施工过程中隧道周围受扰动或受剪切破坏的重塑土的再固结所造成。此外，城市隧道衬砌变形、隧道周围岩土体应力松弛，也会引发地层变形，具体机理如下。

1. 地层损失

地层损失是指城市隧道施工中实际开挖的岩土体体积与竣工隧道体积（包括隧道周边包裹的压入浆体体积）之差。城市隧道周围岩土体在弥补地层损失中会发生移动和变形。

地层损失是多种因素作用的结果：隧道开挖卸载时开挖岩土体会向隧道内移动；实际工程中的超挖施工；隧道衬砌在围岩压力的作用下会发生变形；支护结构与围岩不密贴，支护结构中预留的变形空隙或支护结构未及时闭合造成的围岩挤入；隧道施工方法不当造成的围岩失稳以及隧道结构的整体下沉等，都会产生地层损失。此外，不同施工方法或措施也会有其独有的地层损失因素，如盾构法施工中盾尾后边的土体压入盾尾空隙，管棚、导管、锚杆等工艺的成孔施工等。

2. 重塑土的再固结

城市隧道开挖推进及管棚、导管、锚杆等成孔施工时，隧道洞身及孔洞周围重塑土受到扰动或者剪切破坏产生再固结。

3. 土体固结沉降

根据城市隧道暗挖施工中土体固结发生的顺序，土体固结包括主固结沉降和次固结（黏性时效蠕变）沉降。

在含水地层中进行隧道施工时，地层中的地下水位随着施工排水而逐渐降低，土体颗粒骨架之间的孔隙水逐渐被排出，导致土体内部孔隙水压力降低，而土体颗粒间的有效应力相应增加，从而导致地层土体发生主固结沉降。降水范围内土体的固结沉降向上传播并进行叠加，导致了地层的移动和变形，传递到地表，便形成了地表沉降槽。

次固结沉降是指在超孔隙水压力已经消散、有效应力增长基本不变之后，随着时间推移而缓慢增长的压缩变形。这种变形与土的骨架蠕变有关，通常会持续很长时间。如果隧道邻近有建筑物等附加荷载，或在孔隙比和灵敏度较大的软塑和流塑性黏土中开挖隧道时，次固结沉降往往要持续数年以上，且沉降量也相对更大。

4. 应力松弛

城市隧道暗挖施工是在存在初始应力场的地层中进行的。而隧道暗挖施工打破了原有的应力平衡状态，三向应力状态变成二向应力状态，隧道周边围岩应力得到释放，造成应力松弛，从而引起围岩向隧道内部产生移动和变形。开挖过程中，如果支护不及时，甚至会发生冒顶、塌方事故。

（四）城市地层变形的影响因素

城市地层变形的影响因素很多，主要有以下三方面。

1. 地层条件（岩土体力学特征、地下水条件等）

一般来说，城市隧道上覆岩土体力学特性越好，隧道开挖范围内地下水越贫乏，隧道暗挖施工引起的地层变形就越小。

2. 工程因素

包括隧道埋深、断面尺寸、施工方法、支护措施等。通常，城市隧道埋深越浅，地表沉降值越小，但施工引起的影响范围相对较大。当隧道开挖断面尺寸越大、施工方法越复杂、支护措施越弱时，地层变形也就越大。

3. 地表建筑情况

主要涉及地表建筑物与隧道的相对位置，建筑物地基、基础及上部结构的相对刚度大小等。地表建筑物的存在会弱化地表沉降作用，其整体刚度越大，这种弱化作用也就越强。当建筑物位于隧道上部地表的位置不同时，这种弱化作用也随之不同。

（五）城市地层变形的预测

城市地层变形的预测包括地表横向沉降预测、地表纵向沉降预测、地表水平变形预测、地表以下地层变形预测等。主要预测方法有：建立在现场实测资料基础上的经验公式法，以理论分析为基础的解析模型法，以有限元、边界元计算等为主要手段的数值分析法，建立在模型试验基础上的物理模型法等；此外，还有人工神经网络法、时间序列分析方法和现代控制论方法等新兴方法。

六、地质灾害危险性与防治

（一）地质灾害危险性

1. 地质灾害危险性概念

地质灾害危险性强调的是地质灾害的自然属性。目前，国内关于地质灾害危险性的定义是指给定区域内在一定时间内地质灾害发生的强度与可能性。而地质灾害危险性评估则是估计各种强度的地质灾害发生的概率或重现期。

2. 地质灾害危险性评估及其内容

（1）地质灾害发生可能性分级

国土资源部的《地质灾害危险性评估技术规范》DZ/T 0286—2015 及《地质灾害危险性评估技术要求》将地质灾害发生的可能性分为大、中、小三级，其等级由若干地质灾害发生可能性判定因素的指标值决定(表 3-7)。

地质灾害发生可能性判定因素及方式 表 3-7

判定因素			可能性大	可能性中等	可能性小
致灾地质体在不利工况下的稳定性			不稳定、欠稳定	基本稳定	稳定
地质灾害形成条件的充分程度			充分	较充分	不充分
采空区开采深厚比			<120	120～200	>200
地面沉降区沉降指标	累计沉降量 (mm)	沿海	>800	800～300	<300
		内陆	>1500	1500～800	<800
	沉降速度 (mm/a)	沿海	>30	30～10	<10
		内陆	>50	50～30	<30
地裂缝影响区近期活动情况及主要影响因素变化程度			活动明显或主要影响因素变化强烈	活动较明显或主要影响因素变化较强烈	活动不明显且主要影响因素变化不强烈
地质灾害发生可能性指数<Y			Y>0.80	0.80>Y≥0.60	Y<0.60

（2）规划区地质灾害危险性分级

规划区地质灾害危险性分级根据地质灾害发生可能性大小及地质灾害发生后可能危害范围与规划区面积的比例来确定（表 3-8）。

规划区地质灾害危险性分级 表 3-8

地质灾害发生可能性	地质灾害可能危害范围占规划区面积的比例		
	大于 30%	30%～10%	小于 10%
可能性大	危险性大	危险性中等	危险性小
可能性中等	危险性中等	危险性小	危险性小
可能性小	危险性小		

由于规划阶段建筑物尚未确定，所以，只能宏观而原则地提出规划建议，如建筑群的分布、密度、高度等，以及在有必要调整功能分区时对功能分区调整提出建议。其目的是不要因为规划选址不当而将建筑群置于地质灾害危险性大的地区或引发、加剧地质灾害。

（3）地质灾害危险性评估

规划区地质灾害危险性评估最好是在控制性详细规划阶段进行，必要时也可在总体规划阶段进行。规划区与建设场地地质灾害危险性评估均应依次进行现状评估、预测评估和综合评估。结合规划功能和布局，综合评价规划用地的地质灾害危险性，有针对性地提出规划建议，或者做出建设适宜性结论，并提出地质灾害防治措施建议（图 3-3、图 3-4）。

3. 地质灾害危险性评估对于城市规划的作用

目前，就规划区地质灾害危险性综合评估的结论来看，对城市规划起直接作用的主要有地质灾害危险性分析与相关规划建议的原则（表 3-9）；而建设场地地质灾害危险性综合评估的结论对城市规划的直接作用则主要是地质灾害危险性分级与建设适宜性（表 3-10）。

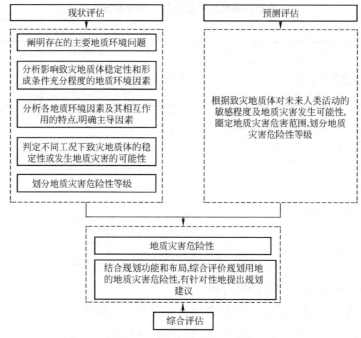

图 3-3 规划区地质灾害危险性评估流程及内容

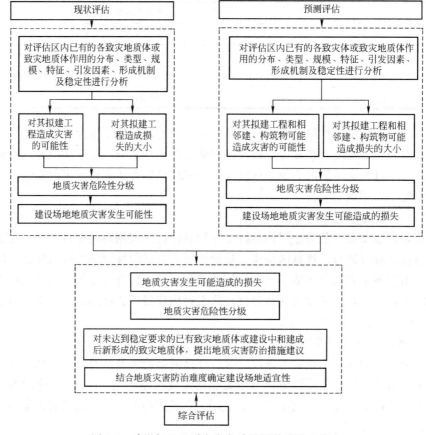

图 3-4 建设场地地质灾害危险性评估流程及内容

规划区地质灾害危险性评估中的规划建议原则　　　　　表 3-9

地质灾害危险性分区	相关规划建议的原则
地质灾害危险性大的区域	一般不宜规划建设项目。确需规划建议项目时，应同时进行地质灾害防治规划或规划具有地质灾害防治功能的建设项目
地质灾害危险性中等的区域	建(构)筑物的布局应减轻引发因素对地质灾害发生可能性的影响，并兼顾地质灾害防治
地质灾害危险性小的区域	建(构)筑物的布局应避免引发地质灾害

建设场地地质灾害危险性评估中的建设适宜性划分　　　　　表 3-10

地质灾害危险性	地质灾害防治难度		
	难度大	难度中等	难度小
危险性大	适宜性差	适宜性差	适宜性差
危险性中等	适宜性差	基本适宜	适宜
危险性小	基本适宜	适宜	适宜

(二) 城市地质灾害防治

1. 世界各国与地区地质灾害防治的经验

关于地质灾害的监测、防治与预警，世界各国与地区根据各自不同的情况和经验教训采取了相应的做法。

英国利用地质探测手段，可以较好地观察到地下碳酸盐岩空洞，以便采取有效措施，避免地面下沉造成的损失。法国主要采用由深至坡脚的集水井组成的永久性排水系统，起到集聚地下水的作用，从而使深层地下水在重力作用下被排除，以达到防治不稳定斜坡的作用。意大利建立起全国和区域的土地信息数据库，将查清古滑坡体的分布情况作为降低甚至避免滑坡损失的关键。美国地质灾害防治的重点在于其预警系统的构建。作为世界一流的地质灾害防治研究机构，美国地质调查局(USGS)的滑坡危害研究中心的主要研究焦点是与地质灾害相关且以力学性状为主导的基础性、本质性理论研究。作为典型的山地国家，且具有夏季降雨明显的特征，韩国的滑坡灾害严重。为此，韩国政府开始引入滑坡预防系统，采取了建立滑坡数据库以及构建滑坡监测系统等一系列措施。因频受滑坡等地质灾害的侵害，中国香港开展了区域性天然山坡风险评估(NTHS)、提出设计及建造灾害缓减措施、建立天然山坡崩塌记录数据库等工作。其于 2009 年建成的宝珊道隧道及地下水的控制系统采用隧道及排水管系统的结合，以达到预防山体滑坡的效果。

2. 我国城市地质灾害防治工作

我国对于地质灾害实行"预防为主，治理与避让相结合"和"全面规划，突出重点"的原则。1998 年成立国土资源部，主要承担全国地质环境保护和地质灾害防治管理职能。1999 年，国土资源部颁布第 4 号令《地质灾害防治管理办法》，并联合中国地质调查局启动"地质灾害勘察与治理示范项目"。随后，各省、市、区出台了当地地质灾害防治管理办法，如江苏、青海、山东、重庆等省市。同年，国土资源部印发《建设用地地质灾害危险性评估技术要求(试行)》。

2001 年，国务院颁布实施《地质灾害防治工作规划纲要（2001 年—2015 年）》。2003 年，国务院颁布第 394 号令《地质灾害防治条例》。其后，各地出台了相应的地方性地质灾害防治条例、地质灾害防治规划以及地质环境保护条例等相关文件。其他重要的地质灾害防治的法律法规、技术规范还包括《地质灾害危险性评估规范》DZ/T 0286—2015、《地质灾害危险性评估技术要求》等。这些法律法规、行政规章、技术规范对于我国地质灾害防治工作起到了重要的指导作用，促进了我国地质灾害防治水平的提升。2009 年 11 月兰州举行的全国首届城市建设与地质灾害防治学术论坛上，专家们探讨了城市建设与地质灾害防治的相关问题，旨在更好地为我国的城市建设和社会、经济发展服务。

近年来，国土资源部通过深入开展群测群防、群专结合、监测预警、临灾避险、避灾演练、宣传培训等工作，不断加强地质灾害防治工作，取得了较好的防灾减灾效果（表 3-11）。

2010～2013 年我国地质灾害预防、减灾情况　　　　表 3-11

年份（年）	成功预报地质灾害（起）	避免人员伤亡（人）	避免直接经济损失（亿元）
2013	1757	95776	19
2012	3532	34456	8.1
2011	403	39964	7.2
2010	1166	95776	9.3

第四节　风暴潮、沙尘暴、雷暴与热浪

一、风暴潮

在人类同自然灾害的斗争中，减轻那些源于海洋的灾害，占有极其重要的地位。这一方面是由于占地球表面积 71％的海洋聚积着巨大的能量，一旦以某种方式向外释放，就可能成为人类所不能承受的危害。另一方面也是由于几乎全世界的沿海地带都是人口最集中、经济最发达、社会财富密集度最高的地区。我国即约有 70％以上的大城市、58％以上的人口和近 60％的国民经济集中在最易遭受海洋灾害袭击的沿海经济带和沿海地区。

（一）风暴潮概念与类型

1. 风暴潮概念

风暴潮是一种发生在海洋沿岸的严重自然灾害。它主要由大风和高潮水位共同引起，使局部地区猛烈增水，酿成重大灾害。具体而言，它是由强烈大气扰动，如热带气旋（台风、飓风）、温带气旋等引起的海面异常升高现象。就我国而言，来自高纬地带的冷空气与来自海上的热带气旋的交互影响，使我国沿海大风与巨浪接连不断，并在沿岸形成风暴潮。如果风暴潮恰好与天文潮高潮相叠加，加之风暴潮往往夹狂风恶浪而来，溯江河洪水而上，则常常使其影响所及的滨海区域潮水暴涨，甚者冲毁海堤、江堤，吞噬码头、工厂、城市，使物资不得转

移，人畜不得逃生，从而酿成巨大灾难。有人称风暴潮为"风暴海啸"或"气象海啸"。我国历史文献多称为"海溢"、"海浸"、"海啸"，及至"大海潮"等，并把风暴潮灾害称为"潮灾"。据统计，从公元前 48 年至公元 1949 年的近两千年间，我国有详细记载的特大风暴潮灾即有 576 次，不足 4 年就有一次，一次死亡人数少则上千人、多则数万至十多万。从 1951 年至 1995 年，我国沿海共发生不同程度的风暴潮灾 174 次，平均每年近 4 次。

风暴潮的空间范围一般由几十公里至上千公里，时间尺度或周期约为 1～100 小时，介乎地震海啸和低频天文潮波之间。但有时风暴潮影响区域随大气扰动因素的移动而移动，因而有时一次风暴潮过程可影响一两千公里的海岸区域城市，影响时间多达数天之久。

风暴潮的周期性变化与天气系统的变化关系密切，其年际变化也很明显。我国新中国成立以来以 20 世纪 70 年代风暴潮最多，20 世纪 50 年代最少。

月亮与风暴潮也有不解之缘。英国科学家分析了 1891～1968 年中 1000 多个大西洋飓风和太平洋台风，以及 5000 多个热带风暴的生成时间，其在朔、望附近者居多。

2. 风暴潮的类型

按照诱发风暴潮的大气扰动特性，国内外学者多把风暴潮分为由热带气旋所引起的台风(在北美和印度洋称为"飓风")风暴潮和由温带气旋所引起的温带风暴潮两大类。台风风暴潮多发生于夏、秋季节的台风肆虐时期。其特点是来势猛、速度快、强度大、破坏力强，凡是有台风影响的沿海城市地区均可能发生。温带风暴潮多发生于春、秋季节，夏季也有发生，一般特点是：增水过程比较平缓，增水高度低于台风风暴潮，中纬度沿海地区常会出现，以欧洲北海沿岸、美国东海岸为多。我国是世界上两类风暴潮灾害都非常严重的少数国家之一。

(二)风暴潮的成灾原因及灾害损失

1. 风暴潮的成灾原因

风暴潮能否成灾，在很大程度上取决于其最大风暴潮位是否与天文潮高潮相叠，尤其是与天文大潮期的高潮相叠。当然，也取决于灾害地区的地理位置、海岸形状、岸上及海底地形，尤其是滨海城市的社会及经济(承灾体)情况。如果最大风暴潮位恰好与天文大潮的高潮相叠，则会导致特大潮灾发生，如 8923 号和 9216 号台风风暴潮。当然，如果风暴潮位非常大，虽然未遇天文大潮或高潮，也会造成严重潮灾。8007 号台风风暴潮就属这种情况。当时，正遇天文潮平潮，由于出现了 5.94m 的特强风暴潮位，仍造成了严重风暴潮灾害。

2. 风暴潮的灾损

城市风暴潮灾害损失的大小，除受风暴增水的大小和当地天文大潮高潮位的制约外，还取决于受灾城市的地理位置、海岸形状、海底地形、社会经济情况。一般来说，地理位置正处于海上大风袭击的正面、海岸形状呈喇叭口、海底地形较平缓、人口密度较大、经济发达的城市地区，所受的风暴潮灾相对来讲要严重些。

国内外风暴潮专家一般把风暴潮灾害划分为 4 个等级，即特大潮灾、严重潮灾、较大潮灾和轻度潮灾。1949 年上海市遭风暴潮影响，市区水深 1～2m，死亡 1670 人。1969 年第 3 号台风(Viola)登陆广东惠东，造成汕头地区特大风暴潮灾，汕头市区进水，街道浸水 1.5～2m，牛田洋大堤被冲垮。在当地政府及军队奋力抢救下，仍有 1554 人丧生。

新中国成立以来，尽管我国沿海城市人口急剧增加，但死于潮灾的人数已明显减少，这不能不归功于我国社会制度的优越性和风暴潮预报、警报的成功。但随着沿海城市工农业生产的发展和基础设施的增加，以及承灾体的日趋庞大，每次风暴潮的直接或间接损失都在加重。

(三)风暴潮的预测和防范

1. 风暴潮的预测

世界主要海洋国家早在 20 世纪 20 年代～20 世纪 30 年代，就已经在天气预报和潮汐预报的基础上开始了风暴潮的预报研究工作。受风暴潮影响比较严重的国家也相继成立了预报机构，较早成立的是荷兰风暴潮警报机构(1931 年)，其后英国于 1953 年成立了风暴潮警报局。美国是世界上多风暴潮的国家，自 1936 年以来，美国国会曾三次通过有关法案，责成有关部门开展风暴潮的研究与预报，并由美国国家飓风中心发布预报，沿海各州的气象机构也进行邻近海域的风暴潮预报工作，其中以夏威夷和阿拉斯加两州的预报海域范围最广。

我国风暴潮预报业务系统是 20 世纪 70 年代初建成的。国家海洋水文气象预报总台(现为国家海洋环境预报中心)于 1974 年正式向全国发布风暴潮预报，发布预报的方式从最初的电报、电话发展到目前的广播电视、传真电报和电话等传媒手段；经长期统计，其平均时效为 12.4 小时，高潮位预报误差为 25.5cm，高潮时平均误差为 19.8 分钟。随后，国家海洋局所属三个分局预报区台、海南省海洋局预报区台以及部分海洋站、水利部所属的沿海部分省市水文总站和水文站、海军气象台等单位也相继开展了所辖省、市的风暴潮预报。至此，一个全国性的预报网络已基本建成。

2. 风暴潮的防范

沿海是各个海洋国家经济发展的重点地区。20 世纪 80 年代以来，各国沿海经济均得到不同程度的发展，人口和资产密度均急剧增长，因而遭受灾害的损失也随之加大。在一些沿海地区，风暴潮灾害已成为沿海城市经济发展的制约因素之一。为此，如何防范和减少风暴潮灾害损失亦为各国所重视。日本是经常遭受风暴潮袭击和影响的国家之一。日本政府和有关部门极为重视防灾减灾工作，不仅加强有关这一方面的科学研究，还制订了一系列应急措施。美、英等一些国家目前正以科技装备实现预警系统的自动化、现代化，其对于风暴潮的监测、监视、通讯、预警、服务等基本作到高速、实时、优质。美国不仅由所属海洋站的船只、浮标、卫星等自动化仪器实现对风暴潮的自动监测，还通过世界卫星通信系统进行实时传输，提高了时效；其整个预警过程的时间间隔不超过 3 小时。此外，美国在现行联邦体制下，将处理自然灾害的主要职责放在州政府一级。为此，州政府运用税收和增加公益金等手段广泛收集资金，以从事广泛的风暴潮灾害管理和应急自救活动。近年，美国有些州遭到几次大飓风风暴潮灾的侵袭，州政府及有关部门都能掌握风暴潮的动向，在短时间内组织数十万人有序转移，大大减轻了灾害损失，且有效地实施了灾后救助工作。

随着各项事业的发展和客观的需要，我国对于风暴潮灾的防范工作也日益得到重视和加强。目前，在沿海已建立了由280多个海洋站、验潮站组成的监测网络，配备了比较先进的仪器和计算机设备，利用电话、无线电、电视和基层广播站等传媒手段进行灾害信息的传输。风暴潮预报业务系统比较好地发布了特大风暴潮预报和警报，同时沿海城市有关部门和大中型企业也积极加强防范，制订了有效对策。一些低洼港口和城市根据当地社会、经济发展状况，结合历来风暴潮侵袭资料，重新确定了警戒水位。位于黄河三角洲的胜利油田和东营市政府投入巨资，兴建几百公里的防潮海堤。伴随着沿海城市经济发展的需要，抗御潮灾已是实施未来可持续发展的一项战略任务。

二、沙尘暴

沙尘暴已经不是一个陌生的名词。2001年3月1日晚7时35分，中央气象台首次播出沙尘暴天气；而同一天，国家气象局正式启动沙尘暴预警系统。3月4日，沙尘暴袭击了大半个中国，武汉出现浮尘天气，南京在7级大风的作用下发生浮尘重度污染。4月3日、8日，浮尘天气两度侵袭武汉。5月2～3日，内蒙古中部和河北北部出现强沙尘暴，并伴有5～7级大风。6月3日，一场强沙尘暴袭击了塞外青城呼和浩特，当地气象台认为这是该年出现的最强沙尘暴天气。第七个"世界防治荒漠化和干旱日"的第二天，即6月18日，郑州遭遇了当年的第4场沙尘暴，整个市区黄尘飞扬。2006年4月17日，北京、天津、山西北部、河北大部、山东北部和渤海地区出现大范围的浮尘天气；经估算，沙尘影响面积约为30.4万 km^2。2010年3月19日，我国北方地区遭遇了该年最强的沙尘天气过程；其中，内蒙古呼和浩特、吉兰太出现了强沙尘暴。气象专家表示，由于蒙古气旋生成，升温快，气压梯度大，风力大，导致这次沙尘天气过程是该年强度最强、范围最大的一次。

（一）沙尘的等级

沙尘天气分为4个等级，即浮尘、扬尘、沙尘暴与强沙尘暴。

1. 浮尘天气

尘土、细沙均匀地浮游在空中，使水平能见度小于10km的天气现象。

2. 扬沙天气

风将地面尘沙吹起，使空气相当混浊，水平能见度在1～10km以内的天气现象。

3. 沙尘暴天气

强风将地面大量尘沙吹起，使空气很混浊，水平能见度小于1km的天气现象。

4. 强沙尘暴天气

大风将地面尘沙吹起，使空气非常混浊，水平能见度小于500m的天气现象。

（二）沙尘暴的危害

我国是荒漠化危害严重的国家之一。据统计，我国现有沙漠、戈壁及沙漠化土地 262.2 万 km²，占全国总面积的 27.3％。沙漠、戈壁、土地沙漠化涉及全国 18 个省、自治区的 471 个县、市。据中科院兰州沙漠研究所监测，在全球 4 大沙暴区中，最为活跃的是覆盖独联体中亚部分和我国西北地区的中亚沙暴区，每年要发生数十起沙尘暴。因此，沙尘暴灾害在我国已呈急速上升趋势。从气象学角度来看，只要沙漠这一主要沙源不消失，沙尘暴就不会消失。

所谓沙尘暴，是指能见度小于 1km 的沙尘天气。具体而言，它是大风与沙漠或沙漠化土壤以及松散地表沉积物相结合，且在特定地理条件下所产生的灾害性天气或次生气象灾害。我国在 20 世纪 50 年代共发生 5 次沙尘暴，20 世纪 60 年代发生 8 次，20 世纪 70 年代发生 13 次，20 世纪 80 年代发生 14 次，20 世纪 90 年代发生 23 次，而在新千年的新年伊始，发生沙尘暴的次数已相当于整个 20 世纪 50 年代的次数。2001 年国家气象部门共监测到 18 次沙尘暴，累计 40 多天。

沙尘暴的肆虐在我国造成了惨重的损失，每年风沙造成的直接经济损失达 540 亿元。1993 年 5 月 5 日，一场强沙尘暴袭击西北 4 省区、72 个县(镇)，受灾人口达 1200 万人，死亡失踪 116 人，伤 264 人，损失牲畜 12 万头，伤 74 万头，农作物受灾 37 万 hm²；兰新铁路中断 31 个小时，敦煌机场关闭 7 天，造成直接经济损失 5.4 亿元。贫困地区人民含辛茹苦创造的城市财富就在沙起沙落的瞬间灰飞烟灭、付诸阙如，其境况之惨无异于一场战争所造成的破坏。

（三）沙尘暴产生原因

沙尘暴的出现需要具备沙源、大风和上升动力 3 个要素。

我国的大西北曾经是森林广布、水草肥美的塞外江南。汉武帝时期、三国时期、隋唐时期及至明、清两代，一轮又一轮的大规模毁林毁草的屯田活动给大西北地区带来的是瞬间的富足和繁荣，留下的却是永远的沙丘。当年的古绿洲多被流沙掩埋，举世闻名的丝绸之路也被流沙湮没。目前，沙漠的边缘距北京不到 180km，最近的两个沙丘离北京仅 70 余公里。沙漠离沈阳城也只在 100km。而西北地区的大中城市，沙漠不过就像在家门口一样。沙尘暴已成为西北地区主要气象灾害之一。

从 20 世纪 50 年代至 20 世纪 70 年代，我国在西北地区先后掀起 3 次大规模的毁林毁草开荒高潮，破坏森林 3000 万亩，草地 1 亿余亩，造成大面积的土地荒漠化。1950 年代后期，新疆生产建设兵团在塔里木河流域铲除 200 多万亩胡杨林，组建了 30 多个大型国有农场。没过多少年，新开垦的农田因沙化和盐碱化而弃耕 20 多万亩，废弃畜牧场 70 多处。宁夏回族自治区近年仅搂发菜一项即破坏草原 1200 多万公顷，其中 400 多万公顷已严重沙化。因此，我国 90％以上的沙尘暴和荒漠化是人力所为，成为一个远比技术更为复杂的社会问题。具体而言，盲目开荒种地、超量放牧、流动人口对生态资源的掠夺性采掘，以及人们对野生动物的捕杀，是发生沙尘暴的原因。

但也有专家认为，沙尘暴是一种自然现象，像 2002 年 3 月 20 日那种强度和规模的沙尘暴是百万年尺度全球变化的结果。从青藏高原在数百万年前加速隆升后，从新疆戈壁到黄土高原，一直到东部沉积平原，现代中国地理现状的形成都是大自然物质分选的结果。北方干旱，植被覆盖少，只要有强风，就会有沙尘暴这种现象。因此，人类虽然可以在减轻其危害方面有所作为，但不能彻底根治。

沙尘暴的发生除与起动力作用的风速有关外，还与沙尘粒子大小、地形、地貌、浅层土壤、湿度等多种因素有关。多年来，气候的异常变化使我国北方降水量持续偏少，干土层大量出现；一到春季，蒙古气旋活跃起来，狂风大作，极易出现沙尘天气。

（四）我国沙尘暴治理工作

1.《联合国防治沙漠化公约》缔约与《防沙治沙法》施行

我国政府一直十分重视防沙治沙工作，已停止开垦荒地，并花大力气构筑抵挡沙尘的生态防线。1994年10月14日，我国政府在《联合国防治沙漠化公约》上签字，成为《公约》的缔约国之一。然而，点上治理、面上破坏，局部好转、总体变坏的局面并未得到根本改观，治理的速度远远低于破坏的速度。根据联合国制定的人口极限承载标准，干旱地区为7人/km^2、半干旱地区20人/km^2，而我国严重荒漠化地区的甘肃河西地区人口密度达15人/km^2，河东地区竟高达101人/km^2。人口的超载打破了人与生态、耕地、水等资源的平衡关系和供需关系。而我国今后为完成工业化和城市化，仅对耕地和非农用地的需求至少还要增加100万km^{2}的土地面积，其中西北荒漠化地区至少要承担80万km^{2}的可用地。总而言之，我国的沙尘暴治理工作既是刻不容缓，更是任重道远，前路漫漫。

2002年1月1日始，我国开始全面施行《防沙治沙法》。该法规定，我国防沙治沙实行统一规划，将设立沙化土地封禁保护区，禁止一切破坏植被的活动。同时，该法还规定，国家鼓励单位和个人在自愿的前提下捐资或者以其他形式开展公益性的治沙活动。国务院和省、自治区、直辖市人民政府将制定优惠政策，鼓励和支持单位与个人的防沙治沙工作。

2.“三北”防护林工程

专家们认为，凡有沙漠分布的国家和地区，沙尘和沙尘暴是其特定的自然灾害，人类对此是无能为力的。但是，以植树种草为主体的防护林体系比较完善的地区可以减轻甚至不受沙尘危害。事实也表明，建立大型、完备的防护林体系，是防治沙尘暴灾害的有效措施。针对我国“三北”地区沙漠、戈壁分布的基本特征，风沙移动规律，干旱、半干旱的气候特点以及北京的特殊地理位置，“三北”防护林工程为我国首都北京的防沙、治沙构筑了三道屏障。

（1）工程概况

第一道屏障就是京、津周围的绿化工程，规划范围为：从北京至西端的山西雁北地区、河北的张家口地区，北端的沙化草原、浑善达克沙地、科尔沁沙地，东端的河北坝上沙化地带，南端的华北平原北隅河流冲积沙化地带。

除京、津周围以外的地区，则是“三北”防护林工程为北京防沙治沙构筑的第二道屏障。“三北”防护林工程在这里确定的工程有：东部的科尔沁沙地综合治理工程，呼伦贝尔沙地综合治理工程，西部的山西雁、同、朔及忻洲市沙地综合治理工程。通过“三北”防护林体系一、二、三期工程建设，这里局部的沙漠化土地得到了有效控制，生态状况有了初步改善。

109

东经 80°~100°、北纬 35°~45°之间，是"三北"防护林工程为北京防沙治沙构筑的第三道屏障。这里进行的准噶尔盆地南缘沙地综合治理、塔里木盆地绿色走廊的综合治理、塔克拉玛干中部油田沙区综合治理和南、北疆绿洲农田保护林等工程，都是"三北"防护林工程为北京构筑的防沙治沙屏障。

（2）工程成效分析

1978~2001 年共 23 年的"三北"防护林体系第一阶段建设，基本形成了"东抓赤峰、西抓榆林、中保首都"的防沙治沙新格局，使局部地区的沙漠化土地恶化状况有所改善。据遥感数据测算分析，西部地区约有 10％的沙漠化土地得到了有效保护和治理。

虽然"三北"防护林工程进行了二十多年，并超额完成了规划任务，使一些地区的生态状况有了明显改善。但是，随着土地沙化的加速扩大，沙尘暴发生频率越来越高，直接危害"三北"地区乃至影响我国南方的沙尘问题还没有从根本上得到解决。仅北京以北的坝上地区，1982 年至 2001 年的流沙面积增加了 93.3％，风沙仍在紧逼北京。据统计，从 1978~2001 年的"三北"防护林工程造林 2600 万公顷，其中营造防风固沙林 492.2 万公顷，年均每年营造的防风固沙林 21.4 万公顷。而这里的沙漠每年扩大的面积为 24.6 万公顷，新出现的沙尘量是原沙漠的 10 倍。由此可见，"三北"防护林工程对于沙漠有效治理的速度还远小于沙漠的扩展速度。加之 1988~2001 年持续了 13 个暖冬，连续干旱，气候异常，也是虽然开展了"三北"防护林工程而近几年沙尘暴仍在增多的一个主要原因。应该说，如果没有"三北"防护林工程的建设，北京的沙尘暴要比现在更加肆虐。因此，在我国的生态建设中，"三北"防护林工程功不可没。

治理沙漠的艰巨性、投资的有限性，决定了"三北"防护林工程建设的长期性。新世纪之初，国家把防沙治沙作为"三北"防护林四期工程的主攻方向，并列为实现新世纪林业跨越式发展的 6 大工程之一；这是从根本上改变我国的生态环境、实现山川秀美和可持续发展目标的必经之路。

三、雷暴

（一）雷暴的危害

对于雷暴观测资料的统计表明，全球平均每秒钟落雷 20 次，平均每天约发生 800 万次闪电。据《北京晚报》报道，2001 年 5 月 3 日下午 5 时左右，正在首都机场停机坪上维修飞机的工人中，有 7 人被突如其来的雷电击倒在地，轻伤 4 人、重伤 3 人。另据《楚天都市报》，2001 年 6 月 18 日下午 2 时始，持续 1 个多小时的雷暴造成黄石市区两个变电站发生故障，使市中心、铁山、大冶等地有近 10 家单位的数百台电脑被击坏（这些单位的防雷器或防雷设施不规范）。2002 年 6 月 20 日上海市遭受大雨袭击，5 人遭受雷击，经抢救无效死亡；1 天中雷电击死 5 人，在上海尚属首次。

现今，各类通讯及自动控制设备大量采用半导体集成电路，这些微电子设备的耐雷电电磁脉冲的能力很弱，故电子、电力、计算机、通信系统遭受雷电的危害逐年增大。雷害大多发生在微电子设备相对集中的单位，如电信、银行、电视台、大专院校、证券交易所等。这类雷害有 70％左右产生于雷电的二次作用，即雷电感应。

雷害分直击雷（带电的云层与大地上某一点间发生迅猛的放电现象）、感应雷（带电云层由于静电感应作用，使地面某一范围带上异种电荷。当直击雷发生后，云层带电迅速消失，而地面由于散流电阻大，出现高电压，发生闪击的现象）、球雷及雷电波等。进入电气化时代的今天，雷害形式由过去以伤害地上人、物的直击为主转变为以通过金属传输的雷电波为主。

（二）雷暴发生的原因

为什么会发生雷暴呢？原来，这是大自然的"电容器"在作怪。从电学上看，天空的雷暴云层与地面恰似两块极板，构成一个大的电容器，因而，带有大量电荷的云层使地面因电场感应作用而拥有大量的异性电荷，形成了强大的电场。雷暴云层带电多少与移动发展的变化，使地面电场强度也发生变化。而当电场强度足以使潮湿的空气击穿导电时，闪电便从空中一泄大地，造成地面上发生雷击。特别是当地面上有人或建筑矗立时，这些人或建筑便成为一个个直立于电容器板上的突出立柱。根据尖端放电的物理学特性，他（它）们此时都成了地面上的"引雷针"，因而易遭雷击（图 3-5）。

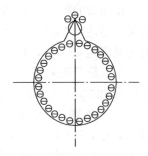

图 3-5　尖端放电现象

雷击时，在闪电通道周围几公里范围内，通过静电感应和电磁感应，在导线中感生出几千到几万伏的高电压，并沿架空线入侵设备，造成损害。特别是在大城市，各种线路密度大，几乎每次雷击都有成片地区产生感应高电压，随之而来的就是该地区的单位和居民家中电器受损及火灾发生。由于雷电的二次效应比直击雷的能量小，受损设备的外观无明显损坏痕迹，用仪表测量才能发现电器件已被击穿。随着计算机和网络的发展，通过电源及信号系统引起的雷电灾害早已超过了传统意识上的建筑物雷击。

（三）雷暴的防治

科研证明，雷击常发生在特别潮湿的地方如河床、池沼、盐池、苇塘、地下水出口处，以及旗杆、铁扶梯、房顶金属栏杆、孤立的大树、草垛等。故一旦发生雷电，上述地方不宜滞留，否则将危及人身安全。

由于雷电活动有一定的选择性，带电体一般遵循尖端放电规律，因而凡容易使电场分布不均匀的，或易感应出电荷的，或雷暴云容易接近的建筑物易遭雷击。所以，一般对于高、中层建筑物，避免雷击的通行方法是安装避雷针或避雷器。山区、水边容易遭雷击，5 层以下的建筑物也必须安装避雷针。避雷针的安装要注意：一是将避雷针直接安装在房顶；二须有合格的接地装置。避雷针有一根线接地，即引下线，从接触地面算起有 1.5～1.8m 需绝缘保护，防止打雷时人接触到它。

而防范雷电对微电子设备的损害，首先是查看设备是否有接地装置，如有接地装置，再测试接地阻值是否达到规范要求。同时，在电源进线上加装防"浪涌冲击"的二级保护装置，在信号、数据、通信设备上必须设置避雷安全系统。居

111

民家庭在雷电活动时最好关闭家中电器，包括拔掉电话机插线。

四、热浪

（一）热浪现象与三西格玛事件

1. 热浪现象

2003 年的夏天，欧洲出现了一次打破纪录的热浪——它超过 1961 年到 1990 年的平均气温 3℃。这个极端天气事件甚至一度让研究气候的专家感到难以解释，因为：即便考虑到过去 150 年间地球升温的事实，这样一次热浪在统计学上也是"极端不可能的"。这让一些研究者认识到，欧洲夏季气温的年际浮动在温室气体的作用下变得更大。

在随后的年份里，热浪频繁出现在世界各地。2007 年希腊雅典出现热浪，最高气温达到 44.8℃，打破了 1916 年的纪录（43℃）。2009 年，澳大利亚墨尔本的气温高达 46.4℃，打破了 1939 年的最高纪录。同一年，澳大利亚也经历了一百多年来最严重的野火灾害，这被认为与热浪有关。2010 年俄罗斯出现热浪，2011 年和 2012 年美国连续两年出现热浪。

2013 年夏天，中国南方 8 个省、市的高温达到了 1951 年以来的最强程度。同年 7 月 1 日～8 月 10 日间，中国南方地区日最高气温突破历史极值的站次数达 462 站次，为历史同期最多。

在气候学界，研究者们发现，过去十年间，热浪出现的次数超出常规。世界气象组织（WMO）的报告和德国一家气候研究所的研究都说明了这一点。其中，德国波茨坦气候影响研究所的迪姆·库默（Dim Coumou）及同事 2012 年在《自然·气候变化》上发表文章称，有强力的证据显示：热浪和暴雨的增多与人类影响下的气候变化有关。不仅如此，库默等人于 2013 年 8 月发表的新的研究提示，热浪的次数在未来几十年里还会急剧增加。

2. 三西格玛事件

所谓三西格玛事件，指的是超出历史平均值三个标准差以上的事件。以上提及的热浪都属此列。库默和同事用计算机气候模型来预测未来几十年里三西格玛事件的发生情况。他们发现，到 2020 年，热浪在全球陆地覆盖的面积将会翻倍，到 2040 年将会再翻倍——是 2013 年的四倍。

比三西格玛事件更为严重的五西格玛事件也会出现。到 2040 年，五西格玛事件将在全球 3% 的地方出现。而在 2013 年，五西格玛事件还基本不存在。

他们的计算还显示，在二氧化碳高排放的情况之下，到 21 世纪末，三西格玛事件将覆盖全球陆地的 85%，而五西格玛事件也将覆盖到 60%。

（二）热浪对于生态系统和人类社会的影响

1. 对生态系统的影响

在未来热浪、干旱等极端天气事件越发频繁的情况下，科学家们关心的一个问题是，这些极端天气事件是否会反过来造成生态系统释放更多的 CO_2，由此进一步强化气候变化。

2003 年发生在欧洲的那次热浪让科学家们开始详细地探究这一问题。德国马克斯-普朗克生物地球化学研究所的马库斯·赖希斯坦（Markus Reichstein）及其合作者记录了热浪和干旱如何影响碳循环，也就是生态系统与大气之间的 CO_2 交换过程。研究发现，极端天气对碳平衡的影响远大于之前的预想，干旱、热浪可能会减弱陆地生态系统吸收 CO_2 的能力。根据他们的计算，极端天气的发生会让生态系统每年少吸收 110t 的 CO_2，这大约相当于每年 CO_2 排放量的三分之一。

2. 对人类社会的影响

不仅是对生态系统，热浪频繁程度的增加对于人类社会也将带来更多挑战，甚至有可能造成人类社会的犯罪率和冲突大为增加。

美国普林斯顿大学的所罗门·详（Solomon Hsiang）及其同事分析了 60 份最严谨的定量研究文献，发现：随着气温的上升，谋杀、强奸和冲突的发案率也会升高。他们认为这种影响是"重大的"：气温每发生一西格玛的增加，人类个体之间的暴力事件频率将会上升 4%，而群体间的暴力事件将会上升 14%。研究人员举例说，对于非洲而言，一西格玛的变化代表气温上升 0.4℃。

研究者们还不确定这种关联是如何发生的，但有研究显示，高温会让人更具侵犯性。另一种可能性是，气候变化会引起经济条件的改变，而这也会诱发冲突。

第五节　城市火灾与空袭

一、城市火灾

（一）城市火灾的类型、危害及特点、原因

1. 城市火灾的类型

火灾给人类带来恐惧和祸害。火是以释放能量并伴有烟或火焰，或两者兼而有之的燃烧现象，是一种放热发光的化学反应。而火灾则是在时间和空间上失去控制的燃烧所造成的灾害。城市火灾多为人为火灾，往往伴随着爆炸，其类型有固体火灾（A 类）、液体火灾（B 类）、气体火灾（C 类）、金属火灾（D 类）。从火灾发生的场所分又可分为工业火灾、基建火灾、商贸火灾、科教卫火灾、居民住宅火灾、地下空间火灾等。

2. 城市火灾的危害

随着我国城市经济、社会的高速发展，城市火灾损失呈起伏交替上升趋势。1994 年唐山市林西百货大楼因施工人员无证上岗，进行电焊作业，电焊熔珠落在家具厅内可燃物上，引起火灾，烧死 81 人，烧伤 54 人，损失 401.2 万元。同年 5 月 13 日，南昌市万寿宫商城因电线短路发生火灾，烧毁房屋 12647m²，直接经济损失 585.6 万元。同年 8 月 5 日，深圳市清水河安贸危险品公司 4 号仓库内硫化钠、硝酸铵、高锰酸钾、过硫酸铵等物品混存接触，发生爆炸，死亡 13 人，烧伤 873 人（其中重度烧伤 136 人），直接经济损失 2.5 亿元。同年 8 月 12 日，北京市隆福大厦旧楼一层礼品柜台外因安装的日光灯镇流器线匝间短路，产生高温，引燃固定木质材料起火，损失 214.8 万元。1995 年，我国相继发生 9 起高层建筑火灾，1997 年更有震惊全国的北京东方化工厂大火灾。2000 年城市特大火灾 61 起，529 人丧生，其中焦作和洛阳分别发生了群死群伤的大火灾。2002 年 6 月 16 日凌晨 2 时 40 分，北京市海淀区非法营业的"网吧"发生火灾，造成 24 人死亡，13 人受伤，成为新中国成立以来北京市伤亡最多的一次火灾。

3. 我国城市火灾的新特点

(1) 东部地区的城市火灾损失大于中、西部地区。

(2) 城市公共活动场所(市场、商场、宾馆、饭店、娱乐场所)火灾增多，群死群伤火灾较为突出。原因在于，公共活动场所人员、物资资源、建筑结构复杂，使用功能多样，而消防管理薄弱，消防设施缺失，且致灾因素增多，火灾高发。

(3) 城市特大火灾增多，其中石油化工、易燃易爆单位和场所的火灾占较大比重。

(4) 沿海和内河水上火灾已露端倪，城市交通运输业火灾接连发生。

(5) 个体承包经营户、私营企业火灾明显增多。

4. 我国城市火灾的原因

除少数出于自然灾害(如地震的二次灾害、雷击等)的原因以外，绝大多数城市火灾是人为原因引起的，具体而言：

(1) 城市工程建设项目未经建筑设计防火审核就进行施工，未经消防验收合格就开业。不少建筑工程和装修装饰工程在消防设施上因陋就简，偷工减料，逃避消防监督，留下了严重的隐患。

(2) 城市公共消防设施建设发展不平衡，严重滞后于城市经济建设(有些中等城市仅有几个消火栓)，致使公共消防设施"老账"未清、又欠"新账"。这是导致火灾损失加大的重要原因。

(3) 城市消防设施建设经费投入太少。对 57 个城市公共消防设施的普查结果表明，应建消火栓 163411 个，实有 68862 个，占应有数的 42%；应建消防站 1240 个，实有 454 个，占应有数的 36%；应配消防车 4556 台，实有 1674 台，占应有数的 37%。

(4) 从城市火灾形成的直接原因来看，全国约有 60% 以上的城市火灾是因电器短路造成的；其次是因违反操作规程和生活用火不慎造成的。随着我国经济、社会的快速发展，人民生活水平不断提高，单位和家庭电气设备使用增多，用电负荷增加，电气设备、线路超负荷运转，加速了电气线路老化和短路，是造成电气火灾急剧增加的主要原因。

(5) 一些机关、团体、企事业单位消防法律观念和消防安全意识较差，全社会消防宣传针对性、实效性不强和覆盖面不广，居民在火灾发生后的自防自救能力较差，因而全社会防御火灾的能力十分薄弱。

(6) 无主管企业大量增多，导致消防安全制度和措施不落实。

(7) 建国初期，有些易燃易爆的工厂、仓库布置在城市边缘，之后随着城市建设的发展，建成区范围逐步扩大，易燃易爆的工厂、仓库与居民区、公共建筑相互包容，不安全因素逐渐增多，甚至成为重大火险隐患。

(8) 其他原因，如强风的影响、地震引起的次生灾害、战争空袭等。

（二）城市典型火灾的特点

1. 城市地下建筑火灾特点

由于我国地下建筑的设计、使用和管理等方面的法规没有及时跟上，目前还缺乏强有力的措施、办法来预防与控制火灾，因此地下建筑火灾事故时有发生。国际上也不断传来地铁、隧道等地下建筑的火灾报道。因此，研究和预防地下建筑火灾已刻不容缓，它是保护城市安全、保障平战结合人防工程建设与使用安全的重要课题。

地下建筑火灾特点如下。

（1）疏散难度大

地下建筑一般无窗，火灾产生的烟、热不易排除，积聚的热量会使室内的可燃物和空气的温度迅速升高，较早地出现全面燃烧现象（轰燃）。根据建筑物的燃烧试验，在有限的空间环境下，当火灾房间的温度上升到 400℃ 以上时，会立刻出现轰燃，室内温度会从四百多度猛升到八九百度；火灾房间内的空气体积急剧膨胀，烟气中的 CO、CO_2 等有害气体浓度迅速提高；加上地下建筑比地上建筑的安全出口少，疏散通道、门和楼梯的宽度较窄（尤其是人防工程），人们要脱离危险区域更为困难。

（2）扑救难度大

首先是火情侦察困难，难以接近火点；其次是进攻和撤退的路线少；其三是因烟、热作用，水枪手不易接近起火部位，往往会延长扑救时间和增加水渍损失；其四是难以采取破拆等手段阻止火势扩大；其五是可使用的灭火剂比地上建筑少，如卤代烷、CO_2 等在地下建筑一般不宜大量使用；其六是地下建筑内一般难以使用无线通信设备，联络困难。

2. 城市高层商住楼火灾特点

（1）起火因素多且蔓延快

众多的装修陈设、家具衣物多属可燃物品，遍布各处的电气线路、设备及餐厨用火等又极易形成着火源，加之人员多而复杂，烟头、火柴、玩火、纵火等也构成着火源。一幢 30 层的高层商住楼在无阻挡的情况下，30 秒左右，烟气就可以从低层扩散到顶层。

（2）疏散、扑救难且危害大

高层商住楼中住有大量的居民，且老幼病残占相当比例，同时商住楼中顾客多且不熟悉安全出口位置，火灾时人群混乱，相互阻塞，极易被浓烟烈火所吞没。

（3）烟雾危害大

高层建筑发生火灾后，烟雾成为阻碍人们逃生并导致死亡的主要原因之一。高层建筑内烟雾流动规律与建筑物的烟囱效应、防排烟方式、火灾温度等诸多因素有关。

3. 城市燃气爆炸特点

燃气在生产、输送、贮配、使用等环节都可能发生爆炸。随着城市民用燃气的普及，燃气爆炸日益频繁。燃爆既是一个火灾源，又是一个火灾的伴生、次生灾害，比单纯火灾事故要严重得多。

可燃气体与空气混合后，遇明火即发生猛烈爆炸，简称"燃爆"。民用燃气的组分决定了它具有一般可燃气体爆炸的特性。日常生活中一些闪点较低的可燃液体，如汽油、乙醚在常温下极易挥发成可燃蒸气，甚至一些闪点较高的可燃液体遇燃后同样挥发成可燃蒸气；这些蒸气达到一定浓度，遇明火点燃即发生爆炸。

燃气爆炸的主要特点是：

（1）频率高，偶然性大。千家万户都使用燃气，而燃气和空气混合到一定浓度，一遇明火就发生爆炸。将燃气输送到千家万户，需要经过许多环节，任何一个环节都有可能发生爆炸。

（2）常与火灾伴生，既是火灾的引发源，也是火灾的次生、伴生灾害。由于燃爆的动力效应和可燃介质的传播、蔓延，因而其比一般性的单纯火灾严重。

（3）具有显著的人为特征，因而预防的可能性强，人为干涉能力强。

（4）相对来说，灾害比较局部化。如局限在一个单体建筑或一个小区、一段管路等，爆炸对承载体（如结构）破坏的程度也较一般化学爆炸为低，且多为封闭体（如室内）的约束爆炸，因而对泄爆非常敏感。泄爆遂成为减轻室内燃爆的重要手段之一。

（5）与其他灾害相比，防灾措施较易实施。

4. 城市企业高温场所火灾特点

高温场所易导致自燃类火灾和爆炸事故。

（1）高温操作设备泄漏引起自燃

一些高温操作的设备，其内容物温度远远高于物料的自燃点。当物料一旦泄漏到设备外或外部空气进入设备内，均会立即发生自燃。例如，乙烯生产中，裂解时的温度大于800℃，裂解产物大都呈气体状态，操作温度远远高于物料的自燃点，一旦泄漏，会立即自燃。

（2）高温火灾易引起自燃

凡日平均气温超过28.5℃（比常年最热月平均气温高出1℃以上）且最高气温高于32℃，则当天到次日8时前易发生明显的自燃火灾。高温天气引起自燃多发生在7、8月内，可引起自燃的物质有硝化棉、赛璐珞、稻草垛、棉花、芦苇、造纸厂的纸屑、木屑等。

（3）高温表面易成为点火源

工业企业生产过程中的加热装置、高温物料的输送管线、高压蒸汽管线及高温反应塔（器）等设备表面温度均较高，若可燃物与这些高温表面接触时间过长，就有可能引起火灾。例如，造纸机上的圆筒烘缸采用蒸汽加热，温度为110～130℃；如在蒸汽管道等受热表面沉积的毛发、纸屑等可燃物长时间受热，能使其着火并扩大成灾。

（4）高温场所易发生水蒸气爆炸

当水与高温物体接触，会发生快速热传递，造成水瞬间相变，呈现出爆炸的现象。

（5）火场上高温的危险性高

116

火场上，特别是设备密集的装置区和油罐区，由于局部发生了火灾，邻接设备或储罐等会受到火灾高温火焰的烘烤，一方面使设备的强度降低（金属材料在300℃以上的高温下强度明显降低，500℃时即可下降50％）；另一方面容器内的液体随着温度上升，体积急速膨胀，蒸气压快速上升。两方面作用的结果使容器壁与气相接触部位出现裂纹，蒸气喷出，从而导致容器内气、液平衡的破坏，液体呈现过热状态；过热状态的液体为了恢复平衡，必然会发生急剧相变，导致爆炸事故。

5. 城市古建筑火灾特点

从1980～2009年间不完全统计的我国44起城市古建筑火灾案例分析可以看出，古建筑火灾的致灾因素很多，常见的有吸烟，取暖、烧饭，香烛、香灰，照明，焚烧纸钱，纵火、玩火，电气火灾等。这些致灾因素可以归纳为自然因素、人为因素、电气因素等三大类。

再以1950～2005年间发生的124起城市古建筑火灾为例，从自然因素、人为因素及电气因素三类致灾因素来看我国城市古建筑火灾的发展趋势：从20世纪50年代至今，人为因素导致的古建筑火灾均居于各主要原因之首；从20世纪80年代初到20世纪90年代末，由人为因素和电气因素引发的古建筑火灾次数均呈下降趋势，这主要是因为从1982年起相继出台了一系列关于古建筑消防和古建筑保护的相关政策，在政策督促和宣传力度加大的情况下，人们普遍提高了古建筑保护和防火的意识，因此人为因素引发的火灾形势有所减缓；但从20世纪90年代开始，尤其是进入21世纪后，由于旅游业的发展带动了古建筑的开发和利用，因人为因素引发的古建筑火灾呈上升态势，古建筑消防和火灾预防依然面临严峻的形势和挑战。

（三）城市火险与隐患

1. 城市火险

四季火源，以及温度、降雨、湿度、风等气象因素与城市火灾的发生、蔓延、成灾有较大关系。通过武汉市多年火灾与气象资料的统计发现，冬季是火灾多发期，降雨少，连续无雨日长，空气湿度低，使物质干燥易燃；另外，气温低，取暖用火、用电量大，也是导致冬季城市火灾频发的重要原因。夏季，降雨多，物质含水量较大，一般不易起火，火灾偏少；但自燃火灾最为突出，易燃、可燃液（气）体事故也高于其他季节。其主要原因是高温伏旱，物质在日晒、通风不良等条件下达到自燃点或爆炸浓度极限，从而引发较严重的火灾。另外，近年因空调制冷设备用电超负荷导致起火的事故也大有增加之势。

研究表明，与城市火灾密切相关的气象因子依次为：当天的空气相对湿度、气温、连旱天数、当天的最大风速等，火险等级也依次划分为4级（表3-12）。

火 险 等 级 划 分 　　　　　　　　　表3-12

等级	名称	预防策略
1级	低火险	防止大意，谨防化学物品遇水起火
2级	较低火险	防止滥用火源
3级	中等火险	注意防火，谨防电器火灾和生产性火灾
4级	高火险	加强防火，排除火灾隐患，谨防生产性和非生产性火灾

117

2. 当前我国城市火灾隐患

（1）部分大型商场、市场、影剧院等人员、物资集中的公共场所耐火等级低，消防安全通道被人为堵塞，消防安全管理松懈，一旦失火，将导致群死群伤火灾事故发生。

（2）城市加油(气)站附近有火源存在。

（3）50％的高层建筑固定消防设施因超期服役，已不能正常使用；完好的也因保养难或保养不到位、员工不会操作等而形同虚设。

（4）豪华装修容易酿成重特大火灾。相当一部分公共娱乐场所的装修未经公安消防部门审核，且大量采用可燃材料违章装修，电线乱接乱搭，造成人为隐患。

（5）有的地方领导在发生火灾时高喊"狼来了"，火灾过后依旧存在侥幸心理。

（6）消防安全意识淡薄，违章作业现象比比皆是。火场逃生常识贫乏，自防自救能力差，一遇火灾便惊慌失措。

二、空袭

（一）现代战争趋势及新特点

1. 国际政治格局的变化和我国面临的战场环境

第二次世界大战的结束和中华人民共和国的建立，曾经使国际战略形势与第二次世界大战前相比发生了根本的变化，形成了不同社会制度的两大对立阵营；之后的 40 多年中，全面冷战和局部热战从未中止。在 20 世纪 50 年代初和 20 世纪 60 年代初，由于美、苏的对立，曾出现过世界大战的危险。20 世纪 60 年代后期，由于中、苏的对立，我国曾遭受到核袭击和全面进攻的威胁。发生在 20 世纪 80 年代末和 20 世纪 90 年代初的东欧国家社会制度的改变和苏联的解体，使第二次世界大战结束 40 多年后的国际政治格局和战略形势又一次发生了根本的变化，这次变化的直接结果表现为：

（1）东、西方对立阵营完全消失，冷战时代彻底结束，在欧洲和全世界发生全面战争的可能性已大为减少，我国的战场环境也随之发生了重大变化。

（2）美国得到了称霸世界的机会，正寻找各种借口(如人权、民族矛盾、边境冲突、反恐问题、航行自由等)干涉别国内政，甚至不惜动用武力，对妨碍其实现霸权的主权国家发动局部战争，以逼迫这些国家就范。因此，霸权与反霸权的斗争成为当前和今后国际政治斗争的主要形式，并有可能导致局部战争。

（3）俄罗斯一国的国力已无法与苏联相比，从而失去了与美国全面争夺世界霸权的能力。虽然在核武器等方面还可与美国保持大体上的均势，但美、俄发生直接军事冲突，并引发世界大战的可能性已经很小。

（4）世界多极化的政治格局正在动荡之中开始形成，对霸权主义构成一种制约。但同时也应看到，在多极化的同时，多核化的趋势正在增长，因而核战争的危险并未完全消除。

（5）从周边地理环境来看，中国仍处于美、日同盟的资本主义的包围之中；但中国实行对内改革、对外开放的政策，向社会主义市场经济过渡，奉行和平外交政策，承诺不首先使用核武器，在政治、经济和军事上对世界资本主义制度不构成威胁。某一社会制度的存亡，主要取决于其在世界经济竞争中的成败，依靠暴力手段取得某种社会制度的胜利已经过时。

（6）从总体上看，我国面临的战场环境比 1990 年前已经有了很大的变化。除在人权、民族、宗教、边界、海洋权益等问题上随时可能受到挑衅，局部战争仍不可避免外，获得一个较长时间的和平发展时期，以不断发展经济、增强综合国力，还是大有希望的。

2. 现代战争新特点及其打击和防御战略的变化

在核战争危险减弱的同时，现代战争的主要形式是高科技条件下的局部战争如空袭，这一点已有共识。1991 年的海湾战争和 1999 年以美国为首的北约对南联盟发动的战争及 2003 年的伊拉克战争，是第二次世界大战后参战国最多、武器最先进、以大规模空袭为主要打击方式的局部战争，显示出现代常规战争的一些新特点。打击战略的变化引起防御战略的变化；从防御的角度看，有以下几个值得注意的变化。

（1）在核武器没有彻底销毁和停止制造以前，在世界多核化的情形下，仍有可能在常规武器进攻不能生效或不能挽救失败时局部使用核武器。并且，核武器已向多功能、高精度、小型化发展。因此，我们对核武器不能失去警惕。

（2）现代常规战争主要依靠高科技武器实行压制性的打击，因此任何目标都难以避免遭到直接命中的打击。但另一方面，打击目标的选择比以前更集中，更精确，袭击所波及的范围更小。打击目标通常称为 C^3I^1，即指挥系统（Command）、控制系统（Control）、通信系统（Communication）和情报系统（Information）。但通过北约对南联盟的空袭范围可以看出，还应加上工业（Industry）和基础设施（Infrastructure），实际上是 C^3I^3。

（3）以大规模杀伤平民和破坏城市为主要目的的打击战略已经过时，用准确的空袭代替陆军短兵相接式的进攻，以最大限度地减少士兵和平民的伤亡，已成为主要的打击战略。因而，防御战略也应与全面防核袭击有所不同，人防建设在国防中的地位更为突出。

（4）进行高科技常规战争要付出高昂的代价，一场持续几十天的局部战争就要耗费数百亿美元；这是任何一个国家难以单独承受的，因而战争的规模和持续时间只能是有限的。

（5）尽管高科技武器的打击准确性高，重点破坏作用大，但仍然是可以防御的。在军事上处于劣势的情况下，完善的民防组织和充分的物质准备仍能在相当程度上减少损失，保存实力，甚至有可能一直坚持到对方消耗殆尽而无力进攻时为止。伊拉克和南联盟两次局部战争的情况都说明了这个问题。

（6）在以多压少、以强凌弱的情况下，发动局部战争在战略上已无保密的必要。由于军事调动和物质准备都在公开进行，因而防御一方有较充分的时间进行应战准备，战争的突发性较前已有所减弱。

（二）现代战争的主要方式——空袭及其核化生武器

1. 现代空袭的特点

现代战争是空中、海洋、陆地乃至宇宙空间、电磁空间多种方式的联合作战，空袭已愈来愈成为决定现代战争命运的重要因素。现代空袭的主要特点如下：

（1）机动性强，突然性大

突然袭击是一切侵略者发动战争所惯用的军事手段，如第一、第二次世界大战，以色列对阿拉伯国家发动的两次侵略战争，都是由突然袭击开始的。现在的洲际导弹，几分钟进入发射状态，1秒钟能飞行几公里，并穿过地球大气层，然后迅速落在预定地点。其发射速度之快，发动攻击之突然，是前所未有的。

（2）精度高，破坏性大

第二次世界大战中，美国在日本广岛投掷一枚当量约1.5万t级的小型原子弹，爆炸后死亡人数占全市总人口的35.7%，同时引起全市大火，建筑物倒塌，水电破坏，道路堵塞，广大市区受到放射性沾染。海湾战争中，以美国为首的多国部队仅仅使用了一些常规武器，通过高强度的持续轰炸，在42天内出动飞机10.8万架次，差不多每1分钟1.5架次，共投弹10多万吨，使伊拉克所有道路、军用机场、通信网络均遭到严重破坏，防空系统处于瘫痪状态，丧失还击能力。

（3）射程远，范围大

现代空袭兵器的多样性和灵活性，使战争从一开始就打破了前方和后方的传统概念；另一方面，现代兵器的杀伤范围也在扩大。

2. 现代空袭的核化生武器

在未来战争中，核武器、化学武器、生物武器（简称"核化生武器"）是城市居民可能遭受空袭的大规模杀伤性、破坏性武器。因此，对这三种武器的防护称为"三防"，它是人民防空（简称"人防"）的基本内容。

（1）核武器

核武器是利用核反应（原子核裂变或聚变）瞬间释放出的巨大能量起杀伤、破坏作用的武器，原子弹、氢弹、中子弹（依靠中子辐射杀伤人员）统称为"核武器"。核武器用飞机、导弹和火箭、火炮、潜艇等工具运输，可以投向世界上任何地方。

核武器威力是指核爆炸时所释放的能量，通常用"梯恩梯当量"（TNT，简称"当量"）来表示。其含义是指核爆炸时放出的能量相当于多少吨TNT炸药爆炸时放出的能量。核武器按其当量的大小，可分为千吨级、万吨级、十万吨级、百万吨级和千万吨级等。第二次世界大战中，日本东京在三个月内连遭轰炸，造成的人员伤亡约20万人，城市遭到很大破坏。而美国投在广岛的那颗当量约为1.5万t的原子弹造成的伤亡与此差不多，并使城市变成一片废墟，92%的地方无法辨认原来的外貌。由此可见，核武器的杀伤破坏力是很大的。

核武器的爆炸方式通常分为空中爆炸和地面爆炸两种，其判断方法就是看核爆炸火球是否触地：火球触地为地爆，不触地为空爆。不同的爆炸方式，其杀伤破坏效果是不同的。

核爆炸后将依次出现闪光、火球、火柱、蘑菇状烟云，在一定范围内还能听到巨大的响声，这些就是核爆炸的外观景象。通过对外观景象的观察，可以粗略地判断爆炸方式，这对于我们及时分析敌人进行核袭击的目的和杀伤破坏后果、预测放射性污染的情况和确定防护行动具有重要意义。

核武器的杀伤破坏因素有光辐射、冲击波、早期核辐射、核电磁脉冲和放射性沾染等。前四种是核爆炸之后几十秒钟之内产生的瞬时杀伤破坏因素，放射性沾染则可持续几个月、几年或更长时间。没有任何方法可以防止核武器的危害或消除其影响（铀和钚的污染可以持续上千年）。谈到核武器的污染作用，在海湾地区、波斯尼亚和科索沃使用的贫铀弹只不过是一种强度很低的核武器。

（2）化学武器（chemical weapons）

在战争中以毒性杀伤人、畜，破坏植物的化学物质叫作"毒剂"，如芥子气、肉毒素、维埃克斯（VX）、沙林等。装有并能施放毒剂的武器、器材总称为"化学武器"，如装有毒剂的化学地雷、炮弹、航弹、火箭弹、导弹、飞机布洒器等。化学武器在使用时将毒气分散成蒸气、液滴、胶质或粉末等状态，使空气、地面、水源和物体染毒，以杀伤敌方或预定的生命目标，打击敌方的军事力量或达到破坏的目的。

第二次世界大战及以后的历次战争中，化学武器的使用一直没有停止过。日军在侵华战争中发动的化学战是第一次世界大战之后使用化学武器最频繁、最广泛、持续时间最长的，共用毒2000次以上，仅在湖北武汉、宜昌等地用毒就在400次以上。美国在侵略朝鲜、越南，英军在马来西亚同马来西亚共产党游击队作战，苏军在侵略阿富汗，以及两伊战争中，都使用过毒剂。尽管全球化学裁军的呼声很高，但由于它制造容易，杀伤作用特殊，目前有不少国家仍大量储备，所以，化学武器的威胁始终存在。实际上，许多国家（如以色列、瑞典）的军民从来没有停止过对化学武器的防护训练。我们也应该学会对它的防护方法。及时采取防护措施，可大大降低其杀伤作用，保护人民的生命和重要设施，这就是所谓的"化学武器防护"（chemical defence）。

化学武器具有中毒途径多、杀伤范围广、作用时间长、制约因素多等特点，其毒剂按毒害作用可分为神经性、糜烂性、全身中毒性、窒息性、失能性五类。它的使用仍然具有一定的局限性——比如不同的地形和气候将影响其使用效果。

（3）生物武器

生物战剂及施放它的武器、器材总称"生物武器"。生物战剂是指在战争中杀伤人、畜，毁伤农作物的微生物及其毒素，如橙色战剂、炭疽热等。生物战剂按照对人员伤害程度分为失能性战剂和致死性战剂，按照所致疾病分为有传染性、无传染性和传染性战剂。生物战剂可装在多种兵器和器材中使用，其基本方式有施放生物战剂气溶胶，投放带菌昆虫、动物和其他媒介物，以及污染水源、食物、通风管道或遗弃带菌物品、尸体等三种方式。生物战剂侵入人体的途径有吸入、误食、接触带菌物品，带菌昆虫叮咬等。

生物武器具有致病力强、有传染性、污染面积广、不易被发现等特点。

（三）我国城市防空袭问题

在战争情形下，对城市的防护分为城防和民防两部分。当城防在军事上还不足以对城市实行全面防护时，民防对战争的胜负和损失的轻重就起到关

121

键性作用。在我国，民防是以人民防空为主，以防空袭为主要任务，通称"人防"。

新中国成立以来，我国的人防建设取得了令人瞩目的成就。但是，在世界政治格局发生根本性变化、现代战争又具有许多新特点的情形下，我国的人防建设已明显落后于形势的发展，不能满足防御高科技条件下局部战争的需要。主要问题表现在以下几个方面：

1. 防御战略问题

在什么时期采取什么样的城市防御战略，与国家的国防实力和所处的国际政治及地理环境有直接的关系，因此，应随国内外形势的变化不断进行相应的调整。当前，作为国防的组成部分，我国的人防建设基本上仍在沿袭20世纪90年代以前的防御战略，即准备"早打、大打、打核大战"。过去的防护标准和防护措施已不适应现代高科技局部战争，存在一定程度的僵化倾向。《人民防空法》的颁布也没有从根本上改变这种局面，因此亟需在防御战略上作必要的调整。

2. 防护对象问题

我国城市防护的对象一直是以防大规模核武器袭击为主。在现代高科技局部战争条件下，花费高额代价对核武器进行全面防护已失去实际意义，城市防护对象以常规武器为主就有了必要，相应的防护标准和防护措施均应作适当的改变。

3. 临战疏散问题

根据防核武器的要求，我国设防城市都已确定了临战疏散和留城人口的比例。但实际上，到目前为止，在任何国家都还没有发生过因预测将发生战争或自然灾害而实行的全国城市人口的大规模疏散。因为，任何政府的决策机构要下这样的决心，都不能不考虑大疏散后原有城市社会结构解体和生产停顿对国民经济造成的破坏，以及大量人口从生产者转变为单纯消费者后给国家和社会将造成的沉重负担。因此，针对局部的常规战争，改全面疏散为重点疏散，是必要的和现实的。

4. 工业和生命线工程的防护问题

工业防护和生命线工程的防护一直是我国城市人防建设中的薄弱环节，有的甚至还是空白。从北约对南联盟的空袭来看，当军事目标已基本打击完毕而政治目的尚未达到时，转而打击工业设施和城市基础设施，以继续保持军事压力是完全可能的。因此，这些设施的防护是亟待研究并付诸实施的，否则将大大削弱城市人防的作用，并增加战后恢复的难度。

5. 防护效率问题

我国的城市人防建设虽然在数量和规模上取得了一定成就，但在防护效率上仍处于较低水平，主要表现在两方面：一是习惯于用完成的数量作为衡量工作的标准，而忽视效费比这样的重要指标；二是只重基本设施的建设，而配套设施严重不足。尽管我国城市人防工程已拥有一定的掩蔽率，但人员掩蔽后的生存能力和自救能力很弱，这一点不论是针对核袭击、还是常规武器袭击都是相同的，应引起足够的重视。

（四）我国人防工程建设问题

1. 总体方向

结合现代战争特点、我国防空袭战略以及国外的发展趋势，可得到我国人防建设的总体方向应为：达到相应人口的城市人防工程数量、达到应有的防护等级、实现城市人防工程的有序化。城市人防工程应达到必须的质和量是毋庸置疑的；而城市人防工程的有序化则在于通过把原先零散的工事组织起来，形成合理配置和联系，以达到提高人防效率的目的。

2. 要解决好的具体问题

（1）根据现代战争针对重点目标进行轰炸的现实，我国的城市人防建设应突出重点，改变以往设防城市很多的情况。另外，在重点城市中也应突出重点防护目标，如城市交通与通信枢纽、军事基地、后勤和军工工厂、指挥中心等。此类目标应提高设防等级，并在城市规划中避免重叠或集中。

（2）以就近分散掩蔽代替集中集体掩蔽。这是因为，战争的突发性要求就近快速掩蔽，打击命中率的提高也要求掩蔽零落分散。

（3）应突出对常规武器直接命中的防护。目前我国的城市人防工程都是按照核爆炸时的毁伤能力进行规划设计的，不考虑常规武器的直接命中。显然，这一方针需要调整。较好的方法是，在城市人防工程规划中，尽量利用附建式地下室或单建式地下建筑的较深空间，或加大大型单建式人防工事的埋深等。

（4）对战争（尤其是核战争）后的次生灾害要予以防范。战争次生灾害（如城市大火）对战争抗战能力的影响是巨大的，必须防范。较好的方法是加强城市人防工事间的地下连通（平时也可用于防空）。

（5）加强城市人防工程的平战结合研究。对一个地下建筑而言，平时利用和防战要求往往是矛盾的。例如，平时利用需要大空间和尽量多的采光，而防战要求则需要划分成较多的小空间，尽量密闭等。因此，应加强研究，原则上城市人防工程以平时利用为主，但必须预留足够的战时转换手段和措施。

（6）应将无等级要求的各类地下设施有机地纳入城市人防体系。

（7）加大城市人防工程实施管理力度，制定相应的法规。

3. 应防止的两个极端

（1）防止片面强调当前利益，忽视战备建设

这种看法强调战争的可能性微乎其微，认为建造人防工程没有必要，还往往以地下空间开发利用相当发达的日本为例。殊不知，日本不作全面的城市人防体系建设是因为第二次世界大战后日本政府被强制不得扩军备战；此外，日本重视地下空间开发除拟作为城市内涵式开发的一种模式外也隐藏有战备防护之意。以日本的财力和技术力量，在战前将未考虑防护的地下空间改造成人防工事并不是太大的难事。

（2）防止过分强调人防战备的建设，忽视时代背景

有些人则过分强调了战备的重要性，而忽视了我国正处于高速发展时期，应以经济建设为中心，因而不认为普通地下建筑也具有一定的自然防护能力，而强制要求城市人防工程必须按规范一次建成到位，且忽视平战转换技术的应用。

123

第六节　城市水土流失

一、城市水土流失的形成与特点

（一）城市水土流失形成原因

城市水土流失的形成不是因陆地表面土壤受到侵蚀，而是由于建筑、修路弃土，工矿企业的弃渣、传输，也就是说它产生的主要原因是人类的活动。

城市人口众多，又比较集中，通常消费范围也十分广泛，如衣食住行、精神需求、安全需求等。由此刺激的建筑业、工业生产等等产生了大量的弃土、弃石渣和工业废料。这些废弃物同粪便、生活垃圾一起形成了巨大的侵蚀源。而扮演分解者的一部分城市清洁者们由于技术和经济的原因，不可能很有效地清除所有废弃物，于是这些废弃物在营力如水、风等的作用下，形成了城市人为水土流失。

（二）城市水土流失一般特点

1. 人为性

城市水土流失的产生完全是人为活动引起的。城市是人群密集的区域，人类活动强度大，形式多；在城市水土流失过程中，人类起着绝对的主导作用。城市建设、工业生产、居民生活等造成大量的工业废弃物和生活垃圾，形成了城市人为水土流失的主要流失源；这些松散的堆积物在水、风等外营力的搬运作用下发生流失。另外，在一些特定场合，人类的一些不合理活动也形成了一种特殊的外营力；例如，工业废渣的无计划搬运与倾倒，生活垃圾的不规范处理，各种交通运输工具的黏带搬运等使水土流失过程的人为特点更加显著。

2. 非阻抗性

城市水土流失过程中的阻抗因素大为减弱。在城市，自然地貌面目全非，自然界中存在的对水土流失的阻抗因素被强烈削弱，植被的清除使流失物更加无所阻碍，植被的固结土体作用和截留降水功能不复存在，城市地面的混凝土化使降水无法渗入，且汇流速度快，形成径流后流速快，冲刷力大。同时，城市地面平坦，自然地形中的坑洼截留作用在城市也不复存在。

3. 多样性

城市水土流失的流失源种类多，危害大，主要由城市建设（如土地开发、采石取土、兴修公路等市政建设）所产生的大量弃土弃石、工业生产所形成的工业废弃物以及城市居民的生活垃圾三方面构成；这些流失源成分复杂，很多物质自然分解难度大，如生活垃圾，有些工业废料还含有大量有毒物质。因此，城市水土流失比一般情形下的水土流失情况更复杂、危害更大。

4. 不间断性

由于城市建设、工业生产、市民生活的不间断性，流失源是持续形成的，再加上人类直接参与城市水土流失过程，所以，城市水土流失是不间断的。人们通过使用各种工具对流失源进行转换搬运，从表现上看已经扮演了水土流失过程中外营力的角色。而且，这种转换搬运既有有意识的，如工业废料，包括垃圾的堆放，也有无意识的，如交通、工业形成的扬尘，被随意弃置的垃圾、废料等。这些原因均使城市水土流失表现为一种不间断行为。

二、城市水土流失的危害及防治对策

（一）城市水土流失的危害

1. 威胁市民生活和工业生产

（1）加重环境污染

城市水土流失的固体废弃物、生活垃圾等由于外营力的搬运分布于大气、地表及排水设施之中，使环境遭到污染且影响市容。细小粉尘的飞扬使大气受到污染，地面废弃物在水流及人为作用下一片狼藉，市民日常生活用水与工业生产受到严重影响。在街巷、河渠两旁，弃土弃渣堆放点及开矿、建筑等对地貌破坏严重地区，往往容易诱发灾难性的重力侵蚀，给周围的居民带来突发性的生命和财产损失，使周边的或相关的企业蒙受巨大经济损失。

（2）容易诱发水灾

各种废弃物进入下水道、排水沟和河床后发生淤塞，影响行洪，引起水患。1998 年武汉市的梅苑小区、万松园小区、小东门等小区受淹，便是典型例证。

（3）诱发污染

在城市水土流失过程中，大量有毒、有害物质到处散布，极易诱发食物、水源污染，并导致虫害过早滋生，危害人民身体健康。

2. 危害超越城市市区

在城市水土流失过程中，大量的有毒物质经水、风及人力的搬运转移到市域，占用大量土地，引起城市周边地区的污染，直接影响周边地区的农业生产。而且，有害物质在粮食、蔬菜、牲畜及各类物体内的残留极大地威胁着人们的健康。

由城市排出的大量固体废弃物在河道中的沉积往往导致河道淤堵，水利设施被破坏，从而使城市水土流失危害的涉及范围延伸到更为广泛的区域。

（二）城市水土流失防治对策

城市的工业生产、市政建设和市民的日常生活是不可能停顿的，大量废弃物的产生也是无法避免的，因此城市水土流失的防治根本在于如何合理处置城市废弃物。

1. 减少废弃物排放量

即在生产建设及市民生活过程中力求减少废弃物的排放量，在生产、建设时合理规划，并对市民进行环保宣传。

2. 变废为宝

在技术和经济允许的情况下对废弃物进行加工转化，变废为宝。这项工作不一定要把经济效益看得过重，而是要衡量社会、环境、经济等各方面的综合效益。

3. 将城市废弃物处理与近郊水土保持工作结合起来

在近郊选择适宜的洼地和沟道，经处理后填充废弃物，既妥善处理废弃物的堆放问题，又解决破碎地表易受侵蚀的问题（当然，对于复杂的有毒、有害物质

125

应进行处理)。

在对废弃物的处理中，一些工艺较简单而又具有一定经济效益的项目可以考虑移交近郊乡镇企业承担。

4. 加强教育和监督工作，严格执法

对城市居民进行必要的环保知识和水土保持知识的普及，可以取得较好的效果。例如，垃圾分装后便于回收重复利用，这自然会减少废弃物的数量、降低城市水土流失的危害。

对于工厂和建筑施工单位，除教育外，必要的监督管理措施也很重要。由于城市企业众多，信息发达，一旦发生水土流失危害，很容易找到责任单位，因此实施监督时只要能严格管理，公正执法，一般都能收到好的效果。

5. 相关部门的自身建设

城市水利、环卫、土地、宣传等部门应加强合作，广泛开展法律、行政、内部、群众、舆论等多种监督形式，以预防、监督为主，积极开展防治工作，定期对水土流失情况进行调查研究，制定合理的治理方案，从而最大限度地降低城市水土流失的危害。

对城市水土保持的有功人员或单位给予嘉奖，而对违反《水土保持法》的人或单位则要给予严厉处罚。对新上马的建设项目，一定要提交水保方案，经水土保持部门及城市建设部门共同批准后才能上马。

第七节　酸雨、光化学烟雾、可吸入颗粒物危害与雾霾

一、酸雨

（一）酸雨的产生及危害

1. 酸雨的产生

蒸汽机的问世使人类社会步入工业文明，亿万吨煤炭的燃烧维持着社会生产和生活的运转。但煤含有的 1% 杂质——硫在燃烧中转变为酸性气体 SO_2；燃烧产生的高温还使空气中的氧气与氮气化合，形成硝酸类气体。它们在高空中不断积累，并为雨雪冲刷、溶解，最终形成较大的酸雨雨滴。它是一种严重的污染物质，含有多种无机酸和有机酸，且绝大部分是硫酸和硝酸。

纯粹的雨水是中性的(pH 值近于 7。当它为大气中 CO_2 饱和时，略呈酸性，pH 值为 5.65)。酸雨则因雨水中溶解了大气中的 SO_2 等酸性气体，表现为明显的酸性(pH 值小于 5.65)(图 3-6)。酸雨另外还有两个"同胞兄弟"：酸雪(pH 值小于 5.65 的雪)和酸雾(在高空或高山上弥漫，pH 值小于 5.65 的雾)。

1872 年，英国科学家史密斯发现伦敦雨水呈酸性，首先提出"酸雨"这一专有名词。现在，世界上形成了欧洲、北美和中国三大

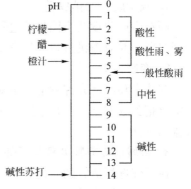

图 3-6　酸雨酸碱度示意

酸雨区。

2. 酸雨的危害

酸雨被人们称作"天堂的眼泪"和"空中的死神"，具有很大的破坏力。它会使土壤的酸性增强，导致大量农作物与牧草枯死；它会破坏森林生态系统，使林木生长缓慢，森林大面积死亡；它还使河湖水酸化，使微生物和以微生物为食的鱼虾大量死亡，成为"死河"、"死湖"。酸雨还会渗入地下，致使地下水长期不能利用。据统计，欧洲中部有 100 万 hm^2 的森林由于酸雨的危害而枯萎死亡。1980 年，加拿大有 8500 个湖泊全部酸化，美国至少有 1200 个湖泊全部酸化，成为"死湖"。另外，酸雨还对桥梁楼屋、船舶车辆、输电线路、铁路轨道、机电设备等造成严重侵蚀。研究表明，古希腊、古罗马的文物遗迹风化加剧，其罪魁祸首便是酸雨。在美国东部，约有 3500 栋历史建筑和 1 万座纪念碑受到酸雨损害。酸雨尤其是酸雾会对人体健康造成严重危害，它的微粒可以侵入人肺的深层组织，引起肺水肿、肺硬化甚至癌变。据统计，仅在 1980 年，英国和加拿大因酸雨污染而导致死亡的就有 1500 人。

(二) 我国的酸雨危害及整治

1. 我国的酸雨危害

我国是全世界唯一一个以煤炭为主要能源消费的国家，其燃煤占世界煤炭消费量的 27%，每年都要排放大量的 SO_2（其排放量已居世界第一），最终形成面积惊人的酸雨区。目前，我国酸雨主要分布在长江以南的四川盆地、贵州、湖南、湖北、江西，以及沿海的福建、广东等省，占我国国土面积的 30%。重庆、贵阳、南昌、武汉、沈阳、哈尔滨、广州等均是酸雨危害严重的城市。

大面积的酸雨污染每年给我国造成巨额损失。据环保专家估计，1995 年我国因酸雨和 SO_2 污染造成的损失已达 1100 亿元，占当年 GDP 的 2%；1998 年仅西南地区由于酸雨造成森林生产力下降，共减少木材 630 万 m^3，相当于损失 30 亿元；在广东，酸雨每年造成的损失达 40 亿元。

2. 我国的酸雨整治

20 世纪 90 年代开始，我国划定了酸雨控制区和 SO_2 控制区，并制定相关措施，进行重点整治；这些措施逐渐减少了我国的 SO_2 排放量。2000 年我国 SO_2 排放量为 1995.1 万 t，比 1995 年减少了 374.5 万 t，减幅达 18.8%。经过努力，目前我国的酸雨量基本稳定，大致维持原有格局，成功地抑制住了酸雨面积上升的势头。

我国的酸雨整治措施主要有：

(1) 限制高硫煤的开采使用。1999 年以来，减少开采含硫量高于 3% 的高硫煤 3000 万 t。

(2) 增加动力煤炭的洗选。年洗选能力由 1997 年的 4.83 亿 t 提高到 2000 年的 5.25 亿 t。

(3) 提升火电厂的脱硫能力，关闭约 1000 万 kW 的小火电机组，减少了燃煤火电厂 SO_2 的排放量。

(4) 推广使用清洁能源，改善城市能源结构。

127

二、光化学烟雾

（一）光化学烟雾的危害

光化学烟雾是由碳氢化合物和氮氧化物在阳光紫外线的作用下，发生光化学和热化学反应后产生的以臭氧为主的氧化剂及颗粒物混合物。在震惊世界的环境污染八大公害事件中，这类烟雾事件便占了5起，受害的人很多，影响的范围也很广，其中最有代表性的是美国洛杉矶光化学烟雾事件。

1943年，在美国加利福尼亚州洛杉矶市首先出现了光化学烟雾。每到秋、冬季节，许多人的眼睛轻度红肿，嗓子疼痛，甚至还有人的皮肤出现程度不等的潮红、丘斑疹等，人们还常会产生呼吸困难和疲乏的感觉。噩耗终于发生在1955年9月，严重的汽车尾气污染再加上气温偏高，洛杉矶光化学烟雾的浓度非常高，导致几千人受害，两天之内就有400多名65岁以上老人死亡，相当于平时的3倍多。在洛杉矶发生烟雾事件期间，生长在郊区的蔬菜全部由绿变褐，无人敢吃，水果和农作物减产，大批树木落叶发黄，几万公顷的森林有1/4以上干枯而死。

进一步的研究表明，酸雨的影响远不如光化学烟雾的危害大。光化学烟雾不仅影响人的呼吸道功能，特别是损伤儿童的肺功能，而且引发胸疼、恶心、疲乏等症状，导致高产作物的高产性能消失，甚至使植物丧失遗传能力。另外，光化学烟雾还会促使酸雨形成，并使染料、绘画褪色，橡胶制品老化，建筑物和机器受腐蚀等。

继1943年美国洛杉矶市发生世界上最早的光化学烟雾事件后，北美、日本、澳大利亚和欧洲部分地区也先后出现了这种烟雾。1970年，美国加利福尼亚州发生光化学烟雾事件，农作物损失达2500多万美元。1971年，日本东京发生较严重的光化学烟雾事件，一些学生中毒昏倒；同一天，日本的其他城市也有类似的事件发生。此后，日本一些大城市连续不断出现光化学烟雾。我国虽然只在少数城市发现过光化学烟雾污染，但随着汽车的急剧增加，我国很多城市也都存在着潜在的光化学烟雾威胁。

（二）各国对光化学烟雾的治理

尽量减少汽车废气的排放量，是当前一些国家和地区采取的共同措施。到目前为止，世界上不少城市建立了专门的监测设施，可随时监测大气污染情况和气象状况，以便有必要时采取措施，防止发生严重的光化学烟雾事件。

从2000年起，洛杉矶已有50％的车辆使用甲醇或被改装成电动汽车，并重罚尾气污染。英国正严格限制汽油的含铅量，并在汽车上安装氮氧化物的催化转化装置。日本东京除发展地面电车和地下铁路等公共交通外，还重点对汽车排气进行控制。荷兰的海牙也采取了一些反污染措施，如行车以金字塔形划分（重型运输车只能在最外环行驶；越靠近市中心，车辆就越少）。在巴西的库里蒂巴、葡萄牙的里斯本、德国的柏林和荷兰的阿姆斯特丹等城市，有轨电车和无轨电车正在代替汽油车和柴油车。

此外，人们还在开辟"无车区"。如欧洲的大小城市纷纷在市中心的商业区建立永久性的行人专用区和禁止汽车行驶的住宅区。甚至自行车也被派上了用场。2001 年 9 月，法国举办了自愿"无车日"，连政府部长都要骑自行车去内阁开会。意大利各地也在推广"无车日"，以减少污染，避免产生光化学烟雾。

三、可吸入颗粒物危害

大气污染物中 SO_2、氮氧化合物的危害（酸雨）已为公众所熟知。但是，我国大部分城市空气中的重要污染物已不单是常说的 SO_2，而常常是"可吸入颗粒物"。据中国环境质量报告书和世界资源报告提供的数据，中国空气质量超标的城市中有 68％的城市存在着可吸入颗粒物污染问题。而据全国重点城市空气质量日报的数据，2002 年 1 月 4 日武汉的空气污染指数为 237，达到中度污染；而可吸入颗粒物则一直是武汉大气的首要污染物。

（一）可吸入颗粒物概念

可吸入颗粒物是通过鼻和嘴进入人体呼吸道的颗粒物总数。它能经鼻和口腔吸入人体，并按粒径大小沉积于呼吸道的各个部位。粒径大于 $10\mu m$ 的颗粒物大部分能被鼻腔和咽喉部阻挡，粒径小于 $10\mu m$ 的颗粒物则可穿过鼻、咽进入肺部。其中，粒径小于 $5\mu m$ 的颗粒物能够沉积于呼吸道深部的肺泡内。

可吸入颗粒物现已成为我国大部分城市空气的首要污染物，成为名副其实的"空气杀手"。在有风雨的时候，可吸入颗粒物会被吹散或淋洗一空，空气质量能得以改善。在无风雨的延续期中，可吸入颗粒物浓度则日渐增大，空气质量恶化。常有海风的城市，空气质量会好一些。据 1998 年的统计，全国 322 个城市中，空气总悬浮颗粒物平均浓度为 $0.28mg/m^3$，68％的城市总悬浮颗粒物浓度年均值超过国家二级标准；有 308 个城市总悬浮颗粒物年均浓度高于世界卫生组织的空气质量指南值（$0.09mg/m^3$），占统计城市的 95％以上。

（二）城市可吸入颗粒物的成因

可吸入颗粒物的产生有自然和人为的原因：自然源包括植物花粉和孢子、土壤中扬起的灰尘等，人为源包括燃料燃烧、工业生产过程和交通运输等人类生产活动所产生的颗粒物。

现有的研究成果表明，我国城市大气中的可吸入颗粒物的主要来源是汽车排放的废气和燃料不完全燃烧所形成的烟雾，还有家庭厨房油垢、吸烟及某些建筑材料释放出的污染物等。目前，汽车废气的污染相当严重，约占总污染物的 40％～60％；许多柴油车、机动车、摩托车的排放物内也含有大量颗粒物。这些细小的微粒悬浮在空气中，人的肉眼看不见，但它却时刻威胁着人类的健康和生命。据测试，人们每次吸气大约可将 50 万个微粒吸入人体内；如果在环境污染较重的场所活动，则吸入的微粒的数量会更多一些。可以说，如何控制和减少"尘源"，已成为一个迫在眉睫的问题。

（三）城市可吸入颗粒物的危害

1. 对健康的危害

可吸入颗粒物危害健康的方式，一是将细小的颗粒物吸入肺内产生刺激作用，出现黏液，从而引起肺部疾患。当有些患心脏病的人呼吸困难时，可导致心脏损害，严重者还有生命危险。

二是微粒上附着的许多有害物质吸入肺内，会影响身体健康，甚至可导致肺

129

癌等疾患。尽管可吸入颗粒物十分细小，但表面通常聚满了各种有毒有机物和重金属元素（如砷、硒、铅、铬、汞等）。这些多为有毒物质、致癌物质和基因毒性诱变物质，危害极大。

研究表明，大气中可吸入颗粒物的增加是导致人类死亡率上升的重要原因之一。可吸入颗粒物对人体健康的危害主要表现在"致癌、致畸、致突变"等"三致"作用方面。它会增加重病及慢性病患者的死亡率，使呼吸系统及心脏系统疾病恶化；改变肺功能及结构；改变免疫结构等。最易受可吸入颗粒物影响的人员包括：慢性肺病及心脏病、感冒或哮喘病患者，老年人及儿童。

2. 其他危害

可吸入颗粒物还是城市大气变得乌蒙蒙的主要原因。可吸入颗粒物在大气中停留的时间为 7～30 天；它可以长距离传输，从而造成更大、更远距离的污染。研究表明，大气可吸入颗粒物是导致全球气候变化、大气污染、光化学烟雾事件、臭氧层破坏等重大环境问题的重要因素。同时，可吸入颗粒物问题也在一定程度上影响着我国城市在国际上的形象和对外开放与合作。

四、雾霾

2013 年初，全国多个城市发生大规模持续雾霾天气：空气中颗粒物骤然增多，地面风力微弱，各种烟尘、水汽不易扩散，能见度大幅度降低。此次雾霾比较严重的地区主要分布在华北平原的南部、长江下游地区以及湖北、湖南等地区。到同年 1 月下旬，全国从北京、天津到石家庄，再到郑州、武汉、成都，74个 pm2.5 重点监测城市中近半数遭遇严重污染。环境保护部的卫星遥感监测表明，这条污染带已贯穿我国中、东部；更详细的数据表明，此次雾霾影响面积达 140 万 km^2，超过 1/7 的国土面积。为此，中央气象台首次就雾霾单独发布预警信号。而据有关人士估计，因为目前仍有不少城市没有纳入这一监测范围，实际上遭遇雾霾天气的区域面积可能更大。

（一）雾霾的成因

根据气象学知识，雾由水汽组成，霾则是 pm2.5 等污染物颗粒飘浮在空气中而形成的。其中，除了污染源直接向大气排放的部分，还包括污染源排放的气态化合物经过大气化学反应过程形成的颗粒物。而雾与霾在相对湿度达到 80%～90% 时合体，两者混合还会造成大气混浊，使能见度极低。

气象专家认为，对国人而言，雾霾并非新鲜事物；但像 2013 年数千公里连成一大片的情况却是第一次出现。环境保护部的相关负责人则强调，此次雾霾是多重因素叠加所致：中国是世界第一排放大国，大气污染物排放负荷巨大，SO_2、氮氧化物排放总量在 2010 年就超过 2200 万 t，也是世界最高；机动车污染、地区间复合型污染又日益突出；此外，2013 年初的气象条件造成污染物持续累积。而雾霾天气的湿度较高，雾滴与细颗粒物两者相互作用，推进污染形成。

以北京为例，其城市常住人口超过 2000 万人，机动车保有量已超过 500 万辆，建筑施工面积高达 1.9 亿 m^2……这一系列数据或是北京 pm2.5 污染物排放总量居高不下的根源。

机动车排放的问题尤为突出。相关数据显示，在北京 pm2.5 的来源构成中，机动车排放已由 2012 年的第二位（22％）升至第一位（25％）。就全国而言，大城市中 22％～34％的细颗粒物排放和全国 30％的氮氧化物排放均来自机动车；并且，这两个比例还在继续上升。汽车排放的氮氧化物会形成硝酸盐颗粒，在静稳高湿的天气条件下，粒子迅速增长到 $400\mu m$ 以上，形成可见的颗粒，即"霾"。

一般而言，道路附近的细颗粒物浓度最高，对公众健康影响也更大；而城市居民多与道路比邻而居。在北京，76％的人口居住在主干道 50m 以内或高速路 500m 内。因此，机动车的排放控制被认为是解决区域细颗粒物污染的突破口。

应该说，过去十余年间，中国在机动车减排上着力颇多。1999～2010 年间，中国政府对汽车和燃油采取了严格的管理措施。到"十一五"末期，中国的汽车保有量增长了 250％，而汽车的多种污染物排放量仅增加了 1.6％～11.9％，远低于保有量的增长。然而，相对于机动车排放指标这一环境指标而言，另一主要环境指标——车用燃油标准却大大滞后。

在过去十年间国Ⅰ、国Ⅱ、国Ⅲ标准陆续实施的过程中，车用燃油标准时时滞后于车辆排放标准，从而使得大部分地区的油品含硫量居高不下，进而导致尾气净化装置和颗粒捕集器等清洁化技术无法应用。

（二）雾霾的危害

2013 年，亚洲开发银行和清华大学联合发布的《中国国家环境分析》指出，中国空气污染每年造成的经济损失，以疾病成本估算约为 GDP 的 1.2％，以支付意愿估算则高达 GDP 的 3.8％。以 2011 年为例，我国 GDP 达 471564 亿元，两项损失分别为 5658.8 亿元和 17919 亿元，其中疾病成本估算的经济损失值为 2004 年 1527.4 亿元的 3.7 倍。

同时，多项研究也显示，pm2.5 每升高一定浓度，人群急性死亡率、呼吸系统疾病和心脑血管疾病死亡率也相应增加。可见，多地持续蔓延的雾霾已成为一个严峻的公共健康安全问题。中科院 2012 年的研究报告显示，霾粒子浓度（尤其是 pm2.5）与肺癌致死率的相关系数高达 0.97，且滞后期长达 7 年。雾霾与"非典"不同：当出现了"非典"患者，尚且可以考虑隔离；但一旦出现雾霾，则是任何人都跑不了的。所以，雾霾的升级比"非典"更可怕。

除了损害健康，雾霾还对社会财富造成折损。空气等环境污染引发的居民健康危机已直接导致肿瘤等慢性病发病人群年轻化。目前，国内肿瘤发病年龄段已提前了 15～20 年，40 岁左右的人群成为肺癌高发人群，且城市高于农村；这将使各地的医保体系和患者家庭进一步陷入灾难性医疗支出风险。目前，恶性肿瘤的平均医疗费用（化疗等）为 15 万元，而使用国外药物治疗所需的费用更高。

因雾霾等空气污染引发的居民健康危机也将使劳动力市场产生明显的折损。肿瘤等发病年龄的年轻化将使大量本可参与财富创造的青壮年无法工作，从而加剧国内劳动力市场的用工荒，并进而抬高工资中位数，增加经济、社会运行成本，削弱中国经济的增长动能。

131

第八节　艾　滋　病

一、艾滋病的起源、临床表现和传播途径

（一）艾滋病的起源

艾滋病医学名是"获得性免疫缺陷综合症（英文缩写为 AIDS）"。它是由艾滋病病毒（HIV）侵入人体后，破坏人体免疫功能而使人体发生一系列不可治的感染和肿瘤，最后导致患者死亡的传染病。AIDS 的命名表达了艾滋病的完整概念。"获得性"表示在病因方面是后天获得的，而不是先天具有的，是由艾滋病病毒引起的传染病，主要通过性接触传播、血液传播和母婴传播。"免疫缺陷"表示在发病机理方面主要是造成人体免疫系统防护功能的降低与丧失。"综合症"表示在临床症状方面，由于免疫系统缺陷导致的各个系统的机会性感染、肿瘤而出现的复杂症状群，也就是艾滋病。从 1981 年发现第一起病例起到 2001 年的 20 年间，艾滋病已经夺走了 2500 万人的生命，成为 20 世纪乃至 21 世纪的"世纪瘟神"。联合国艾滋病规划署和世界卫生组织 2005 年 11 月 21 日发表的 2005 年度全球艾滋病疫情报告显示，2005 年度全球新增艾滋病病毒感染者 490 万人，艾滋病毒感染者总人数已达 4050 万人。当前，全球艾滋病的流行趋势是：大流行的高峰期尚未来到；亚洲艾滋病迅速传播且已超过非洲，特别是我国周边国家的艾滋病迅速蔓延，呈爆炸性增长态势，对我国构成了严重的威胁。

1983 年，法国巴斯德研究院专家蒙塔尼首次分离出艾滋病毒，证实艾滋病是由病毒传染的。后来，这种病毒被命名为"人类免疫缺陷病毒"（英文简称 HIV）。由于历史上没有关于这种病的记载，也没有治疗的方法，因此关于艾滋病来源的猜测迭出。有人认为，艾滋病来自地球之外，是陨石或者外星人带来的。而目前比较可信的一种说法是，艾滋病毒是非洲一种猴子携带的病毒，曾经在非洲流行；20 世纪中叶美军士兵在非洲驻扎时感染上这种病毒，然后带回美国，在 20 世纪 70 年代开始大肆传播，但当时没有引起医学界的重视，因而没有记载。

艾滋病自出现之日起其传播的速度就极快，而当时的美国正流行"性解放"，这更为艾滋病病毒的滋生、繁衍创造了机会；短短数年时间，艾滋病就蔓延到世界各地。人体感染 HIV 病毒之后，HIV 病毒要经过数年甚至 10 余年的潜伏期才会发展成为艾滋病。艾滋病已成为人类的第四主要杀手，目前只有心脏病、中风和急性下呼吸道感染等 3 种疾病的死亡率高于艾滋病。

（二）艾滋病的临床表现

感染艾滋病病毒初期一般无明显症状。只有一部分人在感染后 1～6 周可出现发烧、浑身无力、肌肉酸痛、恶心、腹泻等类似病毒性感冒的症状，部分感染者上身可出现皮疹；这些表现常在出现后 1～4 周内自然消失。

未经治疗的感染者一般要经历 2～10 年的潜伏期才会发病，病人将会出现不明原因的持续不规则低烧、慢性腹泻、渐进性消瘦、乏力等，最后死于各种感染性疾病和肿瘤。

（三）艾滋病的传播途径

根据专家研究，艾滋病的传播途径主要有以下 6 种。

1. 人与人之间的性接触，又包括异性间与同性间两种。

2. 注射被艾滋病毒污染的血液或血制品。

3. 使用或共用被艾滋病毒污染的注射器、针头等皮肤针刺、切割器械。

4. 移植艾滋病感染者的器官或组织。

5. 人工受精，精子来源于艾滋病感染者。

6. 母亲感染艾滋病毒，然后垂直传播给婴儿。

在上述 6 种途径中，最主要、最危险的还是性接触和使用不安全的血液制品。相反，像蚊叮、接吻、共用餐具、共用游泳池等密切的生活接触并无传染艾滋病的危险。

二、艾滋病在中国城市的流行趋势及其缘由

（一）艾滋病的流行趋势

我国自 1985 年 6 月发现首例传入性艾滋病人以来（由上海入境中国的美籍阿根廷男子，因艾滋病住院，医治无效死亡），目前仍然是世界上艾滋病发病率较低的国家之一。但近年来，HIV 在我国的传播速度明显加快，感染途径主要是通过性接触和血液传播（静脉吸毒与外来供血），尤其在大、中城市以异性传播为主。截至 2001 年 9 月底，全国 31 个省、自治区、直辖市共报告艾滋病病毒感染者 28133 例，其中艾滋病人 1208 例，死亡 641 例（据统计，截至 2000 年底，我国艾滋病毒感染者实际已超过 60 万人）；2001 年上半年报告的艾滋病病毒感染人数比 2000 年同期增加 67.4%。原国家卫生部公布的统计资料显示，截至 2006 年 10 月 31 日，我国历年累计报告艾滋病感染者 183733 例，其中艾滋病病人 40667 例，死亡 12464 例。表明中国艾滋病已经进入快速增长期，如果目前这个阶段采取的防治措施不力，中国改革开放所取得的成果将化为乌有。

1. 时间分布趋势

我国城市艾滋病流行趋势从时间分布看，1985～1988 年检出的全部是外籍人；1989 年检出的外籍人及外籍华人数虽有所增加，但总检出比重只占 13.5%～21.5%，检出的 HIV 感染者已明显转为以中国人为主。

2. 传播方式趋势

从传播方式看，20 世纪 80 年代末是以静脉吸毒人群经血液传播为主（约占所有艾滋病病毒感染者的 2/3），系小规模流行态势；20 世纪 90 年代后以性接触方式经性传播为主，外来供血传播和母婴传播的危险和危害虽大，最终会转为通过性接触途径扩散（目前，这三种传播途径都已存在）。这对于一个拥有上亿年轻流动人群的国家来说相当危险，如不尽快采取有力措施，我国将出现艾滋病大流行，甚至危及国家安全。

3. 地域分布趋势

从传播的地域分布看，20 世纪 80 年代末的小规模流行区域仅集中在西南地区的云南省，20 世纪 90 年代后以沿边、沿海的大城市为主；目前，已在大多数内陆省份的大、中城市中得到了疫情报告，实际上已遍及全国 31 个省、自治区

和直辖市。

4. 感染人群趋势

从感染人群看，主要集中在有高危行为的人群中，如特种行业服务人员、暗娼、嫖客、同性恋者、性病病人及其配偶或性接触者、性行为不检点者和静脉吸毒者。近年来在重点人群中也有检出，包括流动人口、出国人员、旅行者和货运卡车司机。目前，艾滋病在我国的传播正在逐渐从高危人群向一般人群扩散。

5. 年龄分布趋势

从感染者年龄分布看，主要集中在 20～39 岁的性活跃期人群。

(二)艾滋病流行的原因分析

(1) 随着我国改革开放和对外交流的日益扩大，世界艾滋病流行和我国周边国家艾滋病的迅速传播对我国城市的影响很大，世界艾滋病流行中心已转移到亚洲，特别是在东南亚呈爆炸性增长，上海、广东诸地城市到泰国旅游人员中检出了多例 HIV 感染者。

(2) 卖淫嫖娼和性病患者的逐年增多使我国即将进入以性病为主要传染病病种的历史时期，而性病对于艾滋病的传播起着推波助澜和加速器的作用。

(3) 我国城乡之间、沿海与内地之间的商贸经济活动日益增多，使得流动人口大幅度增加，而且多流向大、中城市和沿海城市，每年达上亿人；流动地域广，滞留时间长，为 HIV 的传播提供了机会，使传播形势更加复杂。

(4) 我国艾滋病的宣传教育不够，其深度、广度和时间都很欠缺，没有充分利用城市的媒介资源，各目标人群缺乏预防知识，自我保护意识较差。

三、艾滋病流行对中国城市的影响

(一)艾滋病的流行阶段及其危害

艾滋病的流行对我国城市的社会、经济带来的损失是一个长期的动态过程。这一过程分为以下 5 个时期。

1. HIV 传播期

由于 HIV 感染者在发病期前无任何症状，在自己不知道已感染 HIV 之前有可能无意识地感染其他人，而被感染者也是不设防的。其主要传播途径是异性传播，这种生理需要是人的本能，从而极易造成大范围传播。

2. AIDS 病人期

HIV 感染者发展为 AIDS 病人期时，感染者逐渐发病死亡。专家指出，亚洲人发展到 AIDS 病人的期限要比欧美人短一些。

3. 幸存者留存期

HIV 感染者死亡后留存的配偶、孩子和老人遭受多方面打击与痛苦。

4. 影响冲击社会、经济部门期

城市生产和社会生活部门由于壮年劳动力的丧生而受冲击和影响。

5. 危及全社会期

城市人口、经济、社会和政治领域受到全面影响。

上述 5 个时期构成了艾滋病的流行阶段。它逐步危害城市人力资源系统，冲击城市经济系统，危及整个城市社会系统，最终威胁人类生态系统。

（二）艾滋病的影响范围

1. 对城市经济的影响

艾滋病给城市经济带来重大损失，因为艾滋病的医疗费用开支庞大，从宏观上对城市经济构成威胁；它包括可用货币计算和不可用货币计算的费用。

（1）可用货币计算的费用

又可分为直接费用和间接费用。直接费用包括个人医疗、保健费用，国家预防和治疗艾滋病所进行的宣传教育、培训和科研费用；间接费用是因患艾滋病而损失的收入。

（2）不可用货币计算的费用

是指病人、病人亲属和其他社会成员所遭受的痛苦及为避免 HIV 感染和传播所采取的行为。

2. 对城市社会发展的影响

（1）在目前既无治愈药物、又无有效疫苗的情况下，艾滋病人相继死亡，提高了死亡率，降低了人类平均期望寿命，给人类健康带来威胁。

（2）现在的 HIV 感染者和艾滋病人是几年前感染的，由于疫情的滞后效应，它的危害将在未来的岁月中显现出来，对社会的影响是长久和深远的。

（3）艾滋病侵害的对象主要是性活跃人群，而这些人年富力强，是物质生产者、家庭抚养者和国家的保卫者。这些人的损失对家庭和社会都是无法弥补的。

（4）艾滋病的广泛传播将造成社会恐慌，从而影响社会安定。

3. 对城乡大区域的影响

城市是物质和能量交换的枢纽和中心，艾滋病在城市的广泛传播不仅影响城市的社会、经济发展，还有可能以点、面辐射传播到我国广大的农村地区，造成艾滋病在我国城乡更大区域范围内的潜在流行。

四、国内外艾滋病的防治工作

从目前看来，艾滋病疫苗仍处于研究阶段；一般预测认为，通过全球合作和不懈努力，有效的艾滋病疫苗可能问世。因此，现在必须着重采取能有效控制艾滋病流行的宣传教育和有效措施，否则后果不堪设想。

（一）国外控制艾滋病流行的经验

为号召全世界人民行动起来，团结一致，共同对抗艾滋病，1988 年 1 月，世界卫生组织在伦敦召开了一个有 100 多个国家参加的"全球预防艾滋病"部长级高级会议，会上宣布每年的 12 月 1 日为"世界艾滋病日"（World AIDS Day）。1996 年 1 月，联合国艾滋病规划署（UNAIDS）在日内瓦成立；1997 年联合国艾滋病规划署将"世界艾滋病日"更名为"世界艾滋病防治宣传运动"，使艾滋病防治宣传贯穿全年。自设立以来，世界艾滋病日每年都有一个明确的宣传主题。围绕主题，联合国艾滋病规划署、世界卫生组织及其成员国都要开展各种形式的宣传教育活动。

目前，艾滋病传播在全球范围内得到一定程度的控制，但根治艾滋病，仍然是一项非常艰巨的任务。一些国家的艾滋病病毒感染率仍在不断上升，全球防治艾滋病的资金投入以及能够获得治疗机会的艾滋病患者人数等尚远远不能达到遏制艾滋病蔓延的目标。

随着艾滋病的迅速蔓延，艾滋病防治已成为全球关注的重要公共卫生和社会热点问题。尽管目前仍无有效治疗药物，但艾滋病是完全可以预防的。提倡健康的生活方式、保持高尚的道德情操，是预防艾滋病传播的有效方法。

国外控制艾滋病疫流行的有效措施如下：

（1）对公众进行广泛、深入的预防艾滋病宣传教育；

（2）安全血液供应；

（3）在高危人群中推广避孕套；

（4）对静脉吸毒者提供清洁注射器和美沙酮（一种药物，可代替海洛因等毒品，维持吸毒人员的需求，对人体危害较轻，国外已推广使用）替代维持；

（5）及时规范治疗性病；

（6）为感染了艾滋病毒的孕妇提供抗病毒治疗，阻断母婴传播。

宣传教育在防治与控制艾滋病中特别重要，尤其是在当前人类对艾滋病既无治愈的药物、又无有效的疫苗的情形下。除宣传教育外，避孕套的推广、美沙酮的应用等也很重要。在国外，由于措施得力，艾滋病在英、美等发达国家的流行和感染率还是很低的。

（二）我国的艾滋病防治工作

1. 主要问题及应采取的措施

目前，我国的艾滋病防治工作存在三个严重"不足"：对艾滋病出现大流行的估计不足，对艾滋病的严重危害估计不足，对艾滋病防治工作的投入不足。不解决好这些问题，控制我国艾滋病的大流行，就成为空话。

我国艾滋病预防与控制应与国际接轨，向发达国家看齐，以科学为基础，确定正确策略，采取以下全方位的得力措施。

（1）开展广泛、深入、持续的全民艾滋病宣传教育。

（2）强化安全血液供应的法制管理，明确职责，加大宣传和执法力度，严惩非法采血和采浆的"血点"以及与"血头"相勾结的医务人员和管理人员，保护群众和病人的合法权利。

（3）修改"禁娼"和"禁毒"法律中不利于艾滋病防治工作的有关条文。在这项工作完成以前，国务院应尽快出台有关政策，保护和支持医务卫生人员、社会工作者、民间团体在高危人群中进行预防艾滋病的宣传教育，包括使用避孕套的性安全教育，使用清洁针具、减少危害的教育，以及美沙酮维持治疗的试点工作等。

（4）加强艾滋病防治的科学研究，包括流行病学、行为学、社会学、药物与疫苗的研究和开发工作。

（5）加大对艾滋病防治工作的经费投入，而且政府投入应该作为艾滋病防治投入的主渠道。

2.《中国遏制与防治艾滋病行动计划》

2001年8月2日，中国政府公布了首个防治艾滋病的行动计划，提出了7项防治措施：保证血液及其制品安全，阻断艾滋病病毒（HIV）经采、供血途径的传播蔓延；加强健康教育，普及艾滋病、性病防治知识和无偿献血知识；针对高危行为开展干预工作，减少人群的危险行为；完善卫生服务体系，提高对HIV感染者和艾滋病患者的预防保健和医疗服务质量；建立健全艾滋病、性病监测体系、信息系统和评价体系；加强艾滋病、性病防治知识与技能的培养；开展艾滋病防治基础和应用研究。

3. 深圳"防艾5年计划"

据深圳市卫生局防疫站称，从1992年深圳发现首例艾滋病感染者至2000年，已有101例病毒感染者，仅2000年就发现27例艾滋病患者。2001年通过对高危人群的监测，新检出的艾滋病患者比2000年高出一倍以上。这些艾滋病人年龄最大者52岁、最小者9岁，其中大多数感染途径是通过性传播；这表明防控艾滋病的流行和爆发刻不容缓。为此，深圳市于2001年紧急出台了"防治性病、艾滋病健康促进行动5年计划"，要求到2005年底将深圳艾滋病病毒感染者和性病发病人数的年增长幅度控制在10%以内，将艾滋病毒经临床输血传播的平均水平降低在1/10万以下。与此同时，从2001年7月1日起，深圳市的孕产妇接受艾滋病毒检验，有效阻断了艾滋病的母婴传播途径，加大了艾滋病防疫力度。此项检验实施以来，未产下一例"艾滋婴儿"。

深圳"防艾5年计划"要求将健康促进纳入政府领导、社会支持、群众参与的艾滋病、性病预防和控制体系之中，促进艾滋病防治知识的普及。通过行为干预，改变人群不良的危险行为，为控制艾滋病、性病的传播和流行提供有效的保证。

4. 全国"艾滋病自愿咨询检测周"

2006年12月1日是第19个"世界艾滋病日"，宣传主题是"遏制艾滋，履行承诺"。为履行我国政府向国际社会作出的庄严承诺，落实《艾滋病防治条例》、《中国遏制与防治艾滋病行动计划(2006～2010)》，组织动员各级政府、有关部门和社会各界共同参与艾滋病防治工作，国务院防治艾滋病工作委员会办公室决定将12月1～7日确定为全国"艾滋病自愿咨询检测周"，并围绕宣传主题，在12月1日前后开展一系列宣传、咨询检测活动，大力普及艾滋病防治知识，积极发现艾滋病病毒感染者，提供预防、治疗和关怀服务，号召全社会关心艾滋病致孤儿童，进一步提高全社会对防治工作的认识，推动艾滋病防治工作全面、深入开展。

第九节　城市生产事故

一、城市生产事故的内涵、特征及影响

(一)城市生产事故的内涵

城市生产事故是指城市中发生的、因人的不符合客观规律的行为，造成技术、能量流动失控，导致死亡、财产损失及技术本身功能丧失或减弱的灾害性事件。当前，我国城市重大生产事故大多数是"人祸"，每年全国因生产事故死亡的人数均在10万人以上。

因生产方式的不同，不同行业的生产事故也有所不同。如矿山的生产事故主要是矿井下的生产事故，有冒顶、瓦斯爆炸等；一旦发生，往往有重大伤亡，但对矿山以外的影响较小。化工生产则离不开各种化工原料和中间产品，其化学性质千差万别，有些化学品易燃、易爆、有毒，化工生产中往往要用到高温、高压；一旦发生事故，往往是爆炸、火灾、中毒事故，损失重、影响面广。机械制造和使用方面的生产事故主要是机械的失控或机械系统其他系统的冲突，即机械事故，它也可能造成重大损失。建筑业在我国是生产事故多发的行业，随着我国各类建筑的大型化、高层化，一旦建筑中发生生产事故，则损失重，影响大。交通运输企业在其运输生产中发生的交通事故通常也认为是生产事故。我国2002年上半年共发生一次死亡10人以上特大交通事故27起，死亡407人，分别占全国特大事故起数和死亡人数的40％和30％。

（二）城市生产事故的规律与特点

由于生产事故与生产系统紧密相关，生产事故是系统事故，因而具有系统性特点。同样，基于偶然性，生产事故也具有突发性、不确定性和随机性，生产事故的发生是小概率事件。基于必然性，生产事故也具有规律性，因而也是可预警预防且可控制的。此外，生产事故因其和生产的关系而具有一些特殊规律。

1. 违反生产的标准与规范

在生产事故的分析中，绝大部分情况下都可看到有违反标准和规范的现象存在，即有违反规章制度的因素存在。这里有两层意思：一是无论何种生产活动都有一定的技术标准，这个技术标准是客观规律的总结，不按技术标准操作，则违反自然规律，可能引起能量流动失控或技术失控而酿成灾祸，亦即违反技术标准与生产事故有直接的因果关系；二是从国家到企业的各层次都制定了有关方针、政策、法规、条例、标准等，其中有相当一部分是为了保证安全——这些规章制度是安全管理上的经验与教训的总结，对生产事故的预警预防有重大意义。总之，违规肇事是生产事故发生的重要原因之一，也是特点之一；并且，其中绝大多数违规肇事是完全可以避免的。

2. 技术因素

这里指机械与技术本身的致灾因素。机械和技术不可能是绝对完善的，机械或机械零件可能在某一时刻失效。在一个复杂的人机系统中，一个零件失效，可能引起一系列故障，最后引发事故。

从技术因素来看，不仅有机械故障，还有一些纯技术因素也可能引起事故与灾害，如新技术的不稳定性。自有生产以来，人们就注重、关心技术安全，着力提高技术安全程度，以避免生产事故。

3. 人的技术因素

它是指生产现场工作人员的技术水平高低对生产事故的发生有举足轻重的作用。有研究表明，随着工龄的增加，工人的技术水平逐步提高，经验也逐渐增多，而工作事故下降，且基本符合指数下降的规律。因此，对工作人员进行培训，提高他们的技术水平，是避免生产事故的重要方面。

4. 人的心理和生理因素

生产中许多事故是人为错误所致，特别是一线的操作人员，如水上运输和道路交通运输中，其人为错误主要是驾驶人员的失误；它造成的事故占事故总数中的大部分。而人为错误的发生与人的心理、生理状态有直接的关系。

同时，生产事故发生前，有关负责人明知道有隐患，但为了赚钱，心存侥幸，结果酿成大祸。此外，现实中隐瞒不报的现象时有发生；不及时上报，错过了最佳的抢救时间，使人员伤亡更加惨重。

（三）城市生产事故的影响

不同生产方式，其危险性不同，生产事故的影响也不同。但就其范围而言，无非是人员伤亡、财产损失与环境破坏三个方面。

1. 人员伤亡

生产事故可能造成工作人员伤亡、服务对象伤亡与第三者伤亡。首先，生产事故发生后，现场工作人员首当其冲。其次，服务对象的伤亡在许多行业中都存在，如交通运输业中乘客的伤亡事故、生产企业的产品质量事故（包括啤酒瓶爆炸伤人、燃气热水器质量不合格而引起使用者伤亡等）均属服务对象伤亡事故。最后，第三者伤亡事故在某些行业中非常频繁，亦被重视，如交通事故往往伤及无辜的第三者。

2. 财产损失

生产事故引起的财产损失有物资的损失、固定资产的损失及停产的损失等。物资损失如交通运输中的货物损失，制造业中的原料、在制品、产成品的损失，养殖业中的产品损失等。在大生产条件下，因事故引起的生产设备失效而造成的报废损失和停产损失也是极其巨大的。

3. 环境破坏

生产事故造成的环境破坏的潜在损失是巨大的。

二、城市生产事故的预防与控制

城市经济发展与生产规模的扩大对城市生产安全提出了越来越高的要求。因此，对城市生产事故不仅是被动防御的问题，而应当是主动控制，即：在人与生产事故的对峙中，人要争取主动权。

（一）生产事故控制

从因果理论而言，对生产事故的控制是控制诱发事故的原因，即控制"事故树"中最下层的基本事件。如能绝对控制所有基本事件，则对生产事故的控制是绝对的，即任何时候都不会有生产事故发生。当然，由于生产系统的复杂性，基本事件的数量是巨大的，要全部控制，既做不到、也不合理。且由于有些基本事件本身是无法绝对控制的，如生产人员注意力不集中、疲劳等因素。这些因素至多能得到相对的某种程度的控制。因此，对生产事故的控制是相对的，一般只能从所有的基本事件中选择一部分作为控制事件，而对其他基本事件只能采取时点控制，即：间隔一段时间进行一次监测，以考察它是否处于合适的状态。

要从众多的基本事件中选择有限数量的事件作为控制事件，有许多种选择的可能，即形成多种控制方案。控制方案形成以后就是决策，要对控制方案的可行性、可靠性进行审查，对方案的效果及各方的反应作一些预测。决策之后就是实施控制方案。这一阶段除有关人员应切实承担责任、完成各自工作外，还要进一步改善控制方案。

（二）安全技术措施

生产中都要使用一定的技术，而生产事故的性质往往与使用的技术直接相关，因此就可能用技术手段来控制生产事故，这称之为"安全技术"。

而安全技术措施又是安全技术的手段。大部分情况下，安全技术措施与生产设备、生产设施及生产工艺设计成一体，仅在设计存在缺陷时才有必要设计与装备附加的安全技术措施。安全技术措施可分为如下 5 类。

1. 防护装置

防护装置是把人体与危险因素相隔离的装置。一般，机械的运转部分设有的防护罩即是防护装置，电气设备的带电部分亦如是。当然，实践中的隔离方式不仅仅是防护罩一种，其他还有如建筑业中防止人从高处坠落的防护网等。

2. 保险装置

指在某种条件下自动产生某些动作的装置，通过这些装置的动作可切断能量来源、停止机械工作或使保护装置投入工作，从而使不安全因素或人的不安全行为不致伤害人，并制止不安全状况的发展。保险装置几乎随处可见，如电气保险丝、漏电保护器，以至高压锅上的保险丝等等。

3. 预警装置

安全技术措施将预警装置看成一个信息源，用人或设备可感受的形式，如声、光、颜色、图案、文字以至无线电波等，发送有关信息，供人们使用。因为预警装置只是发送信息，因此，其最终效果还取决于人们是否接收到这些信息，以及如何判断信息、采取何种有效对策等。预警装置往往是自动监控系统的一个子系统。

4. 自动监控装置

自动监控装置因有自动监察功能和自动控制功能，因而是能在不安全行为、状况、因素发生时自动报警，并做出预定反应，以消除危险的装置。自动监控装置虽然也有很简单的设备，但一般均相对复杂，有些甚至是巨大而复杂的系统，如核电站的监控系统。有些监控系统已是自动控制系统，有很高的安全性，在事故发生时能起巨大的作用。

5. 生理与心理防护装置

研究表明，恶劣的工作条件会使人的生理、心理能力急剧下降，引发事故，造成伤害。生理与心理防护装置能消除或减少恶劣条件对人的消极影响，减缓生理能力和心理能力的下降。它主要是工业卫生装置与设施，分个人防护和集体防护。所谓个人防护是防护单个人员的，由个人使用的防护器具来实现；而集体防护主要是对某个场所内的人员进行防护，采用大型设备，使在该场所内的所有人员都得到有效防护，以保证工作人员的心理、生理健康。

6. 安全技术教育

安全技术教育也是安全技术中的有效措施，它着重于职工的培训，提高职工的安全知识水平，从而实现本质上的技术安全。

（三）经济控制

经济控制是生产事故控制的重要方面和手段之一。合理运用经济手段预防和控制生产事故，往往会取得极佳的效果。它是在生产事故预警的基础上对安全投资做出决策，监督安全投资的实施，对投资额度及其效果进行审计，使安全投资达到计划中确定的额度及效果。

经济控制的核心是对安全费用的控制，它不是简单地减少生产安全方面的费用，而是指如何投入必要的费用并取得应有的效果。安全经济控制将安全费用分为固定费用、随机费用及弹性费用三类，并分别进行经济控制。

如果预测到随机费用，即事故损失费用有快速上升趋势，若听之任之，则极可能出现有害的结果；但加强预防，同时加强弹性投入，在其发生之前消弭事故，则有害结果可能不会出现。

（四）安全教育

生产安全教育是生产事故预警、预防及控制的重要方面。安全教育包括教育与培训两个方面：教育主要指态度教育和知识教育，培训主要包括安全技能培训与心理培训。

1. 态度教育

主要指通过安全教育使员工对生产与安全的关系有一个正确认识，从而重视安全生产。

2. 知识教育

包括安全管理知识和安全技术知识的教育。安全管理知识指安全生产方针、管理体制、组织结构、安全管理理论与方法、有关生产安全法规等。安全技术知识教育除一般性的安全防护原则外，还有专业性很强的专业安全技术知识。因此，从安全技术角度上看，上岗前的技术培训是必要的。

3. 安全技能培训

它包括正常作业的安全技能培训、非正常作业的安全技能培训，以及突发情况处理技能培训。它使操作者具有正常情况下和异常情况下的应变能力，这在某些行业中具有决定性作用。

4. 心理培训

可通过职业道德教育，提高业务水平，控制心理状态，提高修养；或通过心理锻炼、警戒、提醒等等来提高员工的心理能力。

（五）法律控制

由于近年来我国重、特大事故较多，安全生产形势严峻，2002年6月30日闭会的九届全国人大常委会会议通过了《安全生产法》，从而使我国的城市安全生产有法可依。这是我国第一部全面规范安全生产的专门法律，将在有效遏制生产安全事故发生方面发挥重要作用。

法律规定，国家实行生产安全责任追究制度，依法追究事故责任人员的法律责任。

法律规定，生产单位主要负责人对生产安全事故隐瞒不报、谎报或者拖延不报的，不立即组织抢救或者事故调查期间擅离职守或者逃匿的，给予降职、撤职的处分，对逃匿的处 15 日以下拘留；构成犯罪的，依照刑法有关规定追究刑事责任。

有关地方政府负有安全生产监督管理职责的部门，对生产安全事故隐瞒不报、谎报或者拖延不报的，对直接负责的主要人员和其他直接责任人员依法给予行政处分；构成犯罪的，依照刑法有关规定追究刑事责任。

法律规定，发生生产安全责任事故，除应对事故单位的责任予以追究外，还应查明对安全生产负有监督职责的行政部门的责任，对有失职、渎职行为的，依照有关规定追究法律责任。

第十节　城市蚁害与蟑害

一、城市蚁害

（一）城市的白蚁危害及其原因

白蚁与蚊子、须舌蝇、蟑、黏虫并称"世界五大害虫"。白蚁生存一是需要 25～30℃的温度，二是需要纤维性的物质作为食料，三是水分充足。白蚁分繁殖蚁、工蚁、兵蚁 3 种，距今已有 2.5 亿年历史；其种族兴旺发达，繁殖能力特别强。一只成年蚁后一昼夜能产卵 1 万粒以上，一生可产卵 5 亿多粒。通常，白蚁 4 月份开始分穴，到 7、8 月份活动猖獗。在闷热天气下，繁殖蚁在中午 12 时、下午 2 时、傍晚 6 时左右，分批飞出来交配，寻找合适的环境安家。

白蚁对房屋建筑、堤坝、农林植物、交通设施的危害极大。木质门窗、装修纤维材料、家具、衣物、书报等是白蚁的上等食料。阴暗、温暖、潮湿、不易通风、水源充足的地方易生白蚁，住宅三楼以下为蚁害多发地段，3 年内可以啃完一幢木质结构的房屋。最令人可怕的是广州市东风东路两座相连的人行天桥，从离地面不到 1m 处开始直到天桥顶部的桥墩处，密集地分布着 10 多个白蚁孔和近百万只白蚁，连桥顶用于排水的钢管都布满了灰色的白蚁孔。据广州市城市害虫防治中心的总工程师讲：这是台湾家白蚁，但在纯粹的钢筋水泥桥梁上出现是非常少见的。

危害最大的白蚁有土栖白蚁、散白蚁、家白蚁。土栖白蚁靠吃树木的纤维为生，在堤坝和山坡上筑巢，主要危害山林、堤坝；土栖白蚁繁殖很快，其数量成几何倍数增长，一窝白蚁可达十几万只。湖北是全国白蚁危害的重灾区，因为湖北地处亚热带，雨水充足、植物丰富，为白蚁生存、繁衍提供了条件。在以木质为主的旧时代，湖北省会武汉的白蚁危害曾一度高达 80％以上，并出现过塌屋伤人之事。武汉市白蚁防治研究所曾对武汉市 20 个公园进行调查，发现 80％的公园存在白蚁危害。据统计，湖北的十堰市目前有 35％的房屋受到白蚁侵害，面积达 400 万 m^2；在十堰的武当山国家级风景名胜区，由于有大量木结构建筑，加之古木很多，白蚁害情尤其严重。

（二）城市蚁害识别及灭蚁途径

1. 蚁害识别

判断蚁害的主要方法有：

（1）看木材上有无较新鲜的泥被、泥线，如有，则表示木材上有白蚁；

（2）如发现木材下有死去的有翅白蚁，即表示木材周围有白蚁；

（3）扒开木材或树桩，看里面有无白蚁。

2. 灭蚁途径

蚁害严重的城市应派专人对蚁害重点区域进行巡查，一旦发现局部蚁情，立即杀灭。杀灭白蚁的主要途径如下：

（1）挖巢

最直接的办法是挖巢，将巢穴中的蚁王、蚁后杀灭，再喷洒灭蚁药物，即可消灭整窝白蚁。

（2）打药

将足以致白蚁慢性死亡的药物放在白蚁出没地，使其通过唾液相互传染，中毒死亡。或在木建筑的梁柱、横椽，接地、靠墙，榫口连接部等地方施放防、治两用药进行普防，形成有毒层，从而达到趋避和破坏白蚁生存环境的效果。

（3）食饵诱杀

将糖、酒、甘蔗等物放在一个大箱内，诱使白蚁进入后，再进行集中性杀灭。

（4）天敌灭蚁

白蚁有许多天敌，燕子、麻雀、壁虎、蝙蝠均捕食这种害虫。保护其天敌，就意味着减少白蚁危害。

（三）城市房屋白蚁防治管理

为了加强城市房屋的白蚁防治管理，控制白蚁危害，保证城市房屋的住用安全，原国家建设部发布第 72 号令《城市房屋白蚁防治管理规定》（以下简称《规定》）。该规定适用于白蚁危害地区房屋的白蚁防治管理，是对新建、改建、扩建、装饰装修等房屋的白蚁预防和对原有房屋的白蚁检查与灭治的管理。凡白蚁危害地区的新建、改建、扩建、装饰装修的房屋必须实施白蚁预防处理，而白蚁危害地区的确定由省、自治区建设主管部门以及直辖市房地产主管部门负责。

《规定》要求，城市房屋白蚁防治工作应贯彻预防为主、防治结合、综合治理的方针，设立有自己的名称和组织机构，有固定的办公地点及场所，有 30 万元以上的注册资本，有生物、药物检测和建筑工程等专业的专职技术人员的白蚁防治单位。建设项目开工前，建设单位应与白蚁防治单位签订白蚁预防合同，白蚁预防合同中应当载明防治范围、防治费用、质量标准、验收方法、包治期限、定期回访、双方的权利义务以及违约责任等内容。

城市房屋白蚁防治应当使用经国家有关部门批准生产的药剂。白蚁防治单位应当建立药剂进出领料制度，药剂必须专仓储存、专人管理。原有房屋和超过白蚁预防包治期限的房屋发生蚁害的，房屋所有人、使用人或者房屋管理单位应委托具有白蚁防治资质的单位进行灭治。

二、城市蟑害

在发达国家，有害生物控制业（Pest Control Operator，PCO）已有近百年历史，且已形成一个巨大的产业，如美国 OKIN 公司有 2800 多个分支机构遍布世界各地。中国的有害生物控制也称作"除四害"，它对降低有害生物密度、改善卫生环境、反击细菌战、减少疾病起着不可估量的作用。

（一）城市蟑螂危害及其习性

1. 蟑螂危害

蟑螂是最古老的昆虫种类之一，存世已有3亿余年；一只蟑螂一年可以繁殖几十万只甚至上百万只后代。由于其适应性强，已从发源地的非洲大陆通过交通工具等携带到各地，现已遍布全世界，成为重要的卫生害虫。

蟑螂可携带致病的细菌、病毒、原虫、霉菌以及寄生虫卵，并且可作为多种蠕虫的中间宿主。近年来，我国各城市卫生部门对蟑螂体内外带菌和携带寄生虫卵的情况进行了不少调查，曾从医院、舰船、饭店、旅馆、浴室和居民住宅捕获的蟑螂中检出痢疾杆菌、伤寒杆菌、蛔虫卵、霉菌等多种致病微生物。实验研究确证：蟑螂能携带、传播并排出病毒，包括脊髓灰质炎病毒等；蟑螂也可携带霉菌，包括黄曲霉菌（强致癌物质）。总之，蟑螂可传播痢疾、鼠疫、伤寒、钩虫病等约40种疾病，对人类的危害比老鼠和蚊子还大。由于蟑螂的活动时间基本上是在夜间，白天虽然人们也能看见，但数量不是很多，所以不为人们重视。

2. 蟑螂习性

蟑螂有5000余种，分家栖和野栖两类。蟑螂的生活史包括卵、若虫和成虫三个时期，它们选择温暖、潮湿、食物和水丰富、多缝隙的隐蔽场所栖居，不容易消灭。

（1）昼伏夜出

室内蟑螂大部分时间躲藏在阴暗蔽光的场所，黄昏时开始活动，21：00～23：00为活动高峰，清晨6：00左右回窝。蟑螂的活动时间与人的休息时间基本同步，在餐馆、酒吧等处要到客人少时它们才开始活动，所以人们不大容易发现蟑螂；一旦发现，就说明这里有一窝或一群了。

（2）见缝就钻

在自然界，蟑螂居于生物链中较低的层次。为了生存，它们见缝就钻，以免被鸟类、食虫目动物等捕食。室内蟑螂的栖息地主要为：紧贴墙壁安放的各种橱柜与墙壁之间的缝隙；冰箱底座、电源开关箱、电脑、彩电等仪器、家电内；厨房操作台周围的边缝、砧板的裂缝等；排水沟、电线和自来水管穿墙孔，破裂的瓷砖缝；杂物堆、水池底、衣箱底；室内四壁、顶棚、地板及各类装饰物缝隙，家具缝隙。

（3）边吃、边吐、边拉

蟑螂是杂食性昆虫，能吃任何有机物品，包括腐败的食物，尤为喜欢富含淀粉、香甜的发酸食品和新鲜的肉类。它们有边吃、边吐、边拉的恶习，使所携带的病原体四处污染食品、食具，污染人的生存环境。

（4）耐饥不耐渴

水对蟑螂的生存比食物更为重要，在高温、干燥少雨的季节更是如此。在极端情况下，它们会互相残杀，以摄取弱者尸体中的水分来维持生存。灭蟑时要注意封锁水源，将水龙头关死，擦干水迹，在水池、便池、电冰箱底座周围用药笔划痕或布放毒饵，以使蟑螂在取水、取食时中毒。

（二）城市灭蟑方法

1. 环境治理

灭蟑，重在环境治理。要搞好环境卫生，消灭蟑螂栖息地，控制蟑螂的滋生、繁殖。

（1）消除垃圾和废弃杂物，以减少蟑螂的食物源和栖息场所。住宅楼内公共部位如楼梯通道、走廊、公用厨房和厕所内的杂物要清除，要扫净死角。盛放杂物的木箱、纸箱也要加以清理，垃圾及泔水要日产日清。

（2）清除灶台上、案面上和搁板上的污物，不留食物残渣。地面、桌面上要经常保持洁净。关紧水龙头，抹干水渍，保持室内干燥。

（3）堵洞抹缝。用水泥或石灰堵塞或抹平墙壁上的裂缝和孔洞；可用油灰或其他材料填补菜柜、台桌和家具上的缝洞，较大的洞则请木工修理。

（4）封闭垃圾通道。垃圾通道易于滋生蟑螂、老鼠、蚊子、苍蝇，清运不及时还会散发臭气；建议灭蟑后将其封闭。

（5）乔迁新居，注意灭蟑。搬家前，新居一定要彻底大扫除，清除所有垃圾，堵死各种缝隙，同时用杀虫剂进行一次预防性灭蟑。

2. 物理防治

蟑螂密度低的场合宜用物理方法防治。

（1）粘捕

使用时，将粘胶纸板上的防粘纸撤去，中间放小块新鲜面包屑，然后把纸板放入盒中，蟑螂进入盒内就被粘住，无法逃脱。粘胶中不含杀虫剂，使用安全，适用于家庭、饭店、医院、托儿所等地。

（2）诱杀

在空罐头瓶内放少许诱饵，如面包屑、红糖之类；在瓶口内壁涂一圈凡士林或香油，晚上置于蟑螂经常活动的场所。一般来说，蟑螂进入瓶中就难以逃出。

3. 化学防治

蟑螂密度高的场合宜采用化学防治。

（1）喷洒

使用长效的杀虫剂喷洒在蟑螂栖息或经常活动的场所，使它们与药物接触而中毒死亡；药效可持续 $2\sim3$ 个月。目前，我国常用的杀虫剂是拟除虫菊酯类，实际应用中对人是安全的。

（2）烟雾熏杀

对垃圾通道、下水道等蟑螂藏匿、滋生的公共场所，采用烟雾熏杀能达到事半功倍的效果。施放烟雾可用操作热烟雾机来实现，一般由专业杀虫公司实施。另一种方法是投放烟幕弹。在垃圾通道、下水道投放烟幕弹时，要将垃圾清除干净，沟道要疏通，以免垃圾通道、下水道产生的沼气遇火爆炸。

（3）药笔

用含杀虫剂的粉笔涂划在蟑螂活动场所，对蟑螂具有较好的触杀作用。

（4）毒饵

使用毒饵杀灭蟑螂，方法简便、经济。毒饵可用于家庭、商店、办公室、微机房、配电间、食品加工工厂等。

一般来说，杀虫剂只能杀死蟑螂的成虫和若虫，对卵荚不起作用；存活的卵荚在几十天后孵出蟑螂，又会使密度上升。因此，在第一次杀灭后，必须对蟑螂进行二次打击。二次打击的时间应根据蟑螂的种类、气候、环境等因素来确定。

第十一节　城市地下空间灾害

一、城市地下空间灾害状况

随着地上空间的过度开发，城市地下空间的利用逐渐成为一种趋势，发达国家、我国沿海城市的地下空间开发已初具规模。与此同时，由于城市地下空间具有封闭性、垂直性、地下蔓延性等特征，其在应对灾害方面的能力相对较弱，难度较大，其对人员和财产的危害和损失是远大于地上空间的。

（一）国外城市地下空间灾害

1. 韩国的城市地下空间灾害事例

2003年2月18日上午9时54分，1079号地铁列车即将驶入韩国大邱市地铁车站的中央路站。火灾发生时，大火首先烧着了1079号列车，接着蔓延到对面驶来的1080号地铁列车。整个事故造成192人死亡、148人受伤、289人失踪，财产损失47亿韩元，地铁重建费用516亿韩元。

2. 日本的城市地下空间灾害问题

自20世纪60年代始，日本地下设施建设开始加速，地下空间利用的功能多样化，不仅包括综合管沟、地铁、地下道路等城市基础设施，而且涉及地下街、地下文化娱乐体育等大型公共设施，以及地下能源设施和地下工厂等。尽管日本在防灾体系建设方面较为成熟，但依然存在防内涝水设施不足、电线地下化不完全等问题，地震等灾害发生时对城市基础设施造成巨大破坏，且救援系统并不完备（表3-13）。

1970～1990年日本城市地下空间各种灾害事故统计　　表3-13

灾害类别	灾害事故发生次数（次）	事故比例（%）
火灾	191	32.1
空气污染	122	18.1
施工事故	101	15.1
爆炸事故	35	7.4
交通事故	22	3.7
水灾	25	3.7
犯罪行为	17	3.3
地表塌陷	14	2.1
结构损坏	11	1.6

续表

灾害类别	灾害事故发生次数(次)	事故比例(%)
水暖电供应	10	1.5
地震	3	0.7
雪和冰雹事故	2	0.3
雷击事故	1	0.2
其他	72	10.2
合计	606	100

3. 美国的城市地下空间灾害事例

2012 年 10 月 30 日上午 8 时许，飓风"桑迪"在美国新泽西海岸登陆，给华盛顿、巴尔的摩、费城、纽约及波士顿带来巨浪、狂风和暴雨，形成巨大灾害，800 多万人断电，全美有 1.8 万航班被迫取消，经济损失达数万亿美元。这次飓风灾害的重要特点之一是其对地下空间的冲击。

"桑迪"带来的巨浪引起的洪水涌入处于低洼地带的曼哈顿下城，淹没大片街道，当地 37.5 万名居民被迫撤离。洪水冲击着纽约的地下空间，连接布鲁克林和曼哈顿的 10 条隧道和 6 座公共汽车车库没入水中，纽约金融区的地下车库也受到洪水冲击。美国城市地下空间对于洪涝灾害的防御能力很弱。

（二）国内城市地下空间灾害

在地下进行地铁或隧道施工，必然会扰动原有地下土层，使地下土体形成某些空洞、疏松带、松散区等不稳定空间，在外界因素如地震、洪水的诱发作用影响下会不断坍塌，使得地下不稳定空间逐渐向地表扩大，最终导致地面塌陷。这样的灾害现象在我国的北京、上海、南京、广州、杭州等城市都有发生。例如，2008 年 11 月 15 日 15 时许，杭州风情大道地铁施工工地突然发生大面积地面塌陷，正在路面行驶的多辆汽车陷入深坑，多名施工人员被困地下。事后发现，此次地下空间灾害中，风情大道路面坍塌 75m、下陷 15m、17 人死亡、4 人失踪、24 人受伤。

二、城市地下空间灾害的类型与特征

（一）城市地下空间灾害的类型

1. 火灾

根据我国 1997～1999 年的火灾统计（表 3-14），每年地下建筑火灾发生次数约为高层建筑的 3～4 倍，火灾中死亡人数约为高层建筑的 5～6 倍，造成的直接损失约为高层建筑的 1～3 倍。因此，地下建筑的防火比地面建筑显得更为重要。

1997～1999 年我国高层建筑与地下建筑火灾数据统计　　　表 3-14

火灾损失	火灾次数(次)			死亡人数(人)			直接经济损失(万元)		
年份(年)	1997	1998	1999	1997	1998	1999	1997	1998	1999
高层建筑	1297	1077	1122	56	47	66	9682.6	4650.9	4749.9
地下建筑	4886	3891	4059	306	288	340	14101.7	13350.4	12952.7

2. 水灾（洪灾）

城市地下空间的水灾主要是由短期内的暴雨引起的。它造成地铁出入口、小区及商业区等地下车库在短期内大量积水，从而带来人员、财产损失。

3. 塌陷灾害

地下空间是城市可持续发展的宝贵资源，不仅可以建设道路交通、工厂和仓库、地下商场，还可以埋设电力、油气、供水、供暖等多种市政公用管道。然而，大规模的地下空间开发大大增加了地面塌陷发生的概率，已成为困扰市民的一大难题。此外，地震、暴雨等外界因素诱发的塌陷现象也很多。

（二）城市地下空间灾害的特点

1. 封闭性

地下空间的最大特点是封闭性。首先，封闭的地下空间容易使人失去方向感。在这种情况下发生灾害，心理上的惊恐程度和行动上的混乱程度要比在地面建筑中严重得多。其次，在封闭空间中保持正常的空气质量很难，在机械通风系统发生故障时很难依靠自然通风作为补救。此外，封闭的环境使物质不容易充分燃烧，在发生火灾后可燃物的发烟量很大，对烟的控制和排除都比较困难，对内部人员的疏散和外部人员的进入与救灾都是不利的。

2. 垂直性

地下空间的另一个特点是从地下空间到地面开敞空间的疏散和避难都要有一个垂直上行的过程，从而影响疏散速度。同时，自下而上的疏散路线与内部的烟和热气流自然流动的方向一致，因而人员的疏散必须在烟和热气流的扩散速度超过步行速度之前进行完毕。而且，这个特点使地面上的积水容易流入地下空间，难以依靠重力自流排水，容易造成水害。其中的机电设备大部分布置在底层，更容易因浸水而损坏，将影响到内部防灾中心的指挥和通信工作。

3. 地下蔓延性

对于附建于地面建筑的地下室来说，除以上两个特点以外，还有一个特殊情况，即：它与地面建筑上下相连，在空间上相通；一旦地下发生灾害，对上部建筑物将构成很大威胁，很有可能最终造成整个建筑物受灾的情况。

4. 连锁性与复杂性

地下空间的各项灾害还具有群发性、连锁性、扩展性、突然性和难恢复性等特征，使得一项灾害会连锁引发更多的次生灾害。同时，城市地下空间的人口密度大，空间结构复杂，从而使灾害的情形变得更加复杂，使得避难疏散与救援工作的开展更加困难。

第四章 城市灾害风险分析与评价

第一节 风险概论

在城市防灾学中引入风险分析与评价理论，使防灾学家在防灾研究中能用新的眼光来观察城市灾害问题，不仅为城市防灾学科与其他学科建立了共同语言，而且还从质和量两个方面深刻地揭示了城市防灾系统的相关特征、结构、功能、组织及自调节机制，因此其意义重大。

一、风险的内涵与定义

风险是一外来语，源于法文 rispue；17 世纪中叶引入到英文，拼写成 risk，最早出现在保险交易中。

（一）各种认知简介

出于对风险认知的角度不同，便产生了关于风险的不同学说，也使我们对风险的定义至今也没有一个统一的意见。下面就当前人们的认知，介绍风险的几种说法：

1. 风险是产生损失的可能性

它主要探讨了风险与损失之间的内在联系，强调风险是损失发生的可能性，表明某种风险的存在，但并没有说明产生这种损失的可能性的大小以及造成损失的程度。因此，根据这种说法无法具体地衡量风险，只能定性地说明存在某种风险。

2. 风险是产生损失的不确定性

这种说法认为，损失的不确定程度可以用概率来描述。概率在 0～0.5 之间时，随着概率的增加，不确定性也随之增加；概率为 0.5 时，不确定性最大；概率在 0.5～1 之间时，随着概率数值的增加，不确定性随之减少；当概率为 0 或 1 时，不确定性事件转变为确定性事件。

3. 风险因素结合说

这一学说将风险定义为：风险是每个人和风险因素的结合体。它把风险与人们的利益相联系这一观点明确地表述出来了。

4. 风险是指产生某种程度损失的机会

这种说法包含了损失的程度和相应的发生概率。它将风险表示为事件发生的概率和损失的函数，具体可用下面的函数形式表示：

$$风险 R = f(p, c) \tag{4-1}$$

式中：p——事件发生的概率；

c——事件发生带来的损失。

5. 风险指事件发生的后果与预期后果有某种程度背离的机会

可以用上述函数形式来描述此种风险事件：即 $R = f(p, c)$；差别在于，此处 c 不仅表示损失，同时也表示收益。

（二）风险的内涵

风险是由不确定性因素产生的。正是由于自然界和人类的社会活动中存在着大量不确定性因素，包括客观存在的不确定性与由于人们认识水平的局限所引起的不确定性，使人们不能准确地预测未来事件发生的状况和后果，从而产生了实际发生的后果与人们预期后果的背离。因此，不确定性是风险存在的原因；但并不是所有的不确定性都被视为风险，只有与人们未来利益有关的不确定事件才被视为风险事件，即把可能产生不同程度的损失或与额外利益有关的不确定事件作为风险事件。

风险本身具有不确定性。风险虽是客观存在，但由于人们对客观世界的认识受到各种条件的限制，不可能准确预测风险的发生、产生的后果及重要程度。也就是说，风险的存在是客观的、确定的，而风险的发生是不确定的。

风险发生的不确定性决定了风险所致损失发生的不确定性。风险发生的概率越大，损失出现的概率也越大；反之，亦然。风险通过损失表现出来，其大小可通过所致损失的概率分布特性来描述。

（三）风险的定义

迄今为止，对风险进行完全统一的界定是一件很难的事。但任何一个关于风险的较为完整的定义都应该是以下三方面描述的集合体：

其一，在整个项目运作过程中将可能发生哪些风险事件（损失类型）；

其二，每一风险事件中发生的可能性有多大（概率等）；

其三，该类风险事件发生后导致的后果如何（经济损失、社会影响、声誉损失及生态环境影响等）。

总之，风险是指一定时空条件下发生的非期望事件。这一定义首先确认：风险是不以人的意志为转移的客观存在，它与随机性因素有关，其大小可以度量；根据概率论，风险大小取决于所致损失概率分布的期望值和标准差。其次，风险伴随着人类的活动而存在，若没有人类的活动，就不会有什么期望后果，也就不存在风险；这是风险存在的前提，它的发生直接危害人类的利益、健康和环境安全。它是不幸事件，其后果违背了人们的意志。最后，它与一定的时间、空间条件有关，当这些条件发生变化时，风险也可能发生变化。

二、风险的属性与特征

（一）风险的属性

1. 自然属性

自然界中的规则运动为人类的存在和发展提供了条件，然而它的不规则运动却给人类的生命、财产带来损失，如地震、洪水、泥石流等；这就是从人类在地球上出现以来、直到现在所面临的自然风险。它们是自然界运动的一部分，只有与人们的生命、财产联系在一起才构成风险（risk 或 venture）。它们虽然遵循一定的运动规律，但由于人们对其认识和了解得少，因此认为它们的发生是不规则的、难以准确预测的。此外，自然界中这些不规则运动的破坏力是极其巨大的，人类即使认识了它们，也无法采取措施完全控制。所有这些，均构成了风险的自然属性。

2. 社会属性

随着人口的增多、科技的进步，人类的社会性在增强，改造自然的能力也越来越大。由于过度地向大自然索取土地、矿产、森林、淡水等资源，不合理地处置、堆弃有害废物以及不合理地从事工程与生产活动，地球的生态环境日益恶化，风险事件不断增多，如水污染风险、火灾风险、缺水风险、核污染风险等危害日趋严重。此外，风险的社会属性还体现在风险的结果往往由整个社会来承担，因而出现了风险控制技术和风险财务管理技术。

3. 经济属性

因风险事件造成的人员伤亡和国家、社会与个人的财产损失，必然对经济造成破坏；这就表现出它的经济属性。从损失的定义可知，在事故破坏力的范围之内，必定要存在人们的利益，才会造成人们生命财产的损失。若在破坏力的范围内不存在人们的利益，即使破坏力再大，也不会造成损失，也就不存在风险。

(二) 风险的特征

风险的特征是指风险的本质及其发生规律的表现。正确认识风险的特征，对于我们建立和完善风险机制、加强风险管理、减少风险损失、提高经济效益具有重要意义。

1. 客观性

无论是自然界中的地震、台风、洪水等风险，还是社会领域中的战争、瘟疫、冲突、意外事故等，都是不可避免的；它们是独立于人的意识之外的客观存在。这是因为，自然界的物质运动与社会发展的规律都是由事物的内部因素、由超越于人们主观意识而存在的客观规律所决定的。

2. 普遍性

宇宙万物虽有其遵循的运动规律，但事物之间却又相互影响，相互制约，其形态瞬息万变，关系错综复杂；人们置身于这种不确定的自然环境和社会环境中，必然面临着各种各样的风险。可以说，人类的文明是在与风险斗争中得以发展的，人类与风险斗争的结果促进了科学技术的发展；而另一方面，生产力的提高、社会的进步又会产生新的风险。

3. 随机性

风险虽然客观存在，但某一具体风险事件的发生是随机的，人们无法准确预测风险发生的时间与后果。这是因为，任一风险事件的发生是诸多风险因素和其他因素共同作用的结果。而且，每一个因素的作用时间、作用点、作用方向和顺序、作用强度等都必须满足一定条件，才能导致事件的发生。而每一因素的出现，其本身就是偶然的。风险发生的随机性意味着在时间上具有突发性，在后果上具有灾难性。

4. 规律性

个别风险事件的发生是随机的、无序的。然而，通过对大量风险事件的观察和综合分析，却能呈现出明显的规律。因此，在一定条件下，对大量独立的风险事件进行统计处理，其结果可以比较准确地反映风险的规律性。大量风险发生的规律性使人们可以利用概率论和数理统计方法去计算其发生的概率和损失，从而对风险实施有意识的控制与管理。

5. 动态性

风险的动态性是指在一定条件下风险可变化的特性。世界上任何事物之间都互相联系，互相依存，互相制约，而任何事物都处于变化之中。这些变化必然会引起风险的变化。随着科技的进步、社会的发展，人类面临的风险越来越多；另一方面，人们认识与抗御风险的能力也随之增强，在一定程度上对某些风险能够加以控制。

三、风险的构成要素与类型

（一）风险的构成要素

风险是由风险因素、风险事故和损失三者构成的统一体。风险因素是指引起或增加风险事故发生的机会或扩大损失幅度的条件，是风险事故发生的潜在原因。风险事故是造成生命、财产损失的偶发事件，是造成损失的直接或外在的原因，是损失的媒介。损失是指由风险因素或风险事故间接或直接导致的对安全、健康、财产及环境的危害或破坏。它们三者的关系为：风险是由风险因素、风险事故和损失三者构成的统一体，风险因素引起或增加风险事故，风险事故发生可能造成损失。就如同风险因素—火苗可能导致一场火灾事故，并由此造成巨大的经济、环境、人身安全等方面的损失一样。

（二）风险的类型

风险分类的目的在于理论上便于研究，灾害上便于管理。根据不同的目的、从不同的角度、用不同的标准与方法，可以把风险分为不同的类型。

1. 按风险事件的后果分类

根据风险事件所产生后果的数目，可将风险分为纯粹风险和投机风险。纯粹风险所产生的后果有两种：损失和没有损失，如火灾、水灾、疾病等；投机风险所产生的后果有三种：盈利，损失，既不盈利、又无损失，如赌博、炒股票等。从心理上讲，人们厌恶纯粹风险，而对投机风险却有着巨大的兴趣。

2. 按风险本身的性质分类

根据风险本身的性质，风险可以分为静态风险和动态风险。静态风险是由于自然力的不规则变动，或由于人们行为失误所致的风险。动态风险则是由于经济和社会结构的变动所致的风险。静态风险可能的后果主要是给人们造成损失。动态风险可能引起的后果是双重的，它既可能给风险的承担者带来损失，也可能带来额外的收益。因此，从发生的后果来看，静态风险多属于纯粹风险，动态风险既可属于纯粹风险、又可属于投机风险。

3. 按损失产生的原因分类

按损失产生的原因可将风险分为自然风险和人为风险。自然风险是指自然力的作用导致物质毁损或人员伤亡的风险，如风暴、洪水、干旱、地震等。人为风险是指造成物质毁损和人员伤亡的直接作用力与人的活动有关。

根据人们的不同活动，人为风险又可分为行为风险、经济风险、政治风险和技术风险。行为风险是指由于个人或团体的过失、疏忽、侥幸、恶意(盗窃、抢劫)等不同行为所导致的风险，造成财产受损、人员伤亡的后果。经济风险是指人们在从事经济活动中，由于经营管理不善、市场预测失误、价格波动、消费需求发生变化、通货膨胀、汇率变动等原因所导致的经济损失的风险。政治风险是指由于政治原因，如政局变化、政权的更迭、战争、罢工、种族冲突等引起社会动荡而造成财产损失、人员伤亡的风险。技术风险是指伴随科学技术的发展而产生的风险；如伴随核燃料的发现而带来的是核辐射风险，伴随汽车出现的是车祸、空气污染、噪声污染等风险。

4. 按风险能否处理分类

按风险能否预测和控制可分为可管理风险和不可管理风险。可管理风险是指可以预测、可以控制的风险。不可管理风险是指无法预测和无法控制的风险。风险能否管理，取决于所收集资料的多少和管理的技术水平；随着损失资料的积累和管理技术水平的提高，有些不可管理风险也可能成为可管理风险。可保风险是一种可管理风险，但不可保风险则不一定就是不可管理风险；因为不可保风险仅指用保险无法处理的风险，并不排除用其他方法进行处理。

5. 按风险作用的对象分类

按风险作用的对象可分为微观风险和宏观风险。微观风险是指存在于个人、家庭、企业中的风险；宏观风险则是指存在于国家和国际跨国公司之中的风险。

6. 按风险的时效性分类

所谓风险的时效性是指，风险在特定条件下的特定时期是客观存在的，而在另一时期就会自动消灭或人工化解，因而根据时效分类法，可将风险分为近期风险、中期风险、远期风险三大类。这三大类之间又可以交叉组合成新的时效分类，如：近有险、远无险，近无险、远有险，近有险、远有险，近有险、中无险，近无险、中有险，等等。

7. 风险的其他分类方法

在不同研究领域，为了不同的目的，还有许多风险分类方法。如在水利水电工程中，风险可分为水文风险、水力风险、工程风险、经济风险、生态环境风险等；在保险学中，风险可分为财产风险、人身风险及责任风险等；在企业管理中，风险可分为自然风险、市场风险、技术风险、破产风险等。

四、风险分析的目的、内容与程序

(一)风险分析的目的

风险分析是对人类社会中存在的各种风险进行风险识别、风险估计、风险评价，并在此基础上优化组合各种风险管理技术，作出风险决策，对风险实施有效的控制和妥善处理风险所致损失的后果，期望以最小的成本获得最大的安全保障。

从这个定义可以看出，风险分析的目的在于以最小的成本实现最大安全保障的效能。所谓"成本"，是指风险分析研究对象的人力、物力、财力、资源的投入。所谓"最大安全保障"，是指将预期的损失减少到最低限度，以及一旦出现损失时获得经济补偿的最大保证。

能否实现上述目的，不仅取决于决策前识别、估计、评价风险是否全面、正确，而且还取决于选择最佳风险管理技术。每一种风险管理技术都有一定的适用范围，因此各种控制技术的综合运用、优化组合是实现风险分析目的的重要环节。由于风险具有动态性，人们认识水平以及风险管理技术处于不断完善的过程中，因此风险分析是一动态过程，管理者必须根据实际情况随时修改决策方案，才能达到以最少的成本实现最大安全保障的目的。

（二）风险分析的主要内容

风险分析的具体工作内容很多，主要内容可以分为风险识别、风险估计、风险评价、风险处理、风险决策5个方面。

1. 风险识别

风险识别又称"风险辨识"，是风险分析的第一步。风险识别就是要找出风险之所在和引起风险的主要因素，并对其后果作出定性的估计。

风险识别是风险分析中的一个重要阶段，能否正确地识别风险，对风险分析能否取得较好的效果有极为重要的影响。为了作好风险识别工作，必须有认真的态度和科学的方法。一般性的风险识别方法有分析方法（包括层次分解法和决策树）、专家调查方法（包括智暴法和德尔菲法）及幕景（或情景）分析法。每种方法都有其适用范围，各有优、缺点；实际操作中究竟应采用何种方法，须视具体情况而定。

2. 风险估计

风险估计是在风险识别的基础上，通过对所收集的大量的损失资料加以分析，运用概率论和数理统计方法，对风险发生的概率及其后果作出定量的估计。风险估计的这两项内容往往是有联系的：风险控制程度大小不同时，其相应发生的机会也不同。例如洪灾风险，由于不同大小的洪水有其不同的发生概率，所造成的洪灾损失值也不同，故应对不同洪灾损失及其相应发生的机会进行估计，求出不同程度的洪灾损失的概率分布以及可能遭遇的各种特大灾害的损失值和相应的概率，使决策者对该种风险出现的机会、损失的严重程度等有比较清晰的了解。

按照风险因素发生的可能性，风险估计将风险发生概率划分为很高、较高、中等、较低、很低五档；按照风险发生后对城市的影响大小，将影响程度划分为严重、较大、中等、较小、可忽略五档；根据风险发生概率和风险发生后对城市的影响程度计算风险程度，每个单因素的风险程度可划分为重大、较大、一般、较小和微小五个等级。对于风险概率、影响程度和风险程度可采用风险概率—影响矩阵（也称"风险评价矩阵"）进行定量的分析评判。

3. 风险评价

风险评价是根据风险估计得出的风险发生概率和损失后果，把这两个因素结合起来考虑，用某一指标决定其大小，如期望值、标准差、风险度等；再根据国家所规定的安全指标或公认的安全指标去衡量风险的程度，以便确定风险是否需要处理和处理的程度。

4. 风险处理

风险处理就是根据风险评价的结果，选择风险管理技术，以实现风险分析目标。

风险管理技术分为控制型技术和财务型技术。前者指避免、消除和减少意外事故发生的机会，限制已发生的损失继续扩大的一切措施，重点在于改变引起意外事故和扩大损失的各种条件，如回避风险、风险分散、工程措施等。后者则在实施控制技术后，对已发生的风险所作的财务安排。这一技术的核心是对已发生的风险损失及时进行经济补偿，使其能较快地恢复正常的生产和生活秩序，维护财务稳定性，如保险、发行股票、租赁等。

5. 风险决策

它是风险分析的一个主要阶段。在对风险进行识别、作出风险估计及评价，并对其提出若干种可行的风险处理方案后，需要由决策者对各种处理方案可能导致的风险后果进行分析，作出决策，即决定采用哪一种风险处理的对策和方案。因此，风险决策，从宏观上讲是对整个风险分析活动的计划和安排，从微观上讲是运用科学的决策理论和方法来选择风险处理的最佳手段。

（三）风险分析的一般程序

风险分析的一般程序是风险识别、风险估计、风险评价、风险处理和风险决策的周而复始过程。风险分析之所以是一个周期循环过程，是由风险分析的动态性所决定的。风险分析的一般程序如图 4-1 所示。

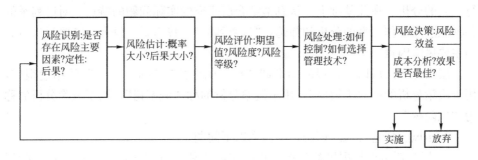

图 4-1　风险分析的一般程序

第二节　风险识别与估计方法

一、风险识别

风险识别又称"风险辨识"，其主要任务是找出风险之所在及引起风险的主要因素，并对后果作出定性的分析。由此可见，风险识别是风险分析中最基本、最重要的阶段。能否正确地识别风险，对于能否取得较好的风险管理效果有着极为重要的影响；但是，在许多实际工作中，风险识别的重要性并未得到应有的重视。如果没有认真做好风险识别工作，忽略了某些重要的风险问题，则必然导致风险管理的失误。

155

风险识别工作需要有跨学科的综合知识，并需要有丰富的专业知识和实际工作经验，同时也需要对风险问题有较深入的认识。当前，我国城市政府对于风险问题的研究、分析还很不够，没有识别某些重要的风险问题，或把一些风险性问题简单地当作确定性问题处理，没有进行必要的风险分析和风险决策研究，可能给决策造成失误，给工程建设带来隐患。

风险识别虽然是一个很重要的问题，但是关于风险识别的理论和方法还很不成熟，下面介绍几种一般性的风险识别方法：

（一）层次分解法和风险树

层次分解法(Hierarchy Analysis)是人们在研究复杂事物时常用的一般性的方法。这种方法的主要特点就是按一定的分解原则，把复杂的事物分层次地逐步分解为若干个比较简单、容易分析和认识的事物，以便对这些较简单的事物进一步作具体、深入的研究。

在复杂的系统中，由于不确定性的广泛存在而引起的风险因素很多，研究中不能把所有的风险因素杂乱无章地罗列在一起，这会使分析工作无法着手。利用层次分解法，可以使风险识别的工作有条不紊地分层次逐步深入下去，可以分析各种因素之间的因果关系，并便于分别识别各个层次的主要风险因素。

层次分解法是在复杂的大系统研究中常用的方法。利用这种方法进行风险识别时，要经历一个由简到繁、再由繁到简的过程。所谓"由简到繁"，是指为了不遗漏重要的风险因素，需要从多方面考虑各种可能引起风险的因素，并对其进行细致的分析。在此基础上，认真地结合所研究的实际问题的特点，对已列举的各种风险因素作认真的分析和筛选，"从繁到简"，找出影响较大、需要深入研究的主要风险因素。

层次分解法可以用直观的图形即"树"的形式来表示。"树"的用途很广，用于决策分析的称"决策树"，用于概率分析的称"概率树"，用于风险分析的称为"风险树"。

利用风险树进行风险识别，要注意以下问题。

1. 风险树可以根据风险分析工作的实际需要，分层次向下分枝。在风险树中，上一层的分枝点表示某类风险问题，在该点处分枝的各个分枝末端点则表示引起该类风险问题的各种风险因素。通过绘制风险树，可以表示出引起风险的各种因素，从而可以看清各类风险问题和各种风险因素之间的关系。

2. 在绘制风险树时，并不是分枝越多、层次越多越好；如分枝过多，把所有的风险因素都罗列出来，只会使人陷入迷雾之中，难以深入研究。绘制风险树时要根据系统的实际情况，明确所要研究的主要问题，分清主次，对影响重大的风险因素要深入细分，对一般问题则不要过多分枝，对不重要的因素则应该用剪枝的方法将该因素删除，使风险树能突出重点，便于深入研究。

3. 在风险分析时，有时并不需要对各个方面的风险问题作全面的分析，可以把有关的某个重要的风险问题单独地提出来，绘制该问题的风险树。

4. 如果在绘制风险树时能对各种风险因素的概率作出估计，则可将估计的概率数值标注于该分枝的旁边。

（二）专家调查法

在风险识别工作中很难采用实验分析及建立数学模型来进行理论上的推导，主要还是依靠实际经验和采用推断的方法。为了克服个别分析者经验上的局限性，采用集中一些专家意见的专家调查法，在风险识别阶段是很有用的。

专家调查法的方法很多，并没有固定的模式，工作中可以根据实际情况灵活地采用或根据需要创造新的方法。本书只简单地介绍两种专家调查法。

1. Brainstorming

直译为"头脑风暴法"，又称"智暴法"。这是一种通过召开专家讨论会、促进新思想产生的方法。这种方法的特点是：采用召开小型的专家讨论会的形式，参加会议的要有熟悉本问题的、不同专业领域的专家，人数不要多。用这种方法进行某项事业的风险识别时，要求与会者从各种不同角度提出该项事业可能遇到哪些风险，造成这些风险的因素是什么，会引起什么后果等等。要鼓励发表新思想和新意见，对少数有独特见解的意见不能进行非难、歧视，更不能施加压力；要求与会者充分听取别人的意见，通过互相启发，互相切磋，产生新的思想。由于某些重要的风险问题在常规的分析研究中常被掩盖而未被一般人所发现，有时只有少数人对它有一些初步的、比较模糊的认识，通过智暴会议，大家敞开思想、畅所欲言，就有可能把这类问题发掘出来；或通过相互探讨、切磋，可能使这类未被发现的或比较模糊的问题变得比较明确，形成新的思想和意见。

要开好这类会议，是很不容易的。要求会议主持人决不能带着主观的框框，要善于捕捉新的思想，欢迎发表新思想，善于从新思想中提出有启发性的问题，使会议气氛活跃。如果对某些特殊见解或初看似乎不合理的见解加以贬薄，则会造成压力，不能畅所欲言，使会议空气沉闷，不利于产生新的思想。

2. Delphi Method

德尔菲法是美国兰德公司的 O·赫尔默和 N·达尔基首先提出的，先是用来研究美国空军委托该公司研究的一个典型的风险识别问题：若苏联对美国发动核袭击，其袭击目标将选在什么地方？后果如何？由于这种课题无法用数学模型描述和进行定量计算，研究中便采用了这种专家调查法；为了保密而将此课题命名为"德尔菲法"。德尔菲是古希腊阿波罗神殿所在地，因此德尔菲有象征聪明、智慧之意。以后，这种方法被许多领域广泛采用。因此，德尔菲法是表示集中许多人的聪明、智慧进行预测的一种方法。

和前述智暴法不同，德尔菲法不是采用会议相互启发的方式，而是采用书面调查、反复征询专家意见的形式。特尔菲法有以下特点：

（1）采用书面填写调查表的调查方式，被调查的专家之间互相匿名，单独填写自己的意见。在汇总意见并反馈给各专家时，只提观点、意见，不提及该观点的专家姓名。这样做是为了减少发表独特意见的压力，以利于各种意见能够充分发表出来，并可以减少少数"权威"人士的意见对其他人的影响。

（2）多次反馈。每次调查表收回后，经过整理、统计以后将情况反馈给参加咨询的各个专家；对少数独特观点，希望其进一步阐明理由，以便其他专家能理解。多次反馈可为每个专家提供了解他人意见和修改自己意见的机会，并且无损于自己的威信。

（3）经过几次反馈（一般不超过 4 次），使意见比较集中后，即可停止。

德尔菲法是较常用的一种专家调查法，它能对大量非技术性的、无法定量分析的因素作出预测及概率估计。它也有一些不足之处，如受主持者本人主观因素的影响较大（特别是在拟定调查项目、选定专家成员、整理汇总专家意见等方面）。这种方法实质上还是集中多数人的意见，它只能保证所集中的意见是正确的，即少数人所持的新见解可能被忽视。实际应用时，可以结合具体情况有所创新和发展。

（三）幕景分析法（Sceneries Analysis）

它是一种研究、辨识引起风险的关键因素及其影响程度的方法。一个幕景就是对某个风险事件未来某种状态的描绘。这种描绘可以在计算机上进行计算和显示，可用图表、曲线等进行描述。由于计算复杂、方案众多，一般都在计算机上进行。研究的重点是：当某种因素变化时，整个情况会怎样变化？会有什么风险？像电影上一幕一幕的场景一样，供人们进行研究比较。

幕景分析的结果都以易懂的方式表示出来，大致可分为两类：一类是对未来某种状态的描述；另一类是描述一个发展过程，即未来若干年某种情况的变化链。例如，它可以向决策者提供一个最优的防洪减灾方案、最有可能发生的和最坏的前景及在这三种不同情况下可能发生的事件和风险，供决策时参考。

幕景分析方法对于以下情况特别有用：

（1）提醒决策者注意某种措施或政策可能引起的风险或危机性的后果。

（2）建议需要进行监视的风险范围。

（3）研究某些关键性因素对未来过程的影响。

（4）在科学技术飞速发展的今天，提醒人们注意某种科技的发展会给人民生活带来哪些风险（如水污染）。

（5）当有多种互相矛盾的幕景时，幕景分析就显得格外有用。一般在 2～6 个幕景中进行选择，通常把中间两个最可能的情况选作基本情况。

综上所述，幕景分析是扩展决策者视野、增强其精确分析未来的能力的一种思维程序。但这种方法也有很大的局限性，即存在所谓"隧道眼光（Tunnel Vision）"现象——好像从隧道中观察外界事物一样看不到全面情况；因为所有幕景分析都是围绕着分析者目前的考虑、价值观和信息水平进行的，因此就可能出现偏差。这一点需要分析与决策者保持清醒的认识，且与其他方法结合使用。

要作好风险识别工作，必须有认真的态度和科学的方法。本书所介绍的层次分解法、专家调查法和幕景分析法是几种行之有效的方法。需要说明的是，由于各种实际问题中存在一些不确定因素及其组合十分复杂，加上风险识别的理论和方法还不成熟，所以，现有的各种风险识别方法都不能保证风险识别的可靠性，亦即仍然可能会遗漏一些严重的风险因素。

（四）风险识别列举——以洪灾风险识别为例

洪灾风险的识别是指找出造成洪灾风险的各主要因素，并对其后果作出定性的估计与描述。这是洪灾风险分析的基础；若有重大的疏漏，就会导致整个洪灾风险分析的失效。它应由洪灾风险因子的识别与洪灾后果的分析两部分工作组成。

洪灾风险因子的识别是指通过分析洪灾形成的动力机理，找出并定量或定性描述影响洪灾过程的各种不确定性因素（即洪灾风险因子）。不确定性有两方面的含义：一是事物本身固有的随机性；二是人类的主观认识受到各方面的限制，只能不完全地反映事物的本质而产生附加误差。

洪灾风险的实现是诸多风险因子综合作用的结果，但其中有主要与次要风险因子、客观与主观风险因子之分。在洪灾风险因子的辨识工作中，要充分了解所研究的洪泛区所处的自然环境和社会环境，剖析洪灾发生的各个环节，找出各种风险因子与洪灾之间的内在联系，从而鉴别出主要风险因子。无疑，这项工作对于及时发现防洪工作中的漏洞和薄弱环节、总结经验教训、改进工作也是有益的。

洪灾风险因子相互作用，相互影响，有些因子难以截然划分。我们可将洪灾风险因子大致分为以下4类：

1. 水文风险因子

指影响洪水来水过程和当地内涝产水量过程的各种不确定性因素。它们一方面来自水文事件本身的不确定性，例如流域上游暴雨的时空分布、前期降雨情况、洪泛区当地降雨的时空分布、沟塘蓄水量等；另一方面则来自水文模型与资料分析所产生的误差，包括雨洪转换模型、水文统计模型等的不确定性及其参数的不确定性。模型不确定性产生的原因是所选定的模型仅仅是原型中的一个。由于水文事件的样本容量以及计算手段、方法的限制，就必定会在认识水文过程时产生不确定性，即参数和模型的不确定性。

在实际工作中，人们通常把径流过程或降雨过程看作随机过程，通过水文资料的统计分析可得出它们的概率分布。但水文不确定性的研究仍然是一个尚未妥善解决的课题。

2. 水力风险因素

系指影响河段及洪泛区洪水的水位、流速、洪峰流量、演进过程的各种不确定性因素。在雨情、水情等水文因素相似的情况下，下游河道顶托、水位涨落、泥沙冲淤、风浪等水力风险因子的作用可以使控制河段水位、流速等有相当大的变化，对堤防的安全影响颇大。另外，溃堤决口的位置、溃口的时间、口门的宽度及其变化过程，以及洪泛区、行洪区地形地物等因素，也直接影响洪水淹没范围、深度和历时，控制着灾情和损失。

3. 防洪工程风险因子

系指流域防洪控制工程及洪泛区内堤防、涵洞和扬水站等（还应包括通信线路、撤退道路、避难设施等）在设计、施工和管理运行过程中存在的一些不确定性因素，它们影响着这些工程预定功能的发挥。当洪灾发生时，各项设施实际能够承受的水位、流速、渗流、冲蚀、流量等指标，由于受到设计方法的误差、施工技术、建筑材料、地质、工程老化及管理调度方案等因素的作用，并不会完全符合设计中确定的数值，而成为一组在一定变幅范围内的不确定的变量。何况，

159

各种设计模型本身也存在不确定性；例如，水工建筑物设计中采用的水力模型就存在不确定性，是由于应用一些不能完全合理地描述水流运动的水力模型（如满宁公式、谢才公式）来计算水流所导致的。水流运动相当复杂，水力模型只能近似地表示水流的运动特性。

4. 其他风险因子

包括一些政策、科技、法律、经济、社会等方面的因素，它们也将不同程度地影响洪灾的发生及其灾情。例如，大坝可能因战争而溃决，造成惨重的洪灾损失；在抗洪抢险中，各级领导机构的决策及其实施情况、公众响应程度、社会稳定状况、所采用的应急措施、当时当地及国家的政治经济形势等等，对洪灾的发生及其损失都有着重大的影响。

洪灾风险因素的识别是风险分析的基础。防洪工作者要依据对洪灾形成过程机理的认识，识别其中所包含的各项不确定性因素及其对洪灾灾情的影响；这种识别工作若有疏漏，就会使整个风险分析工作出现重大失误。

在上述风险因素中，有一部分基本上属于随机变量，如暴雨雨量及其时空分布、堤防的渗透系数、行洪道不同断面的粗糙率、各种观测资料的观测误差、建筑材料的强度、堤身的不均匀沉陷等。这类因素的概率密度函数，一般可以依据现场观测或者人工实验所取得的资料数据，通过统计分析途径来确定。其余大部分风险因素包含有主观概率成分，它们的概率密度主要通过向有关专家调查的方式来确定；具体方法可采取背靠背的答卷式调查的 Delphi 法，也可采取面对面的相互启发的 Brainstorming 法，还可以通过组织专题、建立模拟模型、详细剖析风险因素与其后果的相互作用及其演变过程的幕景方法（Sceneries Analysis）。这些方法的最终目的都是确定每个风险因素的概率分布，至少要求给出分布的期望值、均方差和粗略的分布形式，如锥形、三角形、梯形或正态分布等。

二、风险估计的概率分析法

（一）风险的测度

在风险分析中，对于风险的测度有两类指标，即平均指标和变异指标。平均指标反映了风险变量的集中趋势，而变异指标则表达了风险变量的离散趋势。常用的平均指标为期望值，变异指标则为标准差和变异系数。标准差体现了在灾难状态下的风险损失和风险损失期望值的离散程度，是风险测度的绝对指标。变异系数（也称为"风险度"）是标准差与期望值之比，为风险测度的相对指标，是对标准差的补充。

1. 期望值

$$E(x) = \sum_{i=1}^{n} x_i P_i \tag{4-2}$$

$$E(x) = \int_a^b x f(x) D(x) \tag{4-3}$$

式中：x_i、$P_i (i=1, 2, \cdots n)$——离散型风险变量及相应的概率；

$\qquad a$、b——x 取值的上、下限；

$\qquad f(x)$——连续型风险变量的密度函数。

2. 标准差

$$\sigma = \sqrt{D(x)} = \sqrt{E\ (x-\bar{x})^2} \tag{4-4}$$

式中：$E\ (x-\bar{x})^2$——$(x-\bar{x})$ 的数学期望值。

3. 风险度

$$FD = \frac{\sigma}{E(x)} \tag{4-5}$$

风险度愈大，就表示对将来愈没有把握，风险也就愈大。例如，有两个随机变量系列：第一个为 100、200、300、400、500、600、700、800、900，期望值 $x_1 = 500$；另一系列为 2100、2200、2300、2400、2500、2600、2700、2800、2900，期望值 $x_2 = 2500$。这两个系列的标准差 $\left[\frac{1}{9}(400^2 + 300^2 + 200^2 + 100^2)\right]^{\frac{1}{2}} = 258.2$，其风险度分别为 $FD_1 = \frac{\sigma_1}{x_1} = \frac{258.2}{500} = 0.516$，$FD_2 = \frac{258.2}{2500} = 0.103$。可见，$FD_1 > FD_2$，表示第一系列的相对离散程度比第二系列大，即风险损失变化的相对值较大。

（二）风险变量的概率分析

主要包括风险变量的概率估计，给出风险出现的大小及其可能性。风险估计方法有主观估计和宏观估计两种方法：主观估计是专家根据长期积累的各方面的经验及当时搜集到的信息所作的估计；宏观估计是依据现有的各种数据和资料对未来事件发生的可能性进行预测。无论是主观估计，还是客观估计，都要给出风险变量的概率分布。用概率分布来描述各风险变量的变化规律，是进行风险分析的一种较完善方法。风险估计中常用的概率分布有阶梯长方形分布、梯形分布、三角形分布、理论概率分布。

1. 阶梯长方形分布

其概率密度分布如图 4-2 所示。

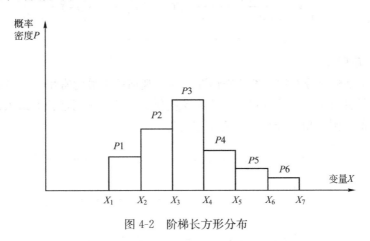

图 4-2　阶梯长方形分布

这种分布可以充分利用所获得的信息，并且有多少信息就用多少信息，不苛求更多的信息。估计者可根据要求将所获信息分成任意几个区间，画出大致概率分布图来。由于这种分布，分段取常值，故其均值 $E(x)$ 和方差 $D(x)$ 为：

$$E(x) = \sum_{i=1}^{6} P_i \cdot \frac{x_{i+1}^2 - x_i^2}{2} \tag{4-6}$$

$$D(x) = \sum_{i=1}^{6} P_i \cdot \frac{[x_{i+1} - E(x)]^3 - [x_i - E(x)]^3}{3} \tag{4-7}$$

2. 梯形分布

如图 4-3 所示。此时对变量的最可能值有所估计，且又估计不准，只是知道一个区间及相应于在正常情况下的取值。另外又估计出在极端情况下的最小值和最大值（x_1 和 x_4）。极端情况与正常情况之间即属于不正常情况，发生的概率要比正常情况下小；这里，用直线相连。可以看出，

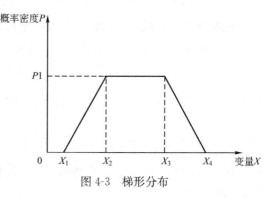

图 4-3　梯形分布

很多主观概率分布都比较符合梯形分布。其均值与方差为：

$$E(x) = \frac{1}{6} P_1 \left[(x_3^2 + x_3 x_4 + x_4^2) - (x_1^2 + x_1 x_2 + x_2^2) \right]$$

$$= \frac{1}{3}(x_1 + x_2 + x_3 + x_4) + \frac{x_1 x_2 - x_3 x_4}{x_3 + x_4 - x_1 x_2} \tag{4-8}$$

$$D(x) = \frac{1}{12} P_1 \left[(x_3^2 + x_4^2)(x_3 + x_4) - (x_1^2 + x_2^2)(x_1 + x_2) \right] +$$

$$\frac{1}{2} P_1 [E(x)]^2 (x_3 + x_4 - x_1 - x_2) - 2[E(x)]^2$$

$$= \frac{1}{6} \cdot \frac{1}{x_3 + x_4 - x_1 - x_2} \left[(x_3 + x_4)(x_3^2 + x_4^2) - \right.$$

$$(x_1 + x_2)(x_1^2 + x_2^2) \left. \right] - [E(x)]^2 \tag{4-9}$$

3. 三角形分布

图 4-4 是梯形分布的一种特殊情况，在主观估计中最为常用。该分布的一个突出优点是针对所论风险变量，只需专家提供最小值、最可能值和最大值三个特征的估计值。则三角形分布的均值及方差为：

$$E(x) = \frac{1}{6} P_1(x_3 - x_1)(x_1 + x_x + x_3) = \frac{x_1 + x_2 + x_3}{3} \tag{4-10}$$

$$D(x) = \frac{1}{12} P_1(x_3 - x_1)(x_1^2 + x_2^2 + x_3^2 + x_1 x_2 + x_3 x_1) +$$

$$\frac{1}{2} P_1 [E(x)]^2 (x_3 - x_1) - 2[E(x)]^2$$

$$= \frac{(x_3 - x_1)^2 + (x_2 - x_1)(x_4 - x_3)}{18} \tag{4-11}$$

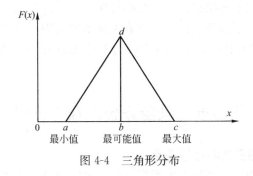

图 4-4　三角形分布

4. 理论概率分析

它是风险估计中大量采用的估计方法，是用数学方法抽象出来的概率分布规律，并用数学表达式进行精确描述。如果根据某些随机现象的性质分析或大量数据统计的结果，且看出这些随机现象符合一定的理论概率分布或与它近似地吻合，便可由一、两个参数来确定整个变量的分布，并用这一理论分布来描述所研究的随机现象。理论概率分布依据其变量的形式，可分为离散型随机变量的概率分布和连续型随机变量的概率分布。其中，常用的离散型随机变量的概率分布有两项分布和泊松分布；连续型随机变量的概率分布有正态分布、对数正态分布、皮尔逊Ⅲ型分布和极值分布。

（三）概率树

"树"是一种在系统分析中对大系统分解的简单、直观的常用方法，它把所研究的系统作为树的主干，把第一层次分解的各个问题作为主干上的第一层分枝，第二层次问题则是由第一层分枝上分出的第二层分枝；这样逐层分枝下去，就像树的生长形态一样，故这类分层次的图形分解法统称为"树"。一般的概率树如图 4-5 所示，把所研究的对象作为初始事件 E，它有一些可能的后果 $C_{ij}\cdots k$。可以看出，某一特定后果取决于初始事件后面的后续事件，即：出现的某一给定的后果在概率树中必然会出现一个序列的后续事件或途径；而给定一初始事件，就可能随后有几个"第一次后续事件"。显然，这些后续事件是互斥的；假定某一项第一次后续事件，则可能出现一组互斥的"第二次后续事件"。所以，

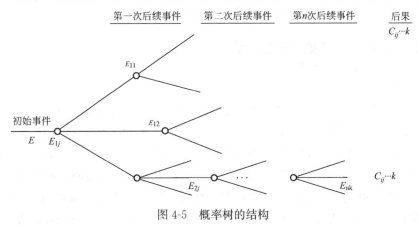

图 4-5　概率树的结构

163

概率树的每条途径表示某项指定的后续事件序列，并产生某种特定后果；某一特定途径发生的概率就是该条途径上所有事件概率的乘积。由图 4-5 有：

$$P(C_{ij}\cdots k \setminus E) = P(E_{1j} \setminus E) \cdot P(E_{2j} \setminus E_{lj}E) \cdots P(E_{nj} \setminus E_{1j}E_{2j}\cdots E)$$

$$(4-12)$$

第三节　风险评价路径与方法

一、风险评价的主要内容与路径

风险评价的目的是对事件发生所带来的主要影响及主要风险做出评价，对影响面大并容易导致较大损失的风险进行预测，分析这类风险产生的环境和条件，从而提出风险防范措施。因此，风险评价的主要内容即为各种风险的分析以及风险应对措施与管理建议的提出。

风险评价的技术路线如图 4-6 所示。

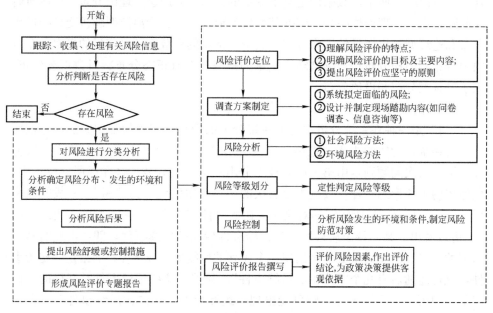

图 4-6　风险评价的技术路线

二、风险评价的主要方法与指标

（一）风险评价的主要方法

1. 回避风险的方法

回避风险是指人们放弃某些有风险性的事件，割断其与风险的联系，将风险的影响降低到最低限度，因而也不用将它与其他风险或获利情况作比较讨论。

回避风险是最彻底的、也是最消极的方法。因为它是通过放弃某种事件而回避该事件可能遇到的风险，但同时也失去了因为从事该项事件而可能得到利益的机会。例如，办企业、开发新技术，都是有风险的；如果人人都回避这种风险，则人类社会就不可能发展，甚至无法生存。因此，回避风险方法一般是指对某种计划或行动而言。例如，原计划拟在某处修建一座水坝，但通过分析研究，发现该坝址处地质条件较差，建坝有较大风险，因此可以采取回避风险的方法，放弃该坝址而另选坝址；但新坝址也将会有其他风险存在。可以说，风险存在着普遍性，人们在生产和生活中想要完全回避任何风险是不可能的，而只能回避某种具体的风险。

对风险的回避就是宁肯获取较小的利益或付出更大的代价而换取减少风险的愿望，它与风险发生的概率及后果的大小没有直接关系。

2. 可靠性风险评价法

可靠性风险评价就是对事件发生的风险率进行比较，其基本步骤是：先计算出风险率，然后把风险率与安全指标相比较。若风险率大于安全指标，系统处于危险状态，两数据相差越大、系统越危险；对于危险系统需要采取控制措施。若风险率小于安全指标，则认为系统是安全的，没有必要或暂时没有必要采取措施控制。

安全指标是经过多年的经验积累，以及考虑当时科学技术水平、社会经济情况和人们的心理因素，为公众所能接受的最低风险率。在这一风险率下，人们认为能满足安全的需求，故称这一最低风险率为"安全指标"。如果水库承担使下游某城市的防洪安全标准达到百年一遇的任务，则城市安全指标为百年一遇，即保证水库洪水不超过百年一遇的情况下该城市的防洪安全。在水库实际运行中，该城市的真正防洪标准只达到70年一遇，则说明：水库实际防洪能力小于设计防洪标准，风险较大，要通过某种措施加大水库的防洪能力。相反，若水库对下游保护区的实际防洪能力大约是110年一遇，比设计标准100年一遇略高，说明：该水库在实际运行中发挥了应有的防洪作用，并有提高汛限水位、蓄水兴利的可能。

3. 减少风险的费用——效益分析法

为了减少风险，就需要采取措施，付出一定的代价；付出多大费用，能取得多大的效益？这就是费用——效益分析所要解决的问题。

费用——效益分析是公用事业项目经济评价的基本方法。在防洪建设中，我们通过防洪工程及非工程措施来达到消除或减轻洪灾损失的目的。因此，针对洪灾风险，费用——效益分析是研究工程所耗费的投资费用和能获得的经济效益的两个方面的得失关系，以作为防洪工程方案或工程规模决策的经济依据。减少风险是要付出代价的，同时亦可获得效益；采用费用——效益分析，即可筛选出经济上有利的方案。

（二）风险评价指标

人们通常采用传统方法——期望值法作为评价某一系统规划与管理优劣的标准。随着科技的进步，人们不仅需要获得最大的期望效益，也需要知道在获得效益的过程中其他更多的信息，如系统可能破坏的情况。例如，在防洪系统规划与调度管理中，尽管所获得的期望防洪效益最大或下游防洪区分洪损失期望值最小，但可能在分洪过程中历时拖得很长或破坏过于集中；这些都是决策者和防护区所不希望的，也是难以接受的。有些模型虽已考虑系统遭受破坏的历时长短，但其效果究竟如何，也需要有一定数量的指标来衡量。我们试图引入系统特性的评价指标来进行洪灾风险评价。

1. 可靠性

指系统在一定时间、条件下，某一期望事件发生的概率。可靠性的概念与我们在水资源系统规划与管理中常用的保证率的概率是一致的，不同的是前者更具一般性。

可靠性的计算方法，用数学式描述如下：

设 S 为系统满意状态集；U 为系统不满意状态集；x_i 为 i 时段状态，表示系统是否遭受破坏，当 x_i 属于满意状态集时，即表示系统处于正常工作而未受到破坏。

令：

$$a_i = \begin{cases} 1, & x_i \in S \\ 0, & x_i \in U \end{cases} \tag{4-13}$$

在有 n 个时段的时期内，系统处于满意状态的总历时为 $\sum_{i=1}^{n} a_i$，由此可得出可靠性 P，计算式为：

$$P = \lim_{n \to \infty} \frac{1}{n} \sum_{i=1}^{n} a_i \tag{4-14}$$

可靠性 P 用来衡量系统正常工作(系统不遭受破坏)的历时特性，它可以从一个方面反映系统管理、调度的好坏和效果。对于某项工程或系统，可靠性和风险性是相互对立的事件；如果它的可靠性为 P，那么，它同时冒着风险率为($1-P$)的风险。从这一点来说，任一系统都具有两重性：它既是可靠的，又是冒险的，其程度取决于它们各自值的大小。可靠性和风险率的概率都没有描绘出失事的严重性和可能的结果，因此还应该引入其他性能指标。

2. 回弹性

指系统一旦发生破坏，恢复到满意状态或正常状态的历时特性。系统在遭受一次破坏中，如果破坏历时长，系统则恢复得慢，还可能对系统产生更严重的后果。

回弹性系数是衡量回弹性优劣的一种测度。它表示系统平均的恢复率，可用数学式来表述：

令 b_i 表示系统从满意状态到不满意状态的一次转移，

$$b_i = \begin{cases} 1 & x_i \in S, \ x_i + 1 \in U \\ 0 & \text{其他} \end{cases} \tag{4-15}$$

它记录的是系统遭到破坏的次数；尽管连续几个时段都产生破坏，但只记录一次。这样，在 n 个时段内，系统由满意状态转移到不满意状态的总次数为 $\sum_{i=1}^{n} b_i$，则此事件出现的概率 ρ 为：

$$\rho = \rho \{x_i \in S, \ x_{i+1} \in U\} = \lim_{n \to \infty} \frac{1}{n} \sum_{i=1}^{n} b_i \tag{4-16}$$

由式(4-16)，我们可得到系统长期工作处于不满意状态的概率为：

$$\lim_{n \to \infty} \frac{1}{n} \sum_{i=1}^{n} (1 - a_i) = 1 - P \tag{4-17}$$

再设 T_p 为系统平均每次遭到破坏后维持不满意状态的时间长度，那么，它的期望历时为：

$$E(T_p) = \lim_{n \to \infty} \frac{\sum_{i=1}^{n} (1 - a_i)}{\sum_{i=1}^{n} b_i} = \lim_{n \to \infty} \frac{\sum_{i=1}^{n} (1 - a_i)/n}{\sum_{i=1}^{n} b_i/n} = \frac{1 - P}{\rho} \tag{4-18}$$

回弹性就是系统每次遭到破坏的期望历时的倒数，用回弹系数 γ 来表示为：

$$\gamma = \frac{1}{E(T_p)} = \frac{\rho}{1 - P} \tag{4-19}$$

式中：E——期望值。

由此可见，回弹系数 γ 越大，表示：系统遭到破坏后恢复正常工作越快，破坏的历时越短。

3. 脆弱性

它是衡量系统遭到破坏强度大小的指标。对于某些系统的破坏，虽然破坏的历时不长，但破坏的深度过大，超过了系统承受的能力，也就是通常所说的集中破坏的方式；这同样要造成非常不利的后果。

第四节　减　灾　决　策

一、减灾决策的特点

减灾决策就是在预测未来灾害之危险性及其灾情的基础上所作出的应采取何种减灾措施或方案的决策。由于减灾决策的研究对象是"人—自然—社会"所组成的复杂巨系统，因此减灾决策具有如下鲜明特征：

1. 风险大

由于目前人类对自然界的认识和预测还没有达到完全清晰和准确无误，所以减灾决策不可避免地面临较大风险。

2. 投资大

亦即任何一项减灾措施都要耗费巨大的人力、财力和时间。

3. 与人民生命安全紧密相关

由于灾害随时随地都可能造成人类生命财产的毁灭与损失，所以，减灾决策也直接与人民生命安全相关联，从而也对决策者或决策机构提出了较高的要求：要求决策者或决策机构高瞻远瞩，统领全局，处事果断。

毫无疑问，如何应用自然信息、经济信息和社会信息，实施超前分析，设法避免或减轻未来可能产生的影响，同时使每次减灾决策之后所产生的减灾效益在所有选择方案中是最优的，便成为减灾决策中的核心问题。目前，决策科学为这一问题的解决提供了很好的理论基础，而 GIS、Internet 技术等则为这一问题的解决提供了强有力的技术手段。

二、减灾决策的过程

通常，人的决策行为模型主要包括：建立目标、设计方案、方案评价优选方案与决策、反馈与控制；这一过程如图 4-7 所示。

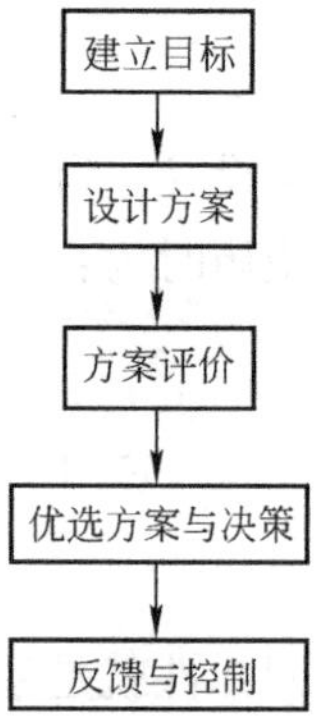

图 4-7 减灾决策流程示意

(一)建立目标

选择和建立正确的目标，是减灾决策的基础。减灾决策的目标，首先是确保或尽量减少生命损失，其次是尽量减少财产损失；具体而言，应考虑以下四条原则：

1. 信息完备原则

决策必须以信息为根据，准确、全面、及时、适时的信息是决策的基础。减灾决策的信息主要来自对自然规律的认识，对自然现象的观测和对自然灾害及其受灾地区的人身、财产情况的预测。减灾决策要求决策者或决策机构尽可能全面、及时地获取以上信息，然后作出正确的决策。

2. 可行性原则

它是衡量决策正确性的标志。为了确保决策方案在实践中确实可行，决策者或决策机构必须事先充分分析客观条件与主观条件，综合考虑人力、财力、条件等各种情况，并预测可能发生的种种变化及决策实施后的利弊等，然后经过慎重论证，周密评估，确定其可行性。例如，对于减少灾害损失的决策，如若根据中、长期预报，便决定把可能灾区的人员、财产等迁出，这显然是不可行的；而若根据短期预报果断决定，则是可行的。

3. 人身安全第一原则

由于灾害随时影响人身安全，故在选择减灾方案时，要始终把人身安全放在第一位。在有可能危及人身安全时选择减灾方案，则要加大安全系数，不能只从经济利益出发来考虑问题。

4. 减灾效益原则

减灾效益是灾害经济学的基本原则，也是减灾决策最基本的经济依据。对于灾害的预防和灾后减损可以设计出多种措施和方案。在选择这些减灾方案时，会碰到三个量，即减灾投入(又称"减灾成本")、减灾收益和减灾效益。减灾投入指在减灾过程中的经济投入，其中人力投入也应折合成经济指标。减灾收益是指由于实施了减灾措施后少造成的损失部分，这里不考虑成本问题，即减灾收益与减灾投入无关。减灾效益是指实施减灾措施之后的实际经济效益，与减灾投入有着直接的关系。三者之间的关系可用以下两个公式表示。

(1)减灾收益＝灾害能够造成的经济损失－实施减灾措施后的实际经济损失

它表明，实施减灾措施后的实际经济损失越小，则减灾收益越大，即减灾措施的作用越大。

(2)减灾效益＝减灾收益－减灾成本

当减灾效益＞0 时，说明收益＞成本，此种减灾方案可以采用；当减灾效益≤0 时，说明收益≤成本，没有必要采取此种方案。

依据以上两个公式，综合考虑收益、成本、效益三因素的相互关系，以效益值是否大于零为减灾方案的取舍依据；若各方案都大于零，则选取效益值较大的方案。当然，若灾害可能危及人身安全时，效益原则应放在其后。

减灾决策所面临的是一个复杂多变的大系统，因此，在资料和信息的收集过程中利用计算机建立信息系统，可以大大减少信息的失真，并可节省决策时间。

（二）设计方案

当建立目标并取得一定的资料、信息后，就可以设计出多种预选方案，以供决策者或决策机构进行选择。

（三）方案评价

当方案设计完后，要利用定性、定量、定时的分析方法，对各预选方案进行评价。它包括：所收集的资料和信息是否正确和完善，方案设计中使用的方法是否科学，方案的经济性、手段等方面是否可行，是否违法等。

常用的定量评价方法有：边际分析、费用——效益分析、价值工程分析等。

（四）优选方案与决策

此阶段是减灾过程中最为关键的环节。决策者或决策机构要对各种方案从必要性、可行性、经济性等方面进行比较论证，然后选择最满意的方案拍板定夺。

（五）反馈与控制

此阶段的任务在于准确而迅速地把减灾决策实施过程中所出现的问题反馈给决策者或决策机构，使其能够及时根据客观情况的变化，对决策方案进行相应的调整与修正。

三、减灾决策的方法

（一）决策方法

决策的研究方法可分为硬决策与软决策两种。

1. 硬决策

也称为"数学决策"。一般方法是：先建立方程式、不等式、逻辑式或概率分布函数来反映决策问题，然后直接用数学手段求解，找出最优方案。它所应用的数学工具主要是运筹学，其中包括线性规划、非线性规划、整数规划、动态规划、排队论、对策论、更新论、搜索论、统筹论、优选法、投入产出法、蒙特卡洛法、价值工程分析等。另外，也常常用到系统分析、系统工程、网络工程、网络图论等。当然，这些问题的求解大都是在计算机的帮助下完成的。

2. 软决策

又称为"专家决策"。主要指"专家决策"的推广和科学化，当然也包括一些硬决策的软化工作。软决策可以通过所谓"专家法"把心理学、社会学、行为科学和思维科学等各门科学的成就应用到决策中来，并通过各种有效的方式使专家在不受干扰的情况下充分发表见解（其代表性方法是专家预测法、头脑风暴法、德尔菲法）。此外，还有模糊决策、灰色决策、人工智能等方法。

（二）四种减灾决策方法

以上各种方法均适用于不同种类的决策，因此以下即针对各类不同类型的决策，讨论不同的减灾决策方法。

1. 确定型减灾决策方法

确定型减灾决策是指未来情况的发生为已知条件下的决策，其常用的方法有：

（1）用微分方法求极值；

（2）用拉格朗日法求极值——条件极值；

（3）用线性规划与非线性规划求最优值；

（4）用动态规划求各阶段决策过程的期望值等。

2. 不确定型减灾决策方法

指未来的情况为未知条件下的决策。它是减灾决策中经常要遇到的决策问题。由于未来将要发生的灾害及可能造成的损失往往不能预先为决策者或决策机构所了解，所以决策者或决策机构常常面临这一类型的决策问题。

在不确定型减灾决策中主要是确定衡量方案优劣的法则。这个法则一旦确定，问题便不难得到解决。从不同角度出发可以确定不同的优劣法则，从而得到各种不同的决策方法，其决策结果也不见得一样。至于在何种场合下应该应用哪种方法，要根据具体情况而定，不能一概而论。

（1）小中取大法则

又称"悲观法则"或"Wald 法则"。这是一种保守的减灾决策方法。其特点是：从不利的情况出发，按灾害可能造成的最大损失估计，选择最好的方案。这一法则尤其宜于针对有可能危及人民生命的灾害制定防灾减灾方案时使用。

（2）大中取大法则

又称"乐观法则"。它是从各种自然状态下各方案的最大效益中选取最大效益的最大值，即选取各极大值中的最大值所对应的方案的实施方案。这是一种冒险的减灾决策方法，适用于灾害性质较轻的减灾决策问题。对于危及人身健康和可能造成重大财产损失的灾害，则不可采取这种决策法则。

（3）大中取小法则

又称"最小遗憾法则"。一般指在最大损失中取最小损失的方案。

（4）平均值中取最大法则

它是把每一方案在各种可能情况下的效益加以平均（假定每一种情况出现的可能性是一样的），并进行比较，取其中最大的一种方案。

（5）折中法则

又称"乐观系数法则"。其特点是既不像小中取大法则那样保守，也不像大中取大法则那样冒险，而是从中找出一个折中的标准。即：首先根据历史数据的分析与经验判断方法确定一个乐观系数，用 a 表示，其值为 $0 \leqslant a \leqslant 1$。当 $a=0$ 时，便成为小中取大法则；当 $a=1$ 时，便成为大中取大法则。

另外，还有拉普拉斯法则、敏感性法则等。

3. 风险型减灾决策

它指决策因素中的未控制因素 Y_i 具有概率变化的决策。该决策中未来事件可能发生的概率为：

$$o \leqslant P(Y_i) \leqslant 1, \quad \sum_{i=1}^{n} P(Y_i) = 1 \qquad (4\text{-}20)$$

为了提高减灾决策的可靠性，可利用贝叶斯条件概率公式将风险型减灾决策转化为确定型减灾决策。贝叶斯公式用在减灾决策中的意义是求出造成 B 事件发生原因 A_i 的概率，然后根据原因概率预测减灾经济效果，并进行决策。这样，便可以把风险型减灾决策转换成确定型减灾决策，从而提高减灾决策的可靠性。

减灾工作中所遇到的决策问题大多是风险型问题。对于风险型问题，有以下两种常用的决策方法。

(1) 最大可能法

根据概率论可知，一个事件的概率越大，事件发生的可能性也越大。基于这种思想，可在风险型减灾决策问题中选择一个概率最大的自然状态进行决策，而不管其他自然状态；这就使风险型问题变为确定型问题。

(2) 期望值法

它是以决策问题构成的损益矩阵为基础，计算出每个减灾方案的期望值，即：

$$E(S) = \sum P_i S_i \qquad (4\text{-}21)$$

式中，P_i 为 $S = S_i$ 的概率。

在各个决策方案中选择具有最大效益期望值或最小损失期望值的方案为最优，具体形式有表格计算法和决策树计算法两种。其中，表格法适用于单级决策问题，决策树法适用于多级决策问题。

4. 马尔可夫型减灾决策

马尔可夫型减灾决策与贝叶斯决策不同，贝叶斯决策是用历史资料进行预测和决策，而马尔可夫决策是用近期资料进行预测和决策；特别是对于洪水灾害，马尔可夫方法有着良好的应用前景。

第五章　城市综合防灾体系

第一节　城市防灾体系

一、城市防灾体系的组成

一个城市只有拥有较完善的防灾体系，方能有效地防抗各种城市灾害，并减少灾害的损失。

（一）城市防灾工作的组成

一般来说，城市防灾工作包括对灾害的监测、预报、防护、抗御、救援和恢复重建6个方面；它们之间有着时间上的顺序关系，也有着工作性质上的协作分工关系。从时间顺序上看，可以分作四个部分（图5-1）

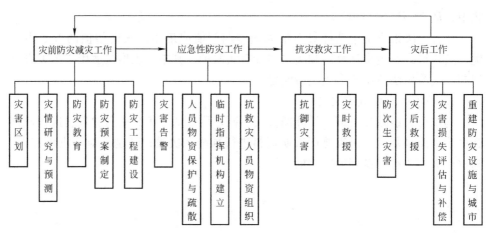

图5-1　城市防灾工作的四个部分

1. 灾前的防灾减灾工作

这部分工作包括了城市灾害区划、灾情预测、防灾教育、防灾预案制定与防灾工程设施建设等内容。

事实表明，灾前工作的好坏对整个防灾工作的成败有着决定性影响。在灾情尚未发生时，城市防灾工作非但不能松懈和停顿，而且必须抓紧时间，对城市及周边地区已发生过的灾害作好调查研究，总结经验教训，探索规律，教育公众，训练队伍，建设设施，作好准备，随时准备迎接一切可能发生的灾害。

在灾前的防灾减灾工作中，人们往往比较重视城市防灾设施建设，却轻视其他几方面工作；实际上，灾害的监测、预测工作以及防灾预案的制订和防灾教育都在防灾工作中发挥着重要作用。例如，我国曾经成功地预测1975年2月4日发生的辽宁海城地震，使该城市大部分人口在震前得以疏散，结果虽然发生了7.3级地震，城市大部被毁，死亡人数却仅为1328人；而1976年7月28日唐山发生的7.8级地震，由于种种原因，未能作出预报，结果死亡人数竟达24.27万人。再如，日本是一个多震国家，日本的许多城市每年都要进行全民动员，开展规模不等的各种防灾演习，以检查防灾队伍和防灾设施的预备情况，并相应修改、完善防灾预案，同时也对民众进行防灾知识教育，提高全民防灾素质；日本的作法很值得我们学习和借鉴。

2. 应急性防灾工作

在预知灾害即将发生或灾情即将影响城市之时，城市应该采取必要的应急性防灾工作；例如，成立临时防灾救灾指挥机构，进行灾害告警，疏散人员与物资，组织临时性救灾队伍等。

应急性防灾工作的顺利与否，取决于灾前防灾准备工作的好坏。同时，应急性防灾工作也影响着下一步的抗灾救灾工作；如果应急措施得力，就能有效抵抗灾害，减少灾害损失。

3. 灾时的抗救工作

灾时的抗救工作主要是抗御灾害和进行灾时救援，如防洪时的堵口排险、抗震时的废墟挖掘与人员救护等。所谓"养兵千日，用在一时"，各种防灾措施、防灾队伍、防灾指挥机构等都需在此时发挥作用，保护人民生命和财产安全。

4. 灾后工作

城市灾害发生之后，防灾工作并未终结，其灾后工作主要有：

（1）防止次生灾害的产生与发展；

（2）继续进行灾后救援工作；

（3）进行灾害损失评估与维修；

（4）重建防灾设施和损毁的城市设施。

灾后工作十分艰苦，意义也十分重大。实际上，灾后工作也是下一次灾害的灾前防灾减灾工作的组成部分。

（二）城市防灾机构的组成

城市防灾机构一般分为研究机构、指挥机构、专业防灾队伍、临时防灾救灾队伍、社会援助机构和保险机构等。其中，研究机构要对当地情况进行全面的调查了解，并根据其专业知识进行监测、分析、研究和预报；指挥机构负责灾时的抗灾救灾和灾时防灾设施的建设；专业防灾队伍则是经过训练、装备较好的抗灾救灾队伍，如消防队。

在出现重大灾情时，军队往往作为防灾队伍的主力，可以将其组成专业防灾队伍。临时防灾救灾队伍是在灾情发生时，由指挥机构组织居民和志愿人员组成的抗灾救灾队伍，辅助专业防灾队伍开展工作。社会援助机构和保险机构在灾时和灾后需从经济上对防灾工作和受灾人员与单位给予支持，帮助其恢复生产、重建家园。

（三）城市防灾工程的组成

城市防灾工程可根据工程防灾的范围分为区域性防灾工程、城市防灾工程和单位设施防灾工程，也可根据工程的用途分为专门防灾工程和多用途防灾工程，或根据工程时效分为永久性防灾工程和临时性防灾工程，还可以分为防灾工程设施和防灾工程措施等等。

（四）美、日城市防灾体系的组成示例

美、日等国家在城市防灾体系方面的建设是较为成熟的（图5-2、图5-3）。当灾害来临时，因其防灾响应系统建设比较完善，其各个层级的政府会有相应的机关部门进行防灾的统一调度。同时，针对灾害，会有应急行动中心进行反馈，并做出应急回应规划或减灾规划。

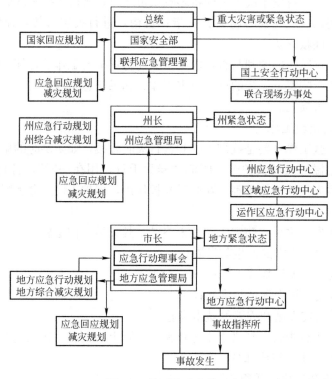

图 5-2　美国的防灾体系

二、我国城市防灾体系的现状问题

由于观念、体制、方法上的原因，我国现有城市防灾体系存在以下问题：

（1）我国现有城市防灾基本上以单位防、抗为系统，在规划建设中各自为政，造成防灾设施布局不合理，重复配置，资源浪费。

（2）忽视城市整体防灾组织指挥系统的建设以及生命线系统的防护等重要环节，现有城市防灾系统难以快速、高效地防抗多样化、突发性的城市灾害。

（3）缺乏综合利用城市防灾设施的观念、规划和措施，难以充分发挥城市防灾设施的效能；未能形成城市防灾设施投资、使用、维护的良性循环，严重影响了城市防灾系统在灾时的正常运作。

综上所述，根据我国城市灾害的特点和现有城市防灾体系的缺陷，有必要在全面认识城市灾害的基础上，树立城市综合防灾的观念，建立我国城市综合防灾体系。

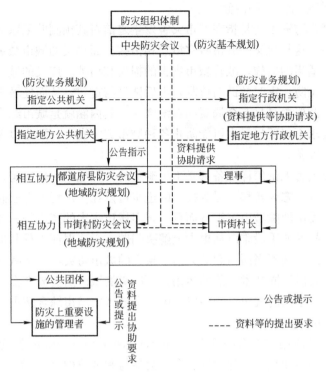

图 5-3　日本的防灾体系

第二节　城市综合防灾

一、城市综合防灾的依据与内涵

(一) 城市综合防灾的依据

如前所述，使城市安全受到威胁的自然灾害和人为灾害是多种多样的，特别是基于以下的考虑，现代城市更应该实行综合防灾。

(1) 城市是一个经济、社会综合体，是一个有机的复杂巨系统，它由生产系统、生活系统、生态系统("三生"系统)等多个系统有机构成。城市现代化程度越高，各系统间相互依存与影响的关系越密切；特别是在城市遇到灾害时，各系统间的依存与影响尤为突出。

(2) 城市灾害具有综合的特征，很多城市灾害之间有内在联系，表现为：一种原生灾害出现后，往往在城市造成新的次生灾害，进而引发一系列灾害，形成"灾害链"。即使单一的自然灾害在城市也会造成新的次生灾害，如城市地震后往往形成火灾，而断水又造成瘟疫。这种灾害链的发生与发展，由于城市产业和人口的密集而更加复杂，构成城市灾害系统。

因此，城市系统的复杂性和城市灾害的综合性要求我们必须树立城市综合防灾的观念，将城市的各项防灾工作综合纳入城市经济、社会发展规划与城市规划，并在纳入的过程中尽可能使其相互结合。

175

（二）城市综合防灾的内涵

狭义的城市防灾主要是指在城市灾害发生之前对其预测并采取适当措施，避免灾害的发生；这与狭义的城市减灾概念相衔接。而狭义的城市减灾是指城市灾害发生后采取适当的措施，减轻城市灾害的损失和痛苦。广义的城市防灾则包括了灾前准备和预防，灾时救助与抢救，灾后恢复与重建，从而使城市灾害所造成的损失最小。此概念是具有全局观的系统概念，其内涵就是城市综合防灾的本来意义，即：要求不仅要尽最大可能防止各种城市灾害发生，还应该做好完善的应对城市灾害的准备。

有些城市灾害无论怎样准备都是不可避免的，如城市气象灾害、地质灾害等不以人们的主观意志为转移，尽管技术的进步可以在一定程度上遏制城市灾害发生的频率，但无法消除城市灾害。而且，很多城市灾害的产生是一系列因素共同作用的结果，技术的手段难以从根本上解决问题，无法保证工程和项目的绝对安全，反而产生因协调不当而引起的失衡。狭义的城市防灾与城市减灾各自相对独立，更偏重各阶段不同技术手段的运用。而广义的城市防灾概念在应对复杂的灾害情况时具有更全面的视角，一些发达国家和地区的城市综合防灾理念也是基于此而建立起来的。

美国是较早使用"综合防灾"（comprehensive prevention）概念的国家，其城市综合防灾的内涵是全灾种设计、全社会参与和全防御过程（图 5-4）。

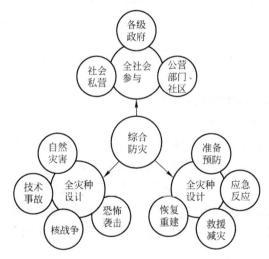

图 5-4　美国城市综合防灾内涵

而我国台湾都市防灾的定义在狭义上是指：建立在都市计划区内的有关都市空间、设施、公用设备及建筑物等对风灾、水灾、震灾、火灾、危险物灾害等所发生的一切灾害的预防、抢救及重建工作；广义上是指：国土层面涵盖都市行政、河川行政和道路行政三方面的灾害防治与恢复，其他有综合防灾的意涵。

城市综合防灾必须强化全过程、全方位、整体和系统观念，并在城市灾害的事前、事中、事后阶段得到充分反映。因此，城市综合防灾的定义为：在城市区域范围内动用一切可以动用的力量和资源，对可能造成城市区域内生命、财产损失和恢复生产、生活与安全的所有因素，通过规划、设计、监督进行预测和预防，并通过救援、恢复、培训和指导即能减轻损失的制度安排和社会动员。

二、城市综合防灾的对策与措施

(一)城市综合防灾的对策

城市综合防灾应包括对城市灾害的监测、预报、防护、抗御、救援和灾后的恢复重建等内容，并注重各灾种防抗系统的彼此协调、统一指挥、协同作用，强调城市防灾的整体性和防灾措施的综合利用。同时，城市综合防灾还应注重城市防灾设施的建设和使用同城市开发建设的有机结合，形成"规划—投资—建设—维护—运营—再投资"的良性循环机制。具体而言，城市综合防灾包括以下对策。

1. 加强区域防灾减灾协作

城市防灾减灾也是区域防灾减灾的重要组成部分，尤其是对洪灾和震灾等影响范围大的自然灾害而言，防灾工作的区域协作是十分重要的。

我国已在大量的研究和实践的基础上，对某些灾害作了相应的大区划，并成立了一些灾种固定或临时的防灾管理协调机构。因此，我国的城市防灾工作必须在国家灾害大区划的背景下进行，并根据国家灾害大区划来确定城市设防标准，作到因灾设施，因地减灾。同时，我国的城市防灾工作应服从区域防灾机构的指挥、协调和管理。1991年我国太湖水系发生特大洪水期间，经过区域协调，采取了一系列分洪、滞洪和泄洪的措施，牺牲了一些局部利益，但有效地降低了太湖的高水位，缩短了洪水持续的时间，保障了沿湖大多数大、中城市的安全，区域整体防灾取得了好的效果。

此外，市郊以及市域范围的防灾协作也十分必要。我国市域小城镇和市郊地区的防灾设施往往较为匮乏，一旦发生较大规模的灾害，往往束手无策。如果能与其周边城市联手，配置共用防灾设施，或依据邻近规模较大、经济实力较强的城市，与之进行防灾协作，或许能较快地提高这些小城镇和市郊地区的防灾能力。

2. 合理选择与调整城市建设用地

城市总体规划惯常通过城市建设用地的适用性评价来确定城市未来的用地发展方向和进行现状用地布局的调整。城市的地形、地貌、地质、水文等条件往往决定了城市地区未来可能遭受的灾害及其影响程度，因此在城市用地布局规划，特别是重大工程项目选址时应尽量避开灾害易发地区或灾害敏感区，并留出空地。

早在1936年，美国地理学家就提出将土地使用作为减灾策略。1972年，美国加州政府要求所属地方政府须将减灾策略纳入其土地使用计划中。1994年洛杉矶北岭地震之后，美国对防震减灾的相关法规进行了调整，土地使用是其减灾规划的重要手段之一。以加州为例，其在综合规划中的安全元素章节中要求对发展地段进行地质评估，建立地质风险减退区等。具体内容包括对潜在的移动、地面晃动、山体倾斜、滑坡、液化、土壤板结等进行技术评估；同时，要求特别留意某些薄弱环节，包括确定可能在地震中坍塌的、有风险或是不符合标准的结构，地震引发的大坝被破坏的可能性，洪灾的可能性。

177

另外，城市灾害的区划工作是对城市用地的灾害与灾度的全面分析评估，它为制定城市总体防灾对策、确定城市各地区设防标准提供了充分依据，可以节省并合理分配防灾投资。一些城市在进行抗震安排后，对城区内的抗震设防标准作出相应调整，从而合理地使用了城市抗震投资，取得了好的效果。

对于处于防灾不利地带的老城市，应结合城市的旧区改造，降低防灾不利地区的人口与产业密度，逐步调整其用地布局，使老城市的居住、公建、工业等主要功能区最终完全避开防灾不利地带，实现城市总体布局的防灾合理化。

3. 优化城市生命线系统的防灾性能

从城市生命线的体系构成、设施布局、结构方式、组织管理等方面提高城市生命线系统的防灾能力和抗灾功能，是现代城市防灾的重要环节。

一方面，保证城市生命线系统自身的安全十分重要。城市道路、供电、燃气、通信、给水等生命线系统在火灾(尤其是地震)时极易受到破坏，并发生次生灾害。1906年美国旧金山地震，因煤气主管震裂，75％的市区被大火焚毁。1989年10月发生的美国加州地震和1995年1月发生的日本阪神大地震中，都出现了城市高架路被震倒而造成城市干道交通瘫痪的现象。

另一方面，城市防灾对于生命线系统的依赖性极强。如我国的城市消防主要依靠城市给水系统，城市灾时与外界的联系和抗灾救灾指挥组织主要依靠城市通信系统，城市交通必须在灾时保证救灾、抗灾和疏散的通道畅通，应急电力系统要保证城市重要设施的电力供应等等。这些生命线系统一旦遭受破坏，不仅使城市生活和生产能力陷于瘫痪，而且也使城市失去抵抗能力。所以，城市生命线系统的破坏本身就是灾难性的。日本阪神大地震时，由于神户交通、通信设施受损，致使来自20km外的大阪的援助便不能及时到达。

4. 强化城市防灾设施的建设与运营管理

城市防灾设施是城市综合防灾体系中主要的硬件部分。除城市生命线系统以外，城市的堤坝、排洪沟渠、消防设施、人防设施、地震监测报告网以及各种应急设施等都属于城市防灾设施。这些设施一般专为防灾设置，直接面对城市灾害，担负着城市灾前预报、灾时抗救的重要任务。城市防灾设施的标准和建设施工水平直接关系到城市总体防灾能力。

目前，我国城市在各类防灾设施上欠账较多。比如城市防洪，不仅堤防设施没有达到国家标准，有的城市甚至完全没有设防；其他如消防器材的投入、排涝设施的建设等，都有待进一步加强。

提高城市防灾设施的使用效益，也是当前城市防灾工作的关键。我国城市的防灾设施一般都是针对单个灾种设置的，如堤坝是为防洪而建，消防站是为防火而建。各种设施分属不同的防灾部门，在建设、使用和维护、管理、运营上高度专门化，设施的使用频率较低，防护面较差。同时，现有防灾设施的布局和功能也很难适应城市灾害多样化、网络化、群发性特点。建设城市综合防灾体系，有利于城市防灾设施的综合利用：一方面，城市防灾设施的建设布局要充分考虑城市灾害的特点，尤其是针对灾害链的特点，综合布局防灾设施，并在它们的管理指挥机构之间保持畅通的联系、协调渠道，以在对付连发性与群发性灾害时形成防灾设施的联动机制。另一方面，城市防灾设施使用的平灾结合也十分重要。近年来，我国城市地下人防设施的综合利用已得到推广普及，产生了较好的社会效益和经济效益。一些省、市、区开始将"110"报警电话由单纯报警发展成为社会救助提供综合服务的网络，为城市防灾设施的综合利用提供了好的思路。也就是说，城市防灾设施也应融入整个城市的社会服务体系，服务社会，并从社会服务中获得建设、维护、管理所需的部分经费，从而走上良性循环、自我发展的路子。

5. 建立城市综合防灾组织指挥系统

城市防灾涉及的部门工作很多，包括了城市灾害的测、报、防、抗、救、援以及规划与实施诸项工作。由于许多部门在防灾责任、权利方面既有交叉，又存在盲区，缺乏综合协调城市建设与防灾、城市防灾科学研究与成果综合利用关系的能力，使城市政府部门的防灾职能难以发挥。

在城市防灾工作中，灾前的预防预报工作、灾时的抗救工作和灾后的恢复重建工作同样重要，但在当前的防灾工作中，灾前和灾后的工作往往得不到重视。这是因为，许多城市防灾组织指挥机构是临时性的，灾前组班子，灾后散班子。由于缺乏持续有力的领导，城市防灾对策的研究与制定、城市防灾规划的编制与实施、城市防灾部门与设施的运营与管理、城市防灾宣传教育等许多日常性事务无人过问，忽视了至关重要的城市防灾政策问题，影响了城市防灾能力的提高。如果在单项灾害管理的基础上，建立从中央到地方的条块结合，由常设的综合性防灾指挥机构形成组织协调和统筹指挥的机制，将有效地提高城市的总体防灾能力。日本东京在 1962 年 10 月即设置了"东京都防灾会议"，负责指导城市综合防灾工作，尤其是地区防灾计划的制定与修改工作。阪神大地震后，日本政府开始建立中央防灾指挥系统。刚开始时，确定由内阁官房副长官（类似于总统府副秘书长）负责防灾工作。2004 年的新潟地震发生后，日本内阁中设立了由公安委员长兼任的防灾大臣，统筹自卫队、警察、海上保安厅等救灾力量。同时，在中央政府内设立了由地震专家、央行行长、电视放送协会会长、电信公司总裁、全国红十字会会长和全体内阁成员组成的"中央防灾会议"，由首相亲自担任会长。该机构主要负责防灾措施和中央各机构应急预案的制定，负责灾情信息的预报和发布，以及在灾害发生时作出最迅速和最权威的判断和指挥。其他一些国外城市也根据自身的情况设立了综合防灾组织指挥机构，全面而重点地负责防灾工作，取得了好的效果。因此，在现阶段有必要组织高效率的城市综合防灾指挥机构，协调各方面力量，建立结构合理、学科交叉的精干研究队伍，共同协作攻关，解决难点；并完善各种制度，统一调用防灾抗灾急需物资，研究制定有关的政府法令和防灾抗灾方案，使城市防灾抗灾有组织上的保证。

6. 健全、完善城市综合救护系统

联合国倡导的 2008 年第 19 个国际减灾日的主题是"减少灾害风险，确保医院安全"；2009 年第 20 个国际减灾日的主题是"让灾害远离医院"。国际减灾日连续两年关注医院，说明医疗卫生对于抵御灾害具有重要作用。灾害发生时，医院是最不可缺少的基础设施。近年来，世界各地灾害频繁发生，一旦医疗机构和卫生设施在灾害中遭到破坏，其改善市民健康的能力以及提供其他基本保健服务的能力也势必削弱。

城市急救中心、救护中心、血库、防疫站和各类医院、心理医院是城市综合救护系统的重要组成部分，具有灾时急救、灾后防疫等重要功能。城市规划必须合理布置这些救护设施，要避免将这些设施布置在地质不稳地区、洪水淹没区、易燃易爆设施与化学工业及危险品仓储区附近，以保证救护设施的合理分布与最佳服务范围及其自身安全。同时，还要加强对这些设施平时的救护能力和自身防灾能力的监测，尤其要维护与加强这些设施在灾时的急救能力，并从人员、设备、体制上给予保证。

重大灾难给亲历者带来的情绪失控和巨大悲痛，可能发展成一种叫做"创伤后应激障碍(PTSD)"的疾病；有的创伤后应激障碍可以导致抑郁症，如果不及早干预，其中有15％的人会选择自杀。于是，心理干预——一种当个人或者群体在遇到突发事件和灾难事故时对当事人进行的心理疏导活动，就显得非常必要了。为此，原国家卫生部编制的《中国精神卫生规划(2002～2010)》提出，"要逐步将精神卫生救援工作纳入救灾防病和灾后重建工作中。加快制定《灾后精神卫生救援预案》，从人员、组织和措施上提供保证，降低灾后精神疾病发生率。积极开展重大灾害后受灾人群心理应急救援工作"。

7. 提高全社会对城市灾害的承受能力

我们面对城市灾害的正确态度应该是：一不要怕，二要研究，三要预防。要树立防灾、抗灾、救灾相结合的长期战略思想，增强市民的灾害意识，坚持经济建设与防灾规划同步进行，把全社会对城市灾害的承受能力建立在科学的基础之上。

(1) 树立灾害与人类共存的历史唯物主义观点，摒弃侥幸心理，增强全社会的防灾、抗灾观念，是树立长期防灾战略思想的根本。要把经济建设与防灾规划结合起来，统筹兼顾，全盘考虑，防止因盲目追求发展速度而忽视可能存在的灾害威胁的现象；要把城市灾害的对策研究放到战略高度来抓，坚持生产与救灾、防灾与救灾、救灾与扶贫、救灾与保险相结合，真正使我国的城市防灾救灾工作既有思想准备，又有社会保证。

(2) 开展对城市灾害规律的研究，提高对城市灾害产生与发展过程的认识，建立城市灾害信息系统和城市防灾救灾的决策体系，加强国家有关职能部门、大中城市之间灾害的信息交流与管理，开展国内、外城市重大灾害的对比研究，建立相应的数据库，使城市防灾学研究真正具有预警作用。

(3) "无知是最大的灾害"，这是为国内外许多重大事故与灾害所反复证实的真理。因此，要增强全民的防灾减灾意识，提高全民的安全文化素质，不断调整全社会的行为规范，消除城市化过程中派生的各种弊端，减少天灾人祸相互叠加的可能性，具体措施有：

1) 加强市情教育，包括对城市资源、环境和灾情的介绍；

2) 通过各种手段，对市民和学生进行灾害防护救援基本知识的培训；

3) 对广大干部进行减灾管理知识的培训与考核；

4）帮助市民转变"等、靠、要"的观念，树立"自力更生、艰苦奋斗、奋发图强、建设家园"的精神，努力提高全社会防灾减灾的综合能力；

5）借鉴日本消防厅防灾馆的经验，让市民免费体验灾害，通过模拟演习掌握防灾知识；

（4）制定针对不同灾种的应急救援行动预案，一旦发生重大突发性灾害，即按照预案有条不紊地开展防、抗、救，以保持社会秩序的稳定，将城市灾害损失和不利影响控制在尽可能低的水平。同时，组织城市不同群体参加不同灾种、级别的应急救援演习，提高市民的防灾意识和应变能力。

各类应急预案的预警级别可参照突发公共事件的分级标准及可能造成的危害程度、紧急程度和发展态势来确定，一般划分为四级：Ⅰ级（特别严重）、Ⅱ级（严重）、Ⅲ级（较严重）和Ⅳ级（一般），可依次用红、橙、黄、蓝色来表示。

8. 强化城市综合防灾立法体系建设

加强法制建设，健全城市防灾减灾法规，是一项迫在眉睫的工作。目前，我国已颁布了不少有关减少和制止人们不当行为作用于自然环境的法律和法规，取得了明显的效果，但还没有一个有关城市综合防灾减灾的法律。大部分人还没有对城市灾害管理引起高度重视，所以应以立法的手段来确立城市防灾在城市经济、社会发展中的地位与作用，明确政府、企业、事业单位在城市防灾减灾中的责任与义务，并加强对市民的法制教育。特别是各级领导干部更要重视法规的学习，提高以法制灾、以法保城的意识。主管部门要作到"有法可依、有法必依、执法必严、违法必究"，维护法律的严肃性。因此，各级人大和职能部门要加强城市防灾法规的制订工作，把城市综合防灾纳入法制轨道，保护市民生命、财产的安全，促进城市经济、社会的可持续发展。

9. 大力发展城市灾害保险业务

城市防灾减灾工作离不开保险事业。首先，国家要建立政策性保险公司，同时对于商业性保险公司愿意经营城市灾害保险业务的采取自愿政策；其次，根据我国的财力情况，可采取联名共保办法，共同发展城市灾害保险；此外，国家应从整体经济利益出发，在财政上优先照顾城市灾害保险的发展，并在税收、政策上扶持城市灾害保险业务的发展，推动城市防灾走向社会化，将城市减灾纳入各行各业的行政计划，把减灾责任分解和落实到各单位和个人。

10. 重视城市防灾科学研究

城市综合防灾减灾是城市实现可持续发展的重要方面；要做好这一工作，必须充分依靠科学技术，不断提高城市防灾减灾的科技水平。城市既然是国家防灾减灾的重点，就应在科研上加大投入，全面开展灾情调查，加强城市灾害评估工作。利用先进的科学技术推动城市防灾系统工程建设，大力开展城市综合防灾体系的理论研究和城市各类灾害防治措施的研究，重点开展建筑工程结构抗震、隔震、减震、消防技术研究，并注重高层建筑的防火技术研究。此外，还要注意借鉴国外城市防灾减灾的先进技术，研究城市灾害的综合管理系统。

（二）城市综合防灾的措施

城市综合防灾措施可以分为以下两种：一种是政策性措施，另一种是工程性措施；二者相互依赖，相辅相成。政策性措施又称为"软措施"，而工程性措施可称为"硬措施"；只有从政策制定和工程设施建设两方面入手，"软硬兼施、双管齐下"，才能搞好城市的综合防灾工作。

1. 城市政策性防灾措施

城市政策性防灾措施建立在国家和区域防灾政策基础之上，它包括以下两方面内容：

（1）城市总体规划及城市各部门的发展规划是政策性防灾措施的主要内容

城市总体规划通过对城市用地适用性的评价来确定城市用地发展方向，实现避灾的目的。城市总体规划中有关消防、人防、抗震、防洪等防灾工程规划，更是城市防灾建设的主要依据，并对城市防灾工作有直接指导作用。除城市总体规划以外，城市各部门的发展规划也直接或间接地与城市防灾工作相关联，尤其是市政部门的基础设施规划与城市防灾有着非常紧密的联系。

（2）法律、法规、标准和规范的建立与完善也是政策性防灾措施的重要内容

近年来，我国相继制订并完善了《城乡规划法》、《人民防空法》、《消防法》、《防洪法》、《防震减灾法》等一系列法律，各地、各部门也根据各自情况编制并出版了一系列关于抗震、消防、防洪、人防、交通管理、基础设施建设等多方面的法规和标准、规范，对指导城市防灾工作起到了重要作用。

2. 城市工程性防灾措施

城市的工程性防灾措施是在城市防灾政策指导下进行的一系列城市防灾设施与机构的建设工作，也包括对各项与城市防灾工作有关的设施所采取的防护工程措施。城市的防洪堤、排洪泵站、消防站、防空洞、医疗急救中心、物资储备库和气象站、地震局、海洋局等带有测报功能的机构的建设，以及各种建筑的抗震加固处理、管道的柔性接口等处理方法等，都属于工程性防灾措施的范畴。

政策性防灾措施只有通过工程性防灾措施才能真正起到作用；但我国许多城市存在着有法不依、有规不循的情况，致使城市防灾能力十分薄弱。

三、城市生命线系统的综合防灾

从城市安全角度来看，除了城市道路交通、防洪排涝系统外，城市的通信、供电、供水、燃气等工程系统，犹如人体中的动脉、神经等系统对于生命的重要性一样，是保障各种城市活动、城市管理的根本因素之一，因此被称为"生命线系统"。生命线系统是维系区域—城市功能的基础性工程设施，一旦在大规模灾害袭击下遭受破坏，将导致城市瘫痪。改革开放以来，我国城市综合实力不断增强，城市防灾建设取得了很大成绩，但生命线系统的安全隐患依然存在。由于设施老化、设计标准偏低、工程质量不高和外力损坏等原因，在没有遭遇重大灾害的情况下，水管、燃气管爆裂事故时有发生，电网事故更是频繁发生，有的造成大范围停电，产生了严重后果；如果遭遇空袭、地震等重大灾害，后果更是不可想象。可见，城市生命线系统的安全防灾是关系到我国城市安全的大事。

（一）城市生命线系统灾害的特点

1. 高频度

我国城市生命线系统构成复杂，既有新中国成立前形成的生命线设施，又有

新中国成立初期较低标准建设的生命线系统，以及长期以来片面强调挖潜改造、处于超负荷运行的生命线设施。伴随着城市工程设施日益老化、城市规模日益扩大，城市致灾源日益增多，总体上我国城市生命线系统灾害呈现高频度特点。

2. 同时面临两大类型灾害

就城市而言，在重灾情况下，生命线受灾都不是局部的，而是整个系统的破坏。我国城市生命线系统需要应对的灾害主要有两大类：一类是意外事故造成的灾害，如因燃气管受损而导致火灾或中毒等灾害；另一类是因地震、地面沉降、恐怖袭击、蓄意破坏等较大规模的主灾，造成各生命线系统被损坏而引发的灾害。前者的影响范围呈现局部性，但事故会越来越多，基本上与时间、城市规模呈正相关关系；后者则容易产生次生灾害，且在灾后一定时期内可能持续地对城市社会生活和经济建设造成较大的影响。

3. 容易产生"灾害链"效应

城市生命线系统之间有较强的相关性，受灾后相互影响。随着我国城市规模的不断扩大，如生命线系统遭到破坏，其灾害影响面会不断扩大，造成一系列连锁反应，产生"灾害链"效应。由于城市生命线由很多系统组成，一旦发生空袭、地震等大灾，不但因其原有的服务、供应功能丧失，造成直接经济损失，而且会引发城市各种社会活动的无序和混乱，严重时可使整个城市生活完全陷于瘫痪，且灾后需要相当长的恢复时间，造成更大的间接经济损失。例如，1923 年 9 月 1 日，日本关东地区发生 8.2 级特大地震，地震使煤气管道破裂，煤气外泄而引发了特大火灾。由于众多消防设备及地下水管被震坏，不仅无法扑灭大火，而且火势越烧越旺，迅速蔓延，致使横滨市几乎烧毁殆尽，东京市也被烧毁了 2/3 的面积。

（二）城市生命线系统综合防灾的关键措施

城市生命线系统包括交通、能源、通信、给排水等主要的基础设施，它们均有其自身的规划布局原则。但由于它们与城市防灾关系密切，应特别强调其防灾要求，使其具有比普通建、构筑物要高的防灾能力。

1. 设施的高标准设防

一般情况下，城市生命线系统都采用较高的标准进行设防，如：广播电视和邮政通信建筑一般为甲类或乙类抗震设防建筑，交通运输建筑、能源建筑为乙类建筑；高速公路和一级公路路基按百年一遇洪水设防，城市重要的市话局和电信枢纽的防洪标准为百年一遇，大型火电厂的设防标准为百年一遇或超百年一遇。

由上可知，各项规范中关于城市生命线系统的设防标准普通高于一般建筑；城市规划设计也要充分考虑这些设施较高的设防要求，将其布局在较为安全的地带。

2. 设施的地下化

城市生命线系统的地下化被证明是一种行之有效的防灾手段。城市生命线系统地下化之后，可以不受地面火灾和强风的影响，减少灾时受损程度；可以减轻地震的作用，并为城市提供部分避灾空间。但是，城市地下生命线系统也有其自身的防灾要求，比较棘手的有防洪、防火问题；另外，由于地下敷设管网与建设设施的成本较高，一些城市在短期内难以作到完全地下化。

3. 设施节点的防灾处理

城市生命线系统的一些节点，如交通线的桥梁、隧道，管线的接口，都必须进行重点防灾处理。高速公路和一级公路的特大型桥梁的防洪标准应达到300年一遇；震区预应力混凝土给、排水管道应采用柔性接口；燃气、供热设施的管道出、入口均应设置阀门，以便在灾情发生时及时切断气源和热源；各种控制室和主要信号室的防灾标准又要比一般设施高。

4. 设施的备用率

要保证城市生命线系统在设施部分损毁时仍保持一定的服务能力，就必须保证有充足的备用设施在灾害发生后投入系统运作，以维持城市最低需求。这种设施的备用率应高于非生命线系统的故障备用率，具体备用水平应根据系统情况、城市灾情预测和经济水平来决定。

（三）城市生命线系统综合防灾的基本策略

1. 做好生命线工程系统的灾害预测

城市生命线系统的灾害预测是科学制定城市综合防灾规划和系统防灾预案的基础。

（1）城市通信系统

主要是预测在遭受城市灾害袭击时通信联络阻断、失效的程度，以及灾后通信网发挥功能的能力和应急服务的可能性。主要包括以下通信设施：长途通信枢纽、重要电话局和汇接局、无线电台、卫星地面站和光缆接受站等机房；架空和埋设线路的电缆、管道和杆架；微波机架和关键的通信设备。

（2）城市供电系统

主要预测电厂主厂房、枢纽变电站、总调度楼、超高输电线塔架、高大的烟囱和冷却塔等重要建、构筑物和关键设备可能遭受的损害，进而预测城市在遭受灾害袭击时的电力网络的损害及其保障应急发电、供电的能力。

（3）城市供水系统

主要预测城市水源地及水库、泵房、井管、贮水池和供水管网的主干线在遭受灾害袭击时的损害，及灾后居民最低用水和紧急供水（尤其是消防用水）的可能性和相应的对策。

（4）城市燃气系统

主要针对城市燃气气源的工程设施和设备（如燃气发生装置、贮气柜、调压站）等；供气管网的主干管道、加压站和切断装置等，进行燃气输配网络系统工程灾害预测和可能泄漏的估计，并制定安全保障的对策。

2. 切实做好重点生命线工程的安全设防

（1）城市通信系统

通信系统犹如城市的神经中枢，在城市安全中占有重要地位。其防灾规划应重点考虑对其系统的枢纽性节点（包括汇接局、长途通信中心、卫星地面站、国际光缆接收站、微波接收站、广播电视台、指挥机关等）采取防灾措施，在基本设防标准的基础上相应提高一级抗灾设防标准。对于部分标准较低的设施，应改造加固。

其防灾规划应确保对于处置突发性、应急性事件具有关键性作用的部门和设施通信的多路由和多种形式。2006年12月26日，台湾地震造成海底光缆中断事故，再次证明通讯的多通道联网的重要性。规划应考虑架空通信线缆的入地敷设，研究采用新技术、新材料、新工艺，提高通信管道的整体性和结构强度，以增强通信线缆抵抗外力破坏的能力。通信网络规划应通过系统性布局和新技术的运用，加强网络的可靠性。

（2）城市供电系统

城市综合防灾规划应进一步加强与区域性及跨区域性电网的联网，积极争取从多个地区不同电源获得外来电，形成多来源、多通道的可靠的强大电网。与此同时，完善城市输电外环工程，以保证城市电源的安全可靠性。适当提高各级输配电设施的备用容量和互通容量，保证每个变电站至少有两个以上来自不同电源点的电源；同时，积极采用新技术，不断完善网络监测和控制调度系统。

对于机场、水厂、通讯枢纽、轨道交通线等城市重要目标用户，除正常供电电源外，应设置备用电源。备用电源必须与正常供电电源分别来自两个相互独立的电源（包括来自不同变电所的电源，或虽来自同一变电所，但分别来自互不影响的不同母线段）。备用电源可由城市电网提供，也可由用户自备；对于部分不能停电的特殊单位和部门，应由用户自备备用电源，实现不间断应急供电。

城市电厂、变电站和高压输电线路等设施的布局，应注意避开易燃易爆的油罐区、化工区、危险品仓库区、高压燃气管道等，且在规划设计中提高一个设防等级。集中城市化区域内应逐步禁止布置高压电力架空线，非城市建设用地内高压电力架空线必须在规划控制的高压走廊内架设。规划管理过程中应严格控制变电站选址和高压走廊范围。

（3）城市供水系统

应全面提高城市水源地及水厂等用地保护、设施和输配管网的规划设计标准，增强城市给水系统抵御灾害破坏的能力。城市给水管网布局上应考虑形成多环路布置，以减少供水中断的影响范围，缩短恢复供水的时间。结合城市郊区规划，划定应急水源保护区；且加强应急供水设施的规划管理，保证水资源的安全储备。新建、扩建一定数量的水库泵站，提高系统储水能力。同时，在部分城市住区或开发园区内建设部分加压水池，以解决灾后初期的应急供水水源。城市水厂和泵站等应考虑应急电源（包括自备电源）。此外，中心城区应结合环境景观建设，保留和形成一定数量的河道、湖泊和池塘，以达到当供水系统遭到破坏时能就近解决消防水源的目的。

（4）城市燃气系统

城市供气事故不单单是供应中断问题，它还会引起突发性、连锁性的次生灾害。城市综合防灾规划要针对易产生火灾、爆炸、气体泄漏的关键设施如城市燃气厂、输气管道、大型储气罐等研究安全对策；除了从整体上提高关键设施的设防标准外，应确定应急状态下切断气源装置的范围、位置，以减少次生灾害发生的可能性。

185

3. 重视非工程性安全控制措施

（1）编制城市生命线系统综合防灾预案

城市生命线系统的综合防灾，除了硬件设施的保障外，严密的管理措施尤为重要。目前，我国城市相关部门大都制定了相关的生命线系统防灾预案，应在完善防灾预案的基础上，针对不同灾害细化相应的执行计划，并进行落实；同时，在物资储备上做好充分的准备。

（2）加强城市生命线系统防灾研究

应在建设安全城市的目标下，吸取国内外历次重大灾害的经验、教训，有重点、有选择地开展城市生命线系统防灾研究，研究生命线系统防灾规划控制指标、可靠性分析方法和综合规划对策。

（3）建立城市生命线系统信息数据库

目前，我国城市地下管线已发展成为多类别、多权属、布局复杂的管网。摸清城市地下管线的现状，掌握城市生命线系统的动态，对于维护城市生命线正常运行，保障城市正常的生产、生活和社会发展具有重要的现实意义。应采用 GIS 手段，建立完善的城市生命线系统信息数据库，以便面对城市突发事件和灾害时能够做出快速的正确决策和有效的救援响应。

（四）日本阪神大地震生命线震害的启示

1. 震害特点

日本阪神—淡路地区的灾害当是强烈地震造成的，但它反映出城市生命线受灾和救灾的一些普遍性特点，主要表现为：

（1）在重灾情况下，生命线受灾不是局部的，而是整个系统的破坏。因此，全面加强生命线系统的抗灾能力，同时针对每个环节采取可靠抗灾措施，才能达到综合减灾的作用。

（2）生命线各系统之间有较强的相关性，受灾时相互影响。在各种生命线系统中，必须重点加强关键系统的防灾减灾。例如，如果供电系统能在灾后最短时间内修复，则对于其他系统的救灾十分有利。

（3）生命线系统的破坏程度和修复速度取决于对灾害的准备程度和组织程度。阪神震害相当严重，但由于平时有所准备，有的系统减灾效果十分明显。

（4）应急救灾是救灾的首要任务，而生命线系统的全面修复需要一定的时间（有的要 2~3 个月）。因此，需要首先解决应急救灾问题。

（5）控制二次灾害的发生，减轻其破坏作用。地震引起的二次灾害有火灾、地下水污染等。

（6）生命线设施的地下化有很大的优势。阪神震害表明，埋地管线的受损率低于架空敷设。例如，地下电缆、电线的受损率仅为架空时的 1/6，每公里地下天然气中压管道仅有 0.92 处断裂。但是地下直埋的管线容易因地层液化和地面下沉而损坏，故地下共同沟有更大的优势。

2. 防灾规划

阪神地区各个生命线系统在开展救灾的同时都注重了经验总结，针对今后城市生命线系统的防灾减灾提出了许多好的建议：

（1）生命线系统中各种设施的建筑物及构筑物、设备、材料全面实现耐震化，并采用柔性接口、减震支架和提高管道材料的强度等措施。

（2）生命线系统实行分散化和自立化。系统的规模越大，破坏后的影响范围就越大，越不容易修复。因此，适当实行小型化、分散化和自立化，对系统的防灾减灾是有利的。

（3）制定应急救灾计划，建立必要的物资储备。如果没有应急的计划和准备，必将增加灾后的混乱和救灾的困难。

（4）把信息系统和能源系统放在生命线防灾的关键地位。城市受灾后，掌握灾情、指挥救灾、实现居民的报警和求救等，都要求信息要统一、不能停止工作。供电系统对于减灾的重要性在阪神地震后已充分显现，其是各种救灾活动不可缺少的动力。

（5）开发防灾所需的新技术、新设备，用高科技提高防灾减灾的效率和水平。例如，耐震的管道材料和管道接头、弯头的研制，煤气泄漏探测仪器和自动切断气源装置的研制，便携式卫星通信的开发等，都是亟需开展的。此外，结合综合管廊的建设，使大部分管线地下化、廊道化，也是需要研究的课题。

四、城市生态安全

我国政府已将环保纳入新世纪战略发展规划，《全国生态环境保护纲要》（下面简称《纲要》）首次明确提出了维护国家生态环境安全的目标。《纲要》的提出为全面减少新的生态破坏、巩固生态建设成果、从根本上遏制我国生态环境不断恶化的趋势，提供了翔实的实施计划。

（一）我国城市生态环境状况

人类每一次进步和发展都离不开生态环境和要素的"综合支持"，它是维系城市社会、经济发展的基础。维系城市、地区或国家社会、经济持续协调发展的"稳定环境"，就是生态环境安全。一旦该"稳定环境"受损，生态环境安全就遭到威胁。

我国城市生态环境整体上面临怎样的状况呢？资料表明：总体上，粗放型的经济增长方式和掠夺式的资源开发利用方式仍未改变，重开发、轻保护，重建设、轻管护的观念仍普遍存在；以牺牲环境为代价换取眼前和局部利益的现象在一些城市地区仍然十分严重，生态环境问题在部分城市地区的影响范围在扩大，程度在加剧，危害在加重。如水土流失、土地沙化、盐碱化、雾霾等，水生态平衡失调，林、草植被破坏，生物多样性锐减和海洋生态恶化问题仍相当突出。

（二）城市生态安全的含义

生态安全涵盖面广，包括了老百姓熟悉的食品安全等，这种"安全"时时刻刻存在于生活之中。如农村滥用化肥、剧毒农药，不仅破坏生态环境，也对城市人的健康构成威胁。原本非常清澈的河流，由于开矿或建企业，不注意环境保护，河水污染变臭，甚至泱及地下水源，造成饮水难等。

这类问题如果持续大范围发生，该城市区域的居民将会丧失生存条件，既谈不上安居乐业，也许还需要大规模搬迁，有可能造成社会动荡。或者，农村生态环境恶化，农村人口势必大量流入城市，加剧城市人口、交通、就业等压力。像

187

目前一些国家沙漠化严重，生存条件恶劣，为此本国难民大量流入邻国，也是一种生态安全受威胁的例子。

（三）我国城市生态安全的保护措施

按《全国生态环境保护纲要》规定，今后一个时期，我国要重点抓好三种不同类型区域的生态环境保护。这三种区域的生态环境保护也是城市生态安全的根本。

（1）对重要生态功能区，包括重要水源涵养区、水土保持重点预防区和重点监督区、江河洪水调蓄区、防风固沙区和重要渔业水域等，实施抢救性保护。

（2）对重点资源开发的生态环境实施强制性保护。重要自然资源的无序开发是造成我国城市生态环境不断恶化的主要原因。因此，要进一步明确水、土、草原、森林、海洋、生物、矿产等自然要素的生态功能；要加大立法、执法力度，规范开采行为，杜绝急功近利、不顾整体利益和长远利益的开发行为，防止重要自然资源开发对城市生态环境造成新的重大破坏。

（3）对生态良好地区的生态环境实施积极性保护，如批建自然保护区，开展生态示范区、示范市等的建设。

五、城市计算机系统容灾

发生在美国的"9·11"事件造成了巨大的生命、财产损失，也将计算机系统的灾难预防与灾后恢复问题提到了前所未有的高度上来。

信息技术在推动人类社会高速发展的同时，也给社会发展带来了更高的风险。灾难预防在计算机系统设计中叫作"容灾"，它并不是一个新鲜的话题。美国 IBM 公司作过统计，计算机系统如果 1 个小时不能正常工作，90％的企业还能生存；如果 1 天不能正常工作，有 80％的公司将关闭；而如果系统 1 个星期不工作，没有 1 家公司能幸免关闭。1993 年，纽约世贸中心大楼发生爆炸。爆炸前，约有 350 家企业在该楼中工作；爆炸发生 1 年后，再回到大楼的公司变成了 150 家，有 200 家企业由于无法存、取重要的信息系统而倒闭、消失。

引起计算机系统毁灭的因素很多，可以是小系统中的硬件故障，还可以是因火灾、飓风、地震而引起的数据处理设备的损坏。只要造成了关键业务的中断，都是灾难。容灾技术就是为恢复计算机系统提供的保证，包括备份中心、备份设备和备份数据等。

当自然灾害或人为制造的灾难来临时，身处险地的计算机系统也面临着空前的考验。一旦计算机系统中存储的数据被毁，人们失去的将不仅仅是记忆。当"9·11"事件的灾难降临时，一批设在纽约世贸中心的公司伴随着它们的重要数据一起彻底毁灭了，也许再也没有重整旗鼓的可能。但总部设在世贸中心的著名银行兼投资公司摩根士丹利公司，因为使用了容灾技术，公司仍然能够良好地运转。

早在"9·11"事件发生的几年前，摩根士丹利公司就制定了计算机系统的容灾计划。其采用 EMC 公司的数据备份系统，建立了远程灾难备份中心，所有的数据在几十公里之外的新泽西州都保留着备份。其他采用 EMC 灾难备份产品的用户在遭受损失后，也成功地将数据转移到第二办公地点。

在美国，计算机容灾观念已渗透到了各行各业。首先，政府在法律中对企业容灾准备作出了要求；其次，由于公司的内部管理、客户资料等数据都在计算机中，而数据是公司的财富，无论是银行、还是工厂，只要企业中有计算机系统，不管系统大小，都会有容灾计划，哪怕计划很简单。由于美国曾经历了多次灾难的打击，容灾已被认为是计算机系统的一部分。

"9·11"事件也给我国的企、事业单位上了一堂很好的安全教育课，容灾得到了越来越多的人的重视。过去，国内对于容灾考虑较多的行业只有金融、电信、证券等；虽然其他个别企业也偶有对于容灾的需求，但真正付诸实施的寥寥无几。"9·11"之后，我国的企、事业单位开始认识到数据既需要集中存放、也要考虑单独存储；这是一个观念上的重大转变。

第三节　城市综合防灾管理信息系统

现代城市灾害是自然变异和社会失控给人类造成的伤亡和经济损失。现代城市防灾是一种社会行为，有效的防灾决策与控制有赖于灾害的监测、预报、防灾、抗灾、救灾、重建等一系列规划与措施，而灾害信息的提取往往又是实施可靠防灾控制的首要环节。

一、城市综合防灾管理信息系统建立的必要性与可行性

（一）城市综合防灾管理信息系统建立的必要性

城市综合防灾是一个多目标的复杂系统，是一项技术难度高和管理潜力大的系统工程问题。要综合研究与防治城市灾害，首先就要获取城市灾害所携带的信息。信息越多，越能深化知识，越能促进城市综合防灾。为了有效地管理越来越多的各种灾害信息，有效整理、发掘古今中外史料中的灾害记载，为国民经济建设提供及时、可靠的灾害信息服务，就要建立城市灾害信息系统。在系统管理古今中外各种环境信息的基础上，综合利用各学科知识，系统分析各种影响因素及其相互关系，逐步摸清灾变发生的时空规律，建立城市灾害模型，进行预报和控制。

（二）城市综合防灾管理信息系统建立的可行性

建立我国城市综合防灾管理信息系统（Urban Disaster in Management Information System，UDMIS）的可行性如下。

（1）我国城市有着悠久的文字记载历史，其中历史灾害资料特别翔实。

（2）我国各大、中城市都设有统一管理的灾害统计机构和监测网。

（3）城市灾害的检测、记录和传输技术在不断发展，各部门的专业信息系统纷纷建立。只要统一编码存贮，就会得到有用的信息。

（4）蓬勃发展的交叉科学研究使城市灾害信息系统的内容更为广泛、实用。

（5）计算机硬件及数据库管理软件，特别是当今的"数字城市"（Digital City）技术的不断发展，已为建立大规模的城市灾害管理信息系统奠定了坚实的基础。

二、城市综合防灾管理信息系统建立的原则与内容

（一）城市综合防灾管理信息系统建立的基本原则

（1）树立现代城市综合防灾的情报意识；

（2）确立各类城市灾害信息资源的共享观念；

（3）形成保存城市灾害历史记录的责任观念；

（4）保障城市规划、建设、决策等用户利用现有数据库的权利；

（5）解决计算机技术问题，形成软件和硬件相结合的信息可靠性支撑条件；

（6）解决城市综合防灾数据库的投资经费来源问题；

（7）健全城市综合防灾数据库管理体系，并形成中央、省区市（或计划单列市）、市县区级城市综合防灾数据库三级网络。

事实上，目前我国属于国家级的各类灾害监测站、台有近万个，地方性监测台、站的数目更多，各类灾害信息经由有线、无线、微波和卫星遥感等多种途径传输。如能将这些监测台、站和通信手段统一起来，建成包含多部门的城市灾害监测预报系统、信息系统、示警系统以及城市灾害的防、抗、救、援系统，不仅会有许多可以合并和因合并而得到加强的系统模式，而且必将使原来分属各灾种的孤立显现的城市灾害数据信息能获得综合利用，从而从根本上深化对城市灾害变异规律的综合认识，使城市防灾效能成倍增长，而费用投资却成倍降低。

（二）城市综合防灾管理信息系统内容要点

由于城市灾害系统的时空尺度大、因素众多、结构复杂，沿用经典的分门别类的单因素信息管理模式，显然难以奏效。必须依赖于现代自然科学方法与社会人文科学方法的交叉，且非简单叠加。建立现代城市综合防灾管理信息系统的出发点在于：要求所建立城市同时考虑灾害条件下经济、社会、科技、文化、生态环境各子系统的适应模式。任何一项管理都要具备管理者、管理的对象、管理的范畴、管理系统及其法规等四大要素。而城市灾害管理还要贯穿灾前预测、评估，灾时预警、应急预案实施，灾后恢复重建的技术经济可靠决策的全过程。所以，典型的 UDMIS 应包括以下内容：

1. 城市灾害信息与评估系统的建立

它涉及城市历史灾情、致灾因素与环境，城市灾害现状与相关的灾害前兆监测数据，监视区域的人口、经济分布数据，城市灾害防御工程的分布、数量、标准与能力，城市灾害评估数据库与城市灾害管理数据库（含防灾预案）设计的动态分析模型，并根据成灾环境、防灾能力、输入灾害强度，确定城市灾害风险区的类别，优化城市防灾预案。

2. 城市灾害风险图谱的编制

城市灾害风险主要取决于城市灾害强度、人口与经济密度，城市灾害防御能力与承灾能力等。

3. 城市土地利用规划与城市灾害防御规划的制定

包括制定避害趋利原则、非工程性防灾措施，以便于报灾、查灾、赈灾工作的可靠实施。

4. 城市救灾指挥系统的建立

救灾是一项准军事化的社会协调行动，它有赖于城市灾害快速跟踪评估系统、城市灾害传输与预警系统、城市政府职能部门的救灾决策指挥系统和社会救灾行动系统的建立。

5. 城市灾害信息管理的先导性工作

包括历史与现今的城市灾害监测信息综合调研，城市灾害特征、规律、趋势的综合研究，重大突发性灾害应急反应计划细则的研究与预案设计。

6. 城市灾害监测

指借助科学预测技术，对行将发生城市灾害的可能性及危害程度的评估。城市灾害监测过程可分为监视、信息处理、灾害评价、临界判断、实施控制五个阶段。其中，信息处理是重要中介，其核心贵在筛选可靠信息，即：剔除失真与错误的信息，同时寻找异常信息；这就需要进行信息分类，力图在整体上反映城市灾害及其灾害系统的综合特征。

三、城市综合防灾管理信息系统的设计

城市综合防灾管理信息系统是一个空间信息和非空间信息相结合的集成系统，它应具备数据采集处理、模拟仿真、动态预测、规划管理、决策支持、模式识别、图像处理和图形输出等功能。其设计目标是为了最大限度地防灾减灾，典型的系统组成如下：

（一）数据库和管理系统

包括基础底图库、遥感调查成果库、防灾规划专项库、防灾管理档案及文献库。

（二）模型库及其管理系统

如建立以空间分析为特征的分析模型库（含多元灾度分析、地形致灾因子分析等）、以系统工程为基础的系统模型库（含建模、决策、管理、控制等）、以专家系统为技术手段的智能型故障诊断模型库（引入人工智能方法，建立城市灾害专家知识库，通过多级推理，实现分析、评价、预测、规划、制图智能化等）和系统的人—机接口界面模型。

（三）制图方法库

含图例符号库、系统制图方法库。

（四）数理模型库

指城市地理单元检索、各种坐标体系的互算。

（五）城市灾害地理编码体系

如城市方位码、道路代码、路口码、街坊代码、城市生命线系统及市政管线类代码。

（六）城市防灾系统决策库以及城市灾害预警系统

它包括城市灾害前兆与灾害因素的观测，对城市灾害发生、发展过程的监测，灾情传达体制，行动命令发布体制等。

（七）市民避难系统

包括外部情报系统、诱导控制系统、避难行动系统。

实现城市综合防灾管理信息系统的关键是信息控制系统的可靠性，而信息控制可靠的关键是控制信息的提取与传输的可靠性。它取决于各子系统的可靠性及各子系统之间的结构耦合关系，尤其应关注作为"控制与决策"主体的人—机—环境系统工程中人的可靠性问题，实现人与计算机系统的"共生"（man-computer symbiosis）。

第四节　城市综合防灾管理评价体系

一、城市综合防灾管理评价体系研究的意义及我国的现状

（一）城市综合防灾管理评价体系研究的意义

城市综合防灾管理水平是衡量城市发展能力的重要因素。高水平的城市综合防灾管理能有效地减轻城市灾害损失，保证城市的可持续发展。相反，由于人为因素造成的城市综合防灾管理上的不足，则会扩大灾害对城市的影响，增加灾害损失。这种影响和损失，在我国城市化和城市现代化进程不断加快的今天，必将扩展到社会、经济、文化等诸多方面，使整个国家和社会蒙受巨大损失。因而，城市综合防灾管理水平的高低直接影响着城市自身的发展能力。而对城市决策者来说，要进一步提高城市综合防灾管理水平，增强其抵御灾害的能力，就必须掌握和了解本城市综合防灾管理的基本状况和综合水平。因此，有必要建立一个有关城市综合防灾管理的评价体系，其意义如下：

1. 城市综合防灾管理评价体系的研究可为城市综合防灾管理提供客观的反馈信息，有助于决策者进一步调整城市防灾对策

城市综合防灾管理是一项具有反馈功能的系统工程，客观信息有利于城市防灾管理的优化。而城市综合防灾管理评价体系正是通过对城市致灾环境、人文、经济特征及城市综合防灾措施的综合分析、评估，系统、全面地反映出城市防灾管理中存在的优势与不足。这种反馈信息可以为正确制订城市防灾决策提供科学依据。

2. 城市综合防灾管理评价体系的研究能为不同城市综合防灾管理水平的横向比较提供条件

城市综合防灾管理评价体系是一种普遍适用的评价体系，对于不同城市综合防灾管理的同一方面而言，它所采用的评价标准是一致的。此外，评价体系以量化分析为基础，这就大大增强了城市之间综合防灾管理水平的可比性。

总之，通过对城市综合防灾管理评价体系的研究，我们可以对城市综合防灾管理进行客观、量化的分析；这样，可以减少主观认识所带来的不确定因素对城市综合防灾管理的干扰，有利于城市综合防灾管理的科学化与系统化。

（二）我国城市综合防灾管理评价体系研究现状

长期以来，受行政管理的局限，我国城市防灾管理逐步形成目前以单项灾害管理为主要形式的格局，尚未建立城市综合防灾管理体系。这种缺乏整体性和系统性的城市防灾管理体制，使我国有关城市防灾体系的研究也偏重于单项防灾评价研究。这些研究涉及城市的洪水、地质、气象等多项灾害，虽然对相应灾种的

防灾工作具有一定的指导意义，但其中的大部分研究仅停留在对特定城市的某些单项事实的个别描述上，缺乏量化分析的基础。此外，这些研究也由于过多地注重单项灾害自身，而缺乏系统性、综合性，极少考虑其与城市经济、社会环境及整体防灾减灾系统的相互影响、相互反馈的关系，因此很难反映城市防灾管理的全貌。

20世纪80年代末期，我国减轻城市灾害的系统工程研究工作逐步展开，一些综合性的防灾评价研究应运而生。但是，这些研究多数以灾害损失评估为主要研究对象；至于综合考虑防灾措施、手段等管理因素的评价研究，目前还不多见。

二、城市综合防灾管理评价体系的主要结构

城市综合防灾管理评价体系以城市防灾管理为评价对象，是在对相关指标集进行定量分析的基础上，根据一定的评价模型，对城市防灾管理体系进行的综合评价。城市综合防灾管理评价体系由以下三部分组成：

（一）城市综合防灾管理评价指标集

它是评价体系的主要组成部分，由一系列有内在联系的、有代表性的、能够概括城市防灾整体水平的要素所组成。评价指标集不但能较全面地反映城市综合防灾管理发展水平，还能对城市综合防灾管理与城市经济、社会、科技等领域是否能够持续、协调发展作出客观、全面的评价。

（二）城市综合防灾管理基础数据集

这是定量分析评价指标的基础。它包括分析评估指标所需的有关数据。这些数据一般为原始的统计数据。

（三）城市综合防灾管理评价模型

它是一种量化分析模型，运用数学模式去描述系统诸要素之间的关系，通过一定的演算方法，给出定量的结果。评价模型的分析对象是评价指标集，根据指标集中于不同子集的特点，可采用不同的评价模型。合理的评价模型对于客观地分析城市综合防灾管理系统的特征有着重要意义。

三、城市综合防灾管理评价指标的选择与分析

（一）城市综合防灾管理评价指标选择的原则

1. 代表性

评价体系涉及城市灾害系统、城市防灾管理系统和城市社会经济系统等三大系统，而且每一系统的相关因素都十分庞杂。选择所有的因素作为评价指标，既不现实、也没有必要；我们只能选择少数指标来说明问题。因此，所选的指标必须具有代表性，以便全面地反映城市的客观情况。

2. 可操作性

评价指标要能为实际工作所接受，并反映我国城市的特点和实际情况。每一项指标都应有据可查，并易于量化分析。同时，评价指标应当与我国现行统计部门的指标相互衔接，并尽可能保持一致。这样，才便于测量与计算。由于我国城市综合防灾管理研究刚刚起步，城市综合防灾管理及相关方面的统计资料还十分零散，很不完整。这就要求我们最大限度地利用现有的各种情报源，包括城市历年的经济资料、年鉴和各种历史文献，并从中提取相关信息。

193

3. 可比性

评价指标集中的每一项指标都应当是确定的、可比的。研究的主要目标之一就是实现不同城市之间综合防灾管理水平的比较。因此，在选择评价指标时，要充分体现出可比性，以便客观地反映出城市之间整体减灾水平的差异。

4. 相容性

评价指标集中的每一项指标不仅其概念要科学、简明，而且各项指标所反映的特征也不能重复，不能发生冲突。

（二）城市综合防灾管理评价指标的类型

1. 从统计形式上分为定性指标和定量指标

（1）定性指标

用来反映城市防灾及其相关现象的质的属性。其一般不能或难以用具体数值来描述。比如，城市灾害危险性等级、易损性等级可描述为一级、二级、三级、四级和五级等等。

（2）定量指标

用来反映城市防灾及其相关现象的量的属性。其特征可以用数值大小来描述。比如人口密度、经济密度等均属此类。

定性指标与定量指标都很重要。但对于量化评价体系而言，定量指标更易于进行比较以及计算、处理与评估，所以定量指标应该是评价指标集的主体部分。定性指标通过必要的量化处理，也可以转化为定量指标来加以处理。

2. 按其作用不同分为绝对指标和相对指标

（1）绝对指标

用于反映在一定时间、地点条件下城市防灾及其相关现象所达到的总规模与总水平，比如城市总人口数、城市消防站（队）总数等。

（2）相对指标

用来反映城市灾害的强度与城市防灾工程的质量与效率，比如城市灾害发生的频次、防灾标准等。

3. 从功能上分为描述性指标和分析性指标

（1）描述性指标

一般由原始统计变量构成，是对城市防灾及其相关现象实际调查、测量的直接结果。它们是构成分析指标的基础。

（2）分析性指标

一般是为了一定的研究目的，对描述性指标进行的分析加工。它们是由描述性指标派生出来的指标。

4. 从内容上分为城市灾害危险性指标、城市易损性指标和城市承灾能力指标

（1）城市灾害危险性指标

是为城市灾害危险性评价而设计的，用来描述和评价城市受灾环境的特征，反映城市灾害的时空分布。

（2）城市易损性指标

是为城市易损性评价而设计的，用来描述和评价城市一旦发生灾害所可能遭

受的损失程度。因为城市的受灾损失与城市的社会、经济发展状况成正比，所以可以利用城市经济、社会发展指标来反映城市的易损性。

（3）城市承灾能力指标

是为城市承灾能力评价而设计的，用来描述和评价城市防灾、抗灾、救灾与恢复的能力，反映城市抵御灾害的综合能力。

（三）城市综合防灾管理评价范围的确定

城市综合防灾管理评价体系中的"灾"，主要是指对我国城市危害较大的地震、洪水、风灾和火灾。之所以选取这四种：

一是因为它们比较常见，是对城市威胁与危害最大的灾害。这 4 种灾害中，既有自然灾害，如地震、洪灾和风灾，也有人为灾害，如火灾。因此，对它们进行研究，具有一定的概括性和代表性。而且，城市灾害种类繁多，将研究范围主要局限于少数几种灾害，还有利于评价体系的简化。

二是因为这几种灾害属于常见灾害，有关它们的统计资料较为全面、详细，而其他城市灾害，尤其是一些新出现的城市技术灾害的相关资料较少，不利于数据的收集、分析和研究。基于此，城市防灾管理评价体系研究围绕这 4 种灾害展开。

（四）城市综合防灾管理评价指标集的体系结构

城市综合防灾管理评价指标集可分为综合评价层、评价子系统层（即评价要素层）和评价指标层三个层次。城市灾害危险性、城市易损性和城市承灾能力形成评价子系统层。评价子系统层中的要素是由它们各自的评价指标构成的，具体的体系结构见图 5-5。

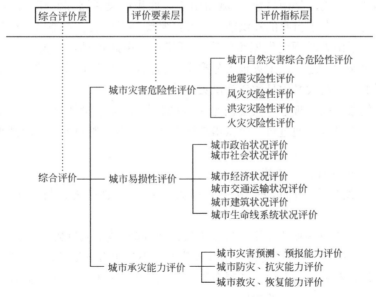

图 5-5　城市综合防灾管理评价指标体系结构

（五）城市综合防灾管理评价指标分析

1. 城市灾害危险性评价指标分析

（1）指标的选择与分析

1）自然灾害危险性评价指标

采用"自然灾害综合分区等级数"，它是以自然地理面貌的分布状况为依据的。众所周知，自然灾害的发生主要源于自然变异，而自然变异的能量主要来自两个方面：一是地球的运动和变化，二是太阳的活动。地球的运动和变化在地球表层造成的最突出改变是构造与地貌形象。影响地球表层对太阳能量吸收的最主要的因素是纬度、地貌和海陆分布。也就是说，导致各种自然灾害发生的能量分布可由自然地理面貌集中反映出来。这样，便从理论上提供了以自然地理为基础进行自然灾害综合分区的可能性。需要说明的是，此项指标仅对城市灾害环境的危险性进行了初步的、粗略的划分。

2）地震危险性评价指标

采用"地震基本烈度"。地震基本烈度是指一定地区在今后一定时期内（一般以未来100年为期限），在一般场地条件下可能遭受的地震最大烈度，要根据《中国地震烈度区域划分图》来评定。

3）台风危险性评价指标

采用"台风频次"。根据台风发生的区域和台风移动的路径来看，沿海地区受台风影响的程度严重，出现风灾的频次最高。由于台风登陆一般都会造成较大的灾害，台风出现频次多的地区，风灾也十分严重。在我国，每年台风出现频率最多的是台湾，其次为广东、海南和福建，因而这些地区也是我国台风灾害最严重的地区。这就说明，可以利用台风的频次来反映一个地区台风灾害的危险性。

4）洪灾危险性评价指标

采用"年平均大暴雨日数"。城市由于大面积铺设道路和修建房屋，增加了不透水程度，减弱了自身的滞洪能力，在经常受到暴雨袭击的地区，这些因素也进一步加大了由大暴雨引发城市洪灾的可能性。由此可见，洪灾与暴雨关系密切；在暴雨频发的地区，洪灾也十分严重。因此，我们选取能反映一定地区暴雨发生状况的年平均大暴雨日数作为洪灾危险性的评价指标。

根据气象部门的规定，大暴雨是指日（24小时）降水量超过100mm的降雨。年平均大暴雨日数将通过对一个城市地区多年大暴雨日数的统计，求其年平均数而得出。

5）火灾危险性评价指标

① 火灾发生率：即以每10万人口火灾发生次数作为评价火灾发生率的标准。

火灾发生率＝城市年平均发生火灾总数（起）/城市人口数（10万人）　（5-1）

② 大风时日：因为火灾的发生和火势的大小与城市气候条件有一定的关系，因此，我们将对火灾的发生、发展有影响的气候因素指标——大风时日及干燥度作为城市火灾危险性评价的指标。

根据气象部门的规定，风力≥8级的风记为大风。这一天，不论大风持续时间长短，均作为大风日。大风时日是统计一个城市地区年平均的大风日数。

③ 干燥度：干燥度是最大可能蒸发量与同期降水量之比。它反映了一个地区气候的干燥程度。根据干燥度，可以进行气候分区，具体标准如表5-1所示。

干　燥　度　指　标　　　　　　　　　　　　　　　表 5-1

气候特征	年干燥度	气候特征	年干燥度
湿润	<1.00	亚干燥	1.50～3.49
亚湿润	1.00～1.49	干燥	≥3.50

6）地面沉降危险性评价指标：采用"地面最大累积沉降量"。人类的工程活动对环境的改造是地面沉降等地质灾害的诱因，它们给城市建设带来严重威胁。我们所选取的地面最大累积沉降量可以对这些灾害的危险性进行评价，它指城市至统计期限为止所累积的地面最大沉降量。

（2）评价指标的评级标准

上述参评指标的取值差异较大，为直观地说明不同指标值所代表的城市灾害危险性程度，表 5-2 对参评指标的取值范围进行了等级划分，并列出了相应的评级标准。

城市灾害危险性评级标准　　　　　　　　　　表 5-2

评价要素	评价指标	评级标准				
		一级	二级	三级	四级	五级
综合性评价	自然灾害综合等级	I	II	III	IV	V
地震危险性评价	地震基本烈度	≥X	VIII～X	VI～VIII	IV～VI	<IV
台风危险性评价	台风频次	≥2	1.5～2	1.0～1.5	0.5～1	<0.5
洪灾危险性评价	年平均大暴雨日数	≥5	3～5	2～3	1～2	<1
火灾危险性评价	火灾发生频次	≥2	1.5～2	1.0～1.5	0.5～1	<0.5
	大风时日	≥30	20～30	10～20	5～10	<5
	干燥度	≥3.5	1.5～3.49	1.5～1.49	<1	
地面沉降危险性评价	地面最大累积沉降量(m)	≥2	2	1.5	0.5～1	<0.5

2. 城市易损性评价指标分析

城市易损性是通过对城市规模、发展状况的评价来反映城市在遇到灾害时可能受到的损失程度。对一个城市而言，其规模越大，发达程度越高，一旦发生灾害，所受到的损失就越大。此外，由于城市又常常是一个国家或地区的政治、经济中心，城市所受到的灾害损失还会波及全城市地区乃至全社会。由此可见，城市防灾管理工作必须充分考虑城市的规模、地位及建设水平。只有这样，才能建立一个与城市发展实际状况相适应的综合防灾管理体系。

城市易损性指标包括政治、经济、社会、文化、交通等多方面内容。

（1）城市政治状况评价

采用城市级别。不同级别的城市，其政治地位也不同。例如，首都北京是全国的政治、经济、文化中心，地位十分重要；一旦发生自然巨灾，若防灾措施不当，则其遭受的损失将无法估量。因此，城市级别是城市防灾工作要考虑的重要因素。一般将城市按首都、直辖市、省会、地级市、一般城市分为五级，分别对应 5、4、3、2、1 的分值。

（2）城市社会状况评价指标

人是社会的主要因素，人口的数量与密度在一定程度上反映了城市的规模和社会发展的状况，因而可选取"人口密度"作为城市社会状况的评价指标。

人口密度是指城市每平方公里用地面积上的人口数量，计算公式为：

$$人口密度＝城市人口总数（人）/城市总面积（km^2）\qquad (5-2)$$

（3）城市经济状况评价

一个受灾城市的经济越发达，工商企业越密集，则灾害对其造成的经济损失就越大。因此，可以采用"经济密度"作为城市经济状况的评价指标。所谓经济密度，就是单位面积上城市的国内生产总值（GDP），公式如下：

$$经济密度＝城市国内生产总值（亿元）/城市总面积（km^2）\qquad (5-3)$$

（4）城市交通运输状况评价

采用"城市年货运量"。城市年货运量的多少，可以反映这个城市在全国交通运输方面的地位。它又由陆路货运量、港口货物吞吐量和管道运输量三个部分组成（单位为万 t）。

（5）城市建筑状况评价

建筑物是城市灾害的主要承灾体。建筑物数量越多，密度越大，城市灾害所造成的损失就可能越大。此外，对地震灾害而言，建筑密度大，城市空旷地带少，也会给地震发生后的人员疏散和安置问题带来不利影响。因此，可采用"建筑密度"作为评价指标。

（6）城市生命线状况评价

城市生命线即城市供水、排水、煤气、电力、电信、供热等管网设施等。这些设施纵横交叉，十分密集地分布在城市的地上或地下；它们增加了城市灾害的复杂性。因此，城市生命线状况的评价也是城市易损性评价应当考虑的重要因素。下面，即以两个具有代表性的指标来说明城市生命线的易损性。

① 煤气管道长度：灾害发生时，煤气等易燃易爆物质的运输管道对城市的威胁最大，因此可选择煤气管道作为城市生命线易损性的评价指标之一。所谓煤气管道长度，是指城市单位面积的煤气管道长度（单位为 km/km²）。

② 全年用电量指标：它是反映城市用电量大小的一项指标（单位为 kWh/a）。城市用电量越大，则其对电的依赖性就越高，因而它从一个侧面反映了城市输电网络的规模。

3. 城市承灾能力评价

城市承灾能力是指城市对某一种或多种灾害的预测、防抗、救护及恢复的综合能力，反映了城市抗御灾害的整体水平。它是城市政府及社会各方面借助于管理、科技、法律、经济等多种手段相互协调、共同努力的结果，也是城市综合防灾管理措施发挥作用的集中体现。

根据城市承灾能力的定义可以看出，城市承灾能力是由对城市灾害的预测、防抗、救护及恢复等能力组成的。下面即从这 4 个方面来评价城市的承灾能力。

（1）城市灾害预测能力评价

1）地震预测能力指标

采用"地震台网监控能力"进行评价。地震台网的监测结果是进行地震预测、预报的重要依据。地震台网监测能力的高低取决于地震台网中台、站的数量与分布。由于台、站分布具有不均匀性和不合理性，全国不同地区的地震观测能力和精度是不相等的。因此，有必要对地震台网在不同城市地区的监测能力进行评价。

2）火灾报警能力指标

火灾报警在城市消防中的地位十分重要。报警能力强，有助于快速发现火情，防止火势蔓延。火警线和火警调度专门线为提高火灾报警能力提供了物质设施上的保障，因此可采用"119"火警线和火警调度专用线的达标率作为城市火灾报警能力的评价，公式如下：

"119"火警线和火警调度专用线达标率＝［"119"火警线已开通数（对）＋火警调度专用线已开通数（对）］／"119"火警线和火警调度专用线应开通数（对）

(5-4)

（2）城市防灾、抗灾能力评价

城市防灾、抗灾能力是城市防灾工程及受灾体抗御某一灾害的综合能力，它与城市防灾措施是否完善、有效密切相关。因此，可以采用间接的方法，通过对城市综合防灾管理措施的评价来反映城市的防灾、抗灾能力。城市防灾措施有两类：一类是工程性防灾措施，另一类是非工程性防灾措施。

1）工程性防灾措施评价

工程性防灾措施是防御城市灾害的重要措施，可通过适当的工程手段来削弱灾害源的能量，限制或疏导灾害载体的影响范围，提高承灾体的防灾能力，减少灾害对城市的影响。

① 防震能力评价：一个城市的建筑物防震达标率，反映了该城市建筑物的整体抗震能力。建筑物防震达标率是指符合城市建筑设防标准的建筑物占该城市总建筑物的比例。符合城市建筑设防标准的建筑包括以 TJ11—89 规范为标准建设的新建筑和巩固后达标的老建筑。

② 防洪能力评价：A. 城市下水管道长度。作为城市主要的泄洪渠道，下水管道建设状况直接影响到城市的泄洪能力。统计城市下水道总长度即具有汇集和排除雨、污水作用，埋在地下的各种结构的明沟、暗渠的总长度（单位为 km），即可评价城市防洪能力。

B. 城市防洪标准。一般，依据被保护对象遭受洪水时产生的经济损失及社会影响来分析和确定。城市防洪标准的合理与否，直接反映这个城市的防洪能力。城市防洪标准一般为几年一遇，几十年一遇，百年一遇；年限越长，表明该城市的防洪能力越强。

③ 防火能力评价：

A. 工程消防设施达标率。它是指城市现有高层建筑、地下工程和石油化工企业的火灾自动报警、自动灭火、安全疏散等消防设施符合有关防火规范和维护保养规定的达标程度。公式为：

工程消防设施达标率＝抽查达标项目数（项）/抽查项目总数（项）　(5-5)

199

B. 城市消防站布局达标率。城市消防站布局从一个侧面反映了城市消防基础设施的状况。一个城市须设置的消防站数应根据我国颁布实施的城市消防规划规范来确定，公式为：

城市消防站布局达标率＝已设置消防站数(个)/应设置消防站数(个) (5-6)

2）非工程性防灾措施评价

所谓城市防灾的非工程性措施，就是通过政策、规划、经济、法律、教育等手段，削弱或避免灾害源，削弱、限制或疏导灾害载体，保护或转移受灾体，或充分发挥工程性措施的作用，减轻次生灾害与衍生灾害，最大限度地减轻城市灾害损失。非工程性措施有利于改善城市财产和各类活动对灾害的适应性。

① 减灾教育评价：通过教育，提高城市居民的灾害意识，增加其面对灾害的自我保护、自我救助能力，可以大大地减少人员伤亡和灾害损失。而我国多数城市尚未重视防灾教育，其城市防灾教育仅停留在一种零散的、不系统的水平之上，多数居民防灾知识贫乏。因此，有必要对城市的防灾教育工作加以合理评价，并将其列为城市综合防灾管理评价体系中的一项指标。

② 防灾知识教育普及率：由于防灾教育目前尚未正式列入我国的学校教育体系之中，公众的防灾知识来源是多方面的，不确定的。因此，公众的防灾知识水平是参差不齐的。为了客观地反映公众整体的防灾知识水平，可采用调查问卷的方式，对公众防灾知识教育的普及率进行测评。方法是采用统一问卷的方式进行调查，把及格率作为测评结果；计算公式为：

普及率＝及格人数/调查人数　　　　　　　(5-7)

3）防灾立法评价

城市防灾立法为城市综合防灾管理的多个方面，包括城市防灾规划、机构设置、防灾措施准备及响应行动等提供了正式的依据。它的健全与完善既有利于保证城市防灾机构圆满地执行职责，也有利于保证一系列有关城市防灾的政策、制度和措施顺利实施。城市防灾法规既可以是全国性的，由国家统一颁布，在全国范围内实行；也可以是地方性的，由地方政府结合本地区的特点而制定。地方性城市防灾法规是全国性城市防灾法规的必要补充，其完善程度反映了该地区城市防灾的法制化程度，从而也从一个侧面反映出该城市的综合防灾管理水平。

采用"防灾法规完善率"来评价。防灾法规完善率是指地方防灾法规条文累计数占国家防灾法规数的比例。地方防灾法规条文累计数是指其所在的省、自治区、直辖市人大和政府颁布实施的各个防灾法规按条文累计的总条数，计算公式为：

防灾法规完善率＝地方防灾法规条文累计数/国家防灾法规数　　(5-8)

（3）城市救灾能力评价

城市救灾能力是指城市受灾后维持社会治安、抢修被毁的生命线工程和交通枢纽、抢救受灾人员，从而使灾害损失减少到最低限度的能力。城市救灾能力的大小取决于灾害发生后各级防灾管理机构是否能迅速组织、指挥和协调起社会各方面的力量，及时地启动应急救灾行动系统。

① 通讯能力评价：有效的通信网络可以及时沟通灾区(或灾害发生地点)与

外界的联系，使外界了解和掌握灾区的基本情况，进而采取有力措施，对灾区实行救助。此外，畅通的通信网络还有利于协调多方面的行动，使救灾过程有条不紊。我们选取"城市电话普及率"作为城市通讯能力的评价指标。电话普及率为城市中每百人拥有的电话数，有关数据可以从统计年鉴中获得。

② 交通能力评价：城市道路交通状况对于城市灾害救援工作影响很大。在地震、火灾等灾害发生时，若交通线路少、道路狭窄、拥挤不畅，会延误救援时间。"道路面积比例"是城市道路交通状况的综合反映，因而可以选取它作为评价指标。道路交通状况良好（道路多、路面宽）的城市，该项指标值较大。公式为：

$$道路面积比例＝城市实有铺装道路面积/城市总面积 \qquad (5-9)$$

③ 医疗能力评价：医疗队伍是城市救灾的一支重要力量；对其进行评价，可以从一个侧面反映城市的灾后救援能力。选用"每万人拥有医生人数"作为评价指标，公式为：

$$每万人拥有医生人数＝城市医生总人数（人）/城市总人口（万人）\qquad (5-10)$$

（4）城市灾后恢复能力评价

城市灾后恢复能力是指城市受灾之后恢复生产、重建家园的能力。保险业是城市积累救灾基金的主要力量；保险业务越发展，积累资金就越多，城市灾后迅速恢复的能力也就越强。因此，我们选择灾害保护能力作为城市灾害恢复能力的评价内容。

灾害保险具有分散危险、补修损失的功能。由于灾害保险涉及范围广，且综合险体制已成为今后保险业发展的趋势，因此，我们可以通过评价一个城市的整体保险水平来间接反映该城市的灾害保险能力。这里，选取人均承保额作为评价指标，公式为：

$$人均承保额＝城市总承保金额（元）/城市人口总数（人）\qquad (5-11)$$

选取以上 28 项指标作为城市综合防灾管理的评价指标。从上面的分析和说明可以看出，这 28 项指标的评价范围涉及城市灾害危险性、城市易损性和城市综合防灾管理的预测、预报、防灾、抗灾、救灾及恢复等几大主要环节，从而为城市综合综合防灾管理评价体系的完整性奠定了基础。

第六章　城市防灾规划

第一节　城市防灾规划的作用与地位

一、城市防灾规划的重要性

由于现代城市的人口、财富高度集中，因而一次毁灭性的城市灾害瞬间便可将积聚数十年乃至数百年的城市财富毁于一旦，并夺去成千上万人的生命；其损失之巨难以估量。因此，城市防灾规划之重要性不言而喻。

目前，城市防灾规划正日益引起世界各国的高度重视。日本是个灾害较多的国家，对此他们有着沉痛的教训和深刻的认识；因此，早在1961年11月，日本就制定了《灾害对策基本法》，之后逐步修正、完善，形成了独具特色的防灾规划理论。1985年墨西哥城大地震后，墨西哥政府也立即着手制定了城市抗震规划。

我国也是一个灾害较多的国家，各种灾害常使我国一些城市遭受巨大损失。著名建筑史学家龙庆忠以其远见卓识，早在20世纪40年代就对城市灾害作了大量考察和研究；其他许多专家也曾呼吁要对城市灾害防御予以重视。但由于种种原因，这些研究与呼吁长期以来没有受到应有的重视，直到1988年我国才正式成立"中国灾害防御协会学术委员会"。由于城市防灾工作长期不受重视，在我国的城市规划中至今尚没有一个系统、综合的城市防灾规划，有的也仅是支离的单项防灾工程规划，以致灾害来袭时既无预防灾害的规划，也无相应的救灾对策，造成一些不应有的损失。因此，根据城市灾害的特点和城市防灾工程现状，制订长期的、系统的城市防灾规划，是一个具有重大意义的现实问题。每一个城市都应制订城市防灾规划，尤其是那些灾害隐患较多的城市。而城市防灾规划的重要性、长期性和系统性特点决定了它应纳入城市总体规划，作为城市总体规划的有机部分和主要任务之一。位于地震带或洪灾区的城市，还应组成跨地区的协调机构，并制订区域防灾规划。

二、城市防灾规划与城市规划的关系

首先，城市规划是对城市各项用地和建设的统筹安排，是使城市在发展过程中不断实现经济、社会、环境三大效益相互协调的政府行为，它需要全面考虑城市的规模、发展方向、经济社会发展目标、生产力与人口的合理布局等方面内容。城市防灾规划除了其规划本身要符合国家标准以外，在规划布局上应当服从城市规划的统一安排。例如城市的防洪、消防工程规划布局都要在城市规划中加以协调。

其次，城市规划也要尽量满足城市防灾规划的要求。比如，城市详细规划中

要保持建筑物的合理间距，使街道宽度在两侧建筑倒塌后仍有救援的通道；又如，要规划足够的绿地和空地，作为灾时应急避难场地等等。

此外，城市防灾的各个专项规划一般仅针对各专业的防灾，各专项之间也应加强相互协作，以密切配合，形成合力。

最后，城市防灾的各个专项总体规划与城市总体规划处于同一层面，它们也是城市总体规划的专业工程规划。而城市防灾的各个专项详细规划与城市详细规划亦为同一层面，也作为城市详细规划的专业工程规划(图 6-1)。

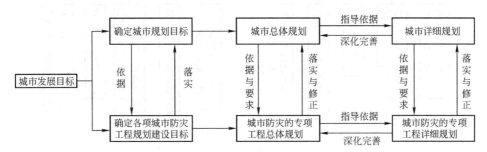

图 6-1 城市防灾规划与城市规划的关系

第二节 城市防灾规划内容、程序与分析方法

一、城市防灾规划的内容与程序

（一）广义的城市防灾规划内容与程序

按灾害发生的前后时间，广义上的城市防灾规划可分为预防规划和救灾规划两大部分。两部分内容既密切相关，又不尽相同，但重点在防，以预防为主，以救治为辅。所以，在本节之后，我们着重谈预防规划问题，亦即狭义上的城市防灾规划问题。

1. 城市灾害预防规划

"有备无患"——有准备、有计划地预防灾害，可以大大减少城市灾害损失。

城市灾害预防规划的内容主要依据灾害的类型相应制定。城市灾害的主要类型有地震、洪灾、火灾、空袭；除此以外，还有风灾、泥石流、火山爆发、风暴潮、海啸、沙尘暴、热浪、干旱以及它们的次生灾害等。各个城市都要根据自身特定的环境条件来制订有针对性的专项防灾规划，并确定相应的专项规划内容(图 6-2)。但是，城市灾害预防规划也有着共同性内容：

（1）通过选址避开天然易灾地段。例如，避开易产生崩塌、滑坡的山坡脚，易发生洪水或泥石流的山谷谷口，易发生地震液化的饱和砂层地区，易发生震陷的填土区或古河道等。

（2）通过合理规划，避免建城时产生人为的易灾区。例如，规划应使易燃易爆物品仓库区远离易燃物集中处与人口、建筑物密集区，并使易释放有毒、有害烟尘、气体的单位建于下风向等等。

（3）建立适于防灾的城市单元结构布局形态，形成较优的系统防灾环境。

203

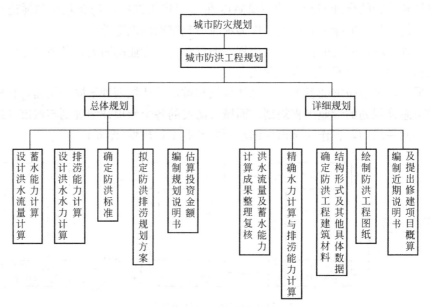

图 6-2　城市防洪规划内容

2. 城市救灾规划

城市救灾规划是在临灾或灾害发生时以及灾后所采取的抗灾、救灾措施与规划。它是广义上的城市防灾规划内容的重要部分：因为就某些大的自然灾害而言，即使有了预防规划，仍会造成严重的破坏后果，给市民生命、财产造成或多或少的损失。如果有了救灾规划，届时就会有组织地、系统地进行救灾抢险，及时控制混乱局面，进一步减少城市灾害损失。

（1）规划目标

要求作到临灾有充分准备，包括组织、思想、技术与物质准备，灾害发生后有灵活的反应策略、快速机动的应变能力、科学高效的组织指挥和救援工作。

（2）规划内容与程序

1）救灾准备，救灾规划，灾害预测。

2）救灾对策，灾情估计与分类，编制灾害轻重分布区划图，全面迅速实施救灾规划，预防次生灾害发生，及实施减轻次生灾害对策。

3）灾后对策：

① 灾害考察。对灾害的前因后果进行详细的资料收集、实地考察以及灾害分析，为救灾和以后防灾规划的制订提供科学依据。

② 短期对策。抢修重要交通、电力、通信、供水、煤气、热力、医疗、消防等城市生命线系统，迅速恢复城市主要机能，保障市民生命安全。

③ 长期对策。控制赴灾区人员，减少灾区负担，作好善后工作，全面恢复生活、生产设施，重建家园。

此外，对市民进行经常性宣传教育，普及防灾知识和组织防灾演习等，也是广义上的城市防灾规划的重要内容。

204

（二）常规的城市防灾规划内容与程序

1. 规划内容

常规的城市防灾规划又包括城市抗震防灾规划、城市防洪规划、城市消防规划、城市人防规划等专项。这些专项城市防灾规划的具体内容详见本章第三～六节，在此不再赘述。

2. 规划程序

常规的城市防灾规划工作的程序为：确定城市防灾标准与规划目标→总体规划阶段的城市防灾规划→详细规划阶段的城市防灾设施规划(图 6-3)。

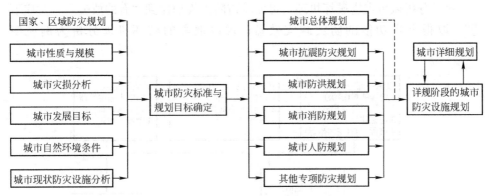

图 6-3　常规的城市防灾规划工作程序

二、城市防灾规划分析方法

(一)城市灾害调查分析

首先，选定调查地区，现场踏勘，访问考察，利用历史文献、文物资料考证历史灾害，寻找灾害规律，并利用现代科技成果与手段分析灾害的起因；最后，进行调查资料的整理分析和调查报告的编写(表 6-1)。

日本灾害报告书格式之一：公共设施以外的主要被害　　　　　　表 6-1

号码＿＿＿＿　＿＿＿年＿＿月＿＿日　灾害类别＿＿＿＿　灾害原因＿＿＿＿　调查者＿＿＿＿

人的被害	死　者	人	耕地被害	水田	流失埋没	亩　分
	负伤者	人			灌水	亩　分
	行踪不明	人		旱田	流失埋没	亩　分
建筑物的被害	全　坏	间			灌水	亩　分
	半　坏	间	铁路轨道被害			公　里
	流　失	间	船舶被害			艘
	床上浸水	间	遇难者概数			人
	床下浸水	间	遇难家庭数			家

(二)城市灾害易损性分析

现代城市中，虽然单体建筑的抗灾设计水平有了一定提高，但就整体城市及其基础设施而言，抗御灾害的能力依然十分脆弱。所谓易损性分析，就是从城市整体构成的角度出发，找出其中的抗灾薄弱环节，以便有所侧重地采取防灾加固措施。

205

城市易损性分析评估涉及以下几个方面：现有建筑物的类型与分析，室内、外危险品，建筑的邻接，建筑物及工程设施的布设，重要的和应急的设施，生命线工程，桥梁和公路立交桥，通信系统，城市分区，街道及广场形态，水库和河坝，城市空间形态。

分析和研究城市易损性的组成部分，并采取相应的对策，可以有效地提高城市整体防灾能力。

（三）城市灾害破坏机理分析

科学分析城市灾害破坏机理，可使城市防灾规划作到"有的放矢"、"对症下药"，取得事半功倍的防灾减灾效益；现以地震的破坏机理分析为例说明（图6-4）。

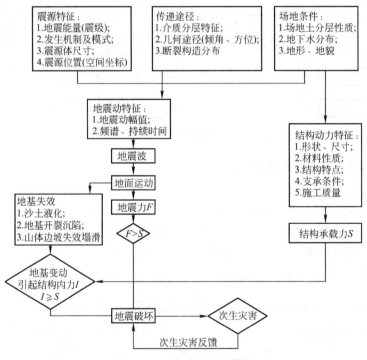

图6-4　地震破坏机理分析

（四）城市灾害综合分析

在以上调查分析的基础上通过试验获取参数，进行数据处理及理论计算，并由专家综合分析论证，方能制定出科学的城市防灾规划。

数据处理中一个很重要的硬指标便是城市灾害防御标准的确定。灾害重现期越大，标准应越高。为准确、合理地确定城市防灾规划及防灾工程规模，可将灾害的频率和能量作为确定城市灾害防御规划和设计标准的主要依据。这是一个重要问题：如标准过高，平时发挥不了作用，反而增加维护费用，使土地利用率降低，造成浪费；但标准过低，则灾害来袭时将造成工程失事，乃至生命、财产的巨大损失。

当同时要防御若干种城市灾害时，应综合考虑防灾标准，可划分不同的防灾区域、防灾工程，并根据具体情况选用不同的标准（可以设最高、最低和推荐标准），分区、分类、分级设防，灵活使用防灾标准。

三、城市防灾规划若干原则性问题

（一）城市防灾规划层次问题

层次是纵向的关系。某一种类或整体的城市防灾规划的建立和控制，应从宏观到微观，形成一个纵向网络系统。

一般说来，城市防灾规划与现行的城市规划相对应，可分为城市防灾总体规划和城市防灾详细规划。但考虑到各地城市灾害的区域性和复杂性特点，有时亦可划分为 4 个层次，即：区域防灾规划→城市防灾总体规划→城市防灾详细规划→城市重点工程防灾设计。当然，最完善的城市防灾规划应该是按照由区域防灾规划到重点工程防灾设计的顺序，完成 4 个层次的防灾规划；4 个层次的关系是上一层次指导下一层次，下一层次又反馈、完善、深化上一层次，最终构成一个层次分明、丝丝入扣、全面完善的纵向防灾规划网络系统。

（二）城市综合防灾规划问题

一种城市灾害往往引起其他次生灾害的发生，以致灾害相继，破坏严重；与此同时，一个城市往往又受多种灾害的威胁。假如各种防灾规划自行其是，条块分割，将造成各种防灾规划之间的不协调，甚至相互矛盾，最终造成大量浪费。所以，每一个城市均应根据其具体情况制定一个综合的防灾规划，并设立实施这一综合防灾规划的领导机构，形成横向的城市综合防灾网络系统。

长远来看，城市综合防灾规划是城市防灾规划未来发展方向。现代城市面临着越来越趋向多样化以及复杂化的各类灾害，城市综合防灾规划将拥有越来越重要的地位，其属于一种全社会都须共同参与的规划。

城市综合防灾规划的主要工作流程是：通过评估城市现状灾害风险，明确城市主要灾种和高风险地区，针对灾害发生的前期预防、中期应急、后期重建等不同时期，制定包括工程技术与行政管理以及其他方面在内的全方位对策，整合城市灾害管理体制，并对单项城市防灾规划提出纲领性计划。

目前我国现行的城市防灾基本上还处于单灾种规划阶段，虽然有一些关于综合防灾规划的探索，但未形成较统一的编制规范。城市综合防灾规划的实践案例也较为少见。

美国的城市综合防灾规划分为城市规划体系外与体系内两个类型。前者一般由"应急行动规划"和"综合减灾规划"两部分组成，分别强调灾后回应与灾前预防。两部分都有相对应的编制过程与内容规范。后者包括总体规划层面"安全要素"的编制与"区域法令"和"土地细分规则"层面的安全防范考虑。美国城市规划体系内的城市综合防灾规划比较强调相关公共政策的制定，针对具体空间规定的内容不多，这是美国与我国城市规划体系的区别所致的差异。

我国台湾的城市综合防灾规划先后受日本与美国的城市防灾减灾模式的影响，其主要特点包括：具有法律效力、拥有相应的建立于 GIS 平台的城市灾害防御系统，以减少重大灾害诱发的次生灾害伤亡为目标，且侧重应急救灾对策方面和规划积极推进城市防灾避难生活圈的建设等方面。

（三）城市一般防灾工程与重点防灾工程的结合问题

城市防灾工程应有所侧重。比如，城市的重要设施和工程以及在灾时易对城市产生严重威胁的工程，应作为重点防灾工程，并提高其抗灾能力和防灾设计标准。

城市防灾规划应使一般防灾工程与重点防灾工程相结合，有选择地进行重点规划，重点实施。例如城市消防规划中，可统计出哪些地区或设施易发生火灾，以科学地确定防火标准和设防措施，而不是同一防火标准和措施（如消防站）的简单覆盖。由表 6-2 可知，居住建筑、工厂和仓库建筑火灾发生率很高，所以这些区域应作为消防重点。总之，城市空间整体的防灾规划应和个别防灾工程设施与设备技术、防灾对策结合起来考虑。

不同用途的建筑物火灾和损害情况（日本统计资料）　　　表 6-2

用途类别 \ 损害情况	失火件数			烧损面积（m²）	损失金额（百万日元）
	1980 年（件）	1979 年（件）	增减率（%）		
居住建筑	19241	18951	1.5	762082	45800
工厂、作业场	4700	4823	−2.6	501847	36657
仓库	3122	3229	−3.3	232880	14171
事务所	801	834	−4.0	33419	1995
饮食店	710	707	0.4	35835	3295
养畜舍	563	568	−0.9	76292	1449
学校	440	456	−3.5	39498	1330
旅馆	405	391	3.6	36227	2870
车库	227	217	4.6	7126	218
百货店、停车场	204	205	−0.5	24123	3402
神庙、寺院	194	219	−11.4	12901	978
官厅署	95	103	−7.8	4903	140
剧场	75	94	−20.2	3839	450
医院、诊所	61	64	−4.7	1816	125

（四）城市防灾规划与城市规划的结合问题

城市规划涉及因素很多，防灾仅是其中的一个组成部分。城市防灾规划与城市规划均要求城市设施平时能满足正常的城市功能，而灾时又发挥抗灾、救灾功能；这说明二者的相互结合十分必要。

此外，现代城市环境中的人为灾害（公害）如大气污染、水体污染、噪声等，已成为现代城市不可忽视的环境破坏因素。所以，城市防灾规划还要与城市环境保护规划一并统筹考虑，形成一个空间整体的防灾网络系统。

四、日本城市防灾规划编制、实施和管理经验

作为著名的世界灾害大国，日本有一系列防灾、减灾经验，其中城市防灾规划编制的方法、思想颇值得我们借鉴。经过关东大地震、东京特大火灾和伊势湾台风等严重灾害后，日本政府十分重视城市的防灾规划，并把对地震、火灾、台风、洪水的防治作为城市防灾规划的主要内容。

（一）日本城市防灾规划编制的程序

日本城市防灾规划依据其《城市规划法》、《建筑基准法》和《灾害对策基本法》，由规划、国土、消防等部门联合编制。其基本程序如下。

（1）根据不同城市灾害的特点，确定城市防灾的指导思想和目标，同时提出通过城市防灾规划的实施促进城市建设和发展的措施。如推广使用不燃性建筑材料，促进防灾地域的再开发，发挥园林、绿地、道路的多种功能等。

（2）进行广泛的城市地域灾害危险度测定、调查，经综合分析后，制定城市危害风险度评定图。

（3）根据城市灾害危险度的评定，划定避难地、避难道路、防灾缓冲地带等，并在城市划出若干个相对独立的防灾生活圈。然后，在防灾生活圈的基础上进行防灾设施的规划，其内容包括临时避难场所的建设和分配、灾害隔离措施、生命线工程和紧急救护场所等的布局。此外，则按照国家的技术规范，考虑建、构筑物和各类基础设施的设防。

（二）日本城市防灾规划的法制管理

从空间布局的角度上讲，日本防震减灾的主要经验集中体现在防灾生活圈的设置上。1980年，日本在"My Town"构想恳谈会中首次提出防灾生活圈的构想，其内容以规划阻止震后火灾延烧的防护带为主。1982年，东京决议实施防灾生活圈示范事业，并在1985年正式实施。1992年，日本国土厅在《首都圈基本计画》中针对防灾生活圈增加了防灾隔断地带、避难地、避难道路等概念。1995年阪神地震后，日本国土防灾局在《防灾基本计画》中增加了防灾据点与安全防灾街廊计划等内容；同时，各地开始重视危险密集街区的整治、基于防灾考虑的土地利用引导、重要基础设施的耐震化和不燃化等内容。这些措施都体现在2008年的日本《防灾基本计画》中。

日本城市防灾规划编制、实施和管理严格按照法律程序，具有较强的权威性。为了使法制管理科学化，日本设有专门机构开展防灾规划的政策研究，不断提出新的对策，并通过修正案等法律手段完善法规。地方和城市政府有权在遵循国家法律的原则下，根据当地情况制定临时性法规。如：兵库县在阪神大地震后，为防止私人乱建房屋，通过立法程序制定了地震恢复期内限制私人建房的法规，保证城市的复兴按规划进行建设。日本法律在保证私有土地不受侵犯的同时，也规定：如果城市公用设施特别是防灾设施建设需要时，可以通过国家购买的手段来限制土地私有者的建房自由，以保证城市防灾规划的实施。

（三）日本城市防灾规划的社会基础

日本城市防灾规划从编制到实施均有较高的透明度，居民也有较强的参与意识。在防灾规划的实施过程中，城市政府通过多种手段和渠道并及时反馈民众的建议。城市政府重视全民的防灾教育，中、小学课程中均设有灾害知识和防灾教育课，市民定期到防灾中心接受教育并进行自救、互救实践。除政府和社会外，每个家庭都拟定周到、细致的备灾计划，包括食物和饮用水的储备、灾害发生时全家需携带的物品和集合地点、燃气切断措施、如何与居民地区的防灾组织合作

209

等内容。由于市民普遍具有防灾意识，因此城市防灾规划的实施能得到市民的关心和支持。

<h2 style="text-align:center">第三节　城市抗震防灾规划</h2>

我国位于地震烈度大于或等于七度的城市占全国城市的 45％。强烈地震一旦发生在我国人口密集的城市或其邻近地区，将会造成巨大灾难。而编制城市抗震防灾规划并组织实施，便是抵御地震灾害、降低经济损失和减少人员伤亡的有效措施。例如，1989 年由原云南工学院编制的《丽江城市抗震防灾规划》在 1996 年丽江 7.0 级大地震中就发挥了较大的功效，受到各级政府和国外专家的好评，成为第一个经过地震检验的规划。

一、城市抗震防灾规划目标、期限及编制与实施

（一）城市抗震防灾规划目标

（1）当遭受多遇地震时，城市一般功能正常。

（2）当遭遇相当于抗震设防烈度的地震时，城市一般功能及生命线系统基本正常，重要工矿企业能正常地或很快地恢复生产。

（3）当遭遇罕遇地震时，城市功能不瘫痪，要害系统和生命线工程不遭受破坏，不发生严重的次生灾害。

（二）城市抗震防灾规划对象、期限、范围与重点、原则

1. 规划对象

根据我国工程建设从地震基本烈度开始设防的规定，六度和六度以上地区（地震动峰值加速度≥0.05g 的地区）的城市都要编制城市抗震防灾规划。位于城市规划区的大型工矿企业抗震防灾规划的编制由住房和城乡建设部门及城市抗震防灾主管部门统一安排，并纳入企业发展规划。

2. 规划期限、范围与重点

城市抗震防灾规划是城市总体规划中的专业规划，规划期限和范围应和城市总体规划一致，并与城市总体规划同步实施。其规划重点则应因地制宜，根据城市的性质、规模、功能、历史、地理位置、地震地质情况、地震活动等要素而有不同的侧重。

3. 规划原则

城市抗震防灾规划的编制要贯彻"预防为主，防、抗、避、救相结合"的方针，结合实际，因地制宜，突出重点。

（三）城市抗震防灾规划的编制、审批与实施

1. 规划编制

城市抗震防灾规划应依靠城市自己的力量，在城市人民政府的统一领导下，由直辖市、市、县人民政府城乡规划主管部门会同有关部门共同编制，一般不采用委托任务的办法。规划中的地震危险分析和震灾预测等必须通过技术鉴定，其地震影响小区划应报国家抗震主管部门批准后方能用于工程设计。

城市、企业、经济技术开发区的抗震防灾规划是城市总体规划的一项专业规

划，是城市建设、工程建设抗震设防重要的指导性文件，也是提高城市、企业综合抗震能力的有力保障。《中华人民共和国城乡规划法》、《中华人民共和国防震减灾法》、《城市抗震防灾规划管理规定》、《城市抗震防灾规划标准》、原建设部第 38 号部令《建设工程抗御地震灾害管理规定》以及其他有关文件均已明确规定和要求编制与实施抗震防灾规划。因此，城乡规划主管部门要把城市抗震防灾规划的编制、审批与实施工作作为抗震防灾工作的一项重要内容，切实抓好其编制、审批与实施工作。

2. 规划审批

省会城市、100 万人口以上大城市的抗震防灾规划由国务院建设主管部门审批。国家重点抗震城市的抗震防灾规划由省、自治区建设主管部门审批，报国务院建设主管部门备案。其他城市的抗震防灾规划由当地人民政府审批；大型工矿企业的抗震防灾规划由企业主管部门审批。

3. 规划实施

城市抗震防灾规划应由城市建设主管部门会同有关部门共同组织实施。其规划成果应根据国民经济、城市发展和科技水平等因素的变化，定期进行修订。

二、城市抗震防灾规划编制内容与程序

（一）城市抗震防灾规划编制的法定内容

《城市抗震防灾规划管理规定》的第九条提出，城市抗震防灾规划应包括如下内容：

（1）地震的危害程度估计，城市抗震防灾现状、易损性分析和防灾能力评价，不同强度地震下的震害预测等。

（2）城市抗震防灾规划目标、抗震设防标准。

（3）建设用地评价与要求，包括城市抗震环境综合评估、抗震设防区划和各类用地上工程设施建设的抗震性能要求。

（4）抗震防灾措施，包括：市、区级避震通道及避震疏散场地（如绿地、广场等）和避难中心的设置与人员疏散的措施，城市基础设施（生命线系统及消防、供电网络、医疗等重要设施）的规划建设要求，防止地震次生灾害要求；对地震可能引起的水灾、火灾、爆炸、放射性辐射、有毒物质扩散或者蔓延等次生灾害的防灾对策，重要建（构）筑物、超高建（构）筑物、人员密集的教文体设施的布局、间距和外部通道要求。

（二）城市抗震防灾规划编制的程序

1. 资料搜集与分析

因地制宜地搜集、调查与城市抗震防灾有关的各种基础资料，然后加以分析和整理，作为编制规划的依据。需收集的资料详见本节最后内容。

2. 地震危险性分析

即对城市及附近地区可能发生地震的危险性作出分析和判断。地震地质、土质和地形地貌等条件比较复杂的城市，要根据地震危险性分析结果，并考虑本城市历史地震的实际地震影响，作出地震影响小区划，以便于城市规划、工程建设和抗震防灾的应用。

为缩短规划编制周期和节省经费，根据我国的具体情况，各城市的地震危险性分析均可直接采用国家地震局颁发的《中国地震烈度区划图》，作为抗震防灾规划的防御目标。确实需要单独进行地震危险性分析的城市，应先向省、自治区、直辖市抗震防灾主管部门提出申请，经国家抗震主管部门审议后统一安排。

3. 工程震害预测

首先根据不同的烈度或不同的概率标准预测各类房屋建筑、工程设施和设备的工程震害，以及滑坡、塌方、震陷、河流堵塞等地表震害和次生灾害；然后在此基础上作出人员伤亡、经济损失以及社会影响的预测，并提出减轻灾害的措施。

工程震害的预测重点应放在生命线工程、重要工程和易产生次生灾害的工程。对一般工程的震害预测应尽量采用简单的方法；对于一般城市和县城、建制镇可在房屋普查的基础上，根据历史地震震害经验进行预测；对地形地貌等工程地质条件比较复杂的城市，应对地表震害及岩土稳定性进行震害预测。震害预测时应考虑抗震设防和抗震加固的措施。

4. 抗震防灾规划

根据地震危险性分析和震害预测，找出城市防御地震灾害的各个薄弱环节，然后运用多种抗震减灾手段，对各种减轻地震灾害的措施作出规划。

城市抗震防灾规划应以图件、表格和文字相结合的形式表达，要有指导性、科学性、普及性，并便于实施。为满足当前城市抗震防灾的需要，规划编制条件尚不具备的城市可先编制初步规划，再逐步完成正式的抗震防灾规划。

三、不同模式的城市抗震防灾规划内容与成果

城市抗震防灾规划是全面防止和减轻城市地震灾害的规划，按其内容和深度的不同，分为甲、乙、丙三种模式。国家和省重点抗震城市、100万人口以上的大城市和省（自治区、直辖市）首府所在地城市按甲类模式编制；位于地震基本烈度六度的大城市和七度以上（含七度）的大、中城市按乙类模式编制；其他小城市和县城、建制镇按丙类模式编制。规划编制工作的重点应放在规划部分，即着重提出减轻城市地震灾害的措施和对策。

（一）不同模式的城市抗震防灾规划内容

1. 甲类模式抗震防灾规划主要内容

（1）总说明：即规划纲要。这是抗震防灾规划的一个指导性文件，主要包括城市抗震防灾现状和防灾能力，规划防御目标及其根据，地震对城市的影响及危害程度估计，规划的指导思想、目标和措施等。

（2）抗震设防区划（含土地利用规划）：根据一个城市内不同地区（段）地震地质、工程地质、水文水质、地形地貌、场地条件和历史地震震害的区别，反映其地震作用强度和震害分布的差异，在综合考虑城市不同地区（段）功能和工程结构特点等因素的基础上，提出不同地区的地震影响或破坏趋势（可以用设防烈度或地震动参数来表达），区划出对抗震有利和不利的区域范围，以及不同地区适于建筑的结构类型与建筑层数。

（3）避震疏散规划：规划出市、区、街道级的避震通道、防灾据点以及避震

疏散场地(如绿地、广场等)。防灾据点的建设应结合新建工程和抗震加固规划统筹安排。

(4) 城市生命线工程防灾规划：包括对城市功能、人民生活和生产活动有重大影响的城市交通、通信、供电、供水、供气、热力、医疗卫生、粮食、消防等工程系统的提高抗震能力和防灾措施的规划。

(5) 防止地震次生灾害规划：指对地震时由于工程结构、设施、设备等破坏或地表的变化(如滑坡、地裂、错动、喷砂等)而引起的二次或三次灾害，诸如地震引起的水灾、火灾、爆炸、溢毒、细菌蔓延、疫病流行、放射性辐射和海啸等次生灾害的危险程度分析以及防灾措施和规划。

(6) 抗震加固规划：即通过设防与加固城市现有工程设施，提高建、构筑物和设备的抗震能力的规划。

(7) 震前应急准备及震后抢险救灾规划：包括抗震救灾机构、应急预案和抢险救灾等部分，主要有人员疏散与避震，生命线工程的安全保障，伤员的救护、治疗，消防，防止次生灾害，抢险与抢修，救灾物资、器材和生活必需品的储备，交通与治安管制等。

(8) 抗震防灾人才培训、宣传教育和防灾训练、演习的规划。

(9) 规划实施要点：包括近期(5 年)和远期(10 年)的实施计划。

2. 乙类模式抗震防灾规划内容

(1) 总说明：即规划纲要，包括城市抗震防灾的现状及防灾能力分析，遭遇城市防御目标地震影响时的主要震害预测，规划指导思想、目标和措施。

(2) 避震疏散和临震应急措施规划。

(3) 城市生命线工程防灾规划。

(4) 防止地震次生灾害规划。

(5) 抗震加固规划。

(6) 震前应急准备及震后抢险救灾规划。

(7) 规划实施要点。

3. 丙类模式抗震防灾规划内容

(1) 总说明：包括城市抗震防灾的现状和防灾能力分析。

(2) 主要地震灾害估计：根据城市建筑物、工程设施和人口分布状况，简述遭遇城市防御目标地震影响时可能出现的主要灾害、城市抗震防灾的主要薄弱环节和亟待解决的主要问题。

(3) 减轻地震灾害的主要措施和对策。

(二) 不同模式的城市抗震防灾规划成果

1. 甲类模式抗震防灾规划成果

(1) 地面破坏小区划——包括下列基础图纸及说明：

① 城市及其附近地区地质构造图(1：500000～1：10000)；

② 城市地貌单元划分图(根据分布高度、自然形态、岩性特征进行划分，1：25000～1：5000)；

③ 第四系等厚线图(1：25000～1：5000)；

④ 地下水位的水位线图(1：25000～1：5000)；

⑤ 城市震害地质区划图(1：25000～1：5000)；

⑥ 软土分布图(1：25000～1：5000)；

⑦ 活动断层分布图(1：500000～1：10000)；

⑧ 可液化土(砂土和轻亚砂土)分布图，包括钻孔柱状图及试验测定结果(如岩性、埋深、地下水位、黏粒含量、标贯击数、锥尖阻力及有关参数，1：25000～1：5000)；

⑨ 地面破坏小区划图(包括地面破坏危险区、滑坡和崩塌危险区、砂土液化和软土震陷区等划分，1：25000～1：5000)；

⑩ 上述各图纸的文字说明。

(2) 建筑场地类别区划——包括下列基础图纸及说明：

① 工程地质钻孔、剖面图及说明。每 1km² 应有 2～4 个钻孔点，且分布均匀(1：50000～1：10000)；

② 钻孔柱状图及详细土性描述。包括各土层常规物理力学参数(如容量、比重，含水量、孔隙比、饱和度，塑限、液限，塑性指数、液性指数，压缩系数、标贯击数等)。钻孔深度一般应达到基岩或剪切波速大于 500m/s 的坚硬土层。若深度难以满足上述要求，至少不得少于 20m(1：10000～1：5000)；

③ 工程地质分区图及说明(1：10000～5000)；

④ 土层剪切波速时间——深度曲线及测量结果；

⑤ 建筑场地类别区划图及说明(按国家建筑抗震设计规范要求编制，1：25000～1：5000)。

(3) 工程抗震设防区划——包括下列基础图纸和说明：

① 地面最大加速度、速度分布图及说明。应根据地面最大加速度和反应谱分布特点，结合建筑场地类别区划，并考虑复杂地下介质的影响，分小区表示(1：25000～1：5000)；

② 设计反应谱曲线及有关参数；

③ 抗震设防区划图及说明(1：25000～1：5000)。

(4) 震害预测：

① 建筑物震害预测。分小区对各类结构类型(如 R.C 框架、框剪结构、多层砖房、单层厂房、单层空旷房屋、其他房屋等)进行群体抽样震害预测。抽样率不应小于各类建筑物总数的 30%，生命线工程及重要建筑应进行单体震害预测。预测小区的划分视建筑物分布情况，以 500m×500m 或 1km×1km 为一个小区划分为宜。

② 生命线工程(包括通讯、交通、电力、供水、供气、粮食、消防等系统)的抗震能力分析，应给出生命线管网分布及生命线单位分布图(1：10000～1：2000)。

③ 经济损失及人员伤亡估计。包括建筑结构损失、居民财产损失、企业固定资产损失、企业停产直接损失、企业停产间接损失、社会财产损失以及地震发生在白天和夜间时人员伤亡估计(分轻伤、重伤、死亡估计)。应分小区绘出经济

损失、人员伤亡分布图（1∶10000～1∶2000）。

④ 次生灾害估计。包括地震引起的火灾、水灾、爆炸、溢毒、疫病流行等。绘出潜在次生灾害源分布图（1∶10000～1∶2000）。

⑤ 抗震救灾示意图及说明。包括抗震救灾小区划分、各小区救灾指挥中心位置，主要避震疏散场地、救灾物资集散地等（1∶10000～1∶2000）。

⑥ 抗震防灾规划报告。

2. 乙类模式抗震防灾规划成果

（1）土地利用规划：主要根据原有地质资料，结合实地勘察，用近似方法区分出城市规划区内抗震有利地段和不利地段，在此基础上制定符合抗震要求的土地利用规划要点。

（2）震害预测：

① 建筑物震害预测。一般房屋进行群体预测，生命线工程和重要工程应进行单体预测。预测方法可采用目前国内常用房屋震害预测方法，亦可利用工程建筑抗震鉴定标准对房屋进行抗震鉴定，估计其震害，以此作为建筑物震害预测的参考结果。

② 生命线工程抗震能力分析，给出生命线工程管网分布及生命线单位分布示意图（1∶5000～1∶1000）。

③ 经济损失和人员伤亡估计。

④ 潜在次生灾害源估计及示意图（1∶5000～1∶1000）。

（3）抗震救灾组织机构、避震疏散道路、场地示意图（1∶5000～1∶1000）。

（4）抗震救灾组织规划报告。

（5）有条件进行工程地质钻探和土层剪切波速测定的城市，应按照国家建筑抗震设计规范的要求编制建筑场地类别区划。其成果应包括下列基础图纸和说明：

① （Q+N）等厚线图及说明（1∶10000～1∶2000）；

② 第四系等厚线图及说明（1∶10000～1∶2000）；

③ 地下水等位线图及说明（1∶10000～1∶2000）；

④ 城市所在地区（Q+N）等深线图及说明（1∶10000～1∶5000）；

⑤ 城市基底构造及历史地震震中分布图及说明（1∶10000～1∶5000）；

⑥ 工程地质分区图及说明（1∶10000～1∶2000）；

⑦ 钻孔平面布置图及说明——一般每 1km² 应有 2～4 个钻孔，钻孔深度一般应在 15～20m 之间；

⑧ 钻孔柱状剖面图；

⑨ 土层剪切波速测量结果；

⑩ 软土分布图（1∶10000～1∶2000）；

⑪ 砂土液化及液化等级分区图（1∶10000～1∶2000）；

⑫ 建筑场地类别区划图及说明（1∶10000～1∶2000）。

3. 丙类模式抗震防灾规划成果

（1）生命线工程及重要工程震害估计，主要利用抗震鉴定方法进行估计。

（2）潜在次生灾害源分布图（1：5000～1：1000）。

（3）抗震救灾组织机构、避震疏散道路及场地示意图（1：5000～1：1000）。

（4）抗震防灾规划报告。

四、城市抗震防灾规划基础资料

城市抗震防灾规划的基础资料必须服从于规划编制的需要，不要贪多求全、各成体系，避免造成浪费。其主要包括以下5个方面内容：

（一）与抗震防灾有关的城市基本情况

（1）城市环境、历史变迁及其发展概况，包括城市地理位置、气候特点、工农业生产概况、建筑物概况等。

（2）城市人口、密度及地区分布，季节和昼夜人流分布，人口年龄构成及老、幼龄人口的分布。

（3）城市公园、绿地、空旷场地和人防工程的分布及其可利用情况。

（4）城市生活必需品的储备能力及其分布，包括水源分布，粮食、熟食储备及加工能力，商业网点分布情况等。

（5）市、区级指挥机构及重要公共建筑的分布。

（6）重要文物、古迹分布及防灾能力。

（7）环境污染源的分布及危害情况。

（8）城市总体规划、分区规划及相关的专业规划。

（二）有关城市及附近地区的历史地震与地震地质资料

（1）历史地震记载及震害资料。

（2）断层分布，特别是活动断层及发震断层的分布、走向及规模。

（3）卫星影像照片和解析结果。

（4）本地区的地震预报及震情背景。

（三）城市工程地质和水文地质资料

（1）城市及周围地区的工程地质勘探资料和典型地质剖面图。

（2）第四系等厚线图。

（3）市区填土分布图。

（4）地下水位及分布。

（5）古河道分布。

（6）可液化土层分布。

（四）城市地形地貌资料

（1）规划区内的地形测量图。

（2）可能出现震陷、滑坡、崩塌的地区及分布。

（3）地面沉降或隆起的观测资料。

（4）城市海岸线变化的观测资料。

（五）城市建筑物、工程设施和设备的抗震能力

（1）建筑物、工程设施的分布、结构和抗震能力，包括房屋普查资料，主要建筑物的施工图，供水、供电、通信线路图，重要桥梁施工图等。

（2）不同时期的建筑特点、设防情况和施工质量，按年代和不同的结构形式

进行统计。

（3）水利工程及其防灾能力，特别是位于城市上游的水库的影响范围、可能造成的危害等。

（4）工业构筑物及设备的抗震能力分析，包括位于城市及附近地区、易产生次生灾害的工矿企业及重要厂矿的构筑物及设备，各种容器、塔类、设备管道系统等的抗震能力分析。

（5）生命线工程的抗震能力及分析，包括通讯、电力、医疗、供水、供气、粮食、交通、消防等系统的现状，人员构成、设备、应急物质储备、建筑物抗震能力等。

（6）有可能发生地震次生灾害的分析，包括地震引起的火灾、水灾、爆炸、溢毒、疫病流行等，重点分析潜在次生灾害的规模、可能发生的地区、影响范围等。

（六）规划区内各企、事业单位固定资产

（1）各企、事业单位固定资产的原值和净值。

（2）固定资产的使用情况（分在用、闲置、待报废等）。

第四节　城市防洪规划

据统计，我国有一百多座大、中城市，40%的人口和16%的工农业产值集中在全国七大河流中、下游及东南滨海不足 8 万 km² 的土地上。随着我国经济、社会的不断发展，城市的地位和作用越来越显著，其防洪安全问题也日渐突出。正如中央领导同志的指示，"越是改革开放，越要加强城市防洪工作，否则，经济建设取得的成就越大，洪水造成的损失也越严重。对城市防洪建设要真正重视，宁肯少上几个基建项目，也要保证城市防洪资金投入的需要"。而加强城市防洪建设的科学合理性和延续性，迫切需要以江河防洪规划和城市总体规划为依据，提出城市近期及中、长期的防洪目标，编制与完善城市防洪规划，从而加快城市防洪建设步伐，提高城市的防洪能力，为城市改革开放和社会、经济发展提供防洪安全保障。

一、城市防洪规划任务与原则

（一）城市防洪规划任务

根据城市社会、经济发展状况，结合城市总体规划及城市河湖水系的流域总体规划、城市河湖的治理开发现状，分析、计算规划城市所在水系的现有防洪能力，调查、研究历史洪水灾害及其成因，按照统筹兼顾、全面规划、综合利用水资源和保证城市安全的原则，根据防护对象的重要性，结合现实的可能性，将洪水对城市的危害程度降低到城市防洪标准范围以内。具体而言，有以下三项主要任务：

（1）确定城市防洪、排涝规划标准；

（2）确定城市用地防洪安全布局原则；

（3）确定城市防洪体系和防洪、排涝工程措施与非工程措施。

（二）城市防洪规划原则

（1）全面规划，统筹兼顾，预防为主，综合治理。

（2）除害与兴利相结合，注重雨洪利用。

（3）注重城市防洪、排涝工程措施的综合效能。

（4）工程措施与非工程措施相结合。

（5）城市防洪规划的期限、范围应与城市总体规划的期限、范围相一致。

二、城市防洪规划内容与程序

城市防洪规划是统筹安排各种预防和减轻洪水对城市造成的灾害的工程或非工程措施的专项规划，包括防山洪或海潮、排涝等方面内容。当城市防洪规划作为一个章节纳入城市总体规划时，其确定防洪标准、防洪措施以及近、远期建设规划等主要内容应随之列入其中。

（一）调查研究

主要进行以下5方面工作：

（1）收集、分析流域与防洪保护区的自然地理、工程地质条件和水文、气象与洪水资料；

（2）了解历史洪水灾害的成因与损失；

（3）了解城市社会、经济现状与未来发展状况；

（4）摸清城市现有防洪、排涝设施与防洪、排涝标准；

（5）广泛收集各方面对城市防洪、排涝的要求。

（二）城市防洪、治涝水文分析计算

1. 有关流域特征和暴雨、洪水资料的分析整理

（1）应摸清工程地点近一二百年间发生的特大和大洪水情况，如水情、雨情、洪痕位置、发生时间、河道变迁及过水断面的变化，对历史洪水力求定量，并确定重现期。

（2）对筑堤河段应进行归槽流量及壅水、降水曲线计算，并绘制水面线图。

（3）防洪控制断面必须有水位——流量关系观测资料。如无实测资料，应采用多种方式进行分析计算，制定水位流量关系曲线，同时设置专用水文站或水位站，用实测成果供下阶段设计时修正水位流量关系曲线。

2. 设计洪水的计算

包括代表站、参证站及控制断面的设计洪水分析计算。如采用水库拦洪，还需进行水库设计洪水、区间设计洪水的分析计算（它需要有设计洪水过程线，应选择3个以上对工程较为不利的实测典型年，分析、计算并放大其设计洪水过程线，供调洪计算选用），具体的计算应按有关规定进行。

3. 涝区设计洪水的计算

城市涝区一般缺乏内涝洪水观测资料，可采用设计暴雨来推求设计洪水，但要充分考虑城市产流区汇流条件和特点，合理确定参数。暴雨资料短缺的地方，可用附近水文站或气象站雨量频率计算，也可用暴雨量等值图取集雨区重心点的雨量值作为代表。设计洪水可用推理公式、经验公式计算，并用概化过程线等方法推求洪水过程线。

4. 排涝泵设计扬程的确定

（1）直接选用外江设计水位减去内涝淹没限制水位。

（2）采用历年外江最高水位的多年平均值减去内涝起调水位（或相应外江常年水位，或两年一遇水位）。

（三）城市防洪规划

1. 城市防洪标准

应根据城市的重要性、洪灾情况及其政治、经济上的影响，城市总体规划确定的中心城区集中防洪保护区或独立防洪保护区内的常住人口规模，结合城市防洪、排涝工程的具体建设条件，依据城市规模及重要性划分等级，按中华人民共和国《防洪标准》GB 50201—2014 和《城市排水工程规划规范》GB 50318—2000 的有关规定选取城市防洪标准。城市防洪标准的最终选定须经过论证。

堤防、大坝、水库、涵闸、泵站等防洪工程设施的等级和设计标准应按《水利水电枢纽工程等级划分及设计标准》SDJ 217—87 和 1990 年水利水电规划设计总院的《补充规定》确定，并严格按照标准进行设计、施工、监督和验收，确保工程质量符合要求。

2. 城市用地防洪安全布局

城市建设用地选择必须避开洪涝、泥石流灾害高风险区域。城市用地布局应按"高地高用、低地低用"的原则，并应符合下列规定：

（1）城市防洪安全性较高的地区应布置城市中心区、居住区、重要的工业仓储区及其他重要设施；

（2）城市易涝低地可用作生态湿地、公园绿地、广场、运动场等；

（3）当城市建设用地难以避开易涝低地时，应保持一定的水面率，并应根据用地性质，采取相应的防洪、排涝安全措施。

城市用地布局应确保供水、供电、通信、燃气等城市重要的公用设施、公共服务设施以及工矿企业、仓储物流设施的防洪安全。

城市用地布局必须满足行洪需要，留出行洪通道，禁止在行洪用地空间范围内进行有碍行洪的城市建设活动。

3. 城市防洪体系

城市防洪体系应包括工程措施和非工程措施。工程措施应包括防洪工程及排涝工程；非工程措施应包括水库调洪、蓄滞洪区管理、暴雨与洪水预警预报、超设计标准暴雨和超设计标准洪水应急措施，防洪与排涝工程设施及行洪通道保护等。

城市防洪体系应与流域防洪体系相协调，应积极利用所在流域防洪体系提高自身防洪能力。城市防洪工程总体布局应根据城市自然条件、洪水类型、洪水特征、用地布局、技术经济条件及流域防洪体系，合理确定。不同类型地区的城市防洪工程的构建应符合下列规定：

（1）山地、丘陵地区城市防洪工程措施主要由护岸工程、河道整治工程、堤防等组成；

（2）平原地区河流沿岸城市防洪应采取以堤防为主体，河道整治工程、蓄滞洪区及排涝设施相配套的防洪、排涝工程措施；

（3）河网地区城市防洪应根据河流分割状态，分片建立独立防洪保护区，其防洪、排涝工程措施由堤防、防洪（潮）闸、排涝设施等组成；

（4）滨海城市应形成以海堤、排潮闸为主，排涝泵站、消浪措施为辅的防洪、排涝工程措施。

4. 城市防洪工程措施

（1）堤防工程

① 堤防布置应利用地形形成封闭式的防洪保护区，并为城市空间发展留有余地。

② 堤线布置必须上下游、左右岸统筹兼顾。堤线距岸边的距离在城市用地较紧张的情况下，以堤防工程外坡脚距岸边不小于10m为宜，且要求顺直，避免急弯和局部突出；尽量利用现有堤防工程，少占耕地，并沿地势较高、房屋拆迁量较少的地方布置。

③ 堤防工程布置要结合现有堤防设施及其他专业规划，考虑路堤结合、防洪抢险交通的需要以及城市绿化要求。

④ 各堤段的堤型应结合现有堤防设施，根据地形地质条件、设计流水主流线、沿河公用设施布置情况、建筑材料、房屋拆迁量和城市美化要求统一考虑，因地制宜，合理选择。

⑤ 防洪堤工程应与排涝工程、排污工程、交通闸、下河码头等交叉建筑物及管理维修道统一考虑。

⑥ 堤防工程应根据工程安全需要和城市美化要求，在河边岸坡设置必要的护岸工程。

⑦ 防洪堤的断面尺寸和各项设施的规模应按有关规范计算确定，或参照类似工程确定。堤防工程计算工程量控制断面间距在50m左右。

（2）河道整治工程

应保持河道的自然形态，确需裁弯取直及疏浚（挖槽）时应与上、下游河道平顺连接；应根据沿河的地质条件、河势和水情等因素，研究河槽的稳定性和整治后可能在防洪、排涝、供水等方面对上下游、左右岸的影响，并有处理措施——清除河道淤积物和障碍物。对重大的整治工程，应研究其施工条件。整治的目的是为了增加过水能力，降低洪水位，减少洪水泛滥的程度和机率；而提高河道过水能力的办法是加大河槽断面。具体工程措施有截弯取直、河岸线修平、挖泥疏浚（挖槽）等。

（3）减河工程

即在城市主要行洪河道的上游开挖绕城而过的分洪河道，减少通过城市河道的洪水流量。它对于降低通过城区的洪水流量、简化城区防洪措施、减少城区防洪用地，具有比较好的效果。

（4）水库蓄洪、滞洪工程

水库工程多在山区或丘陵区修建，通常选择库容大、坝线短、施工方便、淹没损失小的山谷作为水库坝址。利用水库蓄洪、滞洪，所需防洪库容应经多方案比较，合理选定，其具体规划内容和要求应按照《水利水电工程水利动能设计规范》DL/T 5015—1996执行。由于城市上游的水库蓄滞洪工程同时也给城市造成溃坝威胁，其防洪标准一定要慎重研究。

（5）低洼区分洪、滞洪工程

可根据有关规程，编写利用低洼区分洪、滞洪工程的规划大纲，上报主管部门审批后执行。同时，为确保分洪、滞洪区内的防洪安全，还要修建安全区、安全台及交通、通信系统。

5. 非工程防洪措施

非工程防洪措施的概念最早是20世纪50年代提出来的，1958年美国开始接受这一概念。1966年以前，美国防洪策略主要是通过兴建水利工程，防止洪水泛滥。由于洪泛区土地不断开发，经济迅速发展，聚居人口增多，因而虽然防洪投资年年增加，洪水灾害损失却有增无减。从1966年起，美国防洪政策调整为工程措施与非工程措施相结合。

非工程防洪是尊重自然、适应自然的政策和措施，是防洪减灾的发展方向。其主要内容包括：洪泛区和蓄滞洪区内的建筑物使用、管理及宣传，洪灾区内土地的防洪措施，政府对洪灾区的政策，强制性的防洪保险、洪灾救济、洪水预报警报及紧急撤退措施等。

应根据城市具体情况规定非工程防洪区，并对其土地使用控制及建筑物防洪措施提出建议或办法；同时还应编制洪水预报警报方案，制定防汛抢险方案（包括机构、分区撤退人数、物资数量、撤退路线、安置地点及其他配套措施）。有条件的城市，应对推行防洪基金制度和洪水保险提出意见或办法。

各城市应制定防御超设计标准暴雨、超设计标准洪水和突发性水灾的对策性措施与城市防洪、排涝、病险水库应急预案，应利用气象、水利部门的统计数据和暴雨、洪水预报进行灾害预警。当遭遇超设计标准暴雨、超设计标准洪水或突发性水灾时，应启动城市防洪、排涝应急预案。

应调查行洪河道阻水物，对主要阻水物进行泄洪能力影响方面的计算，并研究清障原则，提出处理方案及措施。

（四）城市排涝规划

城市排涝规划主要研究涝区的治理措施，其主要内容如下。

1. 排涝标准研究

城市排涝标准应符合现行国家标准《室外排水设计规范》GB 50014的规定，结合考虑城市排涝地区的重要性、地形条件、调蓄设施能力等因素。

2. 设计排涝流量的确定

应根据涝区洪峰流量及设计洪水过程线，并考虑涝区蓄涝容积的滞洪作用等因素，分析确定设计排涝流量。

3. 排涝工程措施

因地制宜地采取排、截、抽等方式，正确处理排与截、自排与抽排等关系，合理确定各排涝工程的作用和任务。

抽水站的规划应明确其设站位置、抽排范围、装机容量和电源安排，对大型抽排水站的规模和特征值应有论述。建堤后应合理选定城区汇流出口处设置的排水闸规模。

4. 排涝泵站设置

排涝泵站站址在满足安全的基础上可选在易涝地区低洼处，并应尽量靠近承泄区。分区排涝泵站应兼顾相邻区域的排涝要求。排涝泵站设计流量应根据流量过程线，结合调蓄设施设计容量确定。排涝泵站用地面积可按现行国标《城市排水工程规划规范》GB 50318—2000 中的相关指标确定。

（五）技术经济分析

1. 工程投资和年运行费用

（1）工程投资是指达到设计效益所需的全部国民投资，包括国家和集体、群众以各种方式投入的一切费用，可分为以下几项：

① 主体和附属工程投资；

② 挖压占地和移民搬迁的费用；

③ 处理工程不利影响以及保护和改进生态环境的费用；

④ 规划、勘测、设计、科研等前期费用。

（2）应对防洪、排涝工程分别进行投资估算。推荐的近期工程应按概算定额计算，其他可按扩大指标或近年设计的类似工程单价估算，但应认真分析研究，尽量接近实际。此外，还要初拟施工年限，粗估年度的投资安排。

（3）应根据地形、地质条件与施工要求初拟工程布置、建筑物形式、主要尺寸，并据此进行主要建筑物的工程量计算。一般建筑物及临时工程的工程量可根据类似的已建或设计的工程进行估算。

（4）按有关规定计算年运行费用（可按扩大指标进行估算）。

2. 效益和经济评价

（1）防洪、排涝工程一般应计算设计年和多年平均两项效益指标，必要时还应计算特大洪、涝年的效益。

（2）防洪、排涝经济效益通常指工程实施后可以减免的国民经济损失，主要包括：

① 涝区农、林、牧、副、渔等类用地的损失；

② 国家、集体和个人房屋、设施、物资等财产损失；

③ 工矿停产、商业停业和交通中断的损失；

④ 防汛、抢险费用；

⑤ 修复洪水毁坏的工程和恢复交通、工农业生产等费用；

⑥ 受洪水影响的其他间接损失。

应根据上述项目，经调查、收集资料并整理、分析，编制地势高程与损失关系曲线。

（3）防洪、排涝工程的经济使用年限：土建工程 50 年，机电设备 25 年；经济分析中的经济报酬率采用 7%。

（4）经济效益和经济评价是研究工程建设是否可行的前提，是从经济上对工程方案选优的依据，必须实事求是，重视调查研究。具体计算应按原国家水利水电部颁发的《水利经济计算规范》SD 139—85 规定进行。

（六）规划报告编制

规划报告一般应包括流域自然地理概况、社会经济概况、水文气象与洪水特性分析、历史洪灾损失、规划方案比较与选择、规划图件等。其中，尤应注意以下 4 方面问题：

1. 防洪标准

应严格按照《防洪标准》GB 50201—2014 执行。

2. 城市防洪保护范围

应与城市发展规划相协调。

3. 城市防洪规划方案的研究

根据各城市具体情况，使各种方案的组合既能结合实际，又具有鲜明特点。最后，通过经济评价和环境影响评价来选定可实施的优化方案。

4. 洪水灾害损失调查

在对洪水灾害损失的定量分析过程中，除按当年价格进行分析外，更应充分考虑历史变迁因素，按现行价值进行折算分析。

三、城市防洪规划成果及编制、审批与实施

（一）城市防洪规划成果

1. 规划图纸

应清晰、准确，图文相符，图例一致，并在图纸的明显处标明图名、图例、风玫瑰、图纸比例、规划期限、规划单位、图鉴编号等内容。

（1）洪水影响评价图（1：10000～1：5000）

在城市现状图基础上表示不同频率（5％、2％、1％）的洪水淹没范围、危害程度、现状防洪排涝区划，分级分区划定洪涝灾害重点防御地区或灾害风险较大的地区、相关设施保护与建设状态，可能影响城市及区域防洪安全的发展布局、设施建设情况。

（2）城市防洪、排涝规划图（1：10000～1：5000）

在城市总体规划图基础上表示防洪、排涝工程（如防洪堤、排涝设施）的位置、范围、主要坐标、标高，非工程防洪区的范围等。

作为单项的城市防洪规划还应包括以下图纸：

（3）主要堤防工程的纵、横剖面图（包括地质情况）；

（4）主要工程设施及建筑物的单体选型图（1：200～1：100）。

2. 规划文本

系执行《城乡规划法》和进行城市防洪规划建设的具体条文，应以法规条文方式直接叙述主要规划内容的规范性要求，且简明扼要。其内容包括：规划依据，规划原则，规划期限，城市防洪、排涝标准，城市用地安全布局引导，城市防洪、排涝体系构建方案的选定，城市防洪、排涝工程措施与非工程措施。其中，城市防洪、排涝标准，城市用地安全布局原则和城市防洪、排涝工程设施布局为强制性内容。

3. 规划附件

（1）说明书：它是对文本的说明。应分析现状，阐述规划意图和目标，解释和说明规划内容。

（2）基础资料汇编：按本节最后的内容进行汇编。

（3）下达编制任务的批文，方案批准文件，城市总体规划文本及说明书中与本项目有关部分的摘录，流域防洪规划的有关部分，地质、水文等报告，水文计算，投资估算，环境评价的专门报告及其他。

（二）城市防洪规划编制、审批与实施

1. 规划编制

城市防洪规划由城市人民政府组织水利水务主管部门、建设主管部门和其他有关部门，依据流域防洪规划、上一级人民政府区域防洪规划，按照国务院规定程序编制，并经批准后纳入城市总体规划。

2. 规划审批程序

城市防洪规划的审批程序由各省（自治区、直辖市）人民政府根据实际情况决定。全国重点防洪城市的防洪规划由省（自治区、直辖市）人民政府批准，其他城市一般可由同级人民政府批准。省（自治区）政府认为重要的防洪规划，可提高一级审批。

全国重点防洪城市指广州、成都、武汉、南京、梧州、安庆、南宁、长沙、岳阳、开封、郑州、柳州、北京、济南、蚌埠、淮南、合肥、上海、黄石、荆州、哈尔滨、齐齐哈尔、佳木斯、长春、吉林、沈阳、盘锦共 27 个城市。

3. 规划实施

城市防洪规划审批之后，可依据当地经济情况和工程重要程度，把规划确定的项目按照国家基本建设程序的规定纳入当地国民经济和社会发展规划，分步实施。城市防洪工程建设所需投资由各城市人民政府负责安排。全国重点防洪城市的实施规划，应报水利部、住房和城乡建设部、国家发展和改革委员会、国家防汛抗旱总指挥部和有关流域机构备案。

城市防洪工作实行市长负责制，各有关部门应通力协作，多渠道筹措资金，加大投资力度和建设步伐，使城市的防洪能力有较大幅度的提高。根据中央、省（直辖市、自治区）有关规定，征收的河道工程修建维护管理费（含堤防、海塘和排涝工程等设施）或防洪保安资金，应贯彻"谁建设、谁维护、谁收费"和专款专用的原则。

四、城市防洪规划基础资料

城市防洪规划应在综合考虑或深入调研的基础上，有目的地搜集、整理有关水文、气象、地形、地质等自然资料和社会、经济资料，以及防洪的历史资料，做到统计口径一致或具有可比性。在整理分析时，要了解资料的来源、检验资料的合理性和规范性，并对其可靠性作出评价。

（一）城市气象、水文（山洪、海潮）资料

一般包括气温、湿度，蒸发量、降雨，风力、风向，河流水位、流量和泥沙等；对这些资料的分析、使用应注意人类活动的影响。此外，还要收集防洪区上游现有水利工程的有关设计数据。

（二）城市地形资料

（1）流域规划图（1：50000～1：10000）。

（2）防洪、排涝工程平面布置需要的地形图（1：25000～1：5000）。

（3）主要工程设施、建筑物设计需要的地形图（1：2000～1：500）、纵剖面图（水平1：20000～1：5000，垂直1：100～1：50）及横剖面图（水平1：1000～1：200，垂直1：100～1：50）。

（4）主要河道纵剖面图（1：25000～1：5000）、横剖面图（间距2～3km一个，水平1：500～1：200，垂直1：100～1：50）。

（5）涝区、洪淹区、防洪水库库区地形图（1：10000～1：2000）。

（6）小河道汇水面积图（汇水面积≥20km^{2}时，图纸比例为1：50000～1：25000；汇水面积＜20km^{2}时，图纸比例为1：25000～1：5000）。

（三）城市地质资料

（1）1：25000～1：5000的区域工程地质图和区域水文地质图。

（2）堤防工程或主要工程设施的地质纵剖面图（水平1：20000～1：5000，垂直1：100～1：50）、横剖面图（水平1：500～1：200，垂直1：100～1：50）。

（3）主要防洪、排涝建筑应有勘测资料，各类岩土应有试验资料。

（4）主要工程设施、建筑物的水文地质资料，如含水层的分布，地下水的埋深、类型、补给与排泄条件、化学性质及运动规律等。

（5）对地质稳定性作出评价，给出地震烈度等级。

（四）城市社会、经济资料

城市面积，不同高程的人口、耕地、主要矿藏、物产资源、文物及其分布，工业、农业、交通、商业网点、城市建设及生态环境等现状资料，以及城市发展规划资料。

（五）城市洪涝灾害资料

历史上发生过的特大和较大洪涝灾害的次数、时间（年、月、日）、雨情、水情、灾情（淹没范围、水深、经济损失和人员伤亡情况）。

（六）城市防洪、排涝历史资料

城市现有防洪、排涝工程的设施和标准，工程布置和实际防洪排涝能力，主要建筑物的类型和断面尺寸，工程效益和存在的主要问题（如设计标准、清障、除险加固、投资和管理等问题）。对于现有非工程防洪措施，也应对其效益及存在问题加以阐述。

第五节　城市消防规划

城市消防规划是城市防灾规划中的重要内容，是加强城市消防建设的依据和前提，其目的是提高城市防火灭火能力，防止和减少火灾的危害，既保卫城市经济建设成果，也保卫城市居民的生命安全，创造一个安全的城市社会环境。因此，它具有经济、社会、环境等多方面意义。各个城市都应该根据国家有关城市规划和消防技术规范的要求，制订切实可行的城市消防规划，以保障城市建设的健康发展和经济建设的顺利进行。

一、城市消防系统构成

具体而言，完整的城市消防系统构成应如图 6-5。

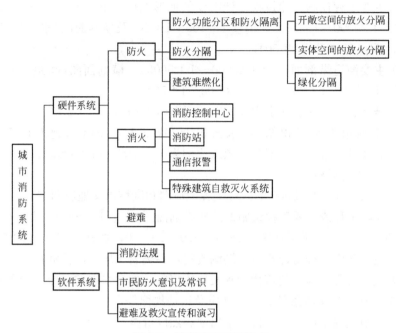

图 6-5　城市消防系统构成

二、城市消防规划任务、依据、原则与成果要求

（一）城市消防规划任务

城市消防规划是城市总体规划的重要组成部分，是城市总体规划在"城市与消防"方面的深化和具体化。它根据我国消防改革与发展的基本原则与总体目标，根据城市总体规划所确定的发展规模和主要发展方向、城市结构特点和各类用地分布状况，着重研究城市总体布局的消防安全要求和城市公共消防设施建设及其相互关系。

（二）城市消防规划依据

城市消防规划应遵循国家及省、直辖市、自治区的有关法规、文件，主要有：

（1）《中华人民共和国消防法》；

（2）《中华人民共和国消防法实施细则》；

（3）《中华人民共和国城乡规划法》；

（4）《建筑设计防火规范》GBJ 16—2014；

（5）《城镇消防站布局与技术装备标准》GNJ 1—82；

（6）[89]公(消)字 70 号《关于印发城市消防规划建设管理规定的通知》；

（7）《城市消防站建设标准》GBJ 152—2011。

（三）城市消防规划原则

（1）城市人民政府应当将包括消防安全布局、消防站、消防给水、消防通信、消防车通道、消防装备等内容的城市消防规划纳入城市总体规划。编制时，要以城市总体规划为依据，其规划指导思想与规划布局要与城市总体规划相一致。

（2）城市消防规划必须从实际出发，正确处理近期与远期、局部与整体、生产与生活、城市与乡村、经济建设与国家需要和可能的关系，统筹兼顾，综合部署。

（3）对新建城市居住区、大型工矿区要严格按国家有关法规、规定进行规划、建设，对旧城区要结合旧城改造制定改建规划并逐步实施。要加强城市消防基础设施建设，以提高城市抵御火灾的能力。

（4）制订城市消防规划，应本着既经济合理、又技术先进和切合实际的原则。

（四）城市消防规划的成果要求

1. 规划图纸

（1）城市消防安全分区及消防设施分布现状图（1∶10000～1∶5000）

其内容包括大型工矿企业、物资仓库、公共建筑、住宅区、人员密集区、易燃建筑密集区及消防站、消防水源、消防通道、消防装备、消防通讯的分布情况。

（2）城市消防规划图（1∶10000～1∶5000）

规划标示的内容同上。

（3）城市近期消防设施项目规划图（1∶10000～1∶5000）

内容包括近期准备规划建设的消防站、消防水源、专项工程及重点地段的详细规划。

2. 规划说明

（1）城市的现状概况；

（2）城市消防设施的现状概况；

（3）城市消防安全状况调查及综合分析与评价；

（4）城市消防规划的原则与指导思想；

（5）城市消防规划设想的具体说明。

三、城市消防规划内容与程序

（一）城市消防规划主要内容

1. 城市功能分区和防火分隔

（1）功能分区

城市消防规划首先要求城市功能分区明确。由于城市包含了许许多多的功能区，如中心区、居住区、工业区、仓储区等。并且，每个功能区又可细分，尤其是工业区和仓储区中有易燃易爆的危险品。如果在规划中有效地把这些区域分隔开来，并采取专门措施，就有利于防范火灾，具体而言：

1）城市总体布局中须将生产、储存易燃易爆化学物品的工厂、仓库（包括储罐和堆场）设在城市边缘的独立安全地区，并与人员密集的公共建筑保持规定的防火安全距离，合理控制危险品总量及分布状况。

227

位于旧城区且严重影响城市消防安全的工厂、仓库(包括储罐和堆场)必须纳入城市近期改造规划,采取限期迁移或改变生产使用性质、功能等措施,以消除不安全因素。

2)合理选择液化石油气供应基地、供应站的瓶库,气化站、混气站、瓶装供应站、燃气储配站、汽车加油(气)站和煤气、天然气调压站的位置,并采取有效的消防措施,确保安全。

同时,还要合理选择向城市输送甲、乙、丙类液体和可燃气体和管道的位置,严禁在其干管上修建任何建、构筑物或堆放物资。其管道和阀门井盖应有标志。

3)装运易燃易爆化学物品的专用车站、码头,必须布置在城市或港区的独立安全地段。

4)城区内各种新的建筑工程,应当建造一级、二级耐火等级的建筑,控制三级建筑,严格限制四级建筑,确保其与周边建、构筑物的安全间距。建筑的耐火等级应与城市的防火功能分区相对应,以促进建筑的难燃化。

5)原有耐火等级低、相互毗连的建筑密集区或大面积棚户区,应当纳入城市旧区近期改造规划,并积极采取防火分隔、提高耐火性能、开辟防火间距和消防车通道等措施,以改善消防条件。物流中心、集贸市场或营业摊点的设置,不得堵塞消防通道和影响消火栓的使用。

6)城市中心区和商业区应远离工业和仓储区。为保障火灾时大规模人流、车流、物资的疏散避难和消防车的顺利通行,城市中心区和商业区要合理布置道路,加强广场、停车场和绿地等的规划建设。

7)对于风景名胜区、历史保护建筑等,应视具体情况,采取消防措施。

8)相对集中地规划设置易燃易爆危险品的生产、储存和输运设施,大力提高社会化服务水平,避免中心城区内易燃易爆危险品设施(单位)过于分散的不合理布局,减少火灾隐患。同时,危险品仓库区内不得布置与危险品无关的单位或设施,禁止在非危险品车站装卸危险品。

9)散发可燃气体、可燃蒸气和可燃粉尘的工厂和大型液化石油气储存基地应布置在城市全年最小频率风向的上风侧,并与居住区、商业区或其他人员集中地区保持规定的防火间距。

10)将城市广场、步行街道、绿地及其他公共开敞空间作为避难场所。

11)城市建成区内不应建一级加油站、加气站,公共加油站安全布局半径宜为0.9~1.2km。

(2)防火分隔

有效的防火分隔方法一般分为两类:一是开敞空间分隔。主要利用具有一定宽度的道路、广场和水系、绿地等,形成空气隔离带,类似森林防火沟的功能。这类分隔空间(即防火隔离带)应有足够的宽度(至少15m),以防火焰辐射。二是实体分隔。利用耐火等级高的建筑在防火区外围形成屏障,阻止火灾的延烧。这种间隔方法多用于旧城改造,隔火效果好,但投资相对较大,处理不当会影响城市环境。

　　近年来，日本城市利用绿化作为防火隔离带，取得了较理想的效果。这种分隔既经济、又美观，而且能缓和人们的紧张心理。但要选择合适的树种（如具有阻燃性质的木荷、栓皮栎、茶树、油茶树、青岗栎等阔叶树木），最好与公路、铁路等分隔绿带并用，形成宽度为 30m 以上的植物防火隔离带。

　　2. 消防站布局

　　(1) 应按照国家有关规定确定城市消防站的位置和用地。已确定的消防站位置和用地由城市规划部门进行控制，任何个人和单位不得占用。如其他工程建设确需占用，须经当地城市规划部门和公安消防监督机构同意，并按规划另行确定消防站的适当地点。

　　(2) 消防站的具体布局要求可见第七章第三节有关内容。消防站规划不但要布局整个市区的消防站，还应规划各消防站的主要防区，并根据防区的功能、性质和规模确定消防站的专业特点和人员装备（例如，设在化工区的消防站装备就不同于居住区的消防站装备）。

　　3. 消防给水

　　消防扑救所用的灭火剂主要是水。因此，合理布置消火栓和供给消防用水，是城市消防规划的重要内容。

　　(1) 供水部门应根据城市具体条件，建设合用的或单独的消防给水管道、消防水池、水井或加水栓。城市给水与消防合用管网的规划设计应立足于满足城市大多数单体建、构筑物消防流量的需要，特定区域的消防独立给水。

　　(2) 市政给水管网应采用环状双向供水线路，设计消防用水量应大于 2 小时。同时，城市消防控制中心与城市水厂、城市给水管网的加压系统应有直接联系，保证在火灾时能及时补充水源。

　　(3) 消防给水管道的管径、消火栓的间距应当符合国家防火设计规范的规定。市政消火栓的规格必须统一，尚未统一的应逐步更换。拆除或移动市政消火栓时，须征得当地公安消防监督机构同意。

　　(4) 大面积棚户区或建筑耐火等级低的建筑密集区中，无市政消火栓或消防给水不足、无消防车通道的，应由城市建设部门根据具体条件修建消防蓄水池，其容量宜为 $100 \sim 200 m^3$。

　　(5) 城市规划部门应充分利用江河、湖泊、塘库等天然水源，并修建通向天然水源的消防车通道和取水设施。未经规划部门批准，不得破坏天然水源。

　　4. 消防车通道

　　(1) 在城市街区内合理规划消防车通道，其宽度、间距和转弯半径均应符合国家有关规定。

　　(2) 有河流、铁路通过的城市应当采取增设桥梁的措施，以保证消防车道的畅通。

　　5. 疏散路线与避难场地

　　(1) 疏散道路应分两级。一级是城市型疏散大道，其宽度不小于 15m；这是根据火灾时人、车流因素确定的。另一级是小区避难道路，基本宽度 7m。疏散道路应导向避难场地，避免越过干道和铁路。

（2）避难场地也可以是广场、绿地和学校操场、体育场等空旷地。

6. 火灾报警与消防通信系统

（1）规划并逐步建设先进的有线、无线火灾报警和消防通信指挥系统。

100万人以上的大城市和有条件的其他城市，应规划并逐步建成由计算机控制的火灾报警和消防通信、指挥调度的自动化系统。

（2）由城市的电话局或大、中城市的电信局、电话分局至城市火警总调度台，应当设置不少于2对的火警专线。建制镇、独立工矿区的电话分局至消防队火警接警室的火警专线不宜少于2对。

（3）由一级消防重点保卫单位至城市火警总调度台或责任区消防队，应当设有线或无线火灾报警设备。城市火警调度台与城市供水、供电、供气、急救、交通、环保等部门之间应设有专线通信。

城市火灾报警系统除有赖于电信的发展之外，还要发展城市自身的防灾控制系统。比如，在各防火小区建立防灾控制中心，一有火灾，中心就会及时向区内人员报告灾情（如火灾之大小、方位），并引导人员疏散。同时，控制中心也能有效地启动小区内设置的消火系统，组织区内人员自救，或向城市消防指挥中心报告火警，并协助消防队进行扑救。编制消防规划，应预留防灾控制中心的建设用地。

（二）城市消防规划程序

1. 基础资料的调查与收集

包括城市的地理环境、自然条件、人口分布密度、建筑密度、城市功能分区和区位、建筑耐火等级、城市各方位的地质情况、火灾隐患分布、火灾源方位与频率、市政设施等，以及城市消防安全分区、消防站布局、消防水源、消防通道、消防装备、消防通讯等现状内容。

2. 规划原则及指导思想的确定

3. 规划构思及方案的确定

（1）根据城市总体规划的功能分区和路网系统，确定防火分区的界限，并提出防火带分隔方案。

（2）根据城市总体规划的功能分区与用地布局，确定城市各区片的防火分类和耐火等级，计算消防站的数量，并确定消防站的位置。然后，根据消防站服务半径和服务区的功能，确定消防站的设备配备和人员规模。

（3）计算城市消防用水量，规划用水管网的布设和消防栓位置。

（4）规划统一的火灾报警系统、消防指挥控制中心。消防指挥控制中心与交通指挥中心应有计算机系统联网，以免消防车在开往火灾现场的途中因交通阻塞而耽误扑救时机。

（5）大城市的高层建筑集中区和历史文化名城的古建筑集中区要采取特殊措施，配置有特殊装备的消防站，并要求区中的有关单位配备自救设备。

（6）规划疏散线路系统及避难场地，并针对避难场地和地下避难空间提出具体的规划要求。

4. 重点地段的详细规划

大型工矿区、物资仓库、车站、码头、易燃建筑密集区要编制详细的消防规划。

四、城市消防规划编制与审批、实施与管理

（一）城市消防规划编制与审批

1. 规划编制

城市消防规划应由城市公安消防监督机构会同城市规划主管部门及其他有关部门共同编制或委托有资质的规划设计单位编制。与消防安全有关的城市规划建设工程项目的设计审查和竣工验收，也应当吸收城市公安消防监督机构参加。

2. 规划审批

（1）设市城市消防规划应事先征求省、直辖市、自治区公安厅、住建厅（或住建委）的意见，由市人民政府审批，报省、直辖市、自治区公安厅、住建厅（或住建委）备案。

（2）县城的消防规划应事先征求地市公安局（处）、住建厅（或住建委）的意见，由县人民政府审批，报地市公安局（处）、住建厅（或住建委）备案。

（二）城市消防规划实施与管理

1. 规划实施

城市消防规划实施的基本原则是：

（1）新建区配套实施同步完成，旧城区应先控制，逐步完成；

（2）实施中应先完成地下部分，后完成地上部分；

（3）一些条件尚不成熟的地段，可以先控制预留用地，待以后再建。

2. 规划管理

（1）逐步完善城市消防规划管理法规建设，使建设单位、管理单位和市民都能自觉遵守有关法律、法规，从根本上提高城市防火抗灾能力，减少灾害损失。

（2）大力普及与宣传城市消防常识，增强市民的防灾意识。

（3）在避难场所和疏散路线的指示牌设计方面可以借鉴日本的作法。

日本的城市街道和其他公共场所均有非常醒目的路标，例如前行 100m 是消防避难广场或前行 60m 有消防地下避难处等。这种作法对其他灾害（如地震）的避难也有意义。

第六节　城市人防规划

鉴于城市在整个国家经济、社会发展中的重大作用，在当前战争因素尚未完全消除的情形下，必须采取一定的防范措施，以保证城市经济、社会的发展和中心作用的发挥。所谓人防，即人民防空，国外称为"民防"或"城防"，它是与城市建设相结合的，防范和减轻空袭及其灾害的危害、保证城市人民生命财产安全的工程掩蔽防御体系。现代城市不仅应当设防，而且需要用现代人防设施武装自己，最终具备适应现代战争方式的防御体系和防御能力。

一、城市人防规划编制原则与审批要求

（一）城市人防规划编制原则

（1）城市人民政府应当制定城市人防规划，并应纳入城市总体规划，作为城市总体规划的专项防灾规划。

（2）城市人防规划应贯彻"长期准备，重点建设，平战结合"的方针，贯彻与经济建设协调发展、与城市建设相结合的原则，正确处理当前与长远、重点与一般、需要与可能的关系。

（3）城市人防规划编制工作应在各级政府的统一领导下，由人防部门会同城市规划、建设及其他有关部门共同进行，既要满足人民防空的要求，又要服务于城市建设与发展的需要。

（4）城市人防规划应与城市总体规划同步编制，规划期限也应一致（一般分为近期、远期和一定时限的远景规划）。

（5）城市人防工程建设要与城市建设相结合，在城市总体建设目标指导下相互促进、相互补充，充分发挥城市人防建设的投资效益，促进人防建设与城市建设的有机结合和协调发展，从整体上增强城市综合发展能力和防护能力，使城市具有平时发展经济、抗御各种灾害，战时防空抗毁、保存战争潜力的双重功能。

（二）城市人防规划审批要求

城市人防规划实行分级审批：直辖市和一类省会城市的人防规划经省、自治区、直辖市人民政府和军区人民防空委员会委审查同意后，报国家人民防空委员会和住房和城乡建设部审批；二类人防重点城市的人防规划由省、自治区、直辖市人民政府审批，报国家人民防空委员会和住房和城乡建设部备案；三类人防重点城市的人防规划由市人民政府审批，报省、自治区人民防空委员会和住房和城乡建设厅（或住房和城乡建设委员会）备案。

二、城市人防规划依据与主要内容

（一）城市人防规划依据

城市人防规划必须从实际出发，调查研究，使规划有充分的依据。

1. 城市的战略地位

编制城市人防规划，首先要以城市战略地位为依据。城市的战略地位是由其所处地理位置和其在未来反侵略战争中的作用，地形特征、政治、经济、军事、交通等条件所规定的。城市人防规划应依据城市不同的战略地位及其不同的设防要求来确定所需构筑的工事数、疏散和留守人员数目及疏散的区域。

2. 城市现状

城市现有地面建筑状况、地下各种管网现状、地面交通、人口密度、行政管理区划等，是编制城市人防规划的重要依据。如原有建筑物地下室、历史上遗留下来的各类防空工事、矿山废旧坑道、天然溶洞等的位置，以及是否需建工事与其配合等，均是城市人防规划的重要环节。

3. 城市地形、工程地质、水文地质条件

（1）在城市有山、有平地的情况下，应充分利用山体的自然防护力。其人防规划应以山为重点，尽量向山里发展。平地则可构筑一定数量的地道作掩蔽、疏散和战斗机动之用。

232　（2）工程地质和水文地质条件对工事的结构形式、构筑工程、施工安全、工程造价的影响较大，有时甚至对是否可能布置地下工程起到决定性作用。

（3）人防工程要有方便的施工条件，如材料堆放场地、运输条件，施工用的水源、电源、临时道路等均应能顺利解决。此外，在确定人防工程位置、规模、走向、埋深、洞口位置时，还要考虑雨量、风向、温度、湿度等气象条件。

（二）城市人防规划主要内容

1. 城市毁伤分析

（1）将其置于全国大系统中，根据打击价值最优原则，从敌方对人防城市目标系的火力分配中，预测该城市受核武器打击的分配类型和当量（分配量模型），或者分析该城市目标系的打击效率和毁伤限额，确定毁伤城市对应的适宜当量（需要量模型）。

（2）根据城市重要目标的数量、价值和分布资料，优化出核武器的瞄准点和爆炸方式。

（3）对城市进行实际核模拟投弹计算，得出核武器主要杀伤参数值及分布。

（4）计算核武器对城市及其人防工程的破坏数量：

1）对城市目标、人员价值的毁伤量；

2）对城市建筑物破坏面积数量，对城市重要系统的破坏数量；

3）计算城市人防工程的防护效率。城市核毁伤分析的程序如图6-6所示。

2. 人口疏散与留城比例分析

战时留城人口的数量将决定各类人防工程构筑的数量，是人防工程规划的重要前提。合理确定城市战时留城与疏散比例，主要考虑以下几个因素：

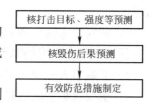

图6-6　核毁伤分析程序

（1）符合全国人防工作会议明确的有关疏散比例的原则，并与本地实际相结合；

（2）符合城区人口和功能结构的实际，同时还应根据"三坚持"的需要，保证城市战时功能的运转；

（3）根据武器效应对城市人员的杀伤分析，市中心区伤亡效应量大，人口密度大，疏散的比例应该高；

（4）已建人防工程的数量及根据财力、物力至规划期末或某规划节点可能新建的工程数量等。

3. 城市总体防护与措施

（1）确定城市总体（如规模、布局、建筑密度分区等）防护方案、城市防灾工程建设体系和分区结构；

（2）确定城市主要疏散道路（如地铁、公路干线）的位置、控制要求及疏运方案；

（3）确定城市广场、绿地、水面的分布和控制要求；

（4）确定城市重要经济目标和防护措施；

（5）确定城市人防警报器的布局和选点；

（6）确定城市供水、供电、供热、燃气、通信等基础设施的防护措施；

（7）对生产、储存危险、有害物资的工厂、仓库，提出选址、迁移疏散方案

233

以及降低次生灾害程度的应急措施。

4．城市人防工程建设规划

城市人防工程包括为保障战时人员与物资掩蔽、人民防空指挥、医疗救护等而单独修建的地下防护建筑，以及结合地面建筑修建的战时可用于防空的地下室。

（1）确定城市人防工程的总体规模、防护等级和配套布局。

（2）确定城市人防指挥通信、人员掩蔽、医疗救护、物资储备、防灾专业队伍、疏散干道等工程设施的布局和规模，确定居住小区人防工程建设的规模。

（3）确定城市已建人防工程的加固、改造和平时利用方案，制订城市现有地下空间的战时利用和改造方案。

（4）估算规划期内的投资规模。

5．城市人防工程建设与城市地下空间开发相结合规划

（1）确定城市人防工程建设与地下空间开发相结合的主要规划方案、项目和内容；

（2）确定规划期内人防工程建设与地下空间开发相结合项目的性质、规模和布局；

（3）提出人防工程建设与地下空间开发相结合项目的实施措施，并估算投资规模。

6．规划的实施步骤和措施

三、城市人防规划编制程序与成果要求

（一）城市人防规划编制程序

1．全面收集基础资料，并进行综合分析

（1）主要基础资料包括城市的性质、自然条件（地形、工程地质与水文地质），城市人口的发展规模和分布密度，城市现有地下建筑物的分布和规模、重要目标的分布、交通运输系统、地下基础设施、已建人防工程的现状和布局等。

（2）专业资料包括城市设防等级、防卫计划（包括敌人可能的进攻方式、方向、坚守和疏散比例、兵力和专业队伍的布置、群众疏散地域等）、人防工程战术要求及有关规划设计规范等。

2．选择最佳的综合防护方案

对城市进行核武器、常规武器和主要自然灾害的毁伤效应分析，合理确定城市设防分区、工程布局、工程防护标准、人口疏散比例，选择最佳的综合防护方案。

（1）划分基层的防护战斗片（区）。城市的整个防护体系由各个区的人防体系组成，各区的人防体系又由许多片、街道或大型企、事业单位的人防体系组成。这样，形成一个以各基层单位相对独立的人防工程为基础，由通道网互相连通的完整的城市人防体系。但城市人防体系并不是简单地等于各基层人防体系的自然组合，而应在统一的规划指导下，本着战时便于指挥、平时利于维护管理的原则，按所划分的基层防护战斗片（区），对各区提出任务、要求和重点工程项目，使整个城市人防体系成为一个有机的综合整体。

(2) 根据战术、技术要求和城市防卫、人民防空计划要求，拟定战时坚守和疏散的人口比例，拟定各战斗片(区)及基层单位、各类人防工事的项目和规模。

(3) 确定指挥所位置、掩蔽工事及其他项目，如各级地下医院和救护站、地下仓库、专业队伍掩蔽工事的具体位置，并明确战时必须坚持生产的地下军工车间及其他生产车间的规模和位置。

(4) 连通搞活，分段密闭。即用连接通道将各类型工事和各片(区)连接起来，构成四通八达的地道网。成片工事或规模较大的单个工事必须设置防护密闭门，以进行分段密闭。集团工事最大容量最好不超过 400 人，疏散机动干道间隔为 500m，以免一旦局部遭到破坏而使大片工事失去防护能力和发生较大损失。

(5) 规划疏散机动干道。疏散机动干道是连接各大片(区)的重要地下通道，作为战时机动兵力、通讯联络、疏散人员、运输物资等的干线，应根据城市地形和各防护战斗片(区)的分布及疏散人员数量、走向和运输方式等，确定干道走向、宽度及其他通道的连接方式。

(6) 根据任务性质拟定工事的防护等级及质量标准。各类工事的防护等级及质量标准应参照"人民防空工程战斗技术要求"的有关规定加以确定，并根据城市大小及其战略地位、工事的用途和地形、地质条件因地制宜地选用。

(7) 确定总体性工程和通道网的埋设深度，进行竖向规划。在城市人防工程总体规划中，竖向规划设计是一项重要任务。规划必须对城市人防工事的排水系统拟定一个合理、可靠的方案，以保证工事内各种积水在最短时间内排到人防工程以外。重点工程的高程一般应高于干道和连通道，防止外界的雨水进入人防系统的某一部位时沿通道网蔓延并灌入单项工程。应在通道网下面布置排水管道，且自成系统；即使水大量灌入通道，也能从管道迅速自流排出或集中抽出。

(8) 对城市人防工事的防护设施(防核武器、防炸弹和防生化细菌的设施)、通讯、通风、电力等设备也应有统一规划与考虑。

3. 组织有关部门专家对规划方案进行论证、评审、选优和技术鉴定

特大城市一般应先编制城市人防规划纲要，待确定城市人防规划的总体格局之后再进行城市人防规划的具体编制工作。

(二) 城市人防规划成果

1. 规划图纸

包括城市人防工程现状图、城市总体防护规划图、城市人防工程建设规划图、城市人防工程建设与地下空间开发相结合规划图及城市近期人防工程建设规划图。图纸比例一般应为 1：25000～1：5000。

其中，城市人防工程现状图应标明现有人防工程的分布、类型、面积、抗力等。城市总体防护规划图要标绘防护分区、疏散区位置、贮备设施位置、主要疏散道路、防空重要目标、核毁伤效应分区、主要人防工程布局、警报器布局等内容。城市人防工程建设与地下空间开发相结合规划图应标绘各类人防工程及与城市建设相结合项目的功能、类型、位置与规模、范围。城市人防工程建设规划图应标绘城市人防工程规划的规模、类型及分布。城市近期人防工程建设规划图应标明近期规划项目的类型、功能、面积、分布等。这些图纸在城市人防规划作为

城市总体规划的专业规划之时可随之列入。

2. 规划说明书或文本

主要内容为：城市战略地位概述，规划编制的指导思想和原则要求，毁伤分析，城市地下空间开发利用和人防工程建设的原则和重点，城市总体防护布局，城市人防工程规划布局，城市交通、基础设施的防空防灾规划，贮备设施的布局。文中可附必要的缩图。其详尽程度应达到为编制实施计划、人防工程建设分区规划和专业工程规划提供依据的要求。

3. 规划附件

包括指标选择和数据说明等(如城市现有人防工程统计表、人防工程建设规划综合表、人防工程分类规划表、人防工程与地下空间开发相结合主要项目规划表、近期建设项目一览表等)，其深度应达到为编制实施计划提供依据的要求。

四、城市人防规划基础资料

(一) 城市现状与城市总体规划的有关资料及图纸

(1) 城市性质与自然条件；

(2) 城市用地现状及总体规划图等；

(3) 城市人口规模、分布密度现状及规划；

(4) 城市建成区现状及规划(包括新建卫星城和小区)；

(5) 城市道路交通系统现状及规划；

(6) 城市绿地系统现状及规划；

(7) 城市电力、通信、供水、排水、供气、供热系统现状及规划；

(8) 城市医疗救护系统、消防系统、环境保护监测系统现状及规划；

(9) 城市易燃和有害化学物、核物质的生产、储存单位的状况；

(10) 城市建筑物数量、类型及分布现状；

(11) 城市建设的主要矛盾分析资料；

(12) 城市建设的主要发展方向和近、中期项目；

(13) 根据本城市特点需要的其他有关资料。

(二) 城市人防工程建设的有关资料

(1) 城市已建人防工事的类型、面积、抗力等级及分布；

(2) 城市已建人防工事的配套完善及平战结合情况；

(3) 城市人口疏散数量、疏散道路、疏散地域情况；

(4) 城市防空袭预案制定情况；

(5) 准备报废的工事数量、面积及分布；

(6) 城市人防通信设施及预警系统状况；

(7) 城市防空重要目标的性质、规模及分布现状。

第七节　城市地质灾害防治规划

一、城市地质灾害防治规划与城市规划

(一) 城市地质灾害的特点及对城市规划的影响

1. 城市地质灾害的特点

城市地质灾害可分为城市地质自然灾害和城市地质人为灾害。

前者是由地壳的运动使地心能量、物质大量释放和地表形态发生剧烈变化所造成的灾害。其自然属性使城市地质自然灾害的成因、过程、发生方式各不相同，对人的生命、城市生活和生态环境的影响程度也完全不同。这种由自然界的物质运动导致自然力和自然物质的聚集和释放是不以人的意志为转移的。因此，城市地质自然灾害的发生具有恒久性、普遍性和多样性特点。

后者是城市工程建设中由于选址、设计、施工、管理的疏忽、失误（有意破坏除外）或意外所造成的塌方、塌陷、堤坝溃毁等灾害，或由人的不合理行为导致的滑坡、山崩等自然灾害。因而，它具有灾害在发生和分布上的不定性和形式上的多样性特点。

2. 城市地质灾害对城市规划的影响

城市地质灾害的发生和隐藏危害着城市的安全。按照城市规划的工作阶段，城市地质灾害对城市规划的影响体现在以下两大方面：

（1）对城市总体规划阶段的影响

1）影响城市用地适用性评价结论的科学性；

2）影响城市用地选择和用地发展方向的合理性；

3）影响城市用地总体布局和对各类用地具体部署的适应性；

4）影响城市综合防灾规划的完整性。

（2）对城市详细规划和具体项目选址的影响

1）影响具体地块的建设性质和适建范围的合理确定；

2）影响具体地块的建筑高度、建筑密度、容积率和重要建筑具体位置的合理确定；

3）影响具体地块的工程防护措施、防护范围、安全间距的合理确定。

（二）城市地质灾害防治规划的工作阶段及与相关城市规划的关系

1. 工作阶段

城市地质灾害防治规划属于城市规划的范畴，按城市规划的工作阶段它可分为总体规划和详细规划两大阶段。

总体规划阶段的城市地质灾害防治规划主要解决城市地质安全战略和城市地质灾害危险性评价、灾害分区、重点防治区域和防护对策等城市总体规划层面的地质灾害防治问题。城市地质灾害防治规划除在城市总体规划中必须有"城市用地评价"和"城市综合防灾规划"的相关章节和专题报告外，对于地质灾害多发和有地质灾害潜在危险的地区，必须编制城市地质灾害防治的专项规划。从总体规划层面来看，其在总体规划中主要体现在"禁建区"、"限建区"、"适建区"的划分之中。

详细规划阶段的城市地质灾害防治规划主要针对城市部分区域提出地质灾害评价及具体的防治措施。具体而言，在总体规划阶段确定的各类用地的适建性的基础上，结合详细规划阶段的地质灾害调查评估报告中对规划区内各类用地的稳定性的工程地质评价，为规划区范围内各类性质的用地布局、各类市政工程设施的布局提供用地选择以及控制性指标的依据、建议以及经济认证依据。

2. 与相关城市规划的关系

（1）与城市总体规划的关系

1）城市地质灾害防治规划是城市总体规划的重要依据，是城市用地评价的主要内容。在开展城市用地评价、选择城市用地发展方向和进行用地功能布局时，必须根据详实、确切的地质普查资料、地震资料、地下矿井采空区分布资料，论证城市地质灾害及其隐患的影响范围、程度，确认该地区作为建设用地的适用性和适用范围，确保用地的安全性。

2）城市地质灾害防治规划是城市总体规划的重要组成部分，城市总体规划必须包含城市地质灾害防治规划的相关内容。

（2）与城市综合防灾规划的关系

城市综合防灾规划通常由城市抗震防灾规划、城市防洪规划、城市消防规划、城市人防规划和城市地质灾害防治规划以及其他城市防灾规划共同组成。因而，城市地质灾害防治规划是城市综合防灾规划的重要内容之一。

（3）与城市抗震规划的关系

地震是城市地质灾害防治的重点。城市地质灾害防治规划与城市抗震防灾规划关系密切，但二者的研究目的和角度不同。城市抗震防灾规划从城市地震防灾减灾的角度，研究城市抗震等级、地震区划、避震疏散、建筑抗震加固及通讯、指挥、交通、供电等城市生命线工程防灾措施等城市抗震防灾的目标、战略和部署。规划的目的是力求将地震所致的损失减少到最低限度。而城市地质灾害防治规划是从城市用地安全性、适用性的角度，通过城市地质灾害影响评价，为城市发展选择地质灾害影响程度最小的用地区域，并对城市区域内的地质灾害及隐患提出防治措施。城市抗震防灾规划的相关内容要纳入城市地质灾害防治规划。

二、城市地质灾害防治规划内容与程序

（一）城市地质自然灾害调查

在全面调查的基础上分析城市各项地质灾害及其空间分布、形成原因、诱发因素、危害程度和影响范围，掌握本区域城市地质自然灾害的构成及其特点。

（二）城市地质人为灾害调查

调查分析由于高切坡、深开挖的采石、隧道、建筑基础施工和采矿、人防工事等工程可能导致或引发的山体滑坡、泥石流、地面塌陷、水土流失等地表性地质自然灾害的发展，并对事故点、危害区域、危害程度进行评价。

（三）城市地质灾害危险性评价

1. 城市地质灾害危险性定义

城市地质灾害危险性强调的是城市地质灾害的自然属性。目前，国内对于地质灾害危险性的定义是指：指定区域内在一定时间内地质灾害发生的强度与可能性。

2. 城市地质灾害危险性评估内容

在对地震、滑坡、塌陷等城市各项地质自然灾害和人为灾害深入分析的基础上，按照其对城市影响的程度、范围进行单项区划。在此基础上加权叠合，对城市地质灾害的危险性进行综合评价和综合区划，将城市区域和拟发展的区域按危险等级进行分区。如Ⅰ类区(安全区、适宜建设区)、Ⅱ类区(较安全区、有限制的建设区，须采取工程防范措施)、Ⅲ类区(较不安全区、须采取工程防范措施和严格控制的建设区)、Ⅳ类区(危险区及禁止建设区)，为城市用地选择和项目选址提供依据。

(四)城市地质灾害防治对策

(1)根据本地区地质灾害的发生频率、危害程度和潜在隐患，确定地质灾害防治规划的目标、原则、重点和实施步骤。针对不同的灾害分区提出切合当地实际和操作性强的城市地质灾害综合防治措施。

1)工程措施。指为预防和治理地质灾害而修建的各种工程设施。根据其对地质灾害的防治作用，大致分为两类：一是限制地质灾害活动条件，削弱地质灾害活动程度。如为增强斜坡稳定程度、防治滑坡活动而采取的抗滑桩、防渗沟，防治崩塌而采取的锚固等。二是保护受灾体，使其避免地质灾害的可能破坏，或提高受灾体的抗灾能力。如为防治泥石流灾害而修建的导流堤、隧道、明洞等，为提高工程抗震能力而采取的钢板夹层橡胶垫等措施。

2)非工程措施。指为防治城市地质灾害所采取的工程措施以外的其他办法，主要包括各种资源保护和环境治理措施。如为防治水土流失、崩塌、滑坡、泥石流、土地沙漠化等采取的限制耕牧、保护植被和种草植树等生物措施，为防治地面沉降、塌陷、海水入侵等灾害而采取的限制地下开采量及人工回灌地下水措施。

(2)对城市工程勘察设计、施工、监理、验收及交付使用的整个过程，特别是对在有地质灾害隐患的地区进行的建设，制定落实、检查、复查地质灾害防范的措施，制定全面、具体的城市地质灾害综合防治规划管理准则。

三、城市地质灾害防治规划成果与审批

(一)城市地质灾害防治规划成果

参照《城市规划编制办法》，城市地质灾害防治规划文件包括规划文本和图则、附件(规划说明、专题研究报告、基础资料)。

1. 主要规划图纸

(1)城市地质灾害分布图；

(2)区域地质构造图；

(3)城市地形地貌现状图；

(4)城市地下矿藏、矿井及开采区分布图；

(5)城市地质灾害影响范围分析图；

(6)城市地质灾害分区评价图；

(7)城市用地评价图；

(8)城市地质灾害重点防范区域分布图；

(9)城市地质灾害防治规划图。

2. 规划文本和专题报告的重点内容

根据城市地质情况的复杂性、地质灾害的危险性，有必要把对城市影响特别

大的地质灾害作为专题研究。其重点研究内容有：城市抗震、避震规划与对策，城市地质灾害危险性评估报告，城市主要地质灾害隐患评估及其防治对策，针对城市规划用地的安全性评价和调整建议，城市地质安全战略及灾害防护组织体系等。

（二）城市地质灾害防治规划审批

城市地质灾害防治规划事关重大，对其规划的编制、审查、审批必须予以高度重视，必须按照法定程序由城市政府组织工程地震研究、工程勘察等有关机构的专家和科技、地震、水利、住房和城乡建设等相关职能部门对其严格审查、审批。

四、城市地质灾害防治规划的地质普查与基础资料

（一）城市地质灾害防治规划的地质普查

编制城市地质灾害防治规划必须具备全面、详实、可靠的地质基础资料。在规划编制前必须由有资质的地震、地质勘察和研究单位进行全面、深入的城市地质普查，进行城市地震和地质状况危险性评估，并做出有关城市用地安全性的明确结论。在此基础上由委托单位提交规划设计单位，作为编制城市地质灾害防治规划的依据，以明确地质勘察单位、委托单位、规划编制单位的法律责任。

（二）城市地质灾害防治规划的基础资料

1. 城市区域地震资料

城市区域地震的参数区划，区域地震活动断裂分布与推测，区域历史与现今地震震中、烈度及城市抗震设防等级，城市重点区域、典型区域地震安全性评价资料。

2. 城市区域地质构造资料

地下断层、暗河、熔岩、山体地质构造的分布情况。

3. 城市工程地质勘察普查资料

城市区域地表岩土结构、地基承载力、地下水位、含水层。

4. 城市区域采矿资料

城市邻近区域的地下矿藏、现有或废弃矿井及开采区、采空区位置和地面深度、尾矿和废渣区位置、城市区域采矿工场位置。

5. 城市灾害性气象资料

台风、暴雨等灾害性气候的发生情况及造成山洪、滑坡、泥石流的资料等。

第八节　城市地下空间的防灾规划

地下空间的开发利用，除考虑地面的综合防灾规划外，还需要根据地下空间的特殊性，进行专门的防灾规划。

一、城市地下空间的特殊性

（一）城市地下空间与城市防灾的关系

城市地下空间是城市综合防灾体系的必要和重要组成部分。开发利用城市地下空间，是解决城市人防、抗震、交通堵塞、生命线灾害及化学事故，降低环境公害的有效途径之一。城市地下空间开发利用规划必须考虑防灾方面的内容，地

下空间的开发利用应实现灾时与平时的紧密结合与协调发展。

（二）城市地下空间的防灾特性

1. 城市地下空间具有抗爆特性

城市地下建、构筑物（如地下铁道、地下高速公路等）由于覆盖在结构上部的土壤介质发挥了重要的消波作用，因而不同程度地具有抗爆能力。

2. 城市地下空间具有抗震特性

城市地下建筑被土壤介质所包围，对其结构自振具有阻尼作用。在同一震级条件下，跨度小于 5m 的地下建筑物的抗震能力一般要比地上建筑物提高 2～3 个烈度等级，因此其具有抗震能力。

3. 城市地下空间具有对地面火灾的防护能力

城市地下建筑结构的覆土具有一定的热绝缘，因而具有天然的防火性能。城市大火对内部人员基本上没有危害，对地下建筑就更为安全。

4. 城市地下空间具有防毒性能

城市地下建、构筑物的封闭特点使其在采取必要的措施后，能有效地防止放射性物质和各种有毒物质的进入，因此具有一定程度的防毒性能。

5. 城市地下空间对风灾、洪灾具有减灾作用

城市地下建筑具有极强的防御风灾的能力。如因地制宜地利用城市地下空间来防御风灾，能在一定程度上提高城市的综合减灾能力。

一般认为，地下空间的防洪能力差，是其防灾特性上的一个缺陷。但可从两个方向上进行探讨：一是依靠城市地下空间的密闭特性，可对洪水实行封堵；另一方面则是在更高的科技水平上，充分发挥深层地下空间大量储水的功能，可以综合解决城市在丰水期洪涝而在枯水期又缺水的问题。

二、城市地下空间的防火规划

火灾是城市地下空间难以克服的硬伤。一旦城市地下空间发生火灾，如逃生出口规划和应急措施不力，将会造成无法弥补的严重后果。正是 1973 年的一场大火灾，使得日本一度对城市地下街建设规定了若干限制措施，之后新开发的城市地下街数量也有所减少。

（一）城市地下空间的火灾特点及原因

1. 城市地下空间内部火灾的特点

地下空间发生火灾时，由于燃烧产物与外面空气的体积、重量不同，热空气很快上升到高处，冷空气进入房间的低处空间。结果，房间低处的压力比外面压力小，而房间高处的压力比外面空气压力大。但在房间一定高度上的压力与外面空气压力相等；这个外压力相等的范围叫"中性带"，火灾发生时房间窗孔的开启面积越大，中性带的位置就越高，反之就越低（图 6-7）。

由于地下工程的门窗开启面积不多，房间的高度又低，一旦发生火灾，就会因气体交换不充分，使中性带很低，几乎就在地面附近。而中性带越低，燃烧就越不完全，产生的烟气就越多，能见度就越低，往往使人的视觉降低到伸手不见五指的程度，使人失去辨别逃生方向的能力。国际上认为，只要人的视觉降低到3m 以下，就很难逃离火场。

241

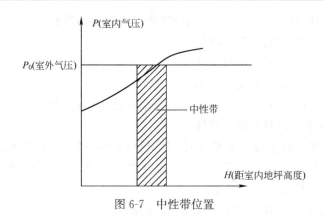

图 6-7　中性带位置

由于中性面低，外界新鲜空气进入少，从而使地下建筑内大量缺氧，而燃烧不充分又产生 CO；人缺氧及 CO 对人体危害都很大（表 6-3）。因此，国际消防法规规定，要求人们在空气中含氧量降到 10% 以前全部疏散。

缺氧对人体的危害（正常空气中含氧量为 21%）　　　　　表 6-3

空气中含氧量	人体反应
15%	肌肉活动能力下降
10%～14%	人体四肢无力，判断能力低，易迷失方向
6%～10%	晕倒

2. 引起城市地下空间火灾的直接原因

(1) 电气设备和线路安装、使用不当；

(2) 用火不慎；

(3) 违章作业；

(4) 车辆相碰撞起火（在地下交通隧道中）。

（二）城市地下空间防火规划原则与内容

1. 合理的规划布局

(1) 限制地下建筑的使用范围，有燃烧、爆炸危险的仓库等禁止设在地下建筑内；

(2) 严禁使用闪点小于 60℃ 的易燃物品；

(3) 根据使用要求分别设置停车场，以利人员安全疏散；

(4) 合理布置防火隔断，一旦发生火灾，能较快排除烟气，减少波及范围；

(5) 合理确定防火间距（表 6-4）。

竖井与相邻地面建筑的防火间距　　　　　表 6-4

项别　　防火间距　　地下工程类别	单层、多层民用建筑			高层民用建筑		丙、丁、戊类厂房、库房			甲、乙类厂房、库房
	一、二级	三级	四级	一、二级		一、二级	三级	四级	
				主体	附属				
丙、丁、戊类生产车间、储存库房	10	12	14	13	6	10	12	14	25
其他地下建筑	6	7	6	13	6	10	12	14	25

2. 地下建筑物的耐火等级确定

城市地下建筑物的耐火等级应当定为一级，内部的装修材料及变形缝必须采用非燃材料。

3. 合理的防火分区

对用作商店、医院、餐厅等用途的地下建筑，每个防火分区的最大允许使用面积不超过 $400m^2$。对用于电影院、礼堂、舞厅等娱乐场所的地下建筑，每个防火分区最大允许使用面积不超过 $1000m^2$。设有自动喷水灭火设备的地下建筑，其防火分区面积可适当放宽，但不能超过一倍。

4. 安全、快速的疏散系统

(1) 人员至安全出口的最大步行距离、疏散通道宽度、出入口数目，必须满足疏散时间的要求；疏散时间应控制在 3 分钟以内。

(2) 每个防火分区的安全出口数目不能小于 2 个，并且宜有 1 个直通地面的安全出口。人流大的地段应适当增加出口数。

(3) 为避免在紧急疏散时造成人员拥挤或烟火同时封住出口，安全出口宜按不同方向分散均匀布置，且安全疏散距离应满足：每一单元内，最远点到门口的距离不超过 15m，门口至最近出口的距离不大于表 6-5 的要求。

安全疏散距离(m)　　　　　　　　　　　　　　　　表 6-5

房间名称	房门口至最近安全出口的最大距离	
	位于两个安全出口之间的房间	位于袋形走道两侧或尽端的房间
医院	24	12
旅馆	30	15
其他房间	40	20

(4) 直接通向地面的门、楼梯的总宽度应按通过人数每 100 人不少于 1m 计算，每层走道的总宽度按其通过人数每 100 人不小于 10m 计算；对人流特别大的地段应适当提高标准。

(5) 三层或三层以上，或与室外地坪高差超过 10m 的地下建筑要设置防烟楼梯间。

5. 防烟、排烟系统

在人流集中、相对重要的地段，防、排烟设施标准应比规范规定提高一级。

6. 注意通风、空调系统的防火措施，避免其成为火灾蔓延的途径

7. 消防给水、排水系统

在客流量大、物流集中地区，应在现行的《自动喷水灭火系统设计规范》的基础上提高一级。

8. 设置火灾事故照明、疏散指示、紧急广播和火灾自动报警装置

(三) 城市地下空间防火策略

1. 灾前策略——预警系统完善化，决策系统数据化

通过国内外发生过的城市地下空间火灾案例，收集火灾发生的诱导因素、发灾频次、分布面积、成灾规模、灾害损失、社会抗灾力等灾害评估因子，建立有

关预警和决策支持系统的"城市地下空间火灾属性数据库"。同时，针对城市地下空间自身的属性，例如人口密度、经济密度、交通干线密度、土地资源丰度、相关政策法规资料库、相关指数分级标准资料库等评估因子，建立有关城市地下空间的"社会属性资料数据库"。

通过这两个属性数据库的建立，运用统计分析、非线性分析等数学方法，设计合理的灾害发生模型，并研发一套评价体系。当城市地下空间的属性因子不在评估体系的安全范围内时，将会触发预警系统与决策支持系统，引导相关人员快速做出判断，发出整个地下空间的疏散动员令，从而将地下空间的损失降到最低（图 6-8）。

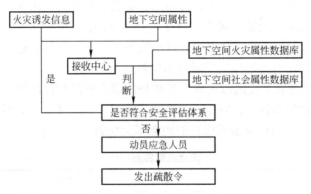

图 6-8 城市地下空间防火预警系统

2. 灾时策略——空间疏散秩序化，防灾设施安全化

（1）空间疏散的秩序化

当地下空间发生火灾时，人们必然会惊慌失措，四散逃跑，这样不利于整个地下空间的疏散。因此，应建立一个合理的有秩序的疏散空间，从而在尽可能短的时间内将人群疏散至安全避难场所。要做到疏散的秩序化，就要综合考虑地铁车站的形式、火灾场景、疏散人数、疏散路径以及疏散安全区、疏散有效时间等诸多因素，这样才能保证空间疏散的秩序化。

借鉴典型的地铁疏散模拟场景（基于 Building Exodus 模型），可以看出，当火灾发生时，人流的主要交叉冲突区域为疏散通道楼梯、自动扶梯等处。因此，车站设计时应综合考虑设置多处安全出口，并保证一定的楼梯宽度。同时，车站工作人员应根据火灾预警决策支持系统的提示，有效引导人群向背离火灾发生区域的最近出口进行疏散。

（2）防灾设施的安全化

在有效、快速的人员疏散之后，还要建立一套安全的防灾设施体系，以保证灾害得到及时的抑制。

1）通信设备的全覆盖

自动报警系统的建立可以快速地收集系统管辖范围内的相关火灾信息，反馈到指挥和控制中心，从而自动触发火灾的排烟模式。同时，要保证通信设备的畅通，使得工作人员和控制指挥中心保持无障碍关系。此时，城市地下空间内也要建立视频传输系统，实时收集地下空间的灾情疏散情况，以便快速引导人流走向最安全的地方。

2）地下空间设施的可靠性

每一处设施的设置都要尽可能地有备选方案，以提高设施的安全可靠性。供电系统、通信系统应设计双电源、双回路模式，以保证地下空间遭遇到火灾时的各种照明系统、导向标志、视频传输系统等的正常运行。同时，在各个重要出入口要注意消火栓的安全配置以及使用材料的耐火性，如采用不锈钢材料、光纤电缆等。此时，整个地下空间应采用钢筋混凝土结构，使地下空间本身的可燃性降至最低。

3. 灾后策略——救援系统标准化，信息系统数字化

城市地下空间的防火不仅需要完善的地下空间控制管理系统，同时需要地上空间的配合。火灾发生时，地下与地上的控制中心应收到相应的信息反馈。对于地上的控制指挥中心，要建立对灾情的判别系统，并与消防部门等建立密切联系，从而标准化地组织专业的疏散救援人员进行救援。此外，还应通过实时数字化的地下空间控制系统组织相应的救援通道。

当火灾得到相应的控制后，要结合城市地下空间预警系统和决策支持系统，通过 GIS 等手段收集相关的地下空间属性和灾害属性的数字和图形化的数据，从而建立起地下空间属性数据库，并由相应的管理信息系统进行统筹安排。在信息系统的数据分析之后，再投入应用到灾害的安全评估体系中，从而完善整个地下空间的防灾体系。

三、城市地下空间的防洪规划

俗话说："水往低处流"；城市水灾的发生对城市地下空间的危害是灾难性的。2010 年广州市遭遇了几场百年难遇的大暴雨，其地铁站入口严重进水，积水直涨到公交车的窗户边，数不清的地下停车场被淹。因而，在进行城市地下空间规划时，应将地下空间的防洪作为防灾的主要课题之一。城市地下空间的防洪应遵循结合"防排"的方针，具体作法如下：

（一）防止洪水倒灌

其关键是各种出入口和孔口的防倒灌措施。为此，需根据水文地质资料，确定本地区的最高洪水位，作为孔口防倒灌的参照标准。并且，应避免在地势低的地点开口，孔口标高应满足高于室外自然地坪不小于 30cm 的要求。在满足人流量、自然通风和防火等条件下，尽量减少各种孔口的数量，并在孔口外安装密闭设备，设置挡土墙。对于大型的城市地下空间，各防护单元之间应设置密闭门或挡土墙，以保证洪水期的安全。

（二）加强排水措施

（1）结合城市地面排水系统规划，在市政基础设施建设和旧城改造过程中提高雨、污水管的相应标准，改善地面排水环境。

（2）加强城市地下空间内部的排水措施，划分排水分区。根据国家规范合理进行排水系统布局，合理确定排水量。在地势低、易受水灾侵害的地段，相应提高排水标准。

245

四、城市地下空间的抗震防灾规划

城市地下空间对于抗震防灾发挥着积极作用，其抗震规划应遵循以下原则：

（1）地下建筑物在进行结构设计时，应按地震烈度7度以上设防。防护级别较高的地下建筑物应相应提高标准。结构设计时还应考虑由于建筑物的倒塌而增加的超载。

（2）城市地下空间的口部设计应满足防震要求。其位置与周围建筑物应按规范设定一定的安全距离，防止震害发生时出入口堵塞。

（3）城市地下空间的内部应设置消防、滤毒等防次生灾害的设施。

第九节　城市防灾空间系统规划

城市防灾空间是指城市灾害发生之后，对市民生命、财产而言，仍然是安全的开敞空间和建筑空间，包括由城市防灾设施用地形成的防灾建设空间以及由人们逃生、避难行为模式形成的外在开放空间。城市防灾空间研究趋势是从单一的灾后避难场所向着兼顾灾前预防与灾害发生之时及之后能有效保护生命安全的空间的方向发展。

一、城市防灾通道规划

城市防灾通道是城市灾害发生第一时间疏散人群的必要路径，也是救援与应急的相关人员、设施到达灾害现场的重要途径。城市防灾通道通常以水、陆、空的立体结合的原则进行部署。其中，城市各级道路对于受灾人群与救灾人员、设施来说最为熟悉和便捷，是最重要的防灾通道之一。然而在重大灾害发生之后，可能出现道路本身被破坏或者被阻塞而导致的交通瘫痪，从而影响人群疏散和应急救援的情况。由此可见，城市道路在规划之初就应当全面考虑其防灾性。

（一）城市防灾通道的分类

从功能上来划分，防灾通道分为救援通道与避难通道。

1. 救援通道

救援通道的设置如宽度与转弯半径等需要考虑医疗车辆及大型救灾机械的进出及操作空间，路网设计需满足救援半径的要求。

2. 避难通道

避难通道主要指供灾难发生时人群逃离灾害现场的疏散路径。考虑到灾时人群的心理特征、行为特征等因素，避难通道的设置应当注意与人群日常生活熟知路线及可达性较强路线等结合。

此外，为应对救援通道与避难通道受到灾害破坏而短时间内无法正常使用的情况，代替性通道的设置也尤为重要。

（二）城市防灾通道的标准

各地区对于防灾通道的标准及研究成果有所不同。

1. 我国台湾地区的规划标准

我国台湾地区将城市防灾通道分为城市级、分区级和社区级三类，并根据其职能进行宽度与标准的界定（表6-6）。

我国台湾地区的城市防灾通道规划标准 表 6-6

通道级别	通道类型	规划标准
城市级	紧急通道	①宽度 20m 以上；②连接灾区与非灾区；③连接各防灾分区；④连接各主要防灾据点
分区级	救灾通道	①宽度 15m 以上；②连接紧急通道；③连接各主要防灾据点
	疏散通道	
社区级	避难通道	①以社区防救据点为中心，构成间距 250m 的网络；②宽度 8m 以下
	紧急避难通道	宽度 8m 以下

2. 我国大陆地区的相关标准

《城镇防灾避难场所设计规范》GB 51143—2015 规定，应急救灾的有效宽度不应低于 15m，疏散主通道不应低于 7m，疏散次通道不应低于 4m，一般疏散通道不应低于 3m。

《重庆市主城区突发公共事件防灾应急避难场所规划（2007—2020）》根据重庆城市空间形态与道路特征，对其城市防灾通道进行了三级划分，并分别规定了其作用与宽度：

（1）城市级应急通道

城市级应急通道用于联络灾区与非灾区、各防灾分区、主要防救灾指挥中心、大型防灾应急避难场所、医疗救护中心等防救据点。以陆上对外交通干道为主（保证有效宽度不小于 20m），水上及空中通道为辅。

（2）区级应急通道

区级应急通道用于城市内部救援及疏散。通道宽度必须满足大型救援设备通行及救援、疏散活动的进行。主要利用重庆市"五横、六纵、一环、七联络"的城市快速路，并应保证有效宽度不小于 15m。

（3）社区级应急通道

在城市级、区级应急通道系统所分割的城市网络内，利用部分主、次干道及主要支路构建社区级应急通道（"绿色生命轴"），除人群聚集程度太低或区域面积较小的网格外，应保证至少形成"一纵一横"的"绿色生命轴"，其最小宽度不低于 8m。"绿色生命轴"从两侧吸纳避难市民，并保证避难市民进入后能够获得救助，且沿轴行进可到达避难场所。

二、城市应急避难场所规划

随着我国城市化进程的加快，城市灾害事件的威胁日益严重；城市应急避难场所的规划与建设已成为确保城市人民生命、财产安全的紧迫任务，是城市防灾减灾工作的重要组成部分。

（一）城市应急避难场所的概念与类型

1. 概念

根据国内、外相关研究成果及规范，城市应急避难场所是指具有一定规模的开敞用地，划定各类应急功能区，配套建设应急救助设施（设备），储备应急物资，设置标识，具备接纳受灾市民紧急、临时或长期疏散避难（生活）的基本条件，并在外围设置应急疏散通道，方便政府组织开展救灾工作的场所。

2. 类型

结合国家规范，按服务期长短及其规模大小，城市应急避难场所可分为四类。

（1）Ⅰ类应急避难场所

亦即长期应急避难场所，可以安置受助人员 30 天以上，为具备完善的基本生活保障设施的场所；用地面积在 $2hm^2$ 以上，是规划、建设的重点。

（2）Ⅱ类应急避难场所

亦即临时应急避难场所，可以安置受助人员 10 天以上、30 天以下。其作为中转灾民的场所，具备一定的基本生活保障设施；用地面积在 $0.4hm^2$ 以上。

（3）Ⅲ类应急避难场所

亦即紧急避难场所，用于应急疏散居民，安置受助人员 10 天以内，具备必要的基本生活保障设施；用地面积在 $0.2hm^2$ 以上。

（4）特定应急避难场所

亦即结构绿地，包括外环绿带、楔形绿地等，是灾时及灾后恢复、复兴活动的基地，同时可以满足基本的避难空间需求。

（二）城市应急避难场所规划原则

1. 布局原则

综合考虑整个规划范围，均衡布局，就近安排应急避难场所，确保市民在灾时能够迅速地疏散到达应急避难场所。

2. 选址原则

城市应急避难场所应远离高大建筑物，易燃、易爆化学物品，核放射物品存放处，以及可能发生各类地质灾害的地区，确保安全可靠。

城市应急避难场所应保证具有一定规模的平坦用地，以便于设置棚宿区。

已确定的城市应急避难场所，尤其是长期（固定）应急避难场所，其周围新建建筑时，新建建筑要采用抗震防震、防火耐火材料和构造，并注重建筑高度以及建筑倒塌范围，以免对应急避难场所的安全产生影响。

3. 利用原则

城市应急避难场所应成为多种功能的综合体：平时作为市民休闲、娱乐及体育锻炼和健身等的场所；发生地震等突发事件时，由于预先划定了各类相关应急功能区，建设了配套的应急救助设施和设备，或设施可以进行相应的应急功能转换等，使其能够发挥受灾市民应急疏散避难和政府组织救助的功能。

（三）城市应急避难场所用地选择、面积要求与服务半径

1. 用地选择

（1）绿地——城市公园、居住区级公园、小游园、符合标准的街头绿地等。

（2）学校开敞空地——各大学、中小学的操场、广场等符合标准的开敞空地。

（3）体育场及其他——大型体育场、停车场以及符合标准的开敞空地。

2. 面积要求

一般情况下，城市应急避难场所用地面积不应低于 2000m²，以便于布置棚宿区、医疗卫生设施、应急厕所等基本服务设施。

3. 服务半径

城市应急避难场所服务半径特指应急避难场所接纳其周围受灾市民的距离范围。

（1）Ⅰ类应急避难场所服务半径为 5km。

（2）Ⅱ类应急避难场所服务半径为 1km。

（3）Ⅲ类应急避难场所服务半径为 0.5km。

此外，城市应急避难场所的供水、供电、通信等基础设施的配置及节点也是应急避难场所规划应当全面考虑的内容。

第十节　城市市政公用设施防灾专项规划

根据 2008 年 12 月 1 日施行的《市政公用设施抗灾设防管理规定》的要求，城市人民政府应组织编制市政公用设施防灾专项规划。

一、城市市政公用设施防灾专项规划的对象与方针

（一）城市公用设施防灾专项规划的对象

1. 城市市政公用设施对象

指规划区内的城市道路（含桥梁）、轨道交通、供水、排水、燃气、热力、园林绿化、环境卫生、道路照明等设施及附属设施。

2. 城市市政公用设施防灾对象

指针对地震、台风、雨雪冰冻、暴雨、地质灾害等自然灾害所采取的工程和非工程措施。

（二）城市市政公用设施防灾专项规划的方针

城市市政公用设施防灾专项规划实行预防为主、平灾结合的方针。

二、城市市政公用设施防灾专项规划的主体内容与要求

（一）城市市政公用设施防灾专项规划的主体内容

（1）在对规划区进行地质灾害危险性评估的基础上，对重大市政公用设施和可能发生严重次生灾害的市政公用设施进行灾害及次生灾害风险、抗灾性能、功能失效影响和灾时保障能力评估，并制定相应的对策。

（2）根据各类灾害的发生概率、城市规模以及市政公用设施的重要性、使用功能、修复难易程度、发生次生灾害的可能性等，提出市政公用设施布局、建设和改造的抗灾设防要求和主要措施。

（3）避开可能产生滑坡、塌陷、水淹危险或者周边有危险源的地带；充分考虑人们及时、就近避难的要求，利用广场、停车场、公园绿地等设立避难场所，配备应急供水、排水、供电、消防、通信、交通等设施。

（二）城市市政公用设施防灾专项规划的相关要求

（1）城市快速路、主干路以及对抗灾救灾有重要影响的道路应当与周边建筑

和设施设置足够的间距，城市广场、停车场、公园绿地、轨道交通应当符合灾害发生时能尽快疏散人群和救灾的要求。

（2）城市水源、气源和热源设置，供水、燃气、热力干线的设计以及相应厂、站的布置，应当满足抗灾和灾后迅速恢复供应的要求，符合防止和控制爆炸、火灾等次生灾害的要求。重要厂、站应当配有自备电源和必要的应急储备。

（3）城市排水设施应当充分考虑下沉式立交桥下、地下工程和其他低洼地段的排水要求，防止次生洪涝灾害。

（4）城市生活垃圾集中处理和污水处理设施应当符合灾后恢复运营和预防二次污染的要求，城市环境卫生设施配置应当满足灾后垃圾清运的要求。

（5）法律、法规、规章规定的其他要求。

第七章　城市防灾工程

城市防灾工程学是一个新的防灾研究领域，它的目标是利用工程学方法有效地防治城市灾害对城市经济、社会发展的破坏效应。城市灾害的种类很多，但对城市影响最大、发生最为频繁的灾害主要有地震、洪涝、火灾和战争。因此，针对这四种灾害的抗震、防洪（涝）、消防和人防工程是城市防灾工程的重点。当然，各城市的具体情况不同，防灾工程的侧重点也应根据当地情况作相应调整。

第一节　城市抗震防灾工程

一、地震的震级、烈度、基本烈度和设计烈度

（一）地震的震级与烈度

地球内部发生地震的地方叫"震源"，地面与震源正相对的地方叫"震中"。地震一触即发，一定会向四周蔓延开来；有时候它会蔓延整个断层，就像撕裂餐巾纸一样，沿着断层不断向外传播，直到衰退。

地震科学把地震波分为横波和纵波：横波振动方向与波前进方向垂直，而纵波振动方向与传播方向一致。在震中区，地震波直接入射地面，横波表现为左右摇晃，纵波表现为上下跳动；并且，纵波传播速度比横波快。另外，横波振幅比纵波大，破坏力大；横波的水平晃动力是造成建筑物破坏的主要原因。

地震有两种指标分类法。一是按所在地区受影响和破坏的程度分级，称为地震的烈度。烈度的大小是根据一定地点的地震对地面建筑物和地形地貌的破坏程度，以及人的自觉反应等等来进行界定的。在我国和大多数国家，地震烈度分为12个等级；其中，6度地震的特征是强震，7度地震为损害震。因此，以6度地震烈度作为城市设防的分界，非重点抗震防灾城市的设防等级为6度，6度以上设防城市为重点抗震防灾城市。一次烈度为10度的地震，表示地面绝大多数的一般房屋倒塌。

二是按震源释放出的能量来划分地震等级，称为地震的震级。释放能量相同的地震，它们的震级相同；释放的能量越大，震级越高。震级要通过地震记录仪器所显示的最大振幅的地动位移及与其相应的周期，并考虑到地震波按震中距离而产生的衰减，按一定公式计算出来。目前，国际上多采用美国地震学家查尔斯·弗朗西斯·岗希特和宾诺·古腾堡于1935年共同提出的震级划分法，即通常所说的里氏震级来表达。它分为10级，至今有记录的地震大都未超过9级。震级小于2.5级时，人一般感受不到，称为"微震"。而震级大于5级时，就可能造成破坏，故称为"破坏性地震"。一次5级地震相当于在花岗岩中爆炸一颗2万t级黄色炸药（TNT）的原子弹，一个比6级稍大的地震释放的能量相当于一

颗美国投掷在日本广岛的原子弹所具有的能量。7 级以上地震称为"强烈地震"或"大地震"，8 级以上称为"特大地震"。到目前为止，全球有记录的最大地震是 1960 年 5 月 22 日发生在智利的 9.5 级地震，所释放的能量相当于一颗 1800 万 t 炸药量的氢弹，或者相当于一个 100 万 kW 的发电厂 40 年的发电量。

震级与所释放的地震波能量有固定的函数关系，震级每增大 1 级，其释放能量就会增加 33 倍；相隔二级的震级，其能量相差 1000 倍。一次地震，震级只能是一个，但烈度则因地而异。因为烈度不但跟震级有关，而且还与震源的深浅、距离震中的远近及地震波通过地段的"介质条件"（主要是指传播地震波地段的地质构造）等多种因素有关。一般，震源浅、震级大的地震，其地表破坏的面积较小，但极震区被破坏的程度严重，烈度就相对大一些；震源较深、震级大的地震，地震波及的范围较大，但地震波达到地表要"走"的距离长，强度减弱，因而震中的烈度却不一定大。例如，同样是六级地震，当震源深度为距地表 20km 时，震中烈度为 7.5 度；而当震源上升为离地面 10km 时，震中处的烈度就会加大到 8.5 度。

地震震级与烈度是一个问题的两个方面，它们之间的相互关系可以用下式近似地表达：

$$M = 0.58 I_0 + 1.5 \tag{7-1}$$

式中：M——震级；

I_0——烈度。

例如，地震烈度 7 相当于：$M = 0.58 \times 7 + 1.5 = 5.56$ 级

（二）地震的基本烈度和设计烈度

1. 基本烈度

指某地区在今后一定时期内，在一般均地条件下可能遭受到的最大地震烈度。一个地区的基本烈度是根据当地的地质、地貌条件和历史地震情况，由有关部门确定的。所谓"一定时期内"系以 100 年为限期，100 年内可能发生的最大地震烈度是以长期地震预报为依据的；这一期限适用于一般工业与民用建筑的使用期限。

2. 设计烈度

它是根据建筑物的重要性，在基本烈度的基础上按区别对待的原则调整确定，且抗震设计时实际采用的烈度。

二、城市抗震防灾措施

（一）建、构筑物的抗震处理

地震的发生往往有相当大的突然性，因此城市抗震措施的重点应该放在震前与震后。

建、构筑物在震时的损坏是导致地震损害和次生灾害发生的最主要因素。所以，建、构筑物的抗震处理是抗震的关键。如果在震时房不倒，路不坏，管线不断，堤防不损，城市的安全就有了保障。

建、构筑物的抗震处理包括地基抗震处理，结构抗震加固，节点抗震处理等。抗震处理的主要依据是本地区的抗震设防烈度，即按国家批准权限审定的作

为一个地区抗震设防依据的地震烈度。进行过抗震处理的建、构筑物，当遭受低于本地区设防烈度的多遇地震影响时，一般不受损坏或不需修理仍可继续使用。当遭受本地区设防烈度的地震影响时可能损坏，经一般修理或不需修理可继续使用。当遭受高于本地区设防烈度预估的罕遇地震影响时，不致完全损毁而发生危及全市的严重破坏。

建、构筑物的抗震处理，一般按以下原则进行：

（1）尽量选择有利于抗震的场地和地基，并针对不同场地与地基选择经济、合理的抗震结构。

（2）震害调查表明，平面形状规则、简单的建筑物（如矩形、圆形、丫形等）在震时振动较单纯，整体协调一致，有较好的抗震效果。因此，应选择体形简单的建筑平面。

（3）建筑物平面布局的长宽比例应适度，平面刚度均匀，对于建筑物应力集中的部位要在构造上加强。

（4）立面上高度参差不齐或局部突出的建筑物，如塔楼或质量悬殊、刚度突变的建筑，会使建筑结构顶部的刚度和强度突然减少，在"鞭梢效应"下，震时会发生局部损坏。因此，应尽量从结构布置、构造措施来着手处理。

（5）加强建筑物各部件之间的连接，并使连接部位有较好的延性，使结构受力经过弹性变形后还能保持相当的继续变形能力，吸收地震能量。尽量不做或少做地震时易倒塌脱落的构件，如高女儿墙、大挑檐、水箱间等。

（6）尽量降低建筑物重心位置，屋顶尽量不设置水箱和楼梯间等附属物，减少震时房屋所受的地震弯矩。减轻建筑物自重，尽量采用高标号混凝土、高强钢材、预应力混凝土、轻质混凝土等轻质材料。

（7）确保施工质量。施工时要注意符合图纸上合理的抗震要求，注重材料规格和性能的选择，保证材料标号和强度，加强薄弱环节（如施工缝部位）的处理。

（8）1923年东京大震之后卓然独立的上野公园古代木制凉亭和莱特设计的帝国饭店表明，选用弹性良好的建筑材料或许是防止震时建筑倒塌的最佳方法。

（9）华中科技大学发明的建筑隔震技术使上部结构与基础隔离，隔离地震能量向建筑物上部的传输，从而作到"地动房不倒"。该技术已经历地震实际考验。

具体而言，将中高层建筑与地基隔离出来，将建筑吊升到钢筋和橡胶圈（即隔震器）上，然后在中间嵌入阻隔器以缓冲震动，使建筑稳固。对于高层建筑，则使用螺栓将支撑架和减震器固定在建筑内部的钢铁骨上，使高层建筑得到扶持；这样，建筑既可以活动，又防止了灾难性的摇摆。

（二）震前预报

由于人类对于地震活动的规律尚处于探索阶段，因此目前对于地震的准确预报仍很困难。但也不是完全不可能，如：根据监测资料的分析和一些地震前兆的研究，就有可能成功地预报一些地震。

地震的预报分为两种：一种是作为长期预报的地震区域划分。它主要根据地质、地震和历史资料对地震发生的地区和强度进行预报，其对时间的预报是很粗略的，通常只预报一二百年内某处将出现的大地震。这种预报虽然不能指出地震发生的确切时间、地点，但意义却很大。因为人们可以根据预报确定地震区内重要建、构筑物寿命期内可能遭受的最大地震，并事先进行加固。

另一种地震预报是短期临震预报。其主要依据是震前预兆，包括震前地形变化(如天坑)、地下水的异常变化、动物异常现象(如蜜蜂成群死亡、大批蟾蜍过街等)以及强震发生的前震等。观测到可能与地震有关的异常现象的单位和个人，可以向所在地县级以上地方人民政府负责管理地震工作的部门报告，也可以直接向国务院地震工作主管部门报告。负责管理地震工作的部门接到报告后，应当进行登记，并在收到报告之日起五个工作日内组织调查核实。地震的短期预报提供了较确切的时间，但其准确性不高。我国曾成功地预报过海城等几次地震。

地震的短期预报风险较大，是一把"双刃剑"。有日本专家分析，若发布包括东京在内的日本关东地区的地震预报，则产业活动停止一天所造成的经济损失将达到7200亿日元，而且有可能发生社会动乱；但如果预报成功，地震发生时造成的死亡人数将比不预报减少5/6。由此可见，地震的短期预报必须慎之又慎。在我国，除发表本人或者本单位关于中长期地震活动趋势的研究成果或者进行相关学术交流外，任何单位和个人不得向社会散布地震预测、预报意见及其审批结果。

（三）城市布局的避震减灾措施

城市布局的避震减灾措施是最经济、最有效的抗震措施，其具体措施如下：

（1）选择城市发展用地时，尽量避开断裂带、窑洞、液化土等地质不良地带，以及会扩大地震影响的山丘地形，宜选择地势平坦开阔的地方作为城市用地。实践证明，在高烈度地震区仍可找到低烈度地点(即"安全岛")作为城市用地。

（2）布局城市建筑群时，应保留必要的空间与间距(不小于1∶1)，保证建筑物震时倒塌不致影响别的建筑或阻塞人员疏散通道。烟囱、水塔等高耸构筑物应与居住建筑保持一定的安全距离，易燃、易爆和有毒气体的工业建、构筑物要远离人口稠密区。

（3）在城市规划中保证一些道路的宽度，使其在灾时仍能保持通畅，同时要使城市有多路出入口，以满足救灾与疏散需要。

（4）充分利用城市绿地、广场，作为震时临时疏散场地。例如，唐山地震后，唐山市的凤凰山公园和人民公园自动成了居民的主要疏散地，机场则成了救护中心。

（四）日本的抗震防灾措施

1．日本的防震结构

日本神户市有少数建筑物由于设计较合理，因而经过了地震的破坏而未倒塌。日本建筑物目前有三种防震结构：

（1）在建筑物屋顶设有重型混凝土结构，由电脑控制的减振器起动这个重物，使它向地震力作用的相反方向移动，以抵消地震对建筑物的破坏性应力；但一旦停电，这种防震系统就不起作用。这种系统适用于15层以下的高楼。

（2）利用震波吸收器。在建筑物的基础上安置许多大型的橡胶震动吸收器，使建筑物在地震发生时前后、上下摇动，减轻地震力对建筑物的破坏作用。这种系统适用于15层以上的高楼。

（3）以东京的福斯特世纪大楼为代表的偏心支撑框架系统。它向大楼外加一些撑杆，以提高大楼的"弹性"，容易对地震压力产生反应，从而达到减轻地震破坏力的目的。

从神户的情况来看，凡是20世纪70年代和20世纪80年代以前的建筑遭到的破坏都很大，特别是第二次世界大战以后，日本修建的许多二流建筑物在地震中破坏最严重，导致许多人丧生。而按照日本1981年修改的防震规定修建的大楼都逃过了地震破坏。

2. 日本的防灾生活圈

1995年1月阪神大地震后，日本提出了从安全角度必须分散城市中心职能、构建"防灾生活圈"的设想。其设想如下：

（1）各组团应基本自成体系；

（2）各组团应有相对独立的城市职能；

（3）一旦遇有地震灾情，应基本能防灾自救；

（4）各生活圈之间有防灾网络和宽阔的延烧遮断带或绿化防灾带。

每个防灾生活圈的大致规模为4～6万人，其城市职能各有侧重，但至少每圈均设置区级公共设施，如行政管理机构、医院、中小学、商业贸易、消防、公共绿地等。防灾生活圈之间设以700m左右的绿化隔离带，其中既有自己与各生活圈的主要干道，又是各种主干管线的埋设走廊。宽阔的隔离绿带既可隔离大火及爆炸等次生灾害，又是安全、便捷的疏散通道及避灾场地。

从物质空间角度来看，防灾生活圈的内容构成包括：避难场所、防救灾路线、防灾绿轴和防灾据点（图7-1）。从作用时序范围来看，防灾生活圈的规划强调事前、事中、事后的三位一体，涵盖灾前预防、灾时应急和灾后重建的整个体系，是一个动态、综合的过程。

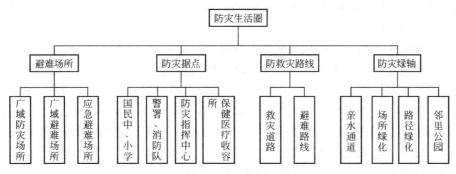

图7-1 日本防灾生活圈的内容构成

3. 日本的建筑抗震基准

日本阪神大地震中倒塌最多的房子是居民的木结构房屋。因此，日本政府从1996年开始，连续3年修改《建筑基准法》，把各类建筑的抗震基准提高到最高水准。除木结构住宅外，尤其是商务楼，要求8级地震能够不倒，使用期限能够超过100年。

2006年，日本警方逮捕了一位建筑设计师和一家房产开发公司社长，揭露了该设计师与房产开发公司勾结，擅自修改设计方案，减少钢筋用量和粗壮度，导致众多住宅楼抗震能力下降的罪行。警方曾极力要求把他们处以"预谋杀人罪"，虽然最终没能把这两人处以重刑，却因此引起了全国范围的住宅抗震能力自查运动。

4. 日本的地震预报系统

全球地震的 20% 发生在日本。所以，如何预报地震，成了日本地震学界一直以来精心研究的课题。为了准确预报随时可能发生的东京直下型地震和东海大地震，东京大学地震研究所在东京湾和静冈县的伊势湾投放了高精度的地震感知预警仪。同时，中央防灾会议还和日本最大的电信公司 NTT 合作，启动了全国地震预报系统。该系统在地震初期时能够迅即启动，并迅速向手机用户和各大电视台发出地震警报。

（五）城市抗震防灾管理对策

1. 加强抗震防灾工作的法制建设

各城市要在贯彻、落实原建设部第 38 号部令的同时，根据实际需要制订切实可行的地方性规章和部门文件。对已颁布的地方和部门法规要加大实施力度，要紧密依靠各级政府和综合部门，充分发挥规划、标准、科研、勘察、设计、施工、监理等管理部门的力量，把震前的预防工作落实到工程建设的全过程，抓好选址、勘察、设计、施工等各个环节的抗震工作。

2. 提高城市、企业和区域的综合抗震能力

编制和实施城市、企业的抗震防灾规划，在丽江和包头地震中发挥了明显的作用。实践证明，提高城市和企业抗震防灾能力，是减轻地震灾害损失的有效手段。已编制抗震防灾规划的城市和企业要结合城市总体规划的修编、城市更新和企业技术改造，进一步修订和完善，并在地方政府和行业主管部门的指导下抓好规划的实施工作，使城市、企业逐步达到小震无损失、中震易恢复、大震不瘫痪的综合防御目标。

3. 强化对工程建设抗震设防标准的监督、管理

工程建设抗震设防标准是工程建设标准的组成部分，是工程建设的重要依据，关系到人民生命、财产的安全和国家的技术经济政策。抗震设防烈度和设计地震动参数应严格按国务院建设主管部门的有关规定和抗震设计规范确定，任何单位和个人不得随意提高或降低。"抗震设防区划"是工程建设项目抗震设防的依据；按照《建筑抗震设计规范》GB 50011—2010 第 1.0.3 条规定，其成果与抗震设计规范配套使用，直接用于工程抗震设计。

4. 加强对工程建设项目地震安全性评价工作的管理

工程建设项目场地抗震性的评价关系到建设项目的投资效益和安全保障问题，必须引起各级抗震主管部门、建设单位的高度重视。重要工程和可能产生严重次生灾害的建设工程，如交通工程、能源工程、广播电视、通讯与信息工程、工业和民用建筑、公共设施、特殊工程等，必须进行专门的地震安全性评价工作。工程建设项目地震安全性评价工作一定要按照工程勘察设计的管理办法严格管理，同时要建立建设项目地震安全性评价成果的审查制度，由各地建设主管部

门负责组织本城市的审查工作。审查通过的"评价成果"方能作为建设项目的勘察设计依据。如未进行地震安全性评价，或者未按照地震安全性评价报告所确定的抗震设防要求进行抗震设防的建设单位和设计单位、地震部门、发展改革部门、建设部门和有关专业主管部门都要承担相应的行政责任甚至刑事责任。

5. 重视对工程抗震设计的审查、监督

工程建设的抗震设计是确保工程建设抗震设防质量的重要环节。各设计单位要认真执行各类抗震设计规范，不断提高抗震设计水平。各级抗震设计管理部门应重视对工程建设抗震设计的审查、监督，并使之制度化、法制化。

汶川地震发生后，国家修订了《建筑工程抗震设防分类标准》GB 50223—2008、《建筑抗震设计规范》GB 50011—2010（以下简称新《规范》），以提高我国建筑工程抗震设防能力。新修订的《建筑抗震设计规范》提出了建筑结构体系需要注意和改进的地方，提出了楼梯间抗震安全性的对策，同时对抗震结构材料性能和施工要求进行了局部调整。如针对部分在底层设架空层的建筑物，新《规范》明确要求楼房底层应沿纵、横两个方向设置一定数量的抗震墙；针对楼顶塔楼等建筑，新《规范》要求在设计时乘以增大系数，提高其抗震性能。新《规范》对楼梯也作了详尽规定：要求增设楼梯间的构造柱，使每层楼梯构造柱数量达到 8 根，形成应急疏散的安全岛；楼梯间的非承重墙体要与主体结构进行可靠连接或锚固，避免地震时倒塌伤人；楼梯间不得采用脆性钢筋。自上述新《规范》颁布、实施之日起，全国新建、改建、扩建建筑工程的抗震设计应认真执行新标准，并严格执行其中的强制性条文。

6. 继续搞好现有工程的抗震鉴定与加固

对未设防的现有工程进行抗震鉴定与加固，是我国抗震工作的成功经验，经受了历次地震的考验。目前，全国仍有 1/3 的应加固工程尚未进行抗震加固，任务非常繁重。全国重点抗震城市应结合旧城改造和企业技术改造，力争全面完成抗震加固任务。其他城市要完成生命线工程和重要行政、文教卫生等公用工程设施的加固工作。

7. 加强对震后恢复重建工作的指导

地震城市的建设主管部门要在政府统一领导下，在有关部门的配合下，搞好震后恢复重建工作。特别是要在工程震害的调查分析和评估、震损工程鉴定、恢复重建的选址和规划、重建的抗震设防标准等方面加强管理和指导，以确保恢复重建后城市、企业的综合抗震防灾能力。

三、城市与建筑抗震设防标准

（一）城市抗震设防烈度

城市的抗震标准即为抗震设防烈度。其应按国家规定的权限审批、颁发的文件（图件）来确定，一般采用基本烈度，即现行《中国地震动参数区划图》所规定的烈度。

我国工程建设从地震基本烈度 6 度开始设防，设防烈度有 6、7、8、9 等级（一般可以把"设防烈度为 6 度、7 度"简称为"6 度、7 度"）。6 度及 6 度以下的城市一般为非重点抗震防灾城市，但并不是说这些城市不需要考虑抗震问题。

257

6 度地震区内的重要城市与国家重点抗震防灾城市和位于 7 度以上（含 7 度）地区的城市，都必须考虑城市抗震问题，并编制城市抗震防灾规划。抗震设计规范的最高设防为 9 度，一方面因为超过 9 度的地区实际上不适宜人类居住，另一方面 9 度以上的抗震设防在设计上非常困难。

（二）建筑抗震设防标准

保障建筑安全，是城市抗震防灾、减少人员伤亡和财产损失的重要环节。这一方面要借鉴发达国家经验，通过对所在建设地区的地震活动性、地质构造环境的研究，对建筑进行地震安全性评价，然后合理确定抗震设防标准及相关措施。1964 年，美国阿拉斯加发生 8.4 级地震，由于事先进行了地震安全评价，注重了建筑的抗震设防，结果震区房屋很少倒塌。日本《建筑基准法》规定，新建建筑必须达到在百年一遇的 8 级地震中不倒塌、在数十年一遇的地震中不受损的抗震强度；抗震指标不合格，大楼可能被推倒重建。虽然我国的经济还欠发达，但对国家已明确处于地震活动区的城市的有关新建筑和工程，一定要在抗震设防标准上从长计议，确保安全。我国的建筑物抗震设计原则是"小震不坏、中震可修、大震不倒"。

2008 年住房和城乡建设部修改并颁布实施《建筑工程抗震设防分类标准》GB 50223—2008 与《建筑抗震设计规范》GB 50011—2010，将建筑工程抗震设防类别从高到低依次分为特殊设防、重点设防、标准设防和适度设防四类。所谓特殊设防类，指使用上有特殊设施，涉及国家公共安全的重大建筑工程和地震时可能发生严重次生灾害等特别重大灾害后果，需要进行特殊设防的建筑，简称"甲类"。重点设防类指地震时使用功能不能中断或需尽快恢复的生命线相关建筑，以及地震时可能导致大量人员伤亡等重大灾害后果，需要提高设防标准的建筑，简称"乙类"。标准设防类指大量的除特殊设防、重点设防、适度设防以外按标准要求进行设防的建筑，简称"丙类"。适度设防类指使用上人员稀少且震损不致产生次生灾害，允许在一定条件下适度降低要求的建筑，简称"丁类"。如医疗建筑的三级医院中承担特别重要医疗任务的门诊、医技、住院用房，其抗震设防类别应为特殊设防类；又如教育建筑中，幼儿园、小学、中学的教学用房及学生宿舍和食堂，其抗震设防类别不低于重点设防类。重点设防类和特殊设防类应按高于本地区抗震设防烈度一度和提高一度的要求加强其抗震措施。

在选择建筑场地时，应按表 7-1 区分的对建筑抗震有利、不利和危险等地段来相应进行。

各类建筑抗震地段的划分　　　　　　　　　　　　　　表 7-1

地段类别	地形、地貌、地质状况
有利地段	坚硬土或开阔平坦密实均匀地、中硬土等
不利地段	软弱土，液化土，条状突出的山嘴，高耸、孤立的山丘，非岩质的陡坡，河岸和边坡边缘，平面分布上成因岩性、状态明显不均匀的土层（如故河道、断层破碎带、暗埋的塘滨沟谷及半填半挖地基）等
危险地段	地震时可能发生滑坡、崩塌、地陷、地裂、泥石流等，以及发震断裂上可能发生地表错位的部位

四、城市抗震防灾场所

城市抗震防灾场所主要指避震和震时疏散通道及避震疏散场所。城市避震和震时疏散可分为就地疏散、中程疏散和远程疏散。就地疏散指城市居民临时疏散至居所或工作地点附近的公园、操场或其他空旷地；中程疏散指居民疏散至 1～2km 半径内的空旷地带；远程疏散指城市居民使用各种交通工具疏散至外地的过程。

（一）疏散通道

（1）市区疏散通道的宽度不应小于 15m，一般为城市主干路，通向市内疏散场地和郊外旷地，或通向长途交通设施。

（2）100 万人口的大城市至少应有两条以上不经过市区的过境公路，其间距应大于 20km。

（3）为保证震时房屋倒塌不致影响其他房屋和人员疏散，规定震区城市的居住区与公建区建筑间距如表 7-2 所示。

震区城市房屋抗震间距要求　　　　　　　　表 7-2

较高房屋高度 h(m)	≤10	10～20	>20
最小房屋间距 d(m)	12	$6+0.8h$	$4+h$

（二）避震疏散场所

1. 避震疏散场所类型

避震疏散场所是地震时受灾人员疏散的场地和建筑。根据《城市抗震防灾规划编制标准》GB 50413—2007，其分为以下 3 种类型。

（1）紧急避震疏散场所

供避震疏散人员临时或就近避震疏散的场所，也是避震疏散人员集合并转移到固定避震疏散场所的过渡性场所。通常可选择城市内的小公园、小花园、小广场、专业绿地、高层建筑中的避难层（间）等。

（2）固定避震疏散场所

供避震疏散人员较长时间避震和进行集中性救援的场所。通常可选择面积较大、人员容纳较多的公园、广场、体育场馆、大型人防工程、停车场、空地、绿化隔离带以及抗震能力强的公共设施、防灾据点等。

（3）中心避震疏散场所

指规模较大、功能较全，起避难中心作用的固定避震疏散场所。场所内一般设抢险救灾部队营地、医疗抢救中心和重伤员转运中心等。

2. 避震疏散场所面积标准

避震疏散场所中每位避震人员的平均有效避难面积应符合以下规定：

（1）紧急避震疏散场所人均有效避难面积不小于 1m²（起紧急避震疏散场所作用的超高层建筑避难层（间）的人均有效避难面积不小于 0.2m²），用地不宜小于 0.1hm²，服务半径宜为 500m，步行大约 10min 之内可以到达；

（2）固定避震疏散场所人均有效避难面积不小于 2m²，场地不宜小于 1hm²，服务半径为 2～3km，步行大约 1h 之内可以到达；

（3）中心避震疏散场地不宜小于 50hm² 。

3. 避震疏散场所布局要求

（1）远离火灾、爆炸和热辐射源；

（2）地势较高，不易积水；

（3）内有供水设施或易于设置临时供水设施；

（4）无崩塌、地震与滑坡危险；

（5）易于铺设临时供电和通信设施。

五、城市建筑结构体系抗震选型

不同的建筑结构体系，其抗震性能、使用效果和技术经济指标均不相同，其建筑抗震性能从低到高的顺序依次为：砖混结构—砖混-框架混合结构—钢筋混凝土框架结构—框架-剪力墙（核心筒）结构、钢结构。就砖混结构和钢筋混凝土框架结构而言，抗震性能后者优于前者。理由是砖混结构的材料采用抗剪、抗拉、抗弯强度很低的脆性材料，其延性差；同时，其结构抗震体系单薄，很多房子未设置构造柱、圈梁等。历次震害调查中，砖混结构的破坏率都比较高。而钢筋混凝土框架结构是刚柔性结构，其材料抗剪、抗拉、抗弯性能好，延性亦好，且具有良好的可塑性、耐火性及良好的结构刚度；因此，具有良好的抗震性能。砖混-框架混合结构的体系大多比较混乱，由于经济原因，很多建筑物尽可能少用混凝土框架，容易导致建筑底部框架由于变形集中而受破坏，也容易引起上部砖混结构破坏。

根据各城市的具体情况，由于砖混结构取材容易，价格低廉，施工方便，并且历次震害调查表明：只要平面布置合理，并严格按抗震规范作抗震设计，加强抗震构造措施，设置构造柱和圈梁，并保证施工质量，那么，不仅在 7 度和 8 度地区，甚至 9 度地区，砖混结构建筑的震害较轻，或基本完好的实例亦不在少数。

钢筋混凝土框架结构一般用于 10 层以下的建筑。对于 10 层以上、20 层以下体形复杂、刚度不均匀的建筑可采用框架-剪力墙体系。20 层以上的建筑可根据使用情况选用框架-剪力墙（核心筒）结构或钢结构。框架结构、框架-剪力墙（核心筒）结构、钢结构建筑在大多数情况下，其结构体系的传力路径比较清晰，结构的抗震性能能够比较准确地预测和设计，且施工工艺先进，容易保证质量，抗震性能明显优良。

选择结构体系时要与建筑物刚度、地质条件等因素一起考虑，避免选用建筑物自震周期与地基震动周期一致而引起共振、导致建筑遭破坏的结构体系。对结构本身的刚度计算要注意调整。一般来说，刚度大，周期短；刚度小，周期长；周期短，地震力大；周期长，地震力小。

在一幢建筑中不宜选用两种及两种以上的结构体系及材料。例如内框架结构，由于钢筋混凝土内框架与外墙砌体两种材料在强度、刚度、延性等方面的差异，以及节点连接处的薄弱，地震时两者的振动很不协调，抗震性能差，将会形成严重破坏。因此，应尽量不用或少用这种结构体系。随着科学技术的发展，一些抗震防灾新技术的应用也为结构抗震提供了良好的技术支持。如目前国内、外正在开展的被动控制技术，特别是建筑物基础隔震及耗能减震体系研究和试点工程的应用，也为建筑抗震防灾开辟了更为广泛的途径。

第二节　城市防洪工程

大多数城市出于水源、航运、排水等方面要求，常傍水而建。在河流汛期与海洋大潮发生时，这些城市往往受到洪水和海潮的威胁。另外，一些山区城市可能受山洪暴发的影响，而平原城市往往在暴雨时排水不畅，造成涝灾。因此，城市防洪、排涝工程对于城市的生存与发展有着重要意义。

一、我国城市防洪现状

统计资料表明，1994 年底我国 622 座城市中 531 座有防洪任务。但这些城市的防洪标准较低：防洪标准达到 50 年一遇及其以上的有 93 座，占总数的18%；防洪标准在 20～50 年一遇的有 161 座，占 30%；防洪标准在 10～20 年一遇的有 118 座，占 22%；防洪标准低于 10 年一遇的有 120 座，占 53%；防洪标准有待核定的有 39 座，占 7%。其中，与大江大河防洪关系密切的 31 座全国重点防洪城市中，仅有北京、上海、哈尔滨、长春和沈阳共 5 座城市达到 100 年一遇的防洪标准，达到 50 年一遇防洪标准也只有广州、郑州、开封、济南和齐齐哈尔共 5 座城市，其他 21 座城市的防洪标准均不足 50 年一遇。

"八五"末，据我国 633 个城市的普查资料，其中设防（洪）城市 509 个，占城市总数的 80.4%；全国城市防洪堤总长 18885km，排水管道总长 110293km。与"七五"期间相比，我国的城市防洪取得了很大的进步，但仍然存在以下问题：

1. 城市防洪排涝设施不足，标准低

国外城市防洪能力一般在 50～100 年一遇的水平，个别高的达到 100 年一遇的水平，如日本重要的河川沿岸城市防洪标准均在 100 年一遇以上；而我国城市远远达不到这样的标准。

2. 城市防洪排涝设施规划建设的起点不高，综合效益低

长期以来，由于资金渠道不畅和思想观念的束缚，我国城市防洪排涝规划、设计和建设的标准不高，多是因陋就简，设施不配套，综合效益低下。

3. 城市遭受洪灾后，建设部门抗洪救灾的能力有限

二、城市与工程防洪措施

关于洪水的防治，首先应从流域治理入手。一般而言，对于河流洪水的防治有"上蓄水、中固堤、下利泄"的原则，即：上游以蓄水分洪为主，中游应加固堤防，下游应增强河道的排水能力。综合起来，主要的防洪对策有以蓄为主和以排为主两种。

（一）以蓄为主的防洪措施

1. 水土保持

修筑谷坊、塘堰，植树造林及改坡地为梯田，在流域面积上控制径流和泥沙，不使其流失，并进入河槽。这是一种在大面积、大范围内保持水土的有效措

施，既有利于防洪，又有利于农业。即使在城市周围，加强水土保持，对防止山洪威胁城市也有积极作用。

2. 水库蓄洪和滞洪

在城市防范区上游河道的适当位置，利用湖泊、洼地或修建水库，拦蓄或滞蓄洪水，削减下游的洪峰流量，以减轻或消除洪水对城市的灾害。这种方法还有"兴利"的作用，即可以调节枯水期径流，增加枯水期水流量，保障供水、航运及水产养殖等多方面需要。

举世闻名的三峡水库通过调控长江上游洪水，可使荆江河段（长江荆州段）的防洪标准达到 100 年一遇。遇 100 年一遇以上至 1000 年一遇洪水包括类似 1870 年洪水时，控制枝城站流量不大于 8 万 m^3/s，配合分蓄洪区的运用，可保荆江河段行洪安全，避免南、北两岸干堤溃决而发生毁灭性灾害。

3. 雨洪利用

通过雨洪利用，将雨水入渗地下或调蓄回用，可以减少地表径流量，延缓洪峰，削减洪量，从而达到减轻城市防洪排涝负担、提高城市防洪能力的目的。

（二）以排为主的防洪措施

1. 修筑堤防

筑堤可增加河道两岸高程，提高河槽安全泄洪能力，有时也可起到束水攻沙的作用。平原地区的河流多采用这种防洪措施。

2. 整治河道

"遇弯去角，逢正抽心"，这是我国劳动人民 2000 多年前就总结出来的河道整治经验。对河道截角取直及加深河床，目的在于加大河道的通水能力，使水流通畅，水位降低，从而减少洪水威胁。截弯取直，应进行河道冲淤分析计算，并注意水面线的衔接，改善冲淤条件。

（三）不同城市的防洪措施

在城市防洪工程措施中，可充分利用湖泊、山区堰塘、洼地分洪、导洪或蓄洪，先分后蓄，避免洪峰集中，减轻主河道的负担，避免形成大的洪峰威胁。一般情况下，处于河道上游、中游的城市多采用以蓄为主的防洪措施；而处于河道下游的城市，河道坡度较平缓，泥沙淤积，多采用以排为主的防洪措施。山区城市，一方面采取以蓄为主的防洪措施，同时还应根据具体情况在城区外围修建防洪沟，防治山洪。而在平原城市，市区内应有可靠的雨水排除系统。

总而言之，城市所处的地区不同，其防洪措施也不相同；一般来说，主要有以下几种情况：

（1）在平原地区，当大、中河流贯穿城市或从市区一侧通过，市区地面高程低于河道洪水位时，一般采用修建防洪堤来防止洪水侵入城市。武汉长江防洪堤就属于这种情况。

（2）当河流贯穿城市，其河床较深，但由于洪水的冲刷易造成对河岸的侵蚀并引起塌方，或在沿岸需设置码头时，一般采用挡土墙护岸工程。这种护岸工程常与滨江大道修建相结合，例如上海市外滩沿岸、广州市长堤路沿岸挡土墙护岸即属于这种情况。

（3）位于山前区的城市，地面坡度较大，山洪出山的沟口较多，这类城市一般采用排（截）洪沟。而当城市背靠山、面临水时，则采取防洪堤（或挡土墙护岸）和截洪沟的综合防洪措施。

（4）当城市上游近距离内有大、中型水库，而水库对城市有潜在威胁时，应根据城市范围和重要性来提高水库的设计标准，增大拦洪蓄洪的能力。对已建成的水库应加高加固大坝，有条件时可开辟滞洪区。而在城区的河段，可同时修建防洪堤。

（5）地处盆地的城市，市区低洼，暴雨时降雨易汇流而造成市区被淹，一般可在城区外围修建围堰或防洪堤；在市区则采取排涝措施（修建排水泵站）。后者应与城市雨水排放统一考虑。

（6）位于海边的城市，当城区地势较低，常受海潮或台风袭击时，除修建海岸堤外，还可修建防洪堤。若要作为停泊码头，则采用直立式挡土墙。

三、城市及建筑物防洪标准

（一）城市防洪标准

防洪标准是防洪规划、设计、建设和运行管理的重要依据。它指防洪对象防御洪水能力相应的洪水标准，通过防洪工程造价和管理费用跟多年平均的减免洪灾损失相比较来计算；一般用可防御洪水（或潮水）相应的重现期（N）或出现频率（$P\%$）来表示。根据防洪对象的不同，分为设计（正常运用）一级标准和设计、校核（非常运用）两级标准两种。

1. 设计标准

设计标准是指当发生或等于该标准洪水时，应保证防护对象的安全或防洪设施的正常运行。

防洪工程设计是以洪峰流量和水位为依据的，而洪水的大小通常以某一频率的洪水量来表示。因此，防洪工程的设计要从工程性质、防洪范围及其重要性要求出发，选定某一频率作为计算洪峰流量的设计标准。通常，洪水的频率用重现期的倒数表示。例如，重现期为 50 年的洪水，其频率为 2%；重现期为 100 年的洪水，其频率为 1%。显然，重现期愈大，则设计标准就越高。

2. 校核标准

对于重要工程的规划设计，除正常运用的设计标准外，还应考虑校核标准，即在非常运用情况下，洪水不会漫淹坝顶或堤顶或沟槽。校核标准可按表 7-3 采用。

防洪校核标准   表 7-3

设计标准频率	校核标准频率
1%（百年一遇）	0.2%～0.33%（500～300 年一遇）
2%（50 年一遇）	1%（百年一遇）
5%～10%（20～10 年一遇）	2%～4%（50～25 年一遇）

我国城市根据各自社会、经济地位及其重要程度和城区内城市人口数量分为四等，各等级的防洪标准应按表 7-4 的规定确定。

城市的等级和防洪标准　　　　　　　　　　　表 7-4

等级	重要程度	城市人口（万人）	防洪标准（重现期：年）	
			河（江）洪、海潮	山洪
I	特别重要城市	≥150	≥200	100～50
II	重要城市	150～50	200～100	50～20
III	中等城市	50～20	100～50	20～10
IV	一般城镇	≤20	50～20	10～5

注：1. 标准上、下限的选用应考虑受灾后造成的影响、经济损失、抢险难易以及投资的可能性等因素；

　　2. 海潮系指设计高潮位；

　　3. 当城市地势平坦、排泄洪水有困难时，山洪防洪标准可适当降低。

分作几部分单独进行防护的城市，各防护区的防洪标准应根据其重要程度和非农业人口数量，按表 7-4 的规定分别确定。

市区和近郊地区分别单独进行防护的城市，其近郊区的防洪标准可适当降低。

位于山丘区的城市，当市区分布高程相差较大时，应分析不同量级的洪水可能淹没的范围，根据淹没区的重要程度和非农业人口数量以及重要市区的高程等因素，按表 7-4 的规定分析确定其防洪标准。

位于平原、湖洼地区，防御持续时间长的江河洪水或湖泊高水位的城市，一般可在表 7-4 规定的范围内取较高的防洪标准。

其他设施，如河港、海港、机场、火电厂等可能的城市飞地，其防洪标准按表 7-5～表 7-8 相应确定。

江河港口的等级及防洪标准　　　　　　　　　表 7-5

等级	重要性和受淹损失程度	防洪标准（重现期：年）	
		河网、平原河流	山区河流
I	特别重要或重要城市的主要港区，受淹后损失巨大	100～50	50～20
II	中等城市的主要港区，受淹后损失较大	50～20	20～10
III	一般城镇的主要港区，受淹后损失较小	10～20	10～5

注：如港区防洪工程是城市的组成部分，且影响城市防洪安全时，应根据城市防洪要求确定。

海港的等级和防潮标准　　　　　　　　　　　表 7-6

等级	年吞吐量（万 t）	防洪标准（重现期：年）
I	＞1000	200～100
II	1000～100	100～50
III	100	50～20

注：按表列标准的高潮位低于历史最高潮位时，应用该最高潮位进行校核。

民用机场的等级和防洪标准　　　　表 7-7

等级	重要程度	防洪标准(重现期：年)
I	特别重要航线机场	200~100
II	重要航线机场	100~50
III	一般航线机场	50~20

注：跑道和重要设施可分开防护时，其跑道和场区的防洪标准可适当降低。

火电厂的等级和防洪标准　　　　表 7-8

等级	电厂规模	装机容量(万 kW)	防洪标准(重现期：年)
I	特大型	≥100	≥200
II	大型	100~25	200~100
III	中型	25~2.5	100~50
IV	小型	≤2.5	≤50

（二）城市排涝标准

城市的排涝取决于城市的排水能力，而城市的排水能力是由地形、气象和排水设施的排水能力所决定的。城市排涝标准可用可防御暴雨的重现期或出现频率表示。

城市内涝防治的主要目的是将降雨期间的地面积水控制在可接受的范围。以前我国没有专门针对内涝防治的设计标准，修订后的国家标准《室外排水设计规范》GB 50014—2006(2014 版)于 2014 年 2 月 10 日起施行，增加了内涝防治重现期和积水深度标准(表 7-9)。

城市内涝防治设计标准　　　　表 7-9

城市等级	设计重现期(年)	积水深度标准
特大城市	50~100	居民住宅和工商业建筑物的底层不进水；道路中一条车道的积水深度不超过 15cm
大城市	30~50	
中等城市和中小城市	20~30	

新标准还提高了雨水管渠设计重现期：特大城市的中心城区的雨水管渠设计重现期为 3~5 年，大城市的中心城区为 2~5 年，中等城市和中小城市的中心城区为 2~3 年。这意味着特大城市中心城区的雨水管渠最低应能抵御 3 年一遇的暴雨，其他城市可以此类推。

四、城市防洪工程设计洪水和设计潮位

（一）城市防洪工程设计洪水

城市防洪工程设计所依据的各种标准的设计洪水，包括洪峰流量、洪水位、时段流量、洪水过程线等，可根据工程设计要求，采用城市河段某一控制断面洪水来计算其全部或部分内容。

1. 基础资料

计算设计洪水必须有基础资料，必须充分利用已有的实例资料，运用历史洪

265

水、暴雨资料，并应重点复核计算设计洪水所依据的暴雨洪水资料和流域特性资料。

洪水系列应具有一致性。当流域修建蓄水、引水、分洪、滞洪等工程或发生决口、溃坝等情况，明显影响各年洪水的一致性时，应将资料还原到同一基础，并对还原资料进行合理检查。

2. 计算方法

根据资料条件，可采用以下方法计算设计洪水：

(1) 当有城市防洪控制断面或其上、下游邻近地点具有30年以上实例和插补延长洪水流量或水位资料，并有历史洪水调查资料时，应采用频率分析法计算设计洪水和设计洪水位。

(2) 当工程所在地区具有30年以上实例和插补延长暴雨资料，并有暴雨洪水对应关系时，可采用频率分析法计算设计暴雨，推算设计洪水，然后通过控制断面的流量水位关系曲线求得相应的设计洪水位。

(3) 当工程所在流域内洪水和暴雨资料均短缺时，可利用邻近地区实测或调查暴雨和洪水资料，进行地区综合分析，计算设计洪水。然后，通过控制断面的流量水位关系曲线求得相应的设计洪水位。

(二) 城市防洪工程设计潮位

设计潮位包括设计高潮位和设计低潮位。在分析、计算高(低)潮位时，应有不少于20年的实测潮位资料，并调查历史上出现的特殊高(低)潮位。

当实测潮位资料大于5年、不足20年时，可采用短期同步差比法，在附近有20年以上实测资料的验潮站进行同步相关分析，计算设计高(低)潮位。采用短期同步差比法应满足下列条件：

(1) 潮汐性质相似；

(2) 地理位置临近；

(3) 受河流径流影响相似；

(4) 气象条件相似。

设计高(低)潮位还可采用第一型极值分布律或皮尔逊Ⅲ型曲线计算。

五、城市防洪、排涝工程设施

城市的防洪、排涝工程设施主要由堤防、排洪沟渠、防洪闸和排涝设施组成。城市防洪工程设施建设依法实行项目法人制、招投标制、工程监理制、合同制。项目法人对工程质量负全面责任，设计、施工、监理单位按照合同及有关规定对各自承担的工作负责。在防洪工程设施保护范围内，禁止进行爆破、挖塘、打井、钻探、采石、取土等危害工程设施安全的活动。

(一) 堤防

许多城市傍水而建。当城市位置较低或地处平原地区时，为了抵御历时较长、洪水较大的河流洪水，修建防洪堤，是一种常用而有效的方法。例如，在武汉、株洲等城市，修筑防洪堤，已成为主要的防洪工程措施。

根据城市的具体情况，可以在河道一侧、也可以在河道两侧修建防洪堤。在城市中心区的堤防工程，宜采用防洪墙。防洪墙可采用钢筋混凝土结构，高度不大时也可采用混凝土或浆砌石防洪墙。堤顶和防洪墙顶标高一般为设计洪（潮）水位加上超高。当堤顶设防浪墙时，堤顶标高应高于洪（潮）水位 0.5m 以上。

1. 水文因素对堤防安全的影响与防治对策

堤防工程在运行期间当遭遇洪水时经常发生管涌、滑坡、崩岸和漫溢等险情，严重者导致大堤溃决。其中，教训深刻的是 1998 年九江城防决口事故。1998 年 8 月 7 日，九江遭受百年未遇的特大洪涝灾害，长江水位超历史最高洪水位 0.83m，市区防洪墙突发大管涌，随之塌陷溃决，决口宽度最后发展到 62m，经过 2 万多名军警与群众 5 天 5 夜堵口成功。后据水利专家分析，决口原因有三：其一，长江九江段超警戒水位 94 天，超历史纪录最高水位时间长达 40 天，大堤受雨洪高水位、长时间浸泡；其二，该堤段处于古河道，堤内脚有 3m 深的水塘因资金缺乏而未处理，产生隐患；其三是人为隐患，石油公司在大堤迎水面修建加油站油库，导致防渗覆盖层部分基础受到破坏，由渗漏发展到管涌再到决口。该安全事故既有人为因素，也有特殊的水文因素。

（1）水对堤防安全的作用机制与防治对策

相关研究表明，水对堤防作用的破坏影响主要表现为：渗流破坏与失稳破坏。前者引起管漏与流土等现象；后者引起滑坡与崩岸等现象。其作用机制可以从两个角度交叉认识：从水力学动力机制来看，洪水对堤防的影响机制主要表现在三个方面：水的流动作用、静压作用、渗透作用；从堤防机制及其破坏的成因来看，主要表现为高位水位期（洪水期）与退水期的影响。洪水主要通过渗流破坏来影响堤基和堤身的安全，是产生渗流破坏的动力，是堤防发生渗流破坏的主要外部因素；同时，堤身在长时间洪水浸泡下将出现软化，导致堤防工程失去稳定；另外，退水期水位骤降运动又往往是堤防失稳的主导因素。

1）水的流动作用与防治

水的流动作用主要表现为：雨水的地表径流对堤坡冲刷引起的侵蚀作用，河道水流（尤其是洪水与风浪）的淘刷、冲刷作用。雨水的地表径流冲刷对于没有地表草被的堤防影响较大。河道水流尤其是高洪水位的水流与漫溢冲刷造成堤脚土体流失并淘空，长期作用下会逐步扩大加深，尤其是在凹岸的堤脚形成倒口、崩塌、崩岸而溃决。山东省关于水力冲刷、侵蚀所引起的黄河决堤事例记载占 10％左右。此外，水在风的作用下产生风浪，增强冲刷及对防洪堤的冲击推力影响；更大的破坏作用是风浪直接冲击堤坝，波谷到达时形成负压抽吸作用。风浪侵蚀轻则在堤坡形成浪坝，重则使堤坝遭到严重破坏。1997 年 8 月的"97·11"号台风袭击长江口地区，江苏靖江段长江大堤有 24km 堤段被风浪冲刷，堤防断面损失极为严重。

对于堤防坡面的径流侵蚀可采用传统的堤坡防护技术，主要有砌石护坡、混凝土预制块护坡等；近年来常采用模袋混凝土护坡、土工织物草皮护坡和土壤固化护坡等新技术，或种植防浪林。模袋混凝土防护技术具有地形适应性、整体性，抗冲刷能力强，施工快且耐用，可水下施工等优点。土壤固化技术利用土壤固化剂固化表层土，从而达到抗冲抗冻、防浪防渗目的。根系发达的草皮护坡可以起到防浪和防水流冲刷的作用，且造价低。新近出现的土工织物草皮护坡具有更高的抗冲刷能力；荷兰在 $60\%\sim70\%$ 的堤坡上实施了草皮护坡，取得了良好效果。

2）水的静压作用与防治

水的静压作用主要是指水位差对堤防的静态作用力使堤身受力后发生变形，严重时导致堤坝决口和洪水灾害。尤其是洪水期的堤防，一方面堤内、外水位差导致堤防所受静压作用大，另一方面在长期渗透水的饱和浸泡下，堤防局部土体承载力降低（抗拉、抗剪力减小），如果外加风浪等外因的干扰，极有可能造成大块土体被拉裂或脱坡，由微裂到宽裂，由小移到大离，最终失稳倒塌而溃决。唯一的办法是按照水力学计算，保障堤防工程断面要求与工程施工质量；此外亦可在堤外种植防浪林。

3）水的渗透作用与防治

水的渗透作用是堤防安全保障最难琢磨的因素，其与水文状况、堤身结构及构造有很大关系，往往因小的安全隐患而导致大事故。尤其是在汛期，当水位上涨到一定高度时将逐步发生堤身浸润、渗透出水、出水冲刷堤坡、管漏出水等现象。其作用机制是降低堤身的抗剪能力，增加堤身自重，导致堤身在重力作用下滑力增大；另外，渗流产生的渗透力进一步增加了滑动体的滑动力，严重时发生堤坡坍塌甚至决口事故与洪水灾害。但它也是可以控制的。

目前，土堤工程常用的防渗新技术主要有：加强夯实密度，水工布防渗，土质水泥土、防渗混凝土垂直幕墙等。需要指出的是，这些新技术可使堤防防渗并达到保障堤防安全的目的，但一旦破坏，将成为安全隐患。

（2）水文进程对堤防安全的影响

从发生学来看，其主要反映在洪水影响的时间轴上。依据水力学影响机制及部位的不同，按影响时段可分为常水期、洪水期、退水期三个影响时段；其影响程度又与水的流速、水流水力方向、洪水位涨落速度等有密切关系。

1）常水期影响

常水主要通过水流侵蚀、冲刷作用破坏护岸，进而淘刷堤脚，使堤坡失稳而影响堤身安全。因此，常水位期水流主要影响护岸工程，而护岸工程的破坏也产生堤防安全隐患。

护岸工程是指为防止河流侧向侵蚀及冲刷而造成的坍岸等灾害发生，防止水流主流线偏离河道而影响防洪堤安全的保护工程措施，所以其是用来抵御水流侵蚀及冲刷、维护河道水流主线稳定的。通常的护岸防护措施有：直接加固岸坡；在岸坡植树种草；抛石或砌石护岸等。

2）洪水期影响

因水位变化，洪水对堤防工程的影响最大也最广泛，包括对堤身、护坡、堤基、穿堤建筑物等稳定性的影响，严重时会使堤防发生漫决、冲决和溃决等灾害事故。洪水位对堤防安全的影响，一是对堤防表面部位的强力冲刷，二是高水位、高压差下高渗流作用导致堤防内部土体结构性质改变。

3）退水期影响

其对堤防工程的影响与洪水期相同，但作用机制正好相反。当水位退低时，提防外部静水压力消失，但堤身内孔隙水压力未能及时消散，内、外水压力差产生反向渗透力。而此时，浸水饱和导致的堤防抗剪能力下降，堤身自重增加，极易造成土体失稳而发生灾害性险情。

2. 堤线选择

堤线指堤身及相应的建筑走向的线路，直接关系到整个堤防工程的合理性和建成后所发挥的功用，尤其是对工程投资大小影响重大。

堤线选择就是确定堤防的修筑位置，它与城市总体规划有关，也与河道的情况有关。对城市而言，应按城市被保护的范围确定堤防总的走向；对河道而言，堤线就是河道的治导线。因此，堤线的选择应与城市总体规划及河流的治理规划相协调。应结合现有堤防设施，综合地形、地质、洪水流向、防汛抢险、维护管理等因素确定，并与沿江(河)市政设施相协调。具体而言，堤线选择应注意以下几点：

(1) 堤轴线应与洪水主流向大致平行，并与中水位的水边线保持一定距离；这样，可避免洪水对堤防的冲击和在平时使堤防不浸入水中。

(2) 堤的起点应设在水流较平顺的地段，以避免产生严重的冲刷；堤端嵌入河岸 3～5m。

(3) 为将水引入河道而设于河滩的防洪堤，其堤防首段可布置成"八"字形；这样，还可避免水流从堤外漫流和发生淘刷。

(4) 堤的转弯半径应尽可能大一些，力避急弯和折弯；一般为 5～8 倍的设计水面宽。

(5) 堤线宜选择在较高的地带上，不仅基础坚实，增强堤身的稳定，也可节省土方、减少工程量。

(二) 排洪沟与截洪沟

1. 排洪沟

排洪沟是为了使山洪能顺利排入较大河流或河沟而设置的防洪设施，主要是对原有冲沟的整治，加大其排水断面，理顺沟道线型，使山洪排泄顺畅。其布置原则为：

(1) 应充分考虑周围的地形、地貌及地质情况。为减少工程量，可尽量利用天然沟道，但应避免穿越城区，保证周围建筑群的安全。

(2) 排洪沟的进、出口宜设在地形、地质及水文条件良好的地段。出口处可设置渐变段，以便于与下游沟道平顺衔接，并应采取适当的加固措施。排洪沟出口与河道的交角宜大于 90°，沟底标高应在河道常水位以上。

(3) 排洪沟的纵坡应根据天然沟道的纵坡、地形条件、冲淤情况及护砌类型等因素确定。当地面坡度很大时，应设置跌水或陡坡，以调整纵坡。

(4) 排洪沟的宽度改变时应设渐变段。平面上尽量减少弯道，使水流通畅。弯道半径根据计算确定，一般不得小于 5～10 倍的设计水面宽度。

(5) 一般情况下，排洪沟应作成明沟。如需作成暗沟时，其纵坡可适当加大，防止淤积，且断面不宜太小，以便抢修。

(6) 排洪沟的安全超高宜在 0.5m 左右，弯道凹岸还需考虑水流离心力作用所产生的超高。

（7）排洪沟内不得设置影响水流的障碍物；当排洪沟需要穿越道路时，宜采用桥涵。桥涵的过水断面不应小于排洪沟的过水断面，且高度与宽度也应适宜，以免发生壅水现象。

2. 截洪沟

截洪沟是排洪沟的一种特殊形式。位居山麓或土塬坡底的城镇、厂矿区可在山坡上选择地形平缓、地质条件较好的地带，也可在坡脚下，修建截洪沟，拦截地面水。在沟内积蓄或送入附近排洪沟中，以免危及城市安全。其布置原则为：

（1）应结合地形及城市排水沟、道路边沟等统筹设置。

（2）为了多拦截一些地面水，截洪沟应均匀布设；沟的间距不宜过大。沟底应保持一定坡度，使水流畅通，避免发生淤积。

（3）在山地城镇，因建筑用地需要改缓坡为陡坡（切坡）的地段，为防止陡坡崩塌或滑坡，在用地的坡顶应修截洪沟。坡顶与截洪沟必须保持一定距离，水平净距不小于 3～5m。当山坡质地良好或沟内有铺砌时，距离可小些，但不宜小于 2m。湿陷性黄土区，沟边至坡顶的距离应不小于 10m。

（4）有些城市的用地坡度比较大，一遇暴雨很快形成漫流。此时，在建筑外围应修截洪沟，使雨水迅速排走。

（5）比较长的截洪沟，因各段水量不同，其断面大小应能满足排洪量的要求，不得溢流出槽。

（6）截洪沟的主要沟段及坡度较陡的沟段不宜采用土明沟，应以块石、混凝土铺砌或采用其他加固措施。

（7）选线时要尽量与原有沟埂结合，一般应沿等高线开挖。

（三）防洪闸

防洪闸指城市防洪工程中的挡洪闸、分洪闸、排洪闸和挡潮闸等。

闸址选择应根据其功能和使用要求，综合考虑地形、地质、水流、泥沙、潮汐、航运、交通、施工和管理等因素来确定，应选在水流流态平顺，河床、岸坡稳定的河段。其中，泄洪闸宜选在顺直河段或截弯取直的地点；分洪闸应选在被保护城市上游，河岸基本稳定的弯道凹岸顶点稍偏下游处或直段；挡潮闸宜选在海岸稳定地区，以接近海口为宜，并应减少强风、强潮影响，且上游宜有冲淤水源。水流流态复杂的大型防洪闸闸址选择，应有水工模型试验验证。

防洪闸的总体布置应结构简单，设计合理，运用方便，安全可靠，经济美观。

（四）排涝设施

当城市或工矿区地势较低，在汛期排水发生困难，以致引起涝灾时，可修建排水泵站排水，或者将低洼地填高，使水能自由流出。修建排水泵站排水，主要有以下几种情况：

（1）在市区干流和支流两侧均筑有堤防，支流的水可以顺利排入河道，而堤内地面水在出现洪峰时排泄不畅，可设置排水泵站排水；

（2）干流筑有堤防，支流上游修有水库，并可根据干流水位的高低控制水库的蓄、泄洪量时，市区临近干流地段的地面积水可设排水泵站排水；

（3）干流筑有堤防，支流的洪水由截洪沟排入下游，其余地区的地面水可设排水泵站排水；

（4）干流筑有堤防，支流的水在汛期受倒灌影响难以排入干流，同时支流流量很小，堤内有适当的蓄水坑或洼地时，可以在其附近设排水泵站排水。

城市用地中可能存在一些局部低洼地区；这些地区面积不大，不便修建堤防，可将低洼地区填土，以提高地面高程。

填高地面，应与城市建设相配合，有计划地将某些高地进行修正；其开挖的土石方则为填平低洼地的土源。根据建设用地需要，可分期填土，也可以一次完成。填土的高度应高于设计洪水位。

（五）护岸及河道整治

1. 护岸

（1）一般要求

在城市市区的河（江）岸、海岸、湖岸被冲刷，影响到城市防洪安全时，应采取护岸保护。保护岸边不被水流冲刷，防止岸边坍塌，保证汛期行洪时岸边稳定。护岸布置应减少对河势的影响，避免抬高洪水位。

护岸选型应根据河流和河（海）岸特性、城市建设用地、航运、建筑材料和施工条件等综合分析确定。常用护岸类型有坡式护岸、重力式护岸、板桩及桩基承台护岸、顺坝和短丁坝护岸等。当河床土质较好时，宜采用坡式护岸和重力式护岸；当河床土质较差时，宜采用板桩护岸和桩基承台护岸；在冲刷严重河段的中枯水位以下部位，宜采用顺坝或丁坝护岸。顺坝和短丁坝常用来保护坡式护岸和重力式护岸基础不被冲刷。

护岸设计应考虑以下荷载：自重和其上部荷载，地面荷载，墙后主动土压力和墙前被动土压力，墙前水压力和墙后水压力，墙前波吸力，地震力，船舶系缆力，冰压力。

（2）坡式护岸

坡式护岸常用的结构形式有干砌石、浆砌石、抛石、混凝土和钢筋混凝土板、混凝土异形块等，其形式选择应根据流速、波浪、岸坡土质、冻结深度以及施工条件等因素，经技术经济比较确定。其中，以砌石应用得最为广泛，但在季节性冻土地区要特别注意冰冻对砌石的破坏。

坡式护岸的坡度和厚度应根据岸边土质、流速、风浪、冰冻、护砌材料和结构形式等因素，通过稳定分析计算确定。

坡式护岸应设置护脚。基础埋深宜在冲刷线以下 0.5～1.0m。若施工有困难，可采用抛石、石笼、沉排、沉枕等护底防冲措施。

（3）重力式护岸

重力式护岸宜在较好的地基上采用；在较差的地基上采用时，必须进行加固处理，并应在结构上采取适当的措施。

重力式护岸结构形式选择应根据岸边的自然条件、当地材料以及施工条件等因素，经技术经济比较确定。常用重力式护岸形式有：整体式、空心方块式、异形方块式和扶壁式护岸等。

重力式护岸的基础埋深不应小于1.0m。

（4）板桩式及桩基承台式护岸

在软弱地基上修建港口、码头、重要护岸，宜采用板桩式及桩基承台式。其护岸形式选择应根据荷载、地质、岸坡高度以及施工条件等因素，经技术经济比较确定。

其护岸整体稳定计算可采用圆弧滑动法。对于板桩式护岸，其滑动可不考虑切断板桩和拉杆的情况；对于桩基承台式护岸，当滑弧从桩基中通过时，应考虑截桩力对滑动稳定的影响。

（5）顺坝和短丁坝护岸

在冲刷严重的河岸、海岸，可采用顺坝或丁坝保滩护岸。在波浪为主要破坏力的河岸、海岸、通航河道以及冲刷河岸凹凸不规则的河段，宜采用顺坝保滩护岸。在受潮流往复作用而产生严重崩岸，以及多沙河流冲刷严重河段，可采用短丁坝保滩护岸。

按建筑材料的不同，顺坝和丁坝可以分为土石坝、抛石坝、砌石坝、铅丝石笼坝、混凝土坝等类型。坝型选择可根据水流速度的大小、河床土质、当地建筑材料以及施工条件等因素综合分析确定。

2. 河道整治

河道整治必须按照水力计算确定的设计横断面清除河道淤积物和障碍物，以满足洪水下泄要求。裁弯取直及疏浚挖槽的方向应与江河流向一致，并与上、下游河道平顺连接。

城市防洪工程中的河道裁弯取直应达到改善水流条件、去除险工和有利于城市建设的目的，应进行河道冲淤分析计算，并注意水面线的衔接，改善冲淤条件。

第三节 城市消防工程

一、城市与工程消防对策

城市火灾的发生频率很高，是城市安全的一大隐患，因此城市消防自古即为城市防灾的重点。在长时间与火灾的斗争中，人类也积累了丰富的经验。但是，现代城市火灾有着许多与以前不同的特点，如：化学危险品火灾事故多，高层建筑、大型建筑火灾扑救难度大，火灾经济损失持续上升等。现代城市火灾的特点也促使城市消防工作采取措施，积极应对。

城市火灾的起因主要有三种：一是人为事故，二是易燃物自燃起火及雷电起火等，三是其他灾害的次生火灾（主要是地震引起）。城市特大火灾主要发生在商场、仓储等商品流通领域、公共场所和外资企业，较发达地区的城市更是如此。

在我国，城市消防工作的方针是"预防为主，防消结合"：首先，在城市布局、建筑设计中，采取一系列防火措施，减少和防止火灾灾害；其次，消防队伍、消防设施建设、消防制度和指挥组织机制应健全，保证火灾的及时发现、报警和有效组织扑救。

（一）城市消防责任区分类及规划要求

1. 城市消防责任区分类

根据未来城市建设用地的用地性质和布局结构，以及火灾危险性和消防重点保护单位的需要，按照表7-10所列标准，将城市规划区域划分为甲类消防责任区、乙类消防责任区、丙类消防责任区，作为城市消防设施规划建设的依据之一。

城市消防责任区分类 表7-10

责任区类别	距 离
甲	首脑机关地区，化工、仓储单位和高层建筑集中地区，商业中心区，重点文物建筑集中地区，三四级耐火建筑和易燃建筑高度集中、人口密集、街道狭窄的地区，其他火灾危险性大的地区
乙	工厂企业、科研单位、大专院校和高层建筑较多的地区
丙	一、二级耐火建筑的居民区、工厂企业和三级耐火建筑较分散的地区

2. 城市各类责任区的规划要求

（1）甲类责任区的规划要求

作为城市首脑机关所在地和人口密集的区域，其属消防安全重点地区，原则上将较高等级的消防站设置在该地区或邻近区域。该区域内影响城市消防安全的生产、使用、储存易燃易爆危险品的工厂、企业和单位应逐步搬迁，近期搬迁难度较大的单位应尽快采取措施，加强内部消防设施建设与整改，完善自有消防设施及器材，如消防供水、消防通道、消防通讯等，加大消防监督力度。

在该区域内除现有外，禁止新建加油(气)站。

（2）乙类责任区

该地区为高层建筑较多和居民较为密集的地区，不宜布置生产、使用、储存易燃易爆危险品工厂、企业，且应配合完善消防基础设施，满足相应消防规范的要求。

（3）丙类责任区

该地区为一二级耐火建筑的居住区，工厂、企业和三级耐火建筑较为分散的地区。相对于生产、使用、储存易燃易爆危险品的工厂、企业，应尽量集中到工业区的边缘区域，且严格满足有关消防规范技术标准，完善消防设施建设。其他工厂、企业的消防基础设施也应与企业同步发展，配套建设。居住区内的消防基础设施建设应与居住区同步进行，配套建设。应充分保障路网密度、建筑消防间距等技术要求。

（二）城市的防火布局

1. 城市重点防火设施布局

城市中不可避免地要安排如液化气站、煤气制气厂、油品仓库等易燃易爆危险品的生产、储存和运输设施；这些设施应慎重布局，特别是要保持规范的防火间距。

2. 城市防火通道布局

消防车的通行范围关系到火灾扑救的及时性，因此城市消防通道的布局应合乎各类设计规范。

任何单位和个人均不准挖掘或占用消防通道。必须临时挖掘或占用时，批准单位须及时通知公安消防监督机构。

3. 城市旧区改造

城市旧区往往是建筑耐火等级低、建筑密集、道路狭窄、消防设施不足的地区，因而也是火灾高发地区，并且延烧的危险性很大。因此，城市旧区改造是城市防火的重要工作。

4. 城市消防设施布局

城市消防设施包括消防站、市政消火栓、消防水池、消防给水管道等，应在城市中合理布局。

（三）城市建、构筑物的防火设计

各类建、构筑物，如厂房、仓库、民用建筑，以及地下建筑、管线设施等，都应遵照有关规范，实行防火设计，提高其耐火等级和内部消防能力，减少火灾发生和蔓延的可能性。特别是现代摩天大楼尤应设置以下灭火防火系统。

（1）灭火防火的消防系统，包括水的存储和供应，消防泵、消防水管、喷洒设备、灭火器和与消防部门联系的设备等。

（2）良好的烟气处理系统，包括楼梯和前室（从疏散楼梯间、排烟楼梯间和消防电梯间到其他建筑用房之间的过渡空间）的密封加压、烟气遏制、车房通风和电梯井烟气排除等。

（3）灵敏的灾情探测系统，包括烟探测器、热探测器和手动报警设施等。

（4）快速的火灾报警系统，包括火灾报警启动、火警联络、紧急交通、紧急指挥中心和紧急电力、动力供应。

（5）方便的操作系统，包括手工操作、自动报警、转换开关驱动和控烟操作。

（6）畅通的安全撤离系统，包括楼层的安全撤离路线和出口、最后出口、残疾人撤离方式的紧急出口标志指示等。

（7）可靠的防火隔离系统，包括耐火材料和防灾分区等。

（四）城市消防体制改革

1. 部分国家和地区的消防体制

（1）美国

美国消防职业竞争充分，录取率不足1%。其职业制消防员收入为政府公务人员的3~6倍。据2014年美国劳工统计局数据，在一些大城市，消防员的平均收入相当于美国很多行业经理级别的收入。作为联邦制国家，其消防经费由各地政府直接负责；部分州政府向居民征收相关消防税费，每个家庭年均50~200美元不等。

（2）日本

由国家设置"消防厅"，消防职员面向社会招聘。招聘对象必须具有大专以上文化水平，并通过公务员统一考试合格后录用。其消防职员平均年龄为 38 岁，月薪为 30.7 万日元，津贴为 9.88 万日元，较之普通公务员（7.39 万日元）的平均月薪要高许多。

（3）德国

德国规定，直接从事灭火和特殊技术救援的职业消防队员为政府公务员，其他职业消防员为职员或工人。消防队员兼职"做工"，是德国消防体系的一大特色。德国非常重视消防部门利用科研成果，旨在提高消防科学应用效率。

（4）中国香港

香港特区政府设有独立的消防处，消防员在公务员编制内。消防员必须先经历为期 26 周的训练，普通消防员月收入在 1.7 万港币左右。目前，香港消防处辖有约 9100 名消防救护人员，采取"返一放二"工作模式，也就是：连续执勤 24 小时后休息 48 小时，平均每周工作时间为 54 小时。

2. 我国城市消防体制的改革

（1）征召合同制消防员

我国沿海发达地区如山东、广东等地，合同制消防员都超过了现役消防员。其征召的合同制消防员纳入政府购买基层公共管理和社会服务等岗位，以劳动合同用工为主，骨干人员则核定为事业编制。

合同制消防员的招收以本地人为主，优先考虑拥有一技之长的人员，发挥他们会讲当地方言、熟悉当地交通、照顾家人方便等优势，确保"招得来、留得住"。

为解决合同制消防员离职率高的问题，各城市参照劳动合同内容，依照条令条例和部队规章制度，制订相应的管理办法，达到同现役消防员同等标准管理，同等政治待遇，同等伙食标准，同等训练要求，同等执勤灭火，用同样的尺度进行管理、训练、考核、评比、作战。

（2）社会资本进入城市消防事业

建立消防站、招募消防员，需要不菲的资金投入。目前，城市政府出资，是城市消防扩编的主要来源，因为城市消防安全是城市政府一项最基本的公共服务。但社会出资，也是消防建设的重要组成部分。当前，一些大型、重点企事业单位也出资建立保安联防消防队，因其十分熟悉地理环境，可以对火灾隐患和苗头做到早发现与早控制。

2011 年 6 月 1 日起施行的《湖北省消防条例》即提出，"鼓励、引导社会资本投入公共消防设施建设"。随着政府购买公共服务改革的推进，社会资本进入消防行业的投资模式、盈利及补偿机制正引起各方关注。

（五）城市火灾风险评价

根据美国消防协会（NFPA）制定的野火危险等级表（Wildfire Hazard Rating Form），城市火灾风险评价包括：建筑密度、建筑防火等级、人口密度、与危险建筑距离、与水源距离、与消防站的距离等（表 7-11）。

城市火灾风险评价标准例表　　　　　　　　表 7-11

变　　量	权重	等　　级	分值
建筑密度	9	根据 GIS 中的 Kernel(Smoothing)确定	5
			4
			3
			2
			1
建筑防火等级	7	Ⅳ	5
		Ⅲ	4
		Ⅱ	3
		Ⅰ	2
人口密度（人/km²）	9	12000	5
		9000～12000	4
		6000～9000	3
		3000～6000	2
		0～3000	1
与危险建筑的距离（m）	7	0～300	5
		300～600	4
		600～900	3
		900～1200	2
		>1200	1
与水源的距离（m）	3	>400	5
		300～400	4
		200～300	3
		100～200	2
		0～100	1
与消防站的距离（m）	6	>3000	5
		2000～3000	4
		1000～2000	3
		500～1000	2
		0～500	1

　　根据亚洲灾害预防中心的"亚洲城市减灾计划"中的城市火灾风险评价方法，选取相应的评价指标，并对各指标赋予权重值，在 GIS 中对建筑密度、人口密度、建筑防火等级等各影响因素进行叠加，从而得到所评价城市的火灾风险等级区域分布（图 7-2）。

二、城市消防标准

　　城市的消防标准主要体现在建、构筑物的防火设计上。国家在消防方面颁布的法律、规范和标准已达 130 余种，而各地根据自身情况也制定了一些地方性消防要求；在城市消防工作中，这些法律、规范、标准是重要的依据。与城市规划密切相关的消防规范有《建筑设计防火规范》GB 50016—2014、《城市消防站设计规范》GB 51054—2014、《城镇消防站布局与技术装备配备标准》GN J1—82 等。以下简要介绍有关城市道路消防要求、建筑消防间距、建筑防火设计要求等方面的内容。

(一) 城市道路消防要求

进行城市道路设计时，必须考虑消防方面的要求。

(1) 当建筑沿街部分长度超过 150m 或总长度超过 220m 时，应设穿过建筑物的消防车道。当为多层建筑和穿过确有困难时，应设环形消防车道。

(2) 沿街建筑应设连接街道和内院的通道，其间距不大于 80m（可结合楼梯间设置）。

(3) 建筑物内开设的消防车道，其净高与净宽均应大于或等于 4m，其路边距建筑物外墙宜大于 5m。

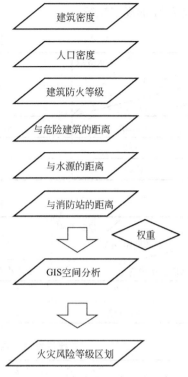

图 7-2　城市火灾风险评价程序

(4) 消防道路宽度应大于或等于 3.5m，净空高度不应小于 4m。

(5) 尽端式消防车道的回车场尺度应大于或等于 15m×15m。但大型消防车使用时，不应小于 18m×18m。

(6) 高层建筑应设环形消防车道（可利用交通道路），或沿建筑物两长边设消防车道。环形消防车道至少应有两处与其他车道连通。

(7) 超过 3000 座的体育馆，超过 2000 座的会堂，占地面积超过 3000m² 的展览馆、博物馆、商场，宜设环形消防车道。

(8) 消防车道下的管道和暗沟应能承受大型消防车辆的压力，消防车取水的天然水源和消防水池应设消防车道。

(9) 消防车道不宜与铁路正线正交。如必须平交，应设置备用车道，且两车道之间的间距不应小于一列火车的长度。

(二) 建筑物消防间距

建筑的间距保持也是消防要求的重要方面。我国有关规范要求，多层建筑与多层建筑的防火间距应不小于 6m，高层建筑与多层建筑的防火间距不小于 9m，高层建筑与高层建筑的防火间距不小于 13m。

根据居住小区建筑物的性质和特点，各类建筑物之间应有必要的防火间距，应按国家标准《建筑设计防火规范》中的有关规定执行（表 7-12 和表 7-13）。

在居住小区中，有一些生活服务设施，如煤气调压站、液化石油气瓶库等和一些具有火灾危险性的生产性建筑，这些建筑物与高层民用建筑的防火间距应按

277

表 7-14 的规定执行。

民用建筑防火间距　　　　　　　　　表 7-12

耐火等级 防火间距（m） 耐火等级	一二级	三级	四级
一二级	6	7	9
三级	7	8	10
四级	9	10	12

建筑物的防火间距　　　　　　　　　表 7-13

建筑类别 防火间距（m） 高层民用建筑	高层民用建筑		其他民用建筑		
			耐火等级		
	主体建筑	附属建筑	一二级	三级	四级
主体建筑	13	13	13	15	18
附属建筑	13	6	6	7	9

建筑物与厂房、库房、调压站等的防火间距　　　　　表 7-14

防火间距（m） 名称		高层民用建筑	一类		二类	
			主体建筑	相连的附属建筑	主体建筑	相连的附属建筑
甲、乙类厂（库）房	耐火等级	一二级	50	45	45	35
		三四级				
丙、丁、戊类厂（库）房	耐火等级	一二级	20	15	15	13
		三四级	25	20	20	15
煤气调压站 （进口压力 MPa）	0.005 至<0.15		20	15	15	13
	0.15 至≤0.30		25	20	20	15
煤气调压箱 （进口压力 MPa）	0.005 至<0.15		15	13	13	6
	0.15 至≤0.30		20	15	15	13
液化石油气 气化站、混气站	总贮量 （m³）	<30	45	40	40	35
		30～50	50	45	45	40
液化石油气 供应站瓶库		>10	30	25	25	20
		<10	25	20	20	15

（三）建筑防火设计

高层建筑主体须有不小于 1/4 周长的防火面。在防火面一侧建筑的裙房，其深度不应大于 4m。防火面应有直通室外的楼梯或直通楼梯间的出口。

三、城市消防给水

大部分城市火灾用水扑灭，因此，保证消防用水，是城市消防工作的重要内容。城市消防用水可由城市市政给水管网直接供给，也可设置专门的消防管道系统。在水量不足的地区，应设消防水池，或利用河湖沟壑的天然水。在河网城市中，应考虑沿河辟出空地，且与消防通道相连，作为消防车取水的场所。

（一）我国城市消防给水的主要问题

1. 水量小、水压低

有许多城市的供水管道是新中国成立前或新中国成立初期铺设的，管道直径小；或虽铺设了较大的管道，但因使用多年，管道内壁积垢生锈，管道逐渐缩小，致使流量减少，压力降低，满足不了灭火所需要的水量和水压要求。据一些大、中城市的不完全统计，市政消火栓能完全达到水量、水压要求的为 30%，不能完全达到水量、水压要求的为 60%，完全达不到水量、水压要求的为 10%。

2. 市政消火栓间距大、数量少

有许多城市，特别是其边缘地段，市政消火栓的间距达不到国家防火规范要求，近者为 150m、200m，远者达 500m、甚至 1000m 以上。有些城市新建成区的主要道路没有安装市政消火栓，还有一些城市因施工而埋压和损坏的市政消火栓未予恢复。

2002 年 5 月，鄂东最大商贸区楼群的黄州商城火灾发生时，救火人员难以找到足够的灭火器，只能眼睁睁看着火势蔓延。偌大商城内有几个消防栓，但没有一个可投入使用，消防车只能从相邻 1km 外的市人防大楼、电力局"借"水灭火，少量消防车还开到长江边去取水，延误了灭火时机。

3. 管道陈旧，缺乏检修、更新

我国许多老城市的供水管道铺设年代早，陈旧失修，管道质量差，经常出现管道破损、供水中断的情况。

4. 消防供水设施不匹配

有的城市高层建筑小区虽然按规定设置了室内消防给水管道，但市政给水管道未相应改造、扩大，仍是小管径、流量不足，致使室内消防管道和市政给水管道或小区内的给水管道无法连接，不能通水或不能全部通水，影响室内消防给水系统作用的发挥，不利于灭火要求。还有些城市新建成的住宅小区、新村没有考虑消防给水，或者铺设的给水管道上未安装市政消火栓，也未设消防水池，加之道路狭窄，给火灾的扑救带来困难。

5. 消火栓规格不一、口径偏小

新中国成立前，我国有不少城市的部分市区曾被帝国主义列强侵占、租用，安装了各自国家的室外消火栓，所以这些城市的市政消火栓形式多样，口径大小不一，新中国成立后又未有计划地加以改造、更新，因而不利于灭火。

6. 现有天然水源被填掉，造成消防用水缺乏

我国不少城市的市区内有小河、小溪、水塘等；在灭火活动中，这些天然水源都发挥了极好的作用。但有不少城市在规划建设中不注意保护这些天然水源，在修建道路、建筑物或其他市政工程设施时将一些天然水源填死，再加上市政给水管道建设跟不上城市建设的发展需要，造成某些地区消防用水的严重缺乏。

（二）城市消防用水量计算

（1）城市居住区室外消防用水量：应根据人口数确定同一时间的火灾次数和一次灭火所需要的水量。此外，尚应满足以下要求：

1）城市室外消防用水量必须包括城市中的居住区、工厂、仓库和民用建筑的室外消防用水量；

2）城市中的工厂、仓库、堆场等没有单独的消防给水系统时，其同一时间内火灾次数和一次火灾消防用水量可分别计算；

3）在冬季最低温度达到－10℃的城市，如采用消防水池作为水源时，必须采取防冻保温措施，保证消防用水的可靠性。

（2）城市工业与民用建筑物室外消防用水量：应根据建筑物的耐火等级、火灾危险性类别和建筑物的体积等因素确定，一般不应小于表 7-15 的规定。

建筑物的室外消防用水量　　　　　　　表 7-15

耐火等级	建筑物名称和产生火灾危险性类别	一次灭火用水量(L/S) / 建筑物体积(m³)	≤1500	1501～3000	3001～5000	5001～20000	20001～50000	>50000
一、二级	厂房	甲、乙	10	15	20	25	30	35
		丙	10	15	20	25	30	40
		丁、戊	10	10	10	15	15	20
	库房	甲、乙	15	15	25	25	—	—
		丙	15	15	25	25	35	45
		丁、戊	10	10	10	15	15	20
	民用建筑		10	15	15	20	25	30
三级	厂房或库房	乙、丙	15	20	30	40	45	—
		丁、戊	10	10	15	20	25	35
	民用建筑		10	15	20	25	30	—
四级	丁、戊类厂房或库房		10	15	20	25	—	—
	民用建筑		10	15	20	25	—	—

在确定建筑物室外消防用水量时，应按其消防需水量最大的一座建筑物或一个消防分区来计算。

火车站、机场和海港、内河码头的中转库房，其室外消防用水量应依相当耐火等级的丙类物品库房确定。比如，某港口码头库房均为一二级耐火等级的建筑，它经常中转除化学易燃物品以外的其他各种物品，其室外消防用水量就要按一二级耐火等级的丙类物品库房确定。

（3）易燃（如稻草、麦秸、芦苇等）及可燃（如木材、棉花、麻、毛、化纤、橡胶等）材料露天、半露天堆场，可燃气体（如城市煤气、天然气、焦炉煤气、高炉煤气、水煤气、氧气、乙炔气等）储罐或储罐区以及浸油电力变压器的室外消防用水量，不应小于表 7-16 的要求。

堆场、储罐的室外消防栓用水量　　表 7-16

名　称		总储量或总容量(m³)	消防用水量(L/S)
粮食(t)	圆筒仓、土圆仓	30～500	15
		501～5000	25
		5001～20000	40
		20001～40000	45
	席芨仓	30～500	20
		501～5000	35
		5001～20000	50
棉、麻、毛、化纤、百货(t)		10～500	20
		501～1000	35
		1001～5000	50
稻草、麦秸、芦苇等易燃材料(t)		50～500	20
		501～5000	35
		5001～10000	50
		10001～20000	60
木材等可燃材料(m³)		50～1000	20
		1001～5000	30
		5001～10000	45
		10001～25000	55
煤和焦炭(t)		100～5000	15
		>5000	20
可燃气体储罐或储罐区(m³)	湿式	501～10000	20
		10001～50000	25
		>50000	30
	干式	≤10000	20
		10001～50000	30
		>50000	40

　　(4) 油罐区(包括汽油、原油、苯、甲醇、乙醇、煤油、柴油、植物油等储罐区)的消防用水量一般包括灭火用水量和冷却用水量两个部分。

　　(三) 城市消防水源

　　根据我国目前的技术经济水平和消防装备条件，在规划城市消防供水时，宜根据不同条件和当地具体情况，采用多水源供水方式：一方面对现有水厂进行设备更新、扩建改造，同时增建新的自来水厂，逐步提高供水能力；另一方面要积极开发利用就近的天然地表水(如江河、湖海、水池、水塘、水渠等)、人工水池或地下水(如水流井、管井、大口井、渗渠等)，以达到多水源供水、保证消防用水的需要。

　　符合表 7-17 所列条件的城镇、工业企业、独立的居住区，其消防水源一般应不少于两个。

设置两个消防水源的条件

表 7-17

名　　称	人数(万人)	工业企业基地面积(hm^2)	附属于工业企业的居住区人数(万人)
城　　镇	>2.5	—	—
独立居住区	>2.5	—	—
大中型石油化工企业	—	>50	>1.0
其他工业企业	—	>100	>1.5

（1）我国一些南方城市如无锡、苏州、泰州、宁波、温州等，其市区和郊区河流纵横、河河相通，构成水网。规划中要采取积极措施加以保护性利用，并由城建部门、水利部门通力合作，综合治理，付诸实施。

（2）无河网的城市，宜结合重要公共建筑修建蓄水池、喷泉池、荷花池、观鱼池等，并设置环形车道，为消防车取水灭火创造有利条件。这类水池不仅平时可作为消防水源，遇到战争或地震破坏城市管网而中断供水水源时也可用来灭火。

（3）城市中的大面积棚户区，或三级及三级以上耐火等级占多数的老城区，凡严重缺乏消防用水的，应规划建设人工消防蓄水池。每个水池的容量宜为100~300m^3，水池间距宜为200~300m；寒冷地区还应采取防冻措施。1996年2月5日重庆解放碑群林商场特大火灾，市政给水管网水压告急，建于半个世纪前的消防水池即发挥了相当大的作用。

（四）城市消防管道

1. 消防管道的流速

关于消防用水管道的流速，既要考虑经济问题，又要考虑安全供水问题。因为消防管道不是经常运转的，如采用小流速、大管径是不经济的，宜采用较大流速和较小管径。根据火场供水实践和管理经验，铸铁管道的消防水流速不宜大于2.5m/s，钢管的流速不宜大于3.0m/s。

2. 消防管道的管径

凡新规划建设的城市、居住区、工业区，其给水管道的最小管径不应小于100mm，最不利点市政消火栓压力不应小于0.1~0.15MPa，其流量不应小于15L/s。

对不符合要求的现有城市给水管道，规划中应密切结合市政设施的改造，有计划、有步骤地扩大。

四、城市消防设施

城市消防设施有消防指挥调度中心、消防站、市政消火栓、消防水池以及消防瞭望塔等。其中，消防指挥调度中心一般设立在大、中城市，主要起指挥、调度多个消防队协调作战的作用。瞭望塔等设施目前一般结合较高建筑物设置。在城市中，消防站和市政消火栓是必不可少的消防设施，以下作重点介绍：

282

（一）消防站

1. 分级分类

(1) 消防单位分级：我国消防单位的行政等级划分为总队、支队、大队、中队四级。其中，消防中队是消防工作的基层单位，总队或支队建制一般在大、中城市设立，消防指挥调度中心一般设在总队或支队所在地。目前，消防部队的装备已由单一型变为复合型，有些已装备登高车、照明车、泡沫干粉车、强臂破拆车、大功率排烟车、医疗救护车、水上救援指挥艇和防化仪、侦察仪等高科技特种消防器材，并实现了"网上指挥，网上监督，网上作战"。

(2) 消防站分类：按消防站的性质，其分为普通消防站(又分一级普通消防站、二级普通消防站)、特勤消防站与战勤消防站。

有一些城市由于用地紧张、在城市中心地段难以设置相当规模的消防站，而防火方面又确有需要，此时可设置一些微型消防站来满足要求。微型消防站没有训练场地，一般为三层建筑，底层为车库、停放 3 辆消防车，二层为人员宿舍，三层为办公用房，占地面积可控制在 200m² 左右。

另外，有一些城市河流岸线较长，沿岸又多为旧城区，且船舶、港口的水上作业有消防安全需要，可设立水上消防站。其装备配置应适应水上消防工作的需要。

2. 消防站设置原则

(1) 城市必须设立一级普通消防站。城市建成区内设置一级普通消防站确实有困难的区域，经论证可设二级普通消防站。

(2) 地级以上城市以及经济发达的县级市应设特勤消防站和战勤保障消防站。

(3) 1.5～5 万人的小城镇可设 1 处消防站，5 万人以上的小城镇可设 1～2 处。

(4) 物资集中、运输量大、火灾危险性大的沿海、内河港口城市应考虑设置水上消防站，其他还有化工、隧道、电力、核电、空勤等专业消防站。

(5) 一些地处城市边缘或外围的大、中型企业，消防队接到报警后难以在 5 分钟内赶到时，应设专用消防站。

(6) 高层建筑，地下工程，易燃、易爆危险品生产地域，或易燃、易爆危险品运输量大的地区，古建筑比较多的城市，均应设特勤消防站。

3. 消防站布局要求

(1) 消防站应位于辖区的中心或靠近中心的地点，使消防车能在辖区最远点发生火灾时迅速赶到火场扑救。一般，应以接到出动指令后 5 分钟内消防队可以到达辖区边缘为原则确定。

(2) 消防站应设于辖区内适中位置和交通便利的临街地段，如城市干道一侧或十字路口附近，便于消防车迅速出发。

(3) 消防站执勤车辆主入口两侧宜设置交通信号灯、标志、标线等设施，应与医院、学校、托幼及人流集中的建筑(如电影院、商场、体育场馆、展览馆等)的主要疏散出口保持 50m 以上的距离，以免相互干扰。

(4) 消防站应确保自身的安全，其边界与危险品或易燃易爆品的生产、储存设施或单位保持 200m 以上间距，且位于这些设施的常年主导风向的上风向或侧风向。

（5）消防站车库门应朝向城市道路，后退红线不小于 15m。

（6）消防站不宜设在综合性建筑物中。特殊情况下，设在综合性建筑物中的消防站应自成一区，并有专用出入口。

（7）合理利用高层建筑或电视发射塔等高大的建、构筑物建设消防瞭望台，并配备监视和通信报警设备。

4. 消防站辖区面积确定

普通消防站辖区面积不宜大于 7km²，设在近郊区的普通消防站不应大于 15km²。也可针对城市的火灾风险，通过评估方法确定消防站辖区面积。特勤消防站兼有辖区灭火救援任务的，其辖区面积同普通消防站。战勤保障消防站不单独分辖区面积。

根据以下不同情况，分别确定每个消防站的具体辖区面积。

（1）石油化工区，大型物资仓库区，商业中心区，高层建筑集中区，重点文物建筑集中区，首脑机关地区，砖木结构和木质结构、易燃建筑集中区以及人口密集、街道狭窄地区等，每个消防站的辖区面积一般不宜超过 4～5km²。

（2）丙类生产火灾危险性的工业企业区（如纺织厂、造纸厂、制糖厂、服装厂、棉花打包厂、印刷厂、卷烟厂、电视机收音机装配厂、集成电路工厂等）、科研单位集中区、大专院校集中区、高层建筑比较集中的地区等，每个消防站的辖区面积不宜超过 5～6km²。

（3）一、二级耐火等级建筑的居民区，丁、戊类生产火灾危险性的工业企业区（如炼铁厂、炼钢厂、有色金属冶炼厂、机床厂、机械加工厂、机车制造厂、制砖厂、新型建筑材料厂、水泥厂、加气混凝土厂等），以及砖木结构建筑分散地区等，每个消防站的辖区面积不超过 6～7km²。

上述三种情况，可采用下列经验公式来计算消防站辖区面积：

$$A = 2R^2 = 2 \times (L/\lambda)^2 \tag{7-2}$$

式中：A——消防站辖区面积（km²）；

　　　R——消防站保护半径（消防站至辖区最远点的直线距离，km）；

　　　L——消防站至辖区最远点的实际距离（km）；

　　　λ——道路曲度系数，即两点间实际交通距离与直线距离之比，$\lambda = 1.3～1.5$。

（4）在市区内如受地形限制，被河流或铁路干线分隔时，消防站辖区面积应小一些。这是因为，坡度和曲度大的道路，行车速度要大大减慢；城市被河流切成几块，虽有桥梁连通，但因桥面窄，常常堵车，也会影响行车速度；被山峦或其他障碍物阻隔，也增大了行车距离。因此，消防站规划时要因地制宜，合理布局。

（5）风力、相对湿度对火灾发生率有较大影响。据测定，当风速在 5m/s 以上或相对湿度在 50% 左右时，火灾发生的次数较多，火势蔓延较快，其辖区面积应适当缩小。

（6）水上消防队配备的消防艇吨位应视需要而定，海港应大些，内河可小些。水上消防队(站)辖区面积可根据本地实际情况确定，一般以从接到报警起10～15分钟内到达辖区最远点为宜。

5. 消防站建设用地

消防站建设用地应包括房屋建设用地、室外训练场、道路、绿地等，战勤保障消防站还包括自装卸模块堆放场。配备消防船艇的消防站应有供消防船艇靠泊的岸线，配备有直升机的消防站应有供直升机起降的停机坪。各类消防站用地面积应符合表 7-18 的规定。

各类消防站建设用地面积　　　　　　　　　　　表 7-18

消防站类级	建设用地面积(m²)
一级普通消防站	3900～5600
二级普通消防站	2300～3800
特勤消防站	5600～7200
战勤保障消防站	6200～7900

注：上述指标未包含站内消防车道、绿化用地面积。确定各类消防站建设用地总面积时可按 0.5～0.6 的容积率测算。

消防站建设用地紧张且难以达到标准的特大城市，可结合本地实际，集中建设训练场或训练基地，以保障消防队员开展正常的业务训练。

6. 消防站建筑配备

消防站内主体建筑包括车库、值勤宿舍、训练场、油库和其他建、构筑物。

(1) 车库

车库的车位数：一级普通消防站 6～8 个车位，二级普通消防站 3～5 个车位，特勤消防站、战勤保障消防站 9～12 个。

车库的基本尺寸应符合下列要求：

1) 车库内消防车外缘之间的净距不小于 2m；

2) 消防车外缘至边墙、柱子表面的距离不小于 1m；

3) 消防车外缘至后墙表面的距离不小于 2.5m；

4) 消防车外缘至前门的距离不小于 1m；

5) 车库的净高不小于车高加 0.6m。

(2) 值勤宿舍

包括消防队(站)队长和消防战斗员的值勤宿舍，前者每人面积不小于 10m²，后者每人面积不小于 6m²。

(3) 训练场

应根据消防站的规模、车辆数确定。

1) 有条件的城市，可在某些消防站内设置能够进行全套基本功训练的场地。其训练场地的宽度不宜小于 15m，长度宜为 150m；有困难时，其长度可减为 100m。

2) 对于旧城区新建、改建的消防站，其训练场地可适当减小，但最小不应小于 100m²；并应根据需要，在其他适当地点设置拥有宽度不小于 15m、长度

285

宜为 150m 的训练场地的消防站。

（4）训练塔

它是消防战士进行业务训练不可缺少的重要设施，其正面应设有长度不小于 35m 的跑道。训练塔高不少于 4 层；在高层建筑较多的城市，其层数宜在 8 层以上。塔外宜设置室外消防梯，并通至塔顶；消防电梯宜从离地面 3m 高处设起，其宽度不宜小于 0.5m。

7. 消防站建筑面积指标（表 7-19）

消防站建筑面积指标　　　　　　　　　　　　　　表 7-19

消防站分类	建筑面积指标（m²）
一级普通消防站	2700～4000
二级普通消防站	1800～2700
特勤消防站	4000～5600
战勤保障消防站	4600～6800

8. 消防站人员配备

消防站一个班次执勤人员配备可按所配消防车每台平均定员 6 人确定，其他人员配备应按有关规定执行。消防站人员配备数量为：一级普通消防站 30～45 人，二级普通消防站 15～25 人，特勤消防站 45～60 人，战勤保障消防站 40～55 人。

（二）消防栓

消防栓的设置要求为：

（1）间距应小于或等于 120m。在影剧院、夜总会、录像厅、舞厅、卡拉 OK 厅、游乐厅、网吧、保龄球馆、桑拿浴室等公众娱乐场所，酒店、宾馆、饭店和餐馆，商场、超市和室内市场，礼堂、大型展览馆、写字楼、摄影棚、演播室，大专院校及中小学校、幼儿园，医院等重点区域，应增加消防栓的数量和密度。两台消防栓间距应由 120m 缩为 60m；

（2）沿城市道路设置，靠近路口。当路宽大于或等于 60m 时，宜双侧设置消防栓。消防栓距建筑墙体不应小于 5m，距道边不应超过 2m。

长期以来，消防栓的管理是一个头疼的问题，经常因消防外的因素频繁启用（如开启消防栓、喷洒路面、清洗车辆等），修漏、偷盗、撞损、圈占、围压事件接连不断，少数单位内部消防栓还存在设施不灵、栓内无水等大量隐患。此外，还有一点须特别注意，由于我国多数城市水压不足，在扑灭城市火灾时单单依靠消防栓是不行的，消防车必须能够进入灭火区域。因此，不能以密设消防栓的方法来降低应有的供消防车通行的道路宽度要求。

五、城市居住小区的消防规划

（一）我国城市居住小区的消防安全问题

由于我国城市经济还不很发达，加上对现代城市居住小区的消防建设缺乏经验，所以在消防安全上还存在下述问题。

1. 总体布局不合理

有的居住小区布置在易燃、易爆工业或大型油库等的江、河下游，一旦工厂、油库爆炸、起火，易燃物料漂流在水面上燃烧，将严重威胁小区的安全；有的小区布置在散发可燃气体、可燃蒸汽和可燃粉尘工厂的全年主导风向的下风向，经常对居住小区散发可燃气体、蒸汽、粉尘，很不安全；有的小区内煤气调压站、液化石油气瓶库、加油(气)站等没有统一规划，待小区建成后再增补，造成新的不合理布局，增加了安全隐患。

2. 消防设施没有随基础设施同步建设

如有的小区虽考虑了消防给水，但不能满足国标《建筑设计防火规范》GB 50016—2014 的要求，致使水量不足、水压偏低，不能满足实际灭火需要。有的小区的给水管网只成大环形，不能成小环形，并且市政消火栓数量少，间距大。有的小区高层建筑没有安装水泵接合器，一旦失火，因电气或消防水泵发生故障，给高层火灾扑救增加难度。

3. 消防队(站)没有同步建设

据调查，目前全国已建成的小区内建有消防队的不到 5%；有些与工厂、仓库相邻的已建成小区，本应增建消防队，却迟迟未建。

4. 消防车道建设不完善

有的小区，由于建筑密度过大、空地率太小，本应设置的消防车道也没有设置。有的虽设置了消防车道，要么路宽不够，要么为尽头路、没有回车场或回车道。有的小区道路虽考虑了消防车通行条件，但道路中心线间距偏大；按规定不应超过 160m，而有的实际长度却达 200～250m，不能满足实际灭火需要。

(二) 城市居住小区消防规划内容

1. 居住小区消防给水

灭火剂的种类繁多，有水、泡沫、卤代烷、二氧化碳和干粉等。比较起来，以水最经济，而且灭火效果较好。许多火灾案例说明，凡是设有足够消防给水的场所，发生火灾后多能有效地扑灭火灾；反之，则造成严重损失。

(1) 高压消防给水管道：其特点是管网内经常保持足够的设计压力和水量，灭火时不需使用消防车或消防水泵、手抬泵等移动式水泵加压，而直接由消火栓接出水管和水枪进行灭火给水。对有条件的小区，可利用地势设置高位水池，或设置集中高压水泵房，采用高压消防给水管道。

(2) 临时高压消防给水管道：其特点是管网内平时充满水，但压力不太高，只在着火时开放高压水泵后，压力和水量才很快达到设计要求。小区规划建设时，室外和室内均可采用临时高压给水系统，也可以室内采用高压、而室外采用低压消防给水系统。

(3) 低压给水管道：其特点是管网内平时水压较低(一般为 0.1～0.3MPa)，灭火水枪所需的压力由消防车或其他移动式消防泵加压来满足。

(4) 如采用生活、消防合用或生活、生产和消防合用一个给水系统，应按生产、生活用水量达到最大时，同时要保证满足最不利点(一般为距离给水泵站的最高、最远点)消火栓或其他消防设备的水压和水量要求。为确保消防用水量，则生产、生活用水量按最大日、最大小时流量计算；消防用水量必须按最大秒流量计算。

（5）消防用水量：居住区或居住小区的室外消防用水量应满足表 7-20 的要求；人口规模大于本表的人数时，可按现行的《建筑设计防火规范》GB 50016—2014 的有关规定执行。

居住区室外消防用水量　　　　　　　　　　　　表 7-20

人数（万人）	同一时间内火灾次数（次）	一次灭火用水量（L/s）
≤1.0	1	10
≤2.5	1	15
≤5.0	2	25
≤10	2	35

（6）消防给水管网布置：居住小区内的室外消防给水管网应布置成环状，因为环状管网的水流四通八达，供水安全可靠。考虑到有的居住小区在建设初期，其输水干管一次形成环状有困难，可采用枝状管道（但要考虑今后建成环状管道的可能）；不过，只在消防用水量不大（一般少于 15L/s 时）方可采用。环状管网的输入管不应少于两条；当其中一条发生故障时，其余干管仍能供水。室外消防给水管道最小直径不应小于 100mm。

（7）当市政给水管道、进水管或天然水源不能满足室内、外消防用水量，或市政给水管道为枝状，或只有一条进水管时，应规划建设消防水池。

（8）有条件的居住小区应充分利用河湖、塘堰、喷泉等作为消防水源；供消防车取水的天然水源和消防水池，应规划建设消防车道或平坦空地。

（9）水源较缺乏的小区可增设水井，以补消防用水之不足。

2. 居住小区消防道路

居住小区道路系统规划设计要根据其功能分区、建筑布局、车流和人流等因素，力求短捷畅通；道路的走向、坡度、宽度、交叉、拐弯等要根据自然地形和现状条件，按国家《建筑设计防火规范》的规定合理设计。对居住小区中不能通行车辆的道路，要结合城市改造，根据具体情况，采用截弯取直、扩宽延伸以及开辟新路的办法，逐步改善道路网，使其符合消防道路要求。

3. 居住小区消防站（队）规划

消防站（队）的布置以接到报警 5 分钟内能到达责任区最远点为原则，尤其是高层建筑较集中的小区应规划建设有相应的特种消防装备的消防站（队）。

在城市公安消防队责任区面积之内的小区可不设消防队，以节约投资。

4. 居住小区消防通信规划

居住小区消防报警形式应多样化，报警速度要快。规划建设的消防通信应在发现火灾时立刻报警，使消防队及时赶到。报警方式有：一是利用用户电话报警；二是在街道和公共场所利用火警报警器报警；三是在安装有火灾自动报警探测器和电视监控设备的地点，利用火警自动转接装置直接向消防队报警；四是剧院、体育馆、百货商场、展览厅、会堂和高层住宅宜用火警专线电话（与消防队直通）或手按专用报警箱报警。此外，还可以通过公安消防部门的专线电话总机进行报警等。总之，在有条件的居住小区应实现多渠道报告火警，真正达到早报警、早扑救、少损失的目的。

六、城市特殊部位的防火、灭火与疏散

（一）地下建筑防火、灭火措施

地下建筑空间具有封闭狭小、出入口数量少、自然通风条件差和依靠人工照明的特点，因而地下建筑的火灾防范措施也较为特殊。

1. 进行防火分区

根据消防规范的有关规定，地下建筑应设防火分区。

2. 合理进行防、排烟设计

大型地下建筑的各个防烟分区均应设置自动机械排烟设施，以排除地下房间和走道内的火灾烟雾。其排烟口应设在房间、通道墙壁上部，靠近顶部的部位。为保证人员安全疏散、防止烟雾进入楼梯间和消防电梯间，大型地下建筑内应设置机械送风设施，通过加压送风来保持楼梯间防烟前室、消防电梯间的安全。

3. 设置火灾事故照明、疏散提示标志、火灾事故广播系统等设施

地下建筑内应设置由专用电源保障的各种专用照明灯和标有"安全出口"、"疏散方向"、"疏散通道"等专用指示标志。地下建筑的人员密集场所和人员活动场所应设置火灾事故广播系统，每个扬声器功率不小于 3W，从本层任何部位到最近一个扬声器的距离不大于 25m。

4. 设置火灾自动报警系统

大型地下库房、生产厂房、商场、公共活动场所等应设置烟感火灾报警装置，以及时发现火情，并能自动启动与之相连接的固定灭火设施或排烟设施。

5. 设置市政消火栓、自动喷水灭火设备等消防设施

地下建筑内应设置室内消火栓。为及时控制和扑救初期火灾，降低燃烧进度，阻止火势扩大，地下停车场、地下仓库、地下丙类生产厂房、大型地下百货商场、地下歌舞娱乐游戏场所等均应设自动喷水灭火装置。

（二）高层建筑安全疏散

1. 高层建筑传统疏散体系

高层建筑中主要的传统疏散模式是：沿"房间"—走廊—过厅—疏散楼梯的路线进行疏散。即：火灾时，人们首先沿水平方向走出房间，通过走廊抵达前室，再沿垂直方向经疏散楼梯下行到室外而脱险。这种传统疏散设计体系是建立在对水平疏散人流的组织和水平与垂直交叉点——疏散楼梯的尺度、平面形式与数量分析的基础之上的，它主要是着眼于疏散楼梯作为垂直疏散工具和安全出口。这一疏散设计观念一直指导着世界各国的高层建筑安全疏散设计，在紧急疏散时它既符合人流疏散的心理行为，又能实际管理到位，因此可实现安全疏散。

2. 高层建筑安全核疏散体系

把围绕电梯、电梯厅及其周围的通道作为安全区，使火灾时可能成为危险区而不能使用的电梯及电梯厅变成可利用的安全区（由于它不需另设避难区而节省投资），无论救灾人员对建筑熟悉与否，只需沿平时所走过的交通路线进行疏散即可获得安全。此种把平时使用的"交通核"转变为火灾时的临时避难和安全疏

散的安全区称之为"安全核"。

因此，安全核就是由火荷小的交通电梯、电梯厅、电梯旁主楼梯、电梯厅前室等空间和安全保护设施有机组成的交通核，并利用防火墙（门）加以防火隔断围护，并配以防、排烟设施所形成的安全区。与传统疏散体系相比，它立足于临时疏散，并利用电梯（垂直）快速疏散；整个过程主要运用设施，只有水平的路径靠人的自身体力。其疏散路径为：水平疏散——安全核临时避难（或等待）——电梯（垂直）疏散——室外（安全区）。

（三）城市隧道防火措施

伴随着城市经济、社会的发展，各种交通设施不断增加，隧道即为其中的一种。隧道包括铁路、公路和水下隧道。由于隧道建筑结构复杂，环境密闭，加上人员密集，一旦发生火灾，扑救相当困难，往往会造成重大的人员伤亡和财产损失，所以，必须加强隧道的防火工作。

1. 隧道火灾危险性

（1）隧道中由于道路狭小，能见度较差、情况又较复杂，容易发生车辆相撞事故，也可引发隧道火灾。

（2）隧道内通行的车辆所载货物可能有易燃易爆物品，遇明火（或热源）可能发生燃烧或自燃。

（3）铁路轨道发生故障，列车颠覆（特别是油罐车），引起火灾。

2. 隧道防火措施

（1）比较长的隧道应划分防火分区。

（2）隧道内应设置固定的喷淋灭火系统和火灾自动报警系统，并配备各类便携式灭火器。

（3）隧道内的电视监控系统应能观察隧道两端入口处附近地面及隧道全线或任一部分的情况。

（4）设置疏散避难设施。

（5）隧道内应有横向和纵向两种通风方式，必要时可采用半横向加纵向通风方式。有一定距离的隧道则用自然通风，或机械排风、自然进风方式，以及机械进风、自然排风方式等。

（四）城市森林灭火措施

森林火灾是世界性的最大森林灾害。2001年12月底，正当澳大利亚人准备欢天喜地迎接圣诞和新年的时候，一场规模空前的森林大火烧向悉尼。到2002年1月3日上午，大火着头点已多达100个，火线总长度超过2000km，林火逼近悉尼，离市中心不足15km；悉尼这座澳大利亚最大的城市已变成火中孤岛。因此，关于城市森林的林火特性、火警预报、防火灭火技术问题随之成为公众关注的焦点。

以往我国城市森林防火主要靠人防，或在重点山头安装监控探头。而现在诸如武汉这样的城市已启用森林防火气象监测系统，覆盖全市山林。当卫星捕捉到高温异常点时，会将图片传输到林业部门，林业部门则对照经、纬度坐标，查到是哪个区、哪条街、哪个村，从而迅速赶到林火地点，组织灭火。

使用飞机进行城市森林灭火,是较为有效的方法之一。飞机灭火的原理很简单,就是吸足水后飞行到火场上空,把水倾倒在林木或者房屋上。最佳的灭火飞机是加拿大生产的"埃里克森空中飞鹤"。这种灭火飞机威力大,吸水时间快,容量达 9000kg;对水的要求也不高,海水、淡水均可。

除了飞机灭火外,以火攻火即放逆火,也是城市森林灭火惯用的方法之一。具体做法是,在林火的外围放火,利用林火产生的内吸力,使所放的火向林火方向烧,把林火向外蔓延的火路烧断。但这种方法技术性强,风险大。

第四节　城市人防工程

一、城市人防工程建设的意义

城市人防工程是一种反侵略战争的手段;城市人防工程建设是在现代战争条件下"消灭敌人、保护自己"的重要战略措施,是积极防御战略方针的重要组成部分。由于我国政府一贯奉行独立自主的和平外交政策,所以新中国成立以来基本上没有在我国国土上发生战事,但这并不意味着我们可以放松或放弃城市人防工程建设。在和平环境下,世界上仍有许多国家在积极建设人防设施;据统计,城市民用防空洞可容纳人口占总人口的比例数字中:美国为 40%,苏联为 72%,瑞士为 83%,瑞典为 80%,丹麦甚至达到 124%。在我国,城市人防工程建设走的是平战结合、综合利用的道路。

国外资料表明,在有人防工程的条件下,一场核袭击造成的死亡人数约占该国总人口的 4%~8%;而无人防工程的条件下,死亡人数可达 90%。即使构筑简易的堑壕、交通壕,亦可使核武器杀伤人员面积缩小 1/2~2/3;若构成五级人防工事,其杀伤面积可减少 90%。有关资料表明,50cm 厚的混凝土和 80cm 厚的湿土可阻止 98%的中子弹穿透辐射(中子弹穿透辐射力较一般核武器强 10倍)。因此,重视和大规模兴建城市人防工程,是当前世界性战略动态。

二、我国城市人防工程建设的现状问题

我国从 1952 年开始建设城市人防工程,虽然取得了很大成绩,但与形势的需要相比,还有相当的差距。从绝对数来看,我国的人防工程比不上一些人口仅几百万的国家;从相对比例来看,我国城市建筑总量中,地下室所占比重太小。

自我国改革开放以来,以往以备战备荒为主要目的的城市人防工程建设由于难以带来较好的经济效益,因而在当今和平时期得不到充分重视,致使我国城市人防工程建设相对滞后,存在下述问题。

1. 城市人防工程建设没有得到充分的重视

一方面,现在处于和平时期,人们很难意识到城市人防工程的战略意义;另一方面,由于缺少平战结合的研究,城市人防工程未能得到充分利用,无法带来好的经济效益,因而在人防管理上得不到充分的重视,主要表现在以下方面:

(1)规划审批管理力度不够。

(2)开发商不重视。他们不愿意把有限资金"浪费"到人防建设上,造成人防建设与城市建设不同步,严重滞后的现象。

（3）设计者不重视，更多地符合设计委托方的意愿，忽视了城市人防工程的配套建设。

2. 城市人防工程建设无法与市场经济相协调

我国大部分城市的人防工程多兴建于 20 世纪 60 年代～20 世纪 70 年代。受当时社会、经济条件的制约，城市人防工程建设多以满足战时需求为主，没有充分贯彻平战结合的需求，致使人防工程在平时得不到充分利用，造成多方面的浪费。当前，如何贯彻平战结合的方针，提高人防工程的利用率，增加经济效益，为城市的整体发展服务，成为摆在我们面前的重要课题。

3. 城市人防工程建设选址随意，缺少统筹考虑

无完整的城市人防工程建设规划，使所建人防工程随意性和盲目性较大。20 世纪 80 年代以来，部分城市进行了人防规划，但真正按规划实施的项目较少，仅有数量不多的人防工程又往往布局过于分散，缺少必要的联系，工事与工事之间的防护通道更为薄弱，未形成完整的人防体系。这种现象一方面使战时无法协调作战，另一方面又使各项设施平时利用不便。

4. 城市人防工程数量不足，质量不高

由于投放到城市人防工程建设的资金相对较少，且无法按规划实施，各城市人防工程欠账过多，数量明显不足。原有的城市人防工程又多建于 20 世纪 60 年代～20 世纪 70 年代，其质量无法满足现代战争需要。

三、城市人防工程建设的原则与标准

（一）城市人防工程建设原则

一般情况下，现代战争是核威慑条件下的常规战争，这是 20 世纪后半叶以来战争的特点。尽管越来越多的国家拥有核武器，但现代战争手段仍将以常规战争为主。而常规战争的科技含量越来越高，战争的突发性和攻击的准确性将大大提高。现代战争的这些新特点对城市人防工程建设提出了新的要求。

我国在 20 世纪 60 年代后期开始大规模建设人防工程，但当时的人防工事质量不高，选址随意，以防抗核毁伤为主，而对常规尖端武器的袭击考虑不足，对平战结合、综合利用考虑不够。同时，我国目前的人防工程数量也不能满足需要。

今后，我国的城市人防工程建设应遵循以下原则：

（1）提高人防工程的数量与质量，使之合乎防护人口和防护等级要求；

（2）突出人防工程的防护重点，选择一批重点防护城市和重点防护目标，并提高城市防护等级，以保障重要目标城市与设施的安全；

（3）以就近分散掩蔽代替集中掩蔽，加强对常规武器直接命中的防护，以适应现代战争突发性强、打击精度高的特点；

（4）加强人防工事间的连通，使之更有利于对战时次生灾害的防御，并便于平战结合和防御其他灾害；

（5）综合利用城市地下设施，将城市各类地下空间纳入人防工程体系，研究平战功能转换的措施与方法。

（二）城市人防工程建设标准

1. 城市人防工程总面积的确定

城市人防规划首先要大致确定城市人防工程的总量规模，然后才能确定城市人防设施的布局。而预测城市人防工程总量又需先确定城市战时留城人口数。一般来说，战时留城人口约占城市总人口的 30%～40%；按人均 1～1.5m² 的人防工程面积标准，就可推算出城市所需的人防工程面积。

在居住区规划中，应按总建筑面积的 2% 设置人防工程，或按地面建筑总投资的 6% 左右进行安排。居住区防空地下室的战时用途应以居民掩蔽为主，规模较大的居住区的防空地下室项目应尽量配套齐全。

2. 城市专业人防工程的规模（表 7-21）

城市防灾专业工程规模要求　　表 7-21

名　称 ＼ 项　目		使用面积（m²）	参考标准
医疗救护工程	中心医院	3000～5000	200～300 张病床
	急救医院	2000～2500	100～150 张病床
	救护站	1000～1300	10～30 张病床
连队、专业队工程	救　护	600～700	救护车 8～10 台
	消　防	1000～1200	消防车 8～10 台，小车 1～2 台
	防　化	1500～1600	大车 15～18 台，小车 8～10 台
	运　输	1800～2000	大车 25～30 台，小车 2～3 台
	通　信	800～1000	大车 6～7 台，小车 2～3 台
	治　安	700～800	摩托车 20～30 台，小车 6～7 台
	抢险抢修	1300～1500	大车 5～6 台，施工机械 8～10 台

3. 城市人防工事的抗力标准

根据抗地面超压（指动压）的不同，城市人防工事的抗力标准分为五级：一级为 240t/m²，二级为 120t/m²，三级为 60t/m²，四级为 30t/m²，五级为 10t/m²。

4. 城市人防工事防早期核辐射的标准

通过防空地下室顶部、外墙和出入口进入室内的早期核辐射总剂量不得超过 50 伦。防早期核辐射的土壤保护层和临空墙（系按照钢筋混凝土或混凝土墙计算；如按砖墙，表中所列的数值应乘以修正系数 1.4）的最小厚度，见表 7-22。

防早期核辐射防空地下室保护层的最小厚度（cm）　　表 7-22

防护等级	三级	四级	五级
土壤防护层厚度	130	105	65
室内出入口临空墙	70	55	25
室外出入口临空墙	35	25	20

5. 城市防空地下室使用面积标准和房间净高（表 7-23）

城市防空地下室使用面积标准和房间净高　　　　表 7-23

类　别 \ 项　目	使用面积 （m²/人）	房间净高 （m）
人员掩蔽室	1.0	2.4
全国人防重点城市、直辖市的指挥所、通信工程	2.0～3.0	2.4～2.8
医院、救护所	4.0～5.0	2.4～2.8
防空专业队伍掩蔽室	1.0～1.2	2.4～2.6

6. 城市各类防空地下室战时新鲜空气量标准（表 7-24）

城市各类防空地下室战时新鲜空气量标准　　　　表 7-24

类　别	清洁式通风量 （m³/人·时）	过滤式通风量 （m³/人·时）
人员掩蔽室	3～7	1.5～3
全国人防重点城市、直辖市的指挥所、通信工程	10～20	3～5
医院、救护所	15～20	3～5
防空专业队伍掩蔽室	10～15	2～3

7. 城市人防工事生活用水量指标（表 7-25）

城市人防工事生活用水量标准　　　　表 7-25

用水项目		用水量（L/人·d）
饮用水		3～5
洗漱用水		5～10
冲洗厕所用水		24
伤病员用水	住院	60～80（含以上用水）
	门诊	4～6
煮食物用水		4～6

四、城市地下空间与人防工程的转换

城市的地下空间指城市规划区内地表下一定厚度范围的岩土层围合空间，城市其他地下空间通过一定的处理与转换措施后可以转换为人防工程。同样，城市人防工程在平时也可用作其他功能。任何城市地下空间（包括地下市政综合管廊），只要在平时正常使用功能的基础上附加一定的特殊设施，或在工程结构方面附加一定的特定构造，使其具有战时防护功能，即称之为"人防工程"。由此可见，城市人防功能与地下空间的平时功能有一定的关系，但没有直接的对应关系，而是一种叠加、兼容的关系，即地下空间叠加一定功能，便成为兼容人防功能的人防工程。

294

（一）指挥通信系统的转换（图 7-3）

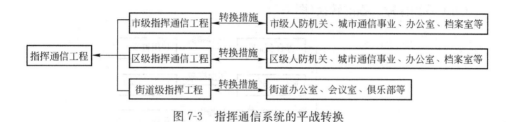

图 7-3　指挥通信系统的平战转换

（二）人防医疗救护工程的转换（图 7-4）

图 7-4　人防医疗救护的平战转换

（三）人防专业队伍车库的转换（图 7-5）

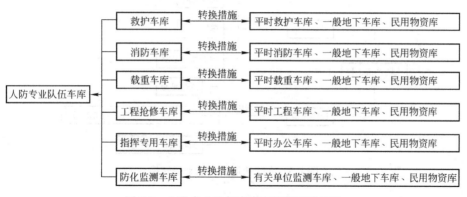

图 7-5　人防专业队伍车库工程的平战转换

（四）人员掩蔽部的转换（图 7-6）

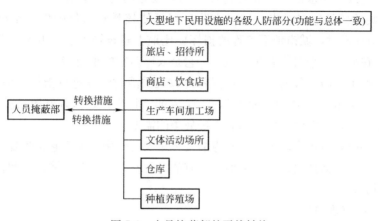

图 7-6　人员掩蔽部的平战转换

295

（五）后勤保障工程的转换（图 7-7）

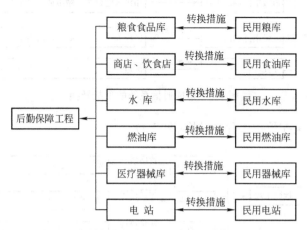

图 7-7　后勤保障工程的平战转换

（六）人防通道工程的转换（图 7-8）

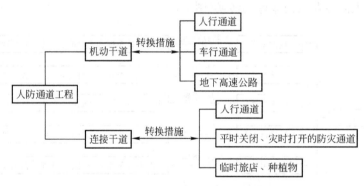

图 7-8　人防通道工程的平战转换

五、城市人防工程设施的建设要求

城市人防工程是用以保护人员、物资免受空袭杀伤破坏的工程建筑物，它对核、化、生武器的杀伤因素和普通炸弹都有较好的防护作用。假如某城市遭到 500 万 t 级的核弹地爆袭击，城市人防工程可使核弹对人员的伤害半径缩小到 1/5。唐山地震时，城市地下工程的损坏要比地上建筑轻得多。事实表明，城市人防工程在战时、平时都有防护效果，它是人民防空的重要措施。

战时城市人防工程的作用是：保障行政机关战时继续进行指挥；保障在核、化、生武器袭击下，学生能继续学习，工人能坚持生产，医院能履行救护任务；贮备大量物资，以保障人民生活和支援战争的需要。

与此同时，城市人防工程平时也能发挥很大的作用。由于它冬暖夏凉，能节省能源，减少地面建筑面积，因而不仅有战时效益，而且其经济效益和社会效益也十分明显。

（一）城市防护分区

城市防护分区是指根据城市自然地理条件、城市空间布局结构以及作战要求等因素将城市划分为若干既相互独立、又紧密联系的片区。各片区的人防设施自成体系，区内由许多片、道路或大型企事业单位的人防工程组成，形成一个以各基层单位相对独立的人防工程为基础的，由通道网络、通信系统互相连通的完整的防护体系。但全市的人防体系并不简单地等于各基层人防体系的自然结合，而应在统一规划的指导下，基本上按城市的行政系统划分基层的防护战斗区，对各区提出任务要求和重点工程项目，使整个人防体系成为一个有机结合的整体。

城市防护分区的合理确定不仅有利于战时有效地组织人力、物力，根据战争形势适时转换战略、战术，确立攻防策略，减少战争损失，达到最后取得胜利的目的，而且还有利于和平时期的充分利用，提高经济效益。其分区原则如下：

（1）城市防护分区应与城市结构相协调，使人防建设与城市建设同步，并随城市的发展合理确定开发时序；

（2）城市防护分区应与城市分区相联系，规模适中，便于设施配套建设，也便于平时利用；

（3）城市防护分区内人防工程规模应根据各分区内用地、人口规模推定，布局合理，结构清晰，避免分布不均、重复建设的现象；

（4）城市防护分区中的单项人防工程应与城市用地性质充分结合，使地上、地下成为有机整体，提高平时利用率。

（二）城市人防工程设施布局的要求与模式

1. 城市人防工程设施布局要求

（1）避开易遭袭击的重要军事目标，如军事基地、机场、码头等；

（2）避开易燃易爆物品生产、储运单位和设施，控制距离应大于50m；

（3）避开有害液体和有毒气体贮罐，距离应大于100m；

（4）人员掩蔽所距人员的工作、生活地点不宜大于200m；

（5）面上分散，点上集中，有重点地组成集团或群体，便于开发利用，便于连通，使单建式与附建式相互结合，地上、地下统一安排，注意人防工程经济效益的充分发挥。

2. 城市人防工程设施布局模式

（1）建于较大型公共绿地的地下（单建式）

一般，在较大型公共绿地下布置单建式综合人防工事，战时便于人员集结，同时也有利于人员、物资的疏散；平时可充分利用，作为商业空间，与绿地结合，为人们提供休闲娱乐场所和商业服务网点。

（2）与大型公共建筑相结合（附建式）

大型公共建筑一般位于各分区中心位置，附建人防工事，可满足服务半径要求；且大型公建一般层数较高，面积较大，本身就需要一定的地下空间。这样，在和平时期即可得到充分利用，经济效益十分显著。

（3）建于大型企业中（单建式、附建式）

城市大型企业较多，这些企业大多占地面积大，防护重点较多，在此布置综合人防工事：一方面，可在战时为大型企业提供必要的防护，且便于统一指挥，协调作战；另一方面，在平时亦可为企业提供服务。

（三）各类城市人防工程的布置原则

1. 指挥工程布置原则

指挥工程指保障人防指挥机关战时工作的人防工程（包括防空地下室），具体包括中心指挥所和各专业队指挥所、通讯站、广播站等工程。其要求有完善的通信联络系统，坚固的掩蔽工程，且标准要高一些，布局原则为：

（1）根据人民防空部署，从便于保障指挥、组织群众疏散以及物资调度，便于组织对空及地面的警戒任务，保障通信联络顺畅的要求出发，综合比较，慎重选定布局方案，尽可能避开火车站、飞机场、港口码头、电厂、广播电台等敌人空袭目标，以及影响无线电通讯的金属矿区。

（2）充分利用地形、地利、地物、地质条件，提高工程防护能力。地下水位较高的城市宜建掘开式工事和结合地面建筑修防空地下室。

（3）市、区级工程宜建在政府所在地附近，便于临战转入地下指挥。街道指挥所结合小区建设布置。

（4）指挥所人员定量一般为 30～50 人，大城市要到 100 人，面积按每人 2～3m² 计。全国重点城市和直辖市的区级指挥所的抗力等级一般为四级，特别重要的定为三级。

2. 医疗救护工程布置原则

指战时对伤员独立进行早期救治的人防工程（包括防空地下室）。按照医疗分级和任务的不同，医疗救护工程分为中心医院、急救医院和救护站，负责战时救护医疗工作。其布局原则如下：

（1）除应对本城市所处的战略地位、预计敌人可能采取的袭击方式、城市人口构成和分布情况、人员掩蔽条件、现有地面医疗设施及其发展情况等因素进行综合分析外，还应考虑：

1）根据城市发展规划，与地面新建医院结合修建，按人员比例设置。

2）救护站应在满足平时使用需要的前提下，尽量分散布置。

3）急救医院、中心医院应避开战时敌人袭击的主要目标及容易发生次生灾害的地带。

4）尽量设置在宽阔道路或广场等较开阔地带，以利于战时解决交通运输。主要出入口应不致被堵塞，并设置明显标志，便于辨认。

5）尽量选在地势高、通风良好及有害气体和污水不致聚集的地方。

6）尽量靠近城市人防干道并使之联通。

7）避开河流堤岸或水库下游以及在战时遭到破坏时可能被淹没的地带。

8）各级医疗设施的服务范围在没有更可靠资料作为依据时可参考表 7-26。

城市人防各级医疗设施服务范围　　　　　　　　表 7-26

序号	设施类型	服务人口	备　注
1	救护站	0.5万人～1万人	
2	急救医院	3万人～5万人	按战时城市人口计
3	中心医院	10万人左右	

（2）地下医疗设施的建筑形式应结合当地地形、工程地质、水文条件以及地面建筑布局确定，与新建地面医疗设施结合，或在地面建筑密集区采用附建式，平原空旷地带、地下水位低、地质条件有利时可采用单建式或地道式。在丘陵和山区可采用坑道式。

（3）医疗救护工程的抗力等级为五级，个别重要的可为四级。其面积应按伤员和医护人员数量计，每人 $4\sim5m^2$。

3. 防灾专业队工程布置原则

指保障防灾专业队掩蔽和执行某些勤务的人防工程（包括防空地下室），一般称"防灾专业队掩蔽所"。具体而言，指为消防、抢修、防化、救灾等各专业队提供的掩蔽场所和物资基地。完整的防灾专业队掩蔽所一般包括专业队队员掩蔽部和专业队装备（车辆）掩蔽部两个部分，但在目前的人防工程建设中，也可以将两个部分分开单建。其中，车库的布局尤为重要，应遵循以下原则：

（1）各种地下专用车库应根据城市人防工程总体规划，形成一个以各级指挥所直属地下车库为中心的、大体上均匀分布的地下专用车库网点，并尽可能以能通行车辆的疏散机动干道在地下互相连通起来。

（2）各级指挥所直属的地下车库应布置在指挥所附近，并能从地下互相连通。在有条件时，车辆应能开到指挥所门前。

（3）各级和各种地下专用车库应尽可能结合内容相同的现有车场或车队，布置在其服务范围的中心位置，使其所服务的各个方向上的行车距离大致相等。

（4）地下公共小客车库宜充分利用城市的社会公用地下车库。

（5）地下公共载重车库宜布置在城市边缘地区，特别应布置在通向其他省、市的重要公路的终点附近。同时，应与市内公共交通网联系起来，并在地下或地上附设生活服务设施，战时则可作为所在区域内的防灾专业队的专用车库。

（6）地下车库宜设置于出露在地面以上的建筑物如加油站、出入口、风亭等附近。其位置应与周围建筑物和其他易燃、易爆设施保持必要的防火和防爆间距，具体要求详见《汽车库、修车库、停车场建筑设计防火规范》GB 50067—2014 及有关防爆规定。

（7）地下车库应选择在水文、地质条件比较有利的位置，避开地下水位过高或地质构造特别复杂的地段。地下消防车库的位置应尽可能选择有较充分的地下水源的地段。

（8）地下车库的排风口位置应尽可能避免对附近建筑物、广场、公园等造成污染。

（9）地下车库的位置宜临近比较宽阔的、不易堵塞的道路，并使出入口与道路直接相通，以保证战时车辆出入方便。

4. 配套工程布置原则

指指挥工程、医疗救护工程、防灾专业队工程和人员掩蔽工程以外的战时保障性人防工程，主要包括：人防物资仓库、人防汽车库、区域电站、区域给水设施、食品站、生产车间、警报站、核生化检测中心等。配套工程中各类仓库的布局原则为：

（1）粮食库工程应避开重度破坏区的重要目标，并结合地面粮店进行规划；

（2）食油库工程应结合地面油库修建地下油库；

（3）水库工程应结合自来水厂或其他城市平时用给水水库建造，在可能情况下规划建设地下水池；

（4）燃油库工程应避开重点目标和重度破坏区；

（5）药品及医疗器械工程应结合地下医疗保护工程建造；

（6）其面积应根据留守人员和防卫计划预定的储食、储水及物资储量来确定。

5. 地下人员掩蔽工程与配套设施布置原则

主要指用于保障人员掩蔽的人防工程（包括防空地下室），具体指掩蔽部和生活必需的房间。其由多个防护单元组成，形式多种多样，包括各种单建或附建的地下室、地道、隧道等。按照战时掩蔽人员的作用，人员掩蔽工程分为两等：一等人员掩蔽所，指供战时坚持工作的政府机关、城市生活重要保障部门（电信、供电、供气、供水、食品）、重要厂矿企业和其他战时有人员进出要求的人员掩蔽工程；二等人员掩蔽所，指战时留城的普通居民掩蔽所。其布局原则为：

（1）规划布局以市区为主，根据人防工程技术、人口密度、预警时间、合理的服务半径优化设置。其分布应便于掩蔽人员的安全、快捷使用。具体而言，应布置在人员居住、工作的适中位置，服务半径不宜大于 200m。

（2）结合城市建设情况修建人员掩蔽工程，地铁车站、区间段、地下商业街、共同沟等市政工程作适当的转换处理后皆可作为人员掩蔽工程。

（3）结合小区开发、高层建筑、重点目标及大型建筑修建防空地下室，作为人员掩蔽工程，使人员就近掩蔽。凡建筑面积达 7000m² 的城市居民小区，新建 10 层或以上、基础埋深达 3m 以上的高层建筑，都应配建防空地下室。

（4）通过地下通道加强各掩体之间的联系。

（5）临时人员掩体可考虑使用地下连通道等设施。当遇常规武器袭击时，应充分利用各类非等级人防附建式地下空间和单建式地下建筑的深层。

（6）专业队掩体应结合各类专业车库和指挥通信设施布置。

（7）人员掩体应以就地分散掩蔽为原则，尽量避开敌方重要袭击地点。布局适当均匀，避免过分集中。

（8）人员掩蔽工事的面积按留守人员每人 1m² 计，抗力等级一般为五级。

6. 地下疏散通道布置原则

包括地铁、公路隧道、人行地道、人防坑道、大型综合管廊等，用于人员的隐蔽、疏散和转移，负责各战斗人防片之间的交通联系。其布局原则如下：

（1）结合城市地铁、市政隧道建设，建造疏散连通工程及连接通道，连网成片，形成以地铁为网络的城市有机战斗整体，增强城市防护机动性。浅埋的疏散机动干道的走向应考虑城市地面情况，使其从城市人口较密集的地区通过，以便一旦发生警报，群众能迅速疏散，并尽可能沿街道或空旷地带，避开大型建筑物的基础和大型管道。

（2）结合城市小区建设，使小区人防工程体系联网，通过城市机动干道与城市整体连接。

（3）其抗力等级一般为五级，内部装修、防潮等标准可低一些。当通道较宽时，在满足人员通行外，还应设一排座位供掩蔽用。其面积指标可列入掩蔽工事。

7. 射击工事布置原则

规划时应确定其数量和具体位置，平时不一定要全部建成，可在临战前修建。

六、城市人防工事的规划设计

（一）城市人防工事规划设计原则

（1）城市人防工事应在做好城市人防工程规划和有可靠的水文地质与工程地质资料的基础上进行。

（2）应充分利用城市高地修建坑道，争取较厚的自然防护层。平原地区应积极创造条件深挖地道，其深度应根据人防工事用途、抗力要求，从适用经济、施工条件、出入方便等方面综合分析确定。

（3）地下水位高、土质条件差的地区，人防工事深挖有困难，可修建掘开式工事。其顶层的覆土厚度应满足防早期核辐射的要求。

（4）城市人防工事的规划设计既要满足战时使用，又要在平面布置、结构形式、房间布局、通风防潮、给排水、照明、内部装修和消防等方面采取相应的措施，以满足平时使用。

（5）出入口、进排风口、排烟口等暴露部位和地面战斗工事均应进行伪装。伪装手段应因地制宜，就地取材，达到与环境协调一致的效果，并考虑遭到破坏后易于清除。

（6）防护密闭处理。非人防工事自身需要的一切管道不得穿越主体结构；特殊情况下，只许管道直径 70mm 以下的供水、采暖管道通过，但必须在人防工事内部的管道入口处设置阀门。污水管及煤气管等危害性的管道均不得穿越人防工事。

（7）人员隐蔽工事应按地面建筑物的规模、布局、容纳人数以及平时使用要求划分防护单元。每个防护单元容纳的隐蔽人数一般为 150～200 人，最大不宜超过 400 人。

（二）城市人防工事的平面布置形式

城市人防工事的平面布置形式多种多样，合理的布置形式应使用方便，经济合理，且有利于防护能力的提高。

1. 掘开式工事

指采用掘开方式施工，其上部无较坚固的自然防护层或地面建筑物的单建式工事。工事顶部只有一定厚度的覆土，称为"单层掘开式工事"；顶层构筑遮弹层的，称为"双层掘开式工事"。

（1）工事特点

1）受地质条件限制少；

2）作业面大，便于快速施工；

3）一般需要足够大的空地，且土方量较大；

301

4）自然防护能力较低。若抵抗力要求较高时，则需耗费较多材料，造价较高。

（2）布置形式（图7-9）

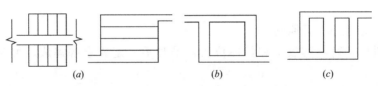

图7-9　掘开式工事示意

（a）集中式；（b）分散式；（c）混合式

1）集中式。其优点是工作联系方便，防水面积、土方量较少。缺点是局部被破坏后影响较大，结构较复杂，不便于自然通风。

2）分散式。其优、缺点和集中式正好相反。

3）混合式。其优、缺点介于集中式和分散式之间。

单层式工事宜采用分散式或混合式。

2. 附建式工事（防空地下室）

指按防护要求，在高大或坚固的建筑物底部修建的地下室，亦称"防空地下室"。其特点如下：

（1）不受地形条件影响，不单独占用城市用地，并便于平时利用；

（2）可利用地面建筑物增加工事的防护能力；

（3）地下室与地面建筑基础合为一体，降低了工程造价；

（4）能有效增强地面建筑的抗震能力。

受地面建筑物平面形状和承重墙分布的制约，防空地下室的布置形式基本上和地面建筑物一样，即多属集中式。

3. 坑道式工事

系在山地岩石或土中暗挖构筑，其基本平面形式是由若干通道相连，然后沿通道按一定的方式布置房间而形成。该通道中心线称为"轴线"。轴线长度主要取决于地形和工事的使用要求，在满足使用的前提下，为节省人力和材料，轴线的长度愈短愈好。

（1）工事特点

1）自然防护层厚，防护能力强；

2）利用自然防护层，可减少人工被覆厚度或不作被覆，大大节省材料；

3）便于自然排水和实现自然通风；

4）施工、使用较方便；

5）受地形条件的限制，作业面小，不利于快速施工。

（2）布局形式（图7-10）

1）平行通道式。优点是形式简单，表面积小，便于施工和通风，内部隔墙可根据使用要求的变化灵活分隔。缺点是跨度较大，岩石条件差时不便施工。

2）垂直通道式。优、缺点正好和前者相反。

岩石条件许可时，应尽量采用平行通道式。

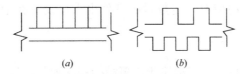

图 7-10　坑道工事示意

(a) 平行通道式；(b) 垂直通道式

4. 地道式工事

在平地或小起伏地区，采用暗挖或掘开方法构筑的线形单建式工事称为"地道式工事"。其出入口坡向内部。

(1) 工事特点

1) 能充分利用地形、地质条件，增加工事防护能力。

2) 不受地面建筑物和地下管线影响，但受地质条件影响较大。在高水位和软土质地区构筑地道式工事较困难。

3) 防水、排水和自然通风较坑道工事困难。

4) 施工工作面小，不便于快速施工。

5) 工事多构筑于土中，故支撑结构耗费材料较多，增加了工程造价。

6) 跨度受限制，平时利用范围有限。

(2) 布置形式

其形式基本与坑道工事相同，房间尽可能采用平行通道式。

(三) 城市人防工事出入口

1. 出入口形式

出入口是城市人防工事与外界联系的部分，其形式是指防护门前部分的基本形状，它与防护效果有密切关系。常见出入口形式有以下 4 种：

(1) 直通式

优点是人员、设备的进出及施工均较方便，结构简单，材料节省。缺点是冲击波自正前方来时，防护门上的荷载较大，自卫性能差。

(2) 单向式

优点是自卫能力较好，人员进出方便，结构简单，且节省材料。缺点是大型设施(如柱架、电机等)进出不便，且冲击波从侧前方来时，防护门荷载较穿廊式大。

(3) 穿廊式

优点是冲击波无论从何方来，作用于防护门上的荷载均较小，自卫性能较好，人员出入方便。缺点是结构较复杂，耗费材料多，大型设施进出不便。

(4) 垂井式

优点是节省材料，且无论冲击波来自何方，作用在门上的荷载均较小。缺点是出入不方便。

2. 出入口数量

其数量应根据战术、技术要求来确定。数量多，对工事的防护与使用有利，但会增加造价；一般不应少于 2 个出入口。

一个连通片(区)内应有一定数量的室外出入口设置在地面建筑物倒塌范围之外。

3. 出入口伪装

城市人防工事的抗力不仅取决于工事结构和各种孔口防护设备的强度，还和工事隐蔽条件密切相关。工事结构程度很高，但十分暴露，这样就易被发现而遭破坏；这种工事的实际防护能力不能算高。所以，必须重视人防工事的伪装，即出入口部分的伪装。

出入口的伪装主要由当地地形、地貌环境所决定，应作到就地取材，灵活多样。如平坦地区可用轻便、防火的建筑物进行伪装，坑道工事出入口接通道路时可用接近道路的伪装。

(四) 城市人防工事其他规划设计要求

(1) 重要出入口附近应设置能控制出入口部的火力点(视情况在临战前修建)，并与主体工事连通；有条件的应与附近的城防、国防工事衔接连通，以便相互支援。

(2) 城市人防工事应按照工事用途、防护等级以及行政地位等划分为若干防护单元，分片进行保护。每个防护单元应自成防护体系，有 2 个以上的出入口(包括连通口)，有独立的通风系统；防护单元之间的连接通道内应设置 1~2 道防护密闭门。

(3) 疏散机动干道分为主干道和支干道两种类型。主干道可构筑人行通道和车行通道，作为前运粮弹、后运伤员和机动疏散之用。支干道是贯通各片工事并与主干道相连接的人行隧道。保护单元之间、防护单元与支干道之间均应构筑连接通道。

主干道、支干道和连接通道的走向应根据工事分布情况、战时机动疏散的需要和有利于平时使用来确定。主干道宜从人口稠密区通过，并连接重要工事。地上、地下要统一安排，避免与地面建筑、地下管线及其他地下构筑物相互影响和矛盾。

人行主干道、支干道每 600~800m 设置迂回通道和管理站，内设指挥、救护、隐蔽、饮水、厕所和出入口等设施。车行主干道的单车道每隔一定距离应设置错车道，主干道、支干道和连接通道的交叉口应设置路牌。

采取自流排水时，应使防护单元和连接道的地面标高高于支干道，而支干道的地面标高高于主干道。

(4) 人防工事一般在半径 300~500m 范围内设置给水点，无内水源的人防工事可设置储水池。

(5) 城市重点人防工事应设置独立的内部电源。一般，城市人防工事应因地制宜，采取多种方式，优先保障战时工事照明。城市人防工事照明用电应作到分片、分段控制，有条件时可集中构筑较大的平、战两用区域性的地下电站和变电站，战时统一向地下工程供电，平时在地面用电高峰时投入电网。

(6) 应将全部或部分通信枢纽站的机线转入地下。重点单位均应具备地下通信手段，形成通信骨干，保障战时指挥、警报畅通。防、战斗片和主干道、支干道内部应设置有线通信设备或广播、对讲机设备的预装设施。

（7）城市人防工事的消防应以防为主，制定防火管理规定。主干道、支干道和连接通道内应按照分段防毒、防烟、防灌水的要求，进行分段防火、密闭。多层工事宜采用封闭防火楼梯间，并设置防火门。必要时，工事的重要部位可装置灭火设备和消防器材。

<h2 style="text-align:center">第五节　城市防雷工程</h2>

一、避雷的基本原理

到目前为止，人类仍没有完全避免发生雷击的办法。常用的避雷方法如避雷针、避雷带、避雷线、避雷网等，都用金属做成，并安放在建筑物的最高点，如屋脊或四面屋角等最易受雷击的地方。避雷网是用金属线造成的网，架在建筑物顶部空间，然后用截面积足够大的金属物来让它与大地连接。

当高空出现雷云的时候，大地上由于静电感应作用，必然带上与雷云相反的电荷。然而，避雷设备（避雷针、避雷带、避雷线、避雷网等）都处于地面上建筑物的最高处，与雷云的距离最近，而且与大地有良好的电气连接，所以，它与大地有相同的电位，以致雷电设备顶尖部分空间的电场强度相对较大，比较容易吸引雷电先驱，使主放电集中到它的上面，因而在它附近尤其是比它低的物体受雷击的概率就大大减少，而避雷设备被雷击的概率却大大提高。所以，就避雷设备本身而言，它不但不能避免雷击，相反是招来更多的雷击；它以自身多受雷击而使周围免受雷击。通常，把避雷针、避雷带、避雷线、避雷网统称为"接闪器"。由于接闪器都与大地有良好的电气连接，使大地积存的电荷能够迅速地与雷云的电荷中和。这样，由雷击造成的过电压的时间大大地缩短，雷电的危害性就大大减少。

雷击的时候，雷云通过接闪器向大地放电的过程可以近似地用 RC 放电过程来模拟，因为大地与雷击之间相当于一个充了电的电容器（图 7-11）。

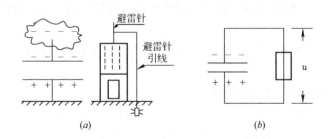

图 7-11　雷击时的电气原理
（a）雷击时雷云与大地的示意图；（b）雷击时的等效电路图

需要指出的是，大气变化是大规模的，雷云的发生也是大规模的，而且雷云的移动受很多可变因素支配，很多条件是随机的。因此，认为避雷装置是万无一失的想法是错误的。避雷装置只能大大地减少被雷击的可能性。

305

二、接闪器和引下线的结构设计

所谓接闪器，是指避雷针、避雷带、避雷网、架空避雷线的直接接受雷击部分，以及作接闪的金属屋面和金属构件等。引下线是指连接接闪器与接地装置的金属体。接闪器和引下线结构设计的根本目的是：为了保证接闪器和大地之间有良好的连接，保证连接线有足够大的截面积，避免雷电流通过时引起熔断，或温度过高而引起火灾；保证连接线路有合理的连接，防止防雷装置的高电位对建筑物的反击。根据各国使用防雷装置的实践经验，凡设计正确并合理地安装了防雷装置的建筑物，都很少发生雷击事故。

（一）接闪器的结构设计

1. 避雷针的结构设计

避雷针是一种接闪器。大量模拟试验和统计资料表明，避雷针的外表形状与避雷效果无明显关系；所以，从避雷效果上讲，不必过多地考虑避雷针采用单针式或多叉式或者其他形式的造型。

避雷针一般采用圆钢或钢管制成，其直径应不小于下列数值：针长 1m 以下时，圆钢直径为 12mm，钢管为 20mm；针长 1～2m 时，圆钢为 16mm，钢管为 25mm。针长更长时应适当加粗。装在烟囱顶上的避雷针，圆钢为 20mm；装在水塔顶部的避雷针，采用直径 25mm 的圆钢或直径 40mm 的钢管。

烟囱顶上的避雷环一般采用圆钢或扁钢，其尺寸不得小于下列数值：圆钢直径为 12mm；扁钢截面积为 $100mm^2$，扁钢厚度为 4mm。

当建筑物为金属屋顶时，除第一类工业建、构筑物外，均宜利用金属屋顶作为接闪器。金属不宜太薄，否则易被击穿；并且，每隔不大于 20m，必须接一引下线与大地连接。接闪器和引下线均应镀锌或涂漆，在腐蚀性较大的场所应适当加大其截面积，或采取其他防腐蚀措施。

避雷针安装时应注意以下事项：

（1）对于砖木结构的房屋，可把避雷针敷设在山墙顶部或屋脊上，用抱箍或对锁螺丝固定于梁上（固定部分的长度为针高的 1/3），也可以将避雷针嵌于砖墙或水泥中。为了结构的坚固，插在砖墙中的部分为针高的 1/3，插在水泥中的部分约为针高的 1/4～1/5。

（2）对于平顶屋上的避雷针，应安上底座、与屋顶层连接，并用螺丝固定好。

2. 避雷带和避雷网的结构设计

在屋脊、屋檐、女儿墙等房屋高而突出的部分装上镀锌钢筋作为接闪器，通常称为"避雷带"。它施工方便，同时不必架设多支的避雷针，在建筑物造型上比较协调，因而得到越来越多的应用。一些造型较复杂的建筑物往往配合使用避雷带和避雷针，也可以取得令人满意的效果。

按照《建筑物防雷设计规范》GB 50057—2010 的规定，避雷网和避雷带一般采用圆钢或扁钢，其尺寸不应小于下列数值：圆钢直径为 8mm；扁钢截面积为 $48mm^2$，扁钢厚度为 4mm。

安装避雷带和避雷网时要注意以下事项：

（1）避雷带及其连接线经过沉降处时应备有 10～20cm 以上的伸缩余裕的跨越线。

（2）屋顶上部有女儿墙的平顶房屋，其宽度小于 24m 时，只须沿女儿墙上部敷设避雷带；宽度大于 24m 时，须在屋面上加装明装连接条，连接条的间距不大于 20m。屋顶上无女儿墙的平顶房屋，其宽度小于 20m 时，只在屋檐上装避雷带；宽度大于 20m 时，需在屋面上加装明装连接条，连接条间距不大于 20m。

（3）瓦顶房屋屋面坡度为 27°～35°，长度不超过 75m 时，只沿屋脊敷设避雷带。四坡顶房屋应在各坡脊上装上避雷带；为使檐角得到保护，应在屋角上装上避雷针或将引下线从檐角上绕下。如果屋檐高度高于或大于 12m，且长度大于 75m 时，要在屋脊和屋檐上都敷避雷带。

（4）当屋顶面积非常大时，应放设金属网格，即避雷网。避雷网分明网和暗网。网格越密，可靠性越好；网格的密度视建筑物的重要程度而定：重要建筑物可密到 5mm×5mm 网格，一般建筑物采用 20mm×20mm 网格即可。在非混凝土结构的建筑物上，可采用明装避雷网保护，作法是：首先在屋脊、屋檐等屋顶的突出边缘部分装设避雷带主网，再在主网上加搭辅助网，使避雷网格大小达到要求。

采用避雷带和避雷网保护时，屋顶上的烟囱、混凝土女儿墙、排气楼、天窗及建筑装饰等突出于屋顶上部的结构物和其他突出部分都要装设小避雷针或避雷带保护或暗装防护线，并连接到就近的避雷带或避雷网上。其他如金属旗杆、金属烟囱、钢爬梯、风帽、透气管等必须与就近的避雷带、避雷网焊接。

采用避雷带和避雷网保护时，每一座建筑至少有两根引下线（投影面积小于 $50m^2$ 的建筑物例外）。防雷引下线最好对称布置，引下线间的距离不应大于 20m；当大于 20m 时，应在中间多引一根引下线。

（二）引下线的设计

（1）按《建筑物防雷设计规范》GB 50057—2010 规定，引下线一般采用圆钢或扁钢，其尺寸不小于下列数值：圆钢直径为 8mm；扁钢截面积为 $48mm^2$，扁钢厚度为 4mm。装在烟囱上的引下线，其尺寸不应小于下列数值：圆钢直径为 100mm，扁钢厚度为 30mm。

所有引下线要镀锌或涂漆，在腐蚀性较强的场所，还应加大截面积或采取其他防腐措施。

（2）引下线的固定支点间隔不得大于 1.5～2m。引下线的敷设应保持一定的松紧度，不能拉得太紧，以免由于热胀冷缩而损坏。

（3）从接口到接口体，引下线的敷设越短直越好。由于建筑物的造型不同，不能做到直线引下时，应注意弯曲开口处的直线长度应大于弯曲部分线段的实际长度的 0.1 倍；一般，弯曲处不用锐角，并尽量避免采用直角。

（4）引入线应装在人不易碰到的隐蔽地点，例如装在建筑物的山墙背后，以避免接触电压的危险。

（5）距离地面 2m 以内的引下线应有良好的保护覆盖物，用瓷管或塑料管等物把它套住，避免被人触及。

（6）墙壁较厚的建筑物可把引线抹在墙里。也可以把引下线放在伸缩缝中，做成暗装引下线，但这时引下线的截面积应比规定大一级。

（7）为便于检查防雷设施连接导线的导电情况和接地体的散流电阻，应在每根引下线上做断接卡子。断接卡子最好装在距地面 2m 高处。暗装引下线也应在相应的地方做断接卡子接线盒（利用钢筋混凝土柱子竖向钢筋做引下线时，不必做断接卡子，但必须引出测量线端子外露墙面）。断接卡子必须镀锌，并保持接触面严密，接触面不得小于 $10mm^2$。卡接螺丝直径必须大于 8mm，卡接螺丝上应套有弹簧垫圈。如果将接触面当中垫以硬铝垫，能有更好的接触效果。

（三）城市装饰型接闪器

城市建筑物除了有其实用性之外，还有其艺术性要求。建筑师总是要求建筑造型完美地表现其设计思想，但接闪器往往使建筑师大伤脑筋，因为有时建筑物不可缺少避雷装置，但接闪器尤其是避雷针往往严重地破坏了建筑物造型的协调。

为了建筑物造型上的完美，可直接用房屋的钢筋架或无面楼板的钢筋作为接闪器。但每当建筑物被雷击一次，它表面就出现一个小孔；钢筋离混凝土表面越深，被击处的孔越大，这对建筑物的保养是不利的。为此，建筑师们往往要考虑既安装专门的接闪器，又尽可能把接闪器隐蔽或伪装起来。例如，利用建筑物的金属旗杆作接闪器，利用女儿墙的外侧埋入一条小管，并让它半裸露在空气中作为接闪器，女儿墙上加上铁栅栏作接闪器，利用钢筋水泥的葡萄架作接闪器，都是通常可以利用的。此外，古建筑的宝鼎、龙须、兽头等如果把顶尖部分换上金属，并作良好接地，也可以作装饰型的接闪器。还可以通过房屋造型本身，在适当的地方加上塑像等把接闪器隐蔽起来，从而避免避雷装置与建筑造型不协调的矛盾。

三、雷电的重点保护及建筑物的防雷措施

（一）雷电的重点保护

把整个建筑物置于避雷针保护之内，这样的防雷措施固然有较大的可靠性，但采取这样的措施往往需要条数较多的避雷针，或者要增加每条避雷针的高度，接地系统也相应复杂，因而建筑物的投资要增加，也影响建筑物的美观。

长期积累的大量的观测雷击经验和模拟实验结果表明，雷电对建、构筑物的袭击有明显的规律性。各种房屋的雷电命中主要集中在屋角和屋脊两端，其次是屋顶四周屋檐沿线和屋脊，平顶屋是屋顶四周的女儿墙，无女儿墙的是屋顶四周。

建筑物重点保护方式是根据上述雷击规律而相应采用的雷电保护方式，它比较经济，也容易适应建筑物的艺术要求。根据调查和试验结果，对一般建筑物而言：

（1）建筑物的屋角与檐角必须加以保护；

（2）平顶房屋的屋角和四周女儿墙必须保护，无女儿墙的应该是顶层四周要

保护；

（3）一般坡顶建筑物高度小于 16m、宽度不大于 21m，屋顶坡度不小于 27°时，在雷电活动不特别强的地方，可以对屋角、檐角、屋脊和屋檐进行保护；

（4）对屋顶上的特殊突出结构（如烟囱等），应采取保护措施。

（二）建、构筑物的防雷分类

1. 工业建、构筑物的防雷分类

根据其生产性质、发生雷电事故的可能性和后果，工业建、构筑物按防雷要求分为 3 类。

（1）第一类工业建、构筑物

由于建、构筑物中制造、使用或贮存大量爆炸物质，如炸药、火药、起爆药、火工品等，因电火花会引起爆炸而造成巨大破坏和人身伤亡的；以及 Q-1 级或 G-1 级爆炸危险场所。所谓 Q-1 级爆炸性危险场所，是指有气体或蒸汽爆炸性混合物的地方，并且正常情况下能形成爆炸混合物的场所。所谓 G-1 级爆炸危险场所，是指有粉尘或纤维爆炸性混合物，并且在正常情况下能形成爆炸性混合物的场所。

（2）第二类工业建、构筑物

凡建、构筑物中制造、使用或贮存爆炸物质，但电火花不易引起爆炸或不致造成巨大破坏和人身伤亡，以及属 Q-2 级或 G-2 级爆炸危险场所。所谓 Q-2 级爆炸危险场所，是指有气体或蒸汽爆炸性混合物爆炸危险的场所，而在正常情况下不能形成、仅在不正常情况下才能形成爆炸性混合物的场所。所谓 G-2 级爆炸危险场所，是指有粉尘或纤维混合物的爆炸危险场所，而在正常情况下不能形成，仅在不正常情况下能形成爆炸性混合物的场所。

（3）第三类工业建、构筑物

根据雷击对工业生产的影响，并结合当地气象、地形、地质及周围环境等因素，确定需要防雷的 Q-3 级爆炸危险场所或 H-1、H-2、H-3 级火灾危险场所；即在不正常情况下整个空间形成爆炸性混合物的可能性较小、后果较轻的场所和在生产过程中产生、使用、加工、贮存或转运闪点高于环境温度的可燃液体，在数量和配置上能引起火灾危险的场所；在生产过程中不可能形成爆炸性混合物的悬浮状或堆积状可燃粉尘或可燃纤维，在数量配置上能引起火灾危险的场所；有固体状可燃物质，在数量配置上能引起火灾危险的场所。

根据建筑物年计算雷击次数为 0.01 及以上，并结合当地雷击情况，确定需要防雷的建筑物；历史上雷害事故较多地区的较重要的建、构筑物；高度在 15m 以上的烟囱、水塔等孤立的高耸建、构筑物（在少雷区，高度可放宽至 20m 及以上），都视为第三类工业建、构筑物。

2. 民用建、构筑物的防雷分类

（1）第一类民用建、构筑物

具有重大的政治意义的建筑物，如国家机关、迎宾馆、大会堂、大型火车站、大型体育馆、大型展览馆、国际机场等主要建筑物，以及属于重点文物保护的建筑物。

（2）第二类民用建、构筑物

重要公共建筑如大型百货公司、大型影剧院等，结合当地雷击发生情况，确定需要防雷的民用建筑物；根据雷击后的后果，并结合当地的气象、地形、地质及周围环境等因素，确定需要防雷的 Q-3 级爆炸危险场所，或 H-1、H-2、H-3 级火灾危险场所；历史上雷害较多地区较重要的建、构筑物；高度在 15m 及以上的烟囱、水塔等孤立高耸建、构筑物。

（三）建、构筑物的防雷措施

总体而言，按规范规定，第一二类工业建筑物应有防直击雷、感应雷和雷电波侵入的措施，第三类工业建、构筑物及第一二类民用建、构筑物应有防直击雷和防雷电波侵入的措施。不属于上述一二三类工业和一二类民用建、构筑物的建、构筑物，不必装设防雷装置，但应着重采取防雷电波沿架空线侵入的措施。

1. 第一类工业建、构筑物的防雷措施

（1）预防直击雷的要求：

1）装设独立避雷针或架空避雷线，使被保护的建、构筑物及突出屋面的物体（如风帽、放散管等）均处于避雷针或架空避雷线的保护范围内。对排放有爆炸危险的气体、蒸汽或粉尘的管道，其保护范围高出管顶不应小于 2m。

2）独立避雷针至被保护建、构筑物及与其有联系的金属物（如管道、电缆等）之间的距离，应符合下列公式要求，但不得小于 3m。

地上部分： $$S_{k1} \geqslant 0.3R_{ch} + 0.1hx \tag{7-3}$$

地下部分： $$S_{d1} \geqslant 0.3R_{ch} \tag{7-4}$$

式中：S_{k1}——空气中距离（m）；

S_{d1}——地中距离（m）；

R_{ch}——避雷针接地装置的冲击接地电阻（Ω）。

3）架空避雷线的支柱和接地装置至被保护建、构筑物及其有联系的金属物之间的距离和上面所讲的独立避雷针与周围的建、构筑物规定的距离 S_{d1}、S_{k1} 相同。架空避雷线屋面和各种突出屋面的物体（如风帽、放散管等）之间的距离应符合下式要求，并不应小于 3m。

$$S_{k2} \geqslant 0.15R_{ch} + 0.08(h + L/2) \tag{7-5}$$

式中：S_{k2}——计及避雷线弧垂的空气中距离（m）；

h——避雷线的支柱高度（m）；

L——避雷线的水平长度（m）；

R_{ch}——避雷针接地装置的冲击接地电阻。

4）独立避雷针或架空避雷线应有独立的接地装置，其中冲击电阻不宜大于 10Ω。在土壤电阻率较高的地区可适当增大冲击电阻，但接地体与周围建筑的距离应遵循前述 2）、3）点规定。

（2）防雷电感应的措施：

1）为防止静电感应产生火花，建、构筑物内的金属物（如设备、管道、构架、电缆铠装、钢屋架、钢窗等较大金属构件）和突出屋面的金属物（如放散管、风管等）均应接到防雷电感应的接地装置上。

金属屋面周边每隔 18～24m 应采用引下线接地一次。现场浇制的或由预制构件组成的钢筋混凝土屋面，其钢筋宜绑扎或焊接成电气闭合回路，并应每隔 18～24m 采用引下线接地一次。

2）为防止静电感应产生火花，平行敷设的长金属物如管道、构架和电缆金属铠装，其净距离小于 100mm 时，应每隔 20～30m 用金属线跨接。交叉净距离小于 100mm 时，其交叉处也应跨接。

当金属管道连接处如弯头、阀门、疏结、法兰盘等，不能保持良好的金属接触时，在连接处用金属线跨接。用丝扣紧密连接的 Φ25 及以上的管接头和法兰盘，在非腐蚀环境下可不跨接。

3）防雷电感应的接地装置，其接地电阻不应大于 10Ω，并应和电气设备接地装置共用。此接地装置与独立避雷针或架空避雷线的接地装置之间的距离应符合独立避雷针和架空避雷线支柱与周围金属物之间的距离要求。

屋内接地干线与防雷电感应接地装置的连接不应小于两处。值得注意的是，有特殊要求的电力、电子设备的接地装置能否和防雷电感应的接地装置共用，应按有关专用规定执行。

（3）防止雷电波侵入的措施：

1）低压线路宜全线用电缆直接埋地敷设，在入户端应将电缆的金属铠装到防雷电感应的接地装置上。当全线采用电缆有困难时，可采用钢筋混凝土杆横担架空线，但应使用一段长度不小于 50m 的金属铠装电缆直接埋地引入。在电缆与架空线连接处，还应装设阀型避雷器。电缆金属铠装和绝缘子铁脚等应连在一起接地，其冲击接地电阻不应大于 10Ω。

2）架空金属管道在进入建、构筑物处，应与防雷电感应的接地装置相连。距离建筑物 100m 内的管道还应每隔 25m 左右接地一次，其冲击电阻不应大于 20Ω。金属和钢筋混凝土支架的基础可作为接地装置。

埋地或地沟内的金属管道在进入建、构筑物处也应与防雷电感应的接地装置相连。

（4）由于建、构筑物太高或其他原因，难以装设独立避雷针或架空避雷线时，可将避雷针或网格不大于 6m×6m 的避雷网直接接在建、构筑物上，但必须同时符合下列要求：

1）所有避雷针应用避雷带或金属条相互连接。

2）引下线不应小于两根，其间距不应大于 18m，且沿建、构筑物外墙均匀布置。

3）排放有爆炸危险气体、蒸汽或粉尘的突出屋面的放散管、呼吸阀、排风管等，应采用避雷针保护，管口上方 2m 应在保护范围内。避雷针针尖应设在爆炸危险区之外（包括水平和垂直两个方向）。

4）建、构筑物应装设均压环（在建筑物某水平高度，围绕建筑物敷设一个闭合的金属环），环间垂直距离应不大于 12m。所有引下线，建、构筑物内的金属结构和金属设备均应连在环上，亦可利用电气设备接地干线环路作为均压环。

5）防止直击雷的接地装置应围绕建、构筑物敷设成闭合回路，其冲击接地电阻不应大于10Ω，并应和电气设备接地装置及所有进入建、构筑物的金属管道相连。此接地装置兼作防雷电感应之用。

（5）如树木高于建、构筑物，且不在避雷针保护范围以内，为了防止雷击树木时产生反击，建、构筑物距离树木的净距不应小于5m。

2. 第二类工业建、构筑物的防雷措施

（1）对于防止直击雷，一般采用装设在建、构筑物上的避雷针、避雷网。避雷网应沿屋角、屋脊、屋檐和檐角等易受雷击的部位敷设，并应在整个屋面组成不大于10m×10m的网格。所有避雷针应用避雷带相互连接。

（2）突出屋面的物体如放散管、风管、烟囱等，应按下列方法保护：

1）对排放有爆炸危险的气体、蒸汽、粉尘的放散管、呼吸管和排风管等，宜在管口或其附近装设避雷针保护，且针尖高出管口不应小于3m，管口上方1m应在保护范围内。但煤气放散管和装有阻火器的上述管阀可接下述2）条的方式保护。

2）对排放无爆炸危险的气体、蒸汽或粉尘的放散管，烟囱及Q-2级和G-2级爆炸危险场所的自然通风管等，其防雷保护应符合下列要求：金属体一般不装接闪器，但应和屋面防雷装置相连；在屋面接闪器保护范围之外的非金属物体应另装接闪器，并和屋面防雷装置相连。

（3）防雷装置引下线不应小于2根，其间距不宜大于24m。

（4）防止直击雷和雷电感应宜共用接地装置，其冲击接地电阻不宜大于10Ω，并应和电气设备接地装置以及埋地金属管道相连。

（5）建、构筑物内的主要金属物如设备、管道、构架等，应与接地装置相连，以防静电感应。平行敷设的长金属物应符合第一类工业建、构筑物的防雷措施规定的上述第（2）条有关防雷电感应的措施规定，以防电磁感应；但用法兰盘和丝扣连接的金属管道，连接处可不跨接。

屋内接地干线与接地装置的连接不应小于2处。

（6）为防止雷电流流经引下线时产生的高电位对附近金属物的反击，金属物至引下线的距离应符合下式要求：

$$S_{k3} \geqslant 0.05 L_x \tag{7-6}$$

式中：S_{k3}——空气中距离（m）；

　　　L_x——引下线计算点到地面的长度（m）。

如距离不满足上述要求时，金属物应与引下线相连接；当引下线和金属物之间有自然接地体或人工接地极的钢筋混凝土构件等隔开时，其距离可不受限制。

（7）钢筋混凝土柱和基础内的钢筋宜作为引下线和接地装置，但钢筋混凝土构件中的钢筋由于流过雷电流而温度升高时，其温度值对于需要验算疲劳的构件不宜超过60℃；对于屋架、托架、屋面梁等，不宜超过80℃。构件内钢筋的接点应绑扎或焊接，各构件之间必须连接成电气通路。

（8）防雷电波侵入的措施：

1）低压架空线宜用长度不小于50m的金属铠装电缆直接埋地引入，入户端电缆的金属铠装应与防雷接地装置相连，在电缆与架空线连接处还应装置阀型避雷器。避雷器、电缆金属铠装和绝缘子铁脚应连在一起接地，其冲击电阻不大于 10Ω。

2）爆炸危险性较小或年平均雷暴日在 30 日以下的地区可采用低压架空线直接引入建、构筑物内，但应符合下列要求：

在入户处装设阀型避雷器（或留有 $2\sim3mm$ 的空气间隙），并应与绝缘子铁脚连在一起且接到防雷接地装置上，其冲击接地电阻不应大于 5Ω。

入户端的三基电杆绝缘子铁脚也应接地。靠近建、构筑物的电杆，其冲击接地电阻不应大于 10Ω，其余两基电杆不应大于 20Ω。

3）架空和直接埋地的金属管道在入户处应与接地装置相连，架空金属管道在距离建、构筑物约 25m 处还应接地一次，其冲击电阻不大于 10Ω。

（9）露天装设的有爆炸危险的金属封闭气罐和工艺装置，当其壁厚大于 4mm 时，一般不装设接闪器，但应接地，且接地点不应小于 2 处，两接地点间距离不宜大于 30m，冲击接地电阻不应大于 30Ω。放散管和呼吸阀的保护应符合第一二类工业建、构筑物的防雷措施第（2）点中第 1）条的要求。

3. 第三类工业建、构筑物的防雷措施

（1）对防直击雷，一般建、构筑物易受雷击的部位装设避雷带或避雷针，即按重点保护方式进行保护。

当采用避雷带时，屋面上任何一点距离避雷带不应大于 10m。当有 3 条及以上平行避雷带时，每隔 $30\sim40m$ 宜将平行避雷带连接起来。屋面上装有多支避雷针时，可不按前述的保护范围计算，但两针间距离不宜大于 30m，并符合下式要求：

$$D\geqslant15h_a \tag{7-7}$$

式中：D——两针间的距离（m）；

h_a——避雷针的有效高度（m）。

屋面上单支避雷针的保护范围宜按 $60°$ 保护角确定。

（2）防止直击雷接地装置的冲击，接地电阻不宜大于 30Ω，并应与电气设备接地装置及埋地金属管道相连接。

（3）针对突出屋面物体的保护方式，其要求与上述第二类工业建、构筑物的第（2）点第 2）条相同。

（4）砖烟囱、钢筋混凝土烟囱，一般采用装设在烟囱上的避雷针或避雷环保护，多支避雷针应连接在闭合环上。钢筋混凝土烟囱的钢筋宜在其顶部和底部与引下线相连接。金属烟囱应作为接闪器和引下线。

（5）防雷装置的引下线不宜小于 2 根，其间距不宜大于 30m，有困难时可放宽到 40m。周长和高度均不超过 40m 的建、构筑物可只设一根引下线。

（6）为防止雷电沿低压架空线侵入建、构筑物，应在架空线入户处将绝缘子铁脚接到防雷及电气设备的接地装置上。进入建、构筑物的架空金属管道在入户处宜和上述接地装置相连。

（7）建、构筑物宜利用钢筋混凝土屋面板、梁、柱和基础中的钢筋作为防雷装置，也可以分别利用屋面板作为接闪器，柱内钢筋作为引流线，基础中的钢筋作为接地装置。但钢筋混凝土构件中的钢筋由于流过雷电流而温度升高时，其温度值对于需要验算疲劳的构件不宜超过 60℃，对屋架、托架、屋面梁等不宜超过 80℃。构架内钢筋和接点应绑扎或焊接。各构件间必须连成电气通路。

4. 第一类民用建、构筑物的防雷措施

(1) 为防直击雷，一般在建筑物上装设避雷网或避雷带，且应沿屋角、屋脊、檐角和屋檐等易受雷击的部位敷设。屋面上的避雷网应由不大于 10m×10m 的网格组成。屋面上任何一点距避雷带均不应大于 5m；当有 3 条及以上的平行避雷带时，应将每隔不大于 24m 处的平行避雷带连接起来。

建、构筑物可利用钢筋混凝土屋面板、梁、柱和基础中的钢筋作为防雷装置，但应符合第三类工业建、构筑物的第(7)条规定。对突出屋面的构件的保护方式，应符合第二类工业建、构筑物的防雷措施的第(2)条第 2)款规定。

(2) 避雷网或避雷带的接地装置宜围绕建、构筑物敷设，其冲击接地电阻不应大于 10Ω。防雷接地装置宜与电气设备接地装置及埋地金属管道相连接；如不相连接时，两者间的距离应符合下式要求，但不应小于 2m。

$$S_d \geqslant 0.2R_{ch} \qquad (7\text{-}8)$$

式中：S_d——地下距离(m)；

$\quad R_{ch}$——避雷针接地装置的冲击接地电阻(Ω)。

(3) 防雷装置的引下线不应小于 2 根，其间距不宜大于 24m，引下线与金属物之间的距离应符合第二类工业建、构筑物的防雷措施第(6)条规定。当防雷接地装置不与电气设备装置及埋地金属管道相连接时，引下线与金属物之间的距离应符合下式要求：

$$S_{k4} \geqslant 0.2R_{ch} + 0.05L_x \qquad (7\text{-}9)$$

式中：S_{k4}——空气中的距离(m)；

$\quad R_{ch}$——避雷针接地装置的冲击接地电阻(Ω)；

$\quad L_x$——引下线计算点到地面的长度(m)。

(4) 为防止雷电波侵入，当低压线路采用电缆直接埋地引入时，在入户端应将电缆金属铠装与接地装置相连。当架空线转换电缆直接埋地引入时，应符合第二类工业建、构筑物的防雷措施第(8)条第 1)款规定。当架空线直接引入时，在入户处应加装避雷器，并将其绝缘子铁脚连在一起接到电气设备的接地装置上。靠近建筑物的两根电杆上的绝缘子铁脚还应接地；其中，冲击接地电阻不应大于 30Ω。进入建筑物的金属管道应在入户处与接地装置相连。

5. 第二类民用建、构筑物的防雷措施

(1) 第二类民用建、构筑物的防雷设施应符合第三类工业建、构筑物的防雷措施第(1)、(3)、(7)条的要求。

(2) 重要的公共建、构筑物防雷装置的冲击接地电阻不应大于 10Ω，其他建、构筑物防雷接地的冲击接地电阻不宜大于 30Ω。防雷接地装置宜与电气设备接地装置以及埋地金属管道相连接；如不相连时，两者的距离不宜小于 2m。

6. 其他防雷措施

(1) 对于不设防直击雷装置的建、构筑物，为防止雷电沿低压架空线侵入，在入户处或接户线杆上应将绝缘子铁脚接到电气设备接地装置上；如无接地装置时，应增设接地装置，其冲击接地电阻不宜大于 30Ω。若符合下列条件之一者，绝缘子铁脚可不接地：

1）年平均雷暴日在 30 日以下的地区；

2）受建筑物等屏蔽的地方；

3）低压架空干线的接地点距入户处不超过 50m；

4）土壤电阻率在 200Ω/m 及以下的地区，使用铁横担的钢筋混凝土杆线路。

（2）粮、棉及易燃物大量集中的露天堆场，应采取适当的防雷措施。

（3）在建、构筑物上，接近接闪器、固定在建筑上的节日彩灯、航空障碍信号灯的线路，应根据建、构筑物的重要性，采取相应的防止雷电波侵入的措施。一般情况下，从配电盘引出的线路宜穿钢管并装设避雷器或空气间隙。在线路接近接闪器的一端，还应将钢管和防雷装置相连接。

（4）为防止雷电波侵入，严禁在独立避雷针、避雷线支柱上悬挂电话线、广播线及低压架空线等。

四、特殊建、构筑物的防雷措施

（一）高层建、构筑物的防雷措施

随着城市经济、社会的发展，高层建筑如雨后春笋般拔地而起。高层建筑的首要特点就是高，其次是大，因而也给避雷带来特殊问题。

雷云的形状和运动的轨迹是随机的，所以，对高层建筑而言，不能认为建筑顶层设置了良好的接闪器，建筑就不会被雷击，或者室内的人员、仪器就完全安全了。事实上，雷击可能不发生在建筑的最高处，而是发生在离最高处很远的地方。例如，莫斯科附近一座 357m 的电视塔在 20 世纪 70 年代初的四个丰雷暴季节接受雷击 143 次，其中一部分闪击起始于塔顶下方 12～16m 处，有两次甚至打在离塔顶 200～300m 的地方。在离塔基 200m 以外的地方也受到雷击，并且在塔基 1km 的半径范围内落雷的次数两倍于范围以外。另外，高层建筑往往由于体量大、雷电流传送不均匀，就使各点产生电位差而带来危害。针对以上两个问题，高层建筑应采取一些特殊的防雷措施。

目前，高度大于 20m 的建筑物广泛采用钢构架或钢筋混凝土结构，这对防雷十分有利。这种结构形式是使雷电流能沿多路平行通路分布的最好办法。当然，钢筋必须通过夹具、电焊或绑扎线进行连接，相互隔开的引下线也可以放入混凝土中，各预制板中的钢筋也应以软性接头连在一起。雷电流流过的钢筋越多，则内部的避雷效果越好。柱子和墙壁中的一些钢筋应该通过绑扎线与楼板中的钢筋连接，以达到等电位的目的。

为避免直击雷电击落在建筑物顶部以下部分而造成损坏，高层建筑应从距地面 30m 开始，沿其高度每隔 10～20m 在其外部装设旁侧接闪装置，以防直击雷。其实，旁侧接闪器就是围绕着建筑物外部的一个镀锌钢环，它须与相同高度的建筑物的梁、柱或楼板的钢筋及金属窗框作良好的电气连接，以达到电位均衡的目的。所以，旁侧接闪装置也叫"等电位环"。接地导体应放置在大楼的基础内，并将它接到环形或网状接地网络上去，然后将这个网络与防雷引下线和建筑物的钢筋做良好的电气连接。

由于高层建筑的设备多装在楼顶，如通风机、电梯机房、擦窗机导轨、天线杆或飞机警告灯等，建议为它们装置隔开的接闪装置，并把这些接闪装置连接到柱子或墙壁的钢筋上去或尽可能多装一些引下线。

凡是电源线，必须通过避雷器与接闪系统相连，电缆入口处也应有电位均衡措施。此外，还应特别注意在大楼出入口处采取措施，减少跨步电压。高塔、烟囱和类似的高层构筑物的防雷保护，原则上与高层建筑的防雷保护一样。

（二）电视接收天线的避雷措施

为保证图像清晰、防止反射干扰，电视天线都尽可能架设得高一些。由于天线一般都安装在楼顶、山顶，高于其他建筑物，因而遭受雷击的机会较多。

电视天线本身是金属构件，暴露在空中，就相当于一个自然的接闪器，所以必须保证它有良好的直接接地装置。通常的做法是馈送电缆的金属铠装与天线作良好的电气连接，并有良好的接地措施。当电缆引至地面接收机前，还应将金属外皮与接地装置再次连接，从而保证雷击时有较好的均衡电位；这样，雷击造成的损失将大大减少。

共用天线往往是一个庞大的通讯网，现代的共用天线网往往与有线广播、闭路电视、电话甚至计算机共用，因而对避雷要求就更高。为使避雷更加可靠，可以采用独立避雷针保护方式，只是投资会大一些。

（三）建筑工地的防雷保护措施

由于建筑工地的起重机、卷扬机、脚手架等容易发生雷击，工地上木材堆积又多，万一遭受雷击，施工人员的生命受到威胁，同时也容易发生火灾，因而，建筑工地尤其是高层建筑施工工地应采取如下防雷措施：

（1）施工时应按设计图纸要求，先作全部接地装置，并注意跨步电压问题。

（2）在开始架设结构骨架时，应按图纸规定将混凝土的主筋与接地装置焊接，以防施工期间遭受雷击。

（3）要将临时的和永久的金属通道、电缆金属铠装在进入建筑工地的进口处与接地装置作电气连接，并把电气设备的金属构架及外壳连接在接地系统上。

（4）在沿建筑物的角、边竖起的杉篙脚手架上，做数支避雷针，并接到接地装置上。针长最少高出杉篙30cm，以免接闪时木材燃烧。金属排棚每升高10多米，应与建筑物的钢筋作临时性多处焊接，以保证受雷击时电位保持平衡。在雷雨季节施工，应随着杉篙接高，及时把避雷针加高。

（5）起重机最上端必须装设避雷针，应将起重机钢架连接于接地装置上。对于水平移动的起重机，其地下钢轨也应与接地系统相连。起重机的避雷针必须能保护整部起重机。

第六节　城市泥石流防治工程

一、城市泥石流作用强度分级与防治工程设计标准

（一）城市泥石流作用强度分级

泥石流的作用强度分级应根据其形成条件、作用性质和对建筑物的破坏程度

等因素按表 7-27 确定。

城市泥石流作用强度分级 表 7-27

级别	规模	形成区特征	泥石流性质	可能出现最大流量（m³/S）	年平均单位面积物质冲出量 万 m³/km²	破坏作用
I	大型（严重）	大型滑坡、坍塌堵塞沟道，坡陡，沟道比降大于 4	黏性，重度 $\gamma_c > 18kN/m^3$	＞200	＞5	以冲击和淤埋为主，危害严重，破坏强烈，可淤埋整个城市或部分城区，治理困难
II	中型（中等）	沟坡上中、小型滑坡坍塌较多，局部淤塞沟底，堆积物厚	稀性或黏性，重度 $\gamma_c = 16 \sim 18kN/m^3$	200～50	5～1	有冲有淤，以淤为主，破坏作用大，可冲毁、淤埋部分平房及桥涵，治理较容易
III	小型（轻微）	沟岸有零星滑坍，有部分沟床物质	稀性或黏性，重度 $\gamma_c = 14 \sim 16kN/m^3$	＜50	＜1	以冲击和淹没为主，破坏作用较小，治理容易

（二）城市泥石流防治工程设计标准

城市泥石流防治工程设计标准应根据城市等级及泥石流作用强度选定。大型（严重）的泥石流宜采用表 7-28 的上限值，小型（轻微）的宜采用下限值。城市泥石流防治应以大、中型泥石流为重点。

城市等级与泥石流防治工程设计标准 表 7-28

等级	重要程度	城市人口（万人）	设计标准（重现期：年）
I	特别重要城市	≥150	＞100
II	重要城市	150～50	100～50
III	中等城市	50～20	50～20
IV	一般城镇	≤	20

二、城市泥石流防治措施及工程设计原则

（一）城市泥石流防治措施

（1）泥石流防治应采取防治结合、以防为主，拦排结合、以排为主的方针，并采用生物、工程及管理等措施进行综合治理。

（2）应根据泥石流对城市及建筑物的危害形式，采取相应的防治措施。

（3）对于泥石流沟，宜一沟一渠，直接排入河道，合并或改沟时应论证其可行性。泥石流沟设计断面应考虑沙石淤积的影响，并采取相应的防治措施。

（二）城市泥石流防治工程设计原则

（1）泥石流防治工程设计应预测可能发生的泥石流总量、沿途沉积过程、冲淤变化及沟口扇形地的变化，并考虑撞击力及摩擦力对建筑物的影响。

（2）泥石流流量计算应采用配方法和形态调查法。计算时两种方法应互相验

证，也可采用地方经验公式。

（3）泥石流防治工程设计应根据山洪沟特性和当地条件，采用综合治理措施。在上游宜采用生物措施和截流沟、小水库调蓄径流；泥沙补给区宜采用固沙措施；中、下游宜采用拦截、停淤措施；通过市区时宜修建排导沟。

三、城市泥石流防治工程设施

（一）拦挡坝

1. 拦挡坝类型选择

应根据地形、地质、泥石流性质和规模等因素来确定。常用拦挡坝类型有：重力坝、土坝、格栅坝等。

2. 拦挡坝坝址

应选择在沟谷宽敞段的下游卡口处。可单级或多级设置拦挡坝。

3. 拦挡坝坝高确定

（1）以拦泥石流固体物质为主的拦挡坝，对于间歇性泥石流沟，坝的库容不应小于拦蓄一次泥石流固体物质总量。对常发性泥石流沟，其库容不得小于拦蓄一年泥石流固体物质总量。

（2）以淤积增宽沟库、减缓冲刷沟岸为主的拦挡坝，其坝高应使淤积后的沟床宽度相当于原沟床宽度的两倍以上。

（3）以拦挡淤积物、稳固滑坡为主的拦挡坝，其坝高应满足拦挡的淤积物所产生的抗滑力大于滑坡的剩余下滑力。

4. 拦挡坝基础埋深

应根据地基土质、泥石流性质和规模以及土壤的冻结深度等因素确定。

5. 拦挡坝坝体

背水面宜垂直，泄水口宜有较好的整体性和抗腐性，坝体应设排水孔。

6. 拦挡坝稳定计算

其稳定系数应符合表 7-29 中基本荷载组合的规定。验算冲击力作用下的稳定性，其稳定系数应符合表 7-29 中特殊荷载组合的规定。

堤(岸)坡抗滑稳定安全系数　　　　　　　　　表 7-29

安全系数　　　　建筑物级别 ／荷载组合	1	2	3	4
基本荷载组合	1.25	1.20	1.15	1.10
特殊荷载组合	1.20	1.15	1.10	1.05

7. 拦挡坝下游消能设施

宜采用消力池，其高度一般高出沟床 0.5～1.0m；长度应大于泥石流过坝射流长度，一般可取坝高的 2～4 倍。

8. 格栅坝

为拦挡泥石流中的大石块，宜修建格栅坝，其栅条间距可按下式计算：

$$D=(1.4\sim2.0)d \qquad (7\text{-}10)$$

式中：D——棚条间的净距离(m)；

    d——计算拦截的大石块直径(m)。

（二）停淤场

（1）停淤场宜布置在坡度小、地面开阔的沟口扇形地带，并利用拦坝和导流堤引导泥石流在不同部位落淤。停淤场应有较大的场地，使一次泥石流的淤积量不小于总量的 50%，设计年限内的总淤积高度不超过 5～10m。

（2）停淤场内的拦坝和导流坝的位置应根据泥石流规模、地形等条件确定。

（3）拦坝的高度应为 1～3m，坝体可直接利用泥石流冲积物。对于冲刷严重或受泥石流直接冲击的坝，宜采用混凝土、浆砌石、铅丝石笼护面。坝体应设溢流口排泄泥水。

（三）排导沟、改沟、渡槽

（1）排导沟是排泥石流的人工沟渠。排导沟应布置在长度短、沟道顺直、坡降大和出口处具有堆积场地的地带。

（2）排导沟进口应与天然沟岸直接连接，也可设置八字形导流堤，其单侧平面收缩角宜为 10°～15°。

（3）排导沟以窄深为宜，其宽度可比照天然流通段沟槽的宽度确定。排导沟宜设计较大的坡度。排导沟沟口应避免洪水倒灌和扇形地发育的回淤影响。

（4）排导沟设计深度应为设计泥石流流深加淤积高和安全超高，排导沟口还应计算扇形地的堆高及对排导沟的影响。排导沟设计深度可按下式计算：

$$H = H_c + H_i + \Delta H \tag{7-11}$$

式中：H——排导沟设计深度(m)；

    H_c——泥石流设计流深(m)，其值不得小于泥石流波峰高度和可能通过最大块石尺寸的 2 倍；

    H_i——泥石流淤积高度(m)；

    ΔH——安全超高(m)，采用表 7-30 的数值，在弯曲段另加由于弯曲而引起的壅高值。

安 全 超 高   表 7-30

安全超高（m） 构筑物名称	建筑物级别			
	1	2	3	4
土堤、防洪墙、防洪闸	1.0	0.8	0.6	0.5
护岸、排洪渠道、渡槽	0.8	0.6	0.5	0.4

注：1. 安全超高不包括波浪爬高；

    2. 越浪后不造成危害时，安全超高可适当降低。

（5）排导沟的侧壁应加以护砌，尤其在弯曲地段。排导沟护砌材料应根据泥石流流速选择，可选用浆砌块石、混凝土或钢筋混凝土结构。

（6）排泄泥石流的渡槽应符合下列要求：

1）槽底设置 5～10cm 的磨损层，侧壁亦应加厚；

2）渡槽的荷载应按黏性泥石流满槽过流时的总重乘1.3的动载系数。

（7）当地形条件允许时，通过市区的泥石流沟可以采用改沟，将泥石流导向指定的落淤区。改沟工程由拦挡坝和排导沟或隧洞组成。

第七节　城市地下建筑的防火工程

城市地下建筑防灾工程中要考虑的自然和人为灾害有火灾、爆炸、地震、洪水以及空气质量事故等。其中，火灾最为危险，它是地下建筑中威胁人生命安全的主要因素。封闭的地下建筑在防灾上具有疏散困难、救援困难、排烟困难和从外部灭火困难等特点，也是地下建筑灾害相对地面上同类建筑更难防范和抗御的重要因素。因此，所有的地下建筑内必须具有紧急情况探测监控系统和必要的安全措施，一方面防止灾害发生，另一方面可保证在发生火灾时将损失降低到最小，并以此确保地下建筑的使用者有良好的感觉。本节不广泛涉及地下建筑防灾工程的所有方面，而是将重点放在地下建筑中人员的安全疏散和防火之上。

一、城市地下建筑紧急疏散与防火设计特点

（一）城市地下建筑的紧急安全疏散

地下建筑封闭、无窗口的特点，加之地下建筑的布局模式、空间组织方式与出入口系统不为人们所熟知，因而紧急情况时会导致人员疏散时间加长。同时，心理上的惊恐与混乱程度都要比地面建筑中严重得多。由于人员的疏散是自下而上、垂直上行的，这比一般建筑向下疏散要费力得多，从而不可避免地降低疏散速度。此外，地下建筑中人员疏散的方向与内部的烟和热气流的自然流动方向一致，也给疏散带来很大困难。

一般，正常的地下建筑的安全疏散首先是将火灾现场的人员疏散到安全的临时避难空间，然后再将人们通过水平和垂直方向的通道引向室外。但实际上，在地下建筑中，当紧急情况发生时，人们一般不会立即知道如何离开建筑物，这需要一段反应的时间，它包括寻找信息和作出决定。在某种程度上，由于人们看不到紧急情况发生的证据，而且对建筑物也不熟悉，所以他们更可能继续寻找信息，从而延误疏散。因此，在火灾发生时，最重要的是以最快的速度感知、判明和发出警报，并使所有在场的人员都能听到警报，并明确安全疏散的最短路线，保证以最快的速度撤离地下空间，到达室外安全地点。为此，地下建筑安全疏散设计应遵循以下原则：

（1）地下建筑的内部空间组织原则应易于理解。

（2）设置完善的警报系统，并提供一套包括招牌、应急灯等引导疏散的标识体系。

（3）合理设置出入口：出入口对于人员安全疏散和安全脱离火灾环境十分重要，它包括直通室外地面空间的出口和两个防火隔间的连通口。安全出口应有足够的数量与宽度，并均匀布置，使每个出口所服务的面积大致相等，以防止在某些出口处人流过分集中，发生堵塞。安全出口的宽度应与所服务的面积上最大人流密度相适应，以保证人流在安全允许的时间内全部通过（表7-31）。而地下建

筑中的疏散距离通常是指空间中的一点与空间序列中一个相对安全的地方之间的距离。疏散距离随着建筑功能类型的不同而发生变化，同时建筑材料的使用以及自动喷淋、排烟等系统的使用都会使疏散距离有所不同。

日本地下街的出入口布置情况　　　　　表 7-31

地下街名称	商业空间总建筑面积(m²)	出入口总数(个)	每个出入口平均服务面积(m²/个)	室内任何一点到出入口最大距离(m)
东京儿童洲地下街	18352	42	435	30
东京歌舞伎町地下街	6884	23	299	30
名古屋中央公园地下街	9308	29	321	30
横滨戴蒙得地下街	10303	25	412	40
大阪虹之町地下街	14168	31	457	40

（二）城市地下建筑的安全防火

1. 地下建筑火灾特点

地下建筑中常见的以玻璃分隔的通透、开敞的内部空间会给疏散及防火分区等的设置带来一些不便；而一旦发生火灾，机械通风系统又很容易发生故障，致使封闭的地下空间在火灾时难以保持正常的空气质量；加之封闭空间中物质的不充分燃烧，造成浓烟不易排出——浓烟是造成火灾中人员死亡的主要原因。同时，火灾时封闭空间中产生的非正常空气压力也减小了建筑材料的耐火能力。地下建筑失火时另一个很重要的特点是：地下建筑大多无窗，火灾时消防人员从外部看不到火情，也看不到从窗口逃离的人，更无法通过窗口进入地下建筑室内。而从地下建筑的顶部进入室内又会遇到上升的热浪和浓烟，造成从外部灭火的困难。

2. 地下建筑安全防火要求

（1）杜绝火源的发生。

（2）火情发生后能立即报警并发出警报（图 7-12）。

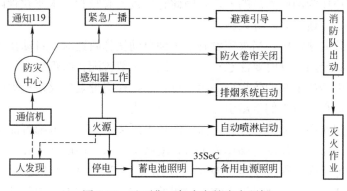

图 7-12　地下街一般火灾的防火预报

（3）保证地下空间中的所有人员在火势蔓延和烟流扩散之前有秩序地安全疏散，撤离地下空间。

321

（4）以最快的速度扑灭明火，把物质损失降到最低限度。

（5）在采用机械通风排烟时避免产生"回流"式爆炸。

要满足以上要求，不但要在建筑的空间布局上为防火、灭火和人员疏散创造有利的条件，还应建立完善的防火和灭火系统，装备先进的器材和设备。

二、城市地下建筑紧急疏散与防火设计要点

（一）城市地下建筑内部空间组织与疏散路线

1. 地下建筑空间组织

地下建筑的布局要尽可能地简单、清晰，平面应规整划一，避免过多的曲折；内部空间完整，易辨识，减少不必要的变化和高低错落；通道网络简单、直接，主要通道的交汇点处可将空间放大，既丰富空间，又方便人们识路，也有利于防灾疏散。

另外，在考虑地下建筑的空间组织与布置时，应将饮食店等使用明火的空间相对集中布置，以加强对明火点的监视和控制，缩小燃气管道系统的覆盖面积。

2. 地下建筑内部疏散路线

在地下建筑中，应尽量使紧急疏散路线与通常进入和离开该建筑的路线一致，这比较符合人们的习惯，即：大多数人寻求与他们进入建筑时相同的道路离开建筑。当需要设置用于疏散的次级通道时，应尽可能地使之明晰，并具有足够的照度。要避免尽端式的空间或走廊。对特殊的出口路线需加以特别强调。一般，在安全出口附近保留一定的活动空间，并保证平时通畅，以利于防火疏散。

（二）城市地下建筑垂直安全出口

垂直出口（楼梯、自动扶梯、电梯）通常是地下建筑整个疏散顺序中最后一个组成部分，人们一般通过垂直出口抵达室外（图 7-13）。

用于疏散的楼梯井应当是封闭、防烟、通风且中空的，以使人目所能及，并提供地上与地下间的视觉可达性。有时，楼梯既是一个避难所，又是一个主要的出口，同时还作为消防人员的入口，因此它应包含有竖管、水龙软管以及多个层次上的双向语音通信系统等设施。

在地下公共建筑中，当火灾没有蔓延到自动扶梯附近时，自动扶梯仍然可以作为疏散工具使用；这时要注意对烟的控制，一般应配合防烟警报、使用防火卷帘及从顶棚上悬吊下来的防烟帘。而一旦自动扶梯附近发生火情，则应立即停止自动扶梯的运行，将人们重新引导到其他出口去。

在地下建筑中，尤其是在相对深层的地下隔离空间中，电梯可能是唯一合理的垂直安全出口。但使用电梯作为出口，就必须在每一层电梯旁设一个封闭、防烟、安全的电梯间，作为安全避难场所使用（图 7-13）。电梯中必须具有独立的空气调节、通风、双向通讯等系统。封闭的电梯间可能与地下空间开敞的要求有矛盾，特别是在以电梯作为主要入口的地下建筑中；因此，有时采用两套电梯，一套用于正常的交通，一套则专门在紧急情况下使用。紧急疏散电梯通常在每层都有封闭的电梯间作为避难区域。

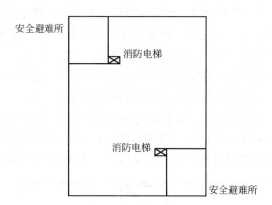

图 7-13　在靠近垂直交通的地方应设置安全避难所

（三）城市地下建筑的标志和应急灯光

1. 标志

在地下建筑中，紧急疏散还必须依靠招牌等标志来引导和加强出口通道的方向。一般而言，除了在门口的典型出口招牌和沿走廊设置的箭头等导向招牌可以为人们引导疏散方向外，还可以在较低的墙面及地板上安装导向标志；因为烟雾聚集在顶棚部位，人们更容易看到空间下部的标识指示。

2. 应急灯光

紧急照明应位于走廊墙面较低的位置，还可以利用发光材料，将其安装在墙面上较低的位置或地板上，以指示箭头的形式或连续的带状形式来确定通道空间。它们在黑暗中发出微光，能够加强通道的方向感。此外，也可以将重要的建筑部位及细部，如楼梯井、疏散门以及疏散路线地图、灭火器、警报器等用发光材料勾勒出轮廓，并保证它们有足够的照度，方便人们的辨识。

（四）城市地下建筑的探测、警报与双向通话系统

在地下建筑中，采用早期险情探测系统及双向语音通信系统，可以有效地帮助人们紧急疏散，避免延误。双向语音通信系统可以使地下建筑的防灾中心与不同的避难点以及建筑中其他重要空间之间及时、方便地取得联系，其语音导向可以告知人们在紧急情况时哪个出口可以使用，如何进行疏散，在何时应停留在临时避难点、等待救援等，并有效地缩短疏散时间。

为使探测、警报、通讯、消防及疏散有效工作，需在地下建筑中建立一个防火控制中心，并配备以下设施：火灾自动感知设备，与消防、警察、救护部门的紧急通话设备，内部广播设备，通道上和安全出口处的诱导照明设备，排烟设备，CO_2灭火设备（用于变配电室），无线通信辅助设备，闭路电视监视系统，煤气泄漏报警设备，有害气体浓度监测设备等；还可增加对盲人的导铃设备。紧急情况下应保证防火控制中心有独立的电力供应，以确保其正常运行。

（五）城市地下建筑的防火与防烟分区

地下建筑防火设计的一个重要内容就是设立安全避难区域（图 7-14）。在各区域间设立防火墙及可自动关闭的防火门，各个区域进行单独的空气控制和通风排烟，以便火灾或其他紧急情况在一个区域发生时，人们可以疏散到另一个相对安

323

全的区域中去。防火和防烟分区的设置应严格按有关设计规范的规定执行。对于一些大型的公共活动空间，如商场、展览大厅、地铁站厅等，过小的分隔会影响使用，或使空间感觉不够宽敞；故应采取一些措施，如将防火隔墙改为防火卷帘，或使用防烟卷帘，或改商场式的布置为商业街式的布置等。玻璃分隔墙不宜作为分区之间的隔断。在不同使用性质的内部空间相连通的部位，在上、下楼层相连通的部位，均应采取隔火和防烟措施。地下建筑中不同的层以及封闭的楼梯井、电梯间等均应作为单独的分区。在已经分区的情况下，应注意防火分区之间的防火卷帘门的启闭问题，以及通风管道在穿过防火区时对烟和有害气体等的阻隔和排除。

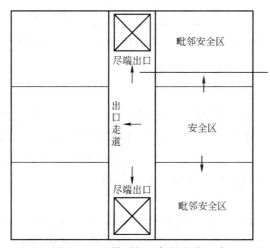

图 7-14　疏散到相毗邻的安全区中

地下建筑的特性使得人们有时不得不在一个安全的区域等待救援和安全撤离。因此，使用防火分区，要求在每一个避难区域中设置与中心控制室之间的双向语音通信系统，以使中心控制室能看到紧急情况发生的地点，并采取相应的行动和措施；同时，也使在地下建筑中的人们理解救援的整个程序，防止发生不必要的混乱。

（六）城市地下建筑中的排烟与空气调节装置

在发生火情的地下建筑，应提供有效的排烟设施，使设备能及时将烟排出，并为周围地带提供外界空气。机械通风排烟系统的设计应基于这样几个原则：必须避免烟的再循环；在火情发生的区域，烟应能直接排向室外；在邻近火情的区域应持续不间断地提供外部空气，以产生相对较高的气压，阻止烟雾进入这些邻近区域(图 7-15)。

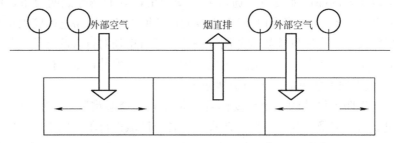

图 7-15　地下空间排烟示意

在多层中庭空间中，排风扇被放在很高的地方，不能有效地排除地板附近的烟，故常从大厅地面处提供空气，促使烟通过置于顶棚附近的管道排到室外。

地下建筑中需划分出一系列清楚的防烟分区，单独的防烟区域应有对应的排烟与空调设备。在较大的防烟分区或建筑功能要求多的开放空间的区域，则需使用防烟卷帘。在紧急情况下，防烟卷帘从顶棚上落至人的头顶高度，将空间二次划分为许多"储烟区"，使烟雾集中在顶棚附近，然后再由排风扇和排风管排到室外；而人们则可以在"储烟区"之下到达任何疏散地点。

（七）城市地下建筑防火结构与易燃材料限制

对于地下空间的防火来说，采用防火结构，避免使用危险易燃的材料，可能是最基本的要求。对于围合空间的墙面、地板和顶棚，其材料的耐火等级要求也各不相同。而且，由于封闭的地下空间环境在火情发生时所产生的非正常压力会降低材料的耐火等级，因此，地下建筑要求其材料的耐火等级要高于地面同类建筑。

当某些危险材料被用于某种特定的生产程序时，它们必须被储存在空气隔离的区域，并限制人们接近之。

第八节　城市地层变形的控制工程

城市隧道暗挖施工引起的地层变形是导致地表建筑物产生变形的根本原因。因此，地表建筑物的变形控制问题归根结底还在于对地层变形的控制。而地层变形控制主要针对软弱围岩中进行的隧道暗挖施工引起的建筑物损害问题。这是因为，相对于坚硬围岩，软弱围岩的自支护能力较弱，甚至没有自支护能力，同等施工条件下引发的地层位移和变形更大。从城市隧道暗挖施工下穿地表建筑物的动态过程来看，城市地层变形控制可以从以下三方面来考虑：

一、城市隧道整体施工控制措施

首先，要合理制定各类施工技术参数，如开挖方法、开挖循环进尺、各工序工期等；同时，要保证防灾减灾施工操作严格按照施工设计进行，保证施工质量。

其次，要遵循"超探测、预堵水，管超前、强支护，严注浆、弱爆破，短进尺、早封闭，勤测量、备预案"的基本思想。

最后，要根据施工监测反映出的建筑物变形情况，适当调整施工，适时采取注浆进行加固等措施控制建筑物变形。

根据厦门机场路段隧道施工经验，隧道下穿地表建筑物时应快速通过，初期支护须紧跟掌子面，随开挖、随支护，缩短围岩暴露时间和变形发展时间，最大限度地发挥围岩的自承能力。并利用衬砌，及早对围岩施加拉力，有效抑制围岩变形。此外，应合理组织各部开挖和第二层初支在时间、空间上的关系，快速封闭成环，并尽快施作仰拱衬砌。

二、城市地层稳定工程措施

城市地层稳定工程措施的目的是控制拱顶围岩变形，加强掌子面稳定性，防

325

止拱顶、掌子面塌方。其常用工程措施较多，主要分为地层加固工程措施和地层支护工程措施。

（一）城市地层加固工程措施

地层加固工程措施主要是通过向地层内注浆来提高其力学性能，增强地层变形刚度，从而减少隧道暗挖施工引起的地层位移和变形。其作用机理主要包括两方面：一方面，浆液被压注到岩土体裂隙中并硬化后，将岩块或颗粒胶结为整体，起到了加固作用；另一方面，填塞了裂隙，阻隔了地下水向坑道渗流的通道，起到了堵水作用。实际工程中常用的地层超前预加固方法详见表7-32。

城市地层加固工程措施　　　　　　　　　　　　表 7-32

措施类别	措施名称	措施描述	适用条件
超前预加固	超前帷幕注浆	对隧道前方一定范围内的土体进行全面加固，在开挖区域周边形成隔水帷幕，防止地下水渗流给隧道施工带来较大风险	软弱围岩及断层破碎带、自稳定性差的含水地带
地表预加固	地表砂浆锚杆	通过从地面向下钻孔、安设砂浆锚杆，对围岩、地层预先加固	地层软弱、稳定性较差的浅埋、洞口地段和某些偏压地段
		通过从地面向下钻孔注浆，对围岩、地层预先加固	隧道埋深小于 50m，围岩稳定性较差，开挖过程中可能引起塌方的不良地段

（二）城市地层预支护工程措施

地层预支护工程措施是为了保证隧道工程开挖工作面稳定而采取的超前于开挖的辅助措施，目的是：针对拱部上方围岩，提高其力学性能，增强其抵抗变形的能力，使其起到支护掘进进尺范围内拱部上方围岩的作用，有效地约束拱部上方围岩在开挖后的一定时间内不发生松弛坍塌，从而稳定掌子面，控制围岩变形，为大断面开挖与喷锚支护创造条件。目前，常用的地层超前支护方法见表7-33。

城市地层加固工程措施　　　　　　　　　　　　表 7-33

措施类别	措施名称	措施描述	适用条件
超前预支护	超前锚杆	沿隧道拱上部或拱角附近开挖轮廓线，以一定的对外插角向开挖面前方通过钻孔或直接钻进安设锚杆，形成对前方围岩的预锚固，在提前形成的围岩锚固圈保护下进行开挖作业	浅埋松散、破碎地层，不易成孔，且钢管难以直接顶入的松散碎石地段，可用超前自进式锚杆
	超前小钢管	作用效果与超前锚杆类似，充分发挥钢管抗弯刚度较大的特点来抵抗围岩变形	地层条件较差，但又不需要注浆或不宜注浆的地段

续表

措施类别	措施名称	措施描述	适用条件
超前预支护	超前小导管	沿隧道开挖轮廓线，以一定的外插角向开挖面前方通过钻孔或直接打入安设钢管，并以一定压力向管内压注浆液，待浆液硬化后洞身周围岩体形成有一定厚度的加固圈，达到对围岩的超前预支护作用	自稳时间很短的砂土层、砂卵(砾)石层、断层破碎带、软弱围岩及浅埋段等地段
	超前管棚	对开挖轮廓线比较小的外插角，向开挖面前方通过钻孔或直接打入安设钢管，并以一定压力向管内压注浆液，待浆液硬化后与型钢钢架组合，形成对开挖面前方围岩的预支护	含水砂土质地层或破碎带，浅埋隧道或地面有极重要建筑物地段；极破碎的地层、塌方体、岩堆等地段
	超前水平高压施喷	沿隧道拱部开挖轮廓线，用水平布置的水泥施喷桩相互焊接形成拱棚，在其保护下进行开挖作业	淤泥、淤泥质土、黏性土、粉土、黄土、砂土、人工填土和碎石土

第八章　灾害学及城市防灾学科相关研究

第一节　灾害学研究

一、灾害学概念、体系层次及研究内容与方法

（一）灾害学的概念与内涵

灾害学是自然灾害学和人为灾害学的总称。凡危害人类生命财产和生存条件的各类事件通称"灾害"。进一步讲，以自然原因为主引起但表现为人为态的称作"自然—人为灾害"，如太阳活动异常年的流行性传染病症；同样，由人为影响产生却表现为自然态的称作为"人为—自然灾害"，如矿山采空出现的地面塌陷等。一般，将导致灾害发生的自然或社会原因称为"灾害源"，在灾害过程中具有破坏作用的事物称为"灾害载体"，受到损害的对象称为"受灾体"。

据此，灾害学可定义为以灾害及灾害系统为研究对象的一门新兴学科。它是国家学科分类代码 GB/T 13745—92 所明确规定的学科，它研究灾害的成因和时空分布规律，寻求减轻灾害损失的途径，涉及众多的自然因素和社会因素，是一门综合性强并不断扩展的科学。

（二）灾害学的体系层次

灾害学是一大类学科的总称，其学科体系包括如下层次：

1. 基础理论灾害学

主要研究灾害形成的机理、规律、特点，也包括某些交叉学科如灾害动力学、灾害历史学、巨灾学、未来灾害学等。它可按自然科学与社会科学划分：自然科学类有灾害物理学、灾害化学、灾害及救援医学、灾害地学、生态灾害学、环境灾害学、灾害天文学、灾害信息学等；社会科学类有灾害社会学、灾害心理学、灾害伦理学、灾害管理学、灾害经济学、灾害战略学、灾害法学等。

2. 应用灾害学

它是在基础理论灾害学的指导下，随着减灾科技发展及教育要求的提高而发展起来的学科，主要有防灾学、灾害预测学、灾害评估学(安全风险学)、灾害区划学、减灾工程学、减灾设计学、减灾系统工程、减灾决策学、灾害保险学等。

3. 分类灾害学

它主要按减灾部门及区域来划分。

（1）就自然灾害类型分，国内权威部门将其归纳为 7 大类，如气象灾害学、海洋灾害学、洪水灾害学、地质灾害学、农林业灾害学、生物灾害学、天文灾害学等。

（2）根据灾害所涉及的产业部门分为工业灾害学、农业灾害学、建筑灾害

学、交通灾害学、商业灾害学、旅游灾害学、军事灾害学等。

（3）根据灾害的区域特征，又可划分为城市灾害学、农村灾害学、草原灾害学、沙漠灾害学、海洋灾害学、山地灾害学、森林灾害学等。

（三）灾害学的研究内容与方法

1. 研究内容

目前，国内、外正在开展的灾害学研究包括自然与社会两大方面，其基本研究内容是：

（1）自然灾害事件的性质、特点；

（2）自然灾害事件发生的诱发因素及其成灾机制；

（3）原发自然灾害与次生自然灾害的关系；

（4）自然灾害事件规模和损害程度的评定（含减灾措施实施实际效能的评定）；

（5）自然灾害未来发展趋势预测等。

2. 研究方法

跨学科的灾害学研究比较困难，因为它通常不具备资料齐全和可比性强的特点，所以，总体上讲，其方法在很大程度上依赖于统计、推理及不同学科的互补、高新技术的仿真模拟等。具体而言，常用的方法有：

（1）历史灾害分析方法；

（2）相关因子的比较分析；

（3）典型实例的实地调查分析；

（4）计算机技术及 Internet 网的应用；

（5）减灾规划及应急预案等编制。

二、灾害学的主要分支学科研究

（一）灾害物理学

灾害物理学是灾害学与物理学的交叉科学，它是灾害学的重要分支学科，其学术背景是灾害科学思想、技术及哲学。其中，灾害哲学是以人、社会、自然为统一整体的观点看待世界，是关于安全减灾的世界观和方法论的总和。

灾害物理学是研究物理灾害（区别于化学灾害）与人类之间相互作用的学科，主要涉及力、热、声、光、电（电磁）和射线对人类的灾害影响，以及为消除这些灾害影响所采取的技术途径和控制措施。值得重视的是物理灾害不同于化学灾害和生物灾害，引起物理灾害的力、热、声、光、电等在环境中永远存在，但正常状态下不会酿灾，只有当其在环境中的含量超过一定量值时，才会发生灾害或事故。所以，灾害物理学的任务不仅仅在于分析事故及灾变机理、消减事故及灾变的发生，而且要重视研究适宜人类生活和工作的定量标准。

一般而言，灾害物理学又可分为灾害力学、灾害热学（含火灾科学）、灾害声学（含振动与噪声控制学）、灾害光学、灾害电学（含灾害电磁学、灾害静电学等）、灾害辐射学等。具体而言，它涉及如下物理学问题：蠕变、疲劳、损伤力学、断裂力学、振动与波、爆轰与爆燃理论、高压物理、核安全工程等。

（二）灾害化学

灾害化学是灾害学的重要分支学科之一，它是研究化学物质在地球环境中所

329

发生的化学变化及其对人的安全影响的学科。它主要应用化学和灾害学的原理、方法和技术，揭示大气、水体、土壤等开放性介质中的化学污染物及易燃易爆危险源的分布与存在的化学状态，并归纳上述物质迁移、转化、归宿过程中的灾害化学特性及变化规律。与环境化学不同的是，灾害化学的研究对象往往是短暂时间常数系统的突发性，而不是缓慢性的灾害。概括地讲，灾害化学至少包括如下分支学科：灾害分析化学、水灾害化学、水文地球化学、大气灾害化学等。

灾害化学是针对传统的化学、化工对环境造成严重灾害而提出的新学科概念；与传统化学相比，其显著特点是全程控制、清洁生产。它追求的目标是寻找充分利用原材料和能源，并在各个环节上都实现净化、无污染的反应途径与工艺。对于生产过程，灾害化学追求节约原材料和能源，淘汰有毒原材料，探求新的反应动力学、新的结构、新的合成，在生产过程中全程控制并最大限度地减少"三废"的产生；对于产品，灾害化学追求从源头的原材料遴选到最终产品生成全过程的洁净生产。

纵观全球灾害化学的研究动向，有如下基本内容：

1. 大气灾害化学

它主要研究大气污染物的物理化学表征、环境中的化学反应动力学、大气光化学机制等。

2. 土壤灾害化学

由于农药和化肥的应用，土壤中化学污染物的潜在食物链污染加剧，因此，它着重研究土壤中金属形态和生态有效性以及生态毒性。

3. 全球性元素循环研究

主要是对汞和氮化合物的研究。其中，汞污染研究涉及汞源、环境致灾全过程、健康影响、全球性模型模式等；还涉及金矿开采、水库建设、燃煤等人为活动引起的汞污染及其对生态环境与区域安全的影响。氮化合物的迁移转化过程包括氮在不同生态系统中的硝化和反硝化转化过程。目前，国内、外研究发现，NO_3^- 和 NH_4^+ 的浓度有迅速增加的趋势。

4. 灾害计算化学

它主要研究灾害化学计量、人工智能的应用。其中，人工智能神经元网络的多元非线性以及突变规律可用于化学突发事故的灾前预测和提供灾时对策等。

（三）灾害毒理学

灾害毒理学是灾害学与环境医学的交叉学科，它又由以下各分支学科组成：

1. 生态毒理学

它是研究有毒物质进入环境，对组成生态系统的生物种群和生物群落所产生的生态效应的学科，是生态学与毒理学互相渗透的边缘学科。它对于确定、预报生态毒性，建立生态毒理学阈值和标准，推动化学物质安全评价法规的实施有重要意义。

2. 生殖毒理学

它是研究外来化合物及其他因素对生殖过程的各阶段的毒作用规律、机理及其对后代影响的学科。其任务是为防止外来化合物及其他因素对人类生殖功能带来潜在灾难而提供科学依据。

3. 遗传毒理学

它是研究外来化合物及其他环境灾变因素对机体遗传物质的毒作用及其机理的学科，其意义在于保护人类基因库。

4. 工业毒理学

它主要研究工业毒物的毒性及毒作用机制和对人类的影响。

5. 免疫毒理学

免疫系统包括免疫器官、免疫细胞及免疫分子。免疫功能是有机体的一种保护性反应，免疫功能异常可危害健康。免疫毒理学对于研究化学品安全性及制订有害物质允许的极限值有重要意义。

（四）人为灾害学

人为灾害是灾害中的一种。人类在开发、利用和改造自然的活动中，向周围环境释放大量的有害物质或在这些活动中破坏自然环境的平衡，引发灾害。人为灾害与自然灾害是相互关联、相互影响的；例如，人为滥伐森林，过度开垦，往往会造成植被破坏，水土流失，并可直接导致洪水、泥石流等自然灾害的发生。

人为灾害学研究人为灾害的特征，探讨其减灾对策，因而是对于经济、社会可持续发展极为重要的学科。人为灾害的特征表现为严重性、社会性、递增性和持续性，因此其研究重点是如何最大限度地控制灾害的发生。从本质上看，人为灾害属于研究人为活动酿成灾害的学科。人为灾害多属决策失误所致，对其防御虽有许多对策，但核心思路是在国民中普及减灾意识，即强化安全文化教育。此外，人为灾害学研究的思路还必须建立在大安全观指导下的系统化研究的思路之上。

（五）减灾保险学

减灾保险学是减灾学与保险学的交叉学科，这是近年来在全球范围内备受关注的新兴学科。

灾害发生后，及时、有效的经济补偿是减轻损失的重要方法。我国目前的灾害经济补偿主要有国家和地方财政拨款、国际援助、保险等方面。灾后国家财政拨款一度是我国主要的灾害经济补偿方法，但我国自然灾害损失严重，国家财政能力有限。从我国近年来得到的国际援助可以看出，大部分国际援助属于紧急救灾用途，并以实物居多，救助速度和力度都十分有限。而保险是以契约的方式与具体的企业、单位、个人达成的一种合同，一旦损失发生，受灾的企业、单位和个人可以迅速得到契约约定的经济补偿；其数量和速度均可以得到保障，从而可以迅速恢复生产和经营，安定人民生活。这是其他救助方式所无法比拟的。

（六）防雷工程学

雷电是联合国"国际减灾十年"全球活动所列的 30 种灾害中致灾后果较严重的一种。据不完全统计，全球每年雷电造成近千人死亡，经济损失高达 10 亿美元。防雷工程学是防灾工程学分支之一，其主要目的是用科技手段最大限度地减少雷击灾害的损失。

防雷工程学强调雷击规律研究。雷电活动从季节来讲以夏季最活跃，冬季最少；从地区分布来讲，赤道附近最活跃，随纬度升高而减少，极地最少。评价某一地区雷电活动的强弱，习惯使用"雷电日"，即：以一年中该地区有多少天发生耳朵能听到的雷鸣声来表示该地区的雷电活动强弱。我国是一个雷电活动很强的国家，按平均雷电日的分布，我国大致可以划分为四个区域：西北地区年平均雷电日一般在 15 天以下，长江以北大部分地区(包括东北)年平均雷电日在 15～40 天之间，长江以南地区年平均雷电日达 40 天以上，北纬 23°以南地区年平均雷电日均超过 80 天。广东的雷州半岛地区及海南省是我国雷电活动最剧烈的地区，年平均雷电日高达 120～130 天。

我国的防雷工程学以大量工程实践为背景，有一系列经验可供总结。我国1994 年颁布的《建筑物防雷设计规范》GB 50057—94 是靠拢国际标准的规范，在指导思想、技术措施和技术要求方面，在国际上处于领先地位。在防雷技术队伍的组织上，我国大多数省、市、县都设立了专门的防雷机构，负责防雷技术指导、监督和执行等工作；这在国际上也是先进的。我国著名的防雷专家王时煦教授把防雷规划设计归纳为 6 点，即：接闪功能；分流影响；均衡电位；屏蔽作用；接地效果；合理布线。这些都是极具中国特色的防雷工程学设计要点。

（七）安全设计学

安全设计学是安全减灾与设计科学交叉的学科。近年来，随着安全减灾行业的逐步发展及其社会化，安全设计学已成为工程界人士关注的课题。

安全设计学以保护和改善人类生活环境为目的，不仅为居民区、工业区、商业区、旅游区的建筑物、构筑物、道路的应急减灾布局提出设计方案，也在工业产品设计中倡导安全减灾设计。其重点是考虑安全减灾及应急目标要求，根据区域的自然特征及经济水平，给出工程或产品的安全设计准则。

安全设计学认为，面对日益庞大和复杂的现代"时空"动态系统，进行逻辑分析的最有效、最迅速的方法就是用计算机进行定量分析。从对设计的定性到抽象出定量的概念是建筑师对于设计认识的进步，设计决策中的定性问题可通过诸如图论、系统分析等科学化的方法来确定。城市与建筑防灾要走出困境，就必须引进先进的科学技术，以形成自己的处理手段。现代科学与建筑相结合的产物之一就是设计方法的科学理性化，它可以帮助建筑师应付建筑防灾环境的复杂性。集中集体的智慧，发挥集体的才能，是现代减灾决策的发展趋势。

从根本上讲，"安全设计"没有某种可以简单确定的标准，它是一种设计思维方式：一方面意味着必须调整我们现在的生活方式，使之更能与脆弱的地球保持一种平衡；另一方面，也意味着我们的建筑师、工程师必须以崭新的观念对待所有潜在的因素，如建筑结构、高新技术和材料等，充分利用已有的成果，以创新性的思维来研究新的技术措施，使其与我们的地球更为和谐。

（八）灾害风险学

风险是专门用来评述灾害将要发生的概率，并且用高风险、中等风险、低风险等相应术语来表明其概率值。灾害风险学正是从风险学角度出发，探求灾害危险度量级的科学，其重要性已为人所知。

现代灾害风险学关注下述问题：

1. 城市灾害风险评估的动态变化

灾害风险评估是对一定时期内某种灾害在某一地区可能发生的概率和这一灾害发生时对人们的生命财产所构成的危害作出评估；这一评估应是动态变化的。以城市地震灾害为例，我国一些大、中城市都进行过地震灾害评估，这是城市抗震防灾的重要基础资料。但由于城市快速发展，一年拆迁、改建、新建各类建筑面积数百万平方米，整个城市灾害的风险水平必然发生改变，因此有必要动态地掌握城市地震灾害风险的变迁情况。

2. 超大和超高层建筑火灾、风灾风险评估

随着超大、超高层建筑的兴建，超大和超高层建筑的火灾变得越来越严重，国内、外都有过大型商场和娱乐场所发生严重火灾的报道。因此，应注意对超大和超高层建筑火灾和人员伤亡情况进行统计，研究超大和超高层建筑火灾发生与燃烧过程中人的活动规律问题。

高层建筑还会引起一系列风灾问题。比如，拔地而起的摩天大楼改变了地表状况，风被引向地面，造成人工风暴，并在街道拐角处旋转，形成龙卷风；这也是随着超高层建筑兴起的"新风"的灾害风险。

3. 城市社会风险水平

社会风险水平是指因自然灾害或人为灾害引起的社会个人或群体非正常死亡风险值。每个国家都有根据国情确定的本国的社会风险水平。一些特殊行业，如核能、航天、航空等行业以社会风险水平作为评估的标准，因而灾害和风险学家认为社会风险水平是反映国情的一个基本数据。

4. 现代旅游灾害风险评估预防体系

（1）目标

1）维持旅游地生存，避免因某一重大灾害而大衰退；

2）树立安全的旅游地形象，避免和减少游客伤亡、利益受损这类不良事件的发生；

3）改善生态环境状况，保持和优化环境，保证旅游地稳定且可持续发展；

4）降低和消除旅游灾害带来的损失，保障旅游地旅游业迅速恢复正常等。

（2）步骤

1）灾害风险识别。对各种潜在的旅游灾害风险进行归类，并实施正常、全面的识别。

2）灾害风险评估。即对灾害风险进行分析和评价，以确定风险发生的可能性及其危害大小。

3）灾害预防体系。在风险评估的基础上，旅游管理部门应选择那些发生概率大、风险等级高、后果严重的灾害进行重点预防，这也是减灾的最大效益所在。因此，需要建立一套完善的预防体系、预防对策、风险处置对策等。

（九）生物灾害学

生物学是研究生物与其生存环境之间相互作用的规律及其机理的学科。而生物灾害学研究的对象是受人类干预的生态系统，主要内容是灾害环境对生物的影响，研究的目的是：改善人类与环境的关系，更合理地利用自然与自然资源，保

333

障人民健康。

灾害的生物效应有多重体现，如：中生代恐龙的突然灭绝；现代工业污水大量排入江河湖泊，造成某些水域鱼类灭绝；滥伐森林，使动物种类和数量减少；破坏生态平衡，使农村灾害猛增；大量致畸、致癌物质扩散，造成癌症患者增多。按引发后果在时间和程度上的差异，灾害生物效应又进一步分为急性环境效应（如某种细菌传播引起的流行病）和慢性环境生物效应（如日本熊本县1953～1979年受害人数近千人的水俣病）等。再如，地球生物化学性疾病也是一种典型生物灾害。一般地讲，地方病的发生主要是由于某些致病生物或某些病媒生物的过度繁殖所致。如苏联、美国等的草原、荒漠地区存在着野鼠疫、森林脑炎、血吸虫、疟疾等自然疫源地，人只要进入疫区，就会患病。

（十）灾害管理学

灾害管理学是利用灾害科学理论，研究如何通过行政、经济、法律、教育和科技等多种手段对破坏环境质量的活动施加影响，调整社会、经济可持续发展与防灾减灾的关系，通过全面规划，合理利用自然资源，达到促进经济发展和安全减灾的目的。它主要从宏观上、战略上研究灾害问题，包括灾害预测、灾害决策、防灾规划、减灾战略及经济政策研究等范畴。目前，灾害管理学特别关注减灾规划及其战略问题。

1. 灾害管理学界定的灾害管理系统

（1）监测管理子系统；

（2）预报管理子系统；

（3）灾害管理机构子系统；

（4）政府指令子系统；

（5）现代减灾风险管理高级阶段子系统、危机管理等。

2. 灾害管理学要求的综合减灾管理内容

（1）灾害链的综合管理；

（2）灾害群的综合管理；

（3）减灾应急性综合管理；

（4）灾害与致灾因素的综合管理。

当前我国乃至全球的减灾管理趋势是：进一步完善安全减灾的21世纪议程，在更广泛、扎实的视角上形成管理体系及示范工程项目。无论是中国减灾规划、还是中国21世纪议程，都应从学科及科学两个侧面去完善灾害管理学。

（十一）综合减灾学

综合减灾学是采用系统工程的思路，从灾情认识及分类上、从综合减灾规律及致灾机理上、从减灾方法上，都强调集安全、减灾、环保为一体的学科。国内、外数十年安全减灾实践，特别是20世纪90年代"国际减灾十年"的研究进展表明，综合减灾学作为体现大安全观的横断性交叉科学有其创立的必要，因为它的完善对于国家实施综合减灾管理对策起到了奠基的作用。

综合减灾学研究的基本内容分为如下三个方面：

334　　1. 综合减灾规划的指导思想

综合减灾强调系统化的综合分析与决策，应做好以下几点：

（1）经济建设与防灾建设一起抓；

（2）防灾、抗灾、救灾与恢复建设一起抓；

（3）城市各行政管理部门相互结合，实施工程与管理的综合网络；

（4）灾害研究预测部门、工程建设部门、政府机构及民间社团相互联系；

（5）促进灾害科学自然态与社会态的结合，形成交叉性课题；

（6）工程性减灾的硬措施与非工程性减灾的软措施相结合；

（7）观测数据、灾情资料、趋势预测相交流，警报发布与救灾措施相交流；

（8）减灾与兴利相结合（如蓄雨，补充地下水）；

（9）政府的科技行为与社会公众参与的减灾自救活动相结合。

2. 综合减灾规划的"水平"与"垂直"体系

（1）"水平"体系

包括城市规划建设减灾所涉及的一切领域。

1）建立灾害的警报、预报、排除、限制系统，使城市道路毁坏程度大大降低；

2）根据对探测信号传感的改进，建立防灾系统；

3）综合考虑土木工程领域所涉及的建设体系，广泛使用地震源强度和地震资料显微分析技术，减轻灾害损失；

4）为使环境和人体更安全，对广泛应用的新药品、食品或消费品在投入市场时进行环境与安全的技术评估等。

（2）"垂直"体系

即工作程序的基础过程，具体如下：

1）确定研究目标。如分析建立综合减灾体系的理论基础及方法学基础，制定必要的指导性标准。

2）确定计划进度与实施方案，选择试点项目进行调查研究。

3）分析研究成果。如对综合减灾体系给出确切定义，规定开展综合减灾的一般程序及可争取到的支持系统及其条件，提出综合减灾技术的管理、宣传和实践所面临的问题。

3. 综合减灾的模型体系

按其性质与用途，灾害系统模型可分为静态模型与动态模型、随机模型与确定性模型、模拟模型及最优化决策模型等。综合减灾的模型体系有以下 3 大内容：

（1）建立综合减灾信息系统及对策分析体系

在调查分析灾害资料、档案和文献的基础上加以分类，完成综合的灾情总状、时空分布、减灾条件、减灾经验与教训的信息库，并从深层次入手作统一整编和减灾对策分析；重点利用"城市的地理分析"和"城市地理信息系统"、"灾害风险地图及区划"，进行灾害、事故、公害、突发事件的分级与评定，研究评估方法及评估模式，完善灾害评估专家决策系统。

（2）建立综合减灾量化评估模型体系

335

研究集事故、灾害、环保为一体的广义减灾量化函数，以确立灾害状态预测及预警模型、灾害风险政策模型、生命线系统更新寿命论模型、减灾与保险的灾害经济模型等。

（3）确定减灾研究重点，提高抗御灾害能力

在新区规划、旧城改造中避免处理不当造成"多重"人为灾害，尤其应科学规划经济、社会建设中具有危险源、污染源及高耗能、高潜在危害的行业，提高城市的本质安全度，重点提高城市生命线系统的防灾备灾能力。

（十二）灾害地理学

灾害地理学是以人类与灾害地理环境的关系为研究对象，研究灾害的地理环境的组成与结构、调节与控制、改造和利用的科学。它是地理学与灾害科学之间的边缘学科，主要研究进入环境的各类系统在地理环境中的迁移及分布规律，科学预测灾害变化的趋势，参与区域灾害影响的风险评估等。

灾害地理学的分支学科至少有灾害地理化学、灾害土壤学、灾害海洋学、灾害气象学、灾害水文学等。韩渊丰在《中国灾害地理》一书中不仅系统地描述了灾害地理学的学科体系，而且把我国分为海洋灾害带、东南沿海灾害带、大陆东部灾害带、大陆中部灾害带、大陆西北灾害带、青藏高原灾害带共 6 大灾害带，以及黑吉灾害区、北部沿海和黄淮海平原严重灾害区、东南沿海严重灾害区、台湾灾害区、黄土高原严重灾害区、长江沿岸严重灾害区、江南丘陵平原灾害区、川滇山地灾害区、蒙新灾害区、青藏灾害区等 10 个一级灾害区。

现代灾害地理学特别强调高新技术的应用，多尺度、多类型、多时态的地理信息是人类研究和解决土地、环境、人口、灾害和规划建设等重大问题时所必需的重要信息资源。

（十三）防灾工程学

防灾学是以人类的防灾活动为研究对象，以减轻灾害损失为目标的应用学科，属工科范畴。数千年来，人类在针对各种灾害所展开的防灾活动中积累了相当多的经验，但是，将其规律提炼出来，建立起防灾学科，是近年来的事情。伴随着人类防灾活动的进一步发展，还会不断出现一些新的研究课题，它们更多地体现在工程学方面。

防灾工程学是运用工程技术和有关基础科学的原理和方法防治灾害的学科。在防灾工程中，国内、外日益重视运用运筹学的科学管理方法进行灾害系统工程和综合减灾防治工程的研究，以求安全少灾的最大社会效益和经济效益。其节省防灾减灾投资的主要思路有：

（1）应用投入产出理论、风险效益和决策分析方法，研究工程结构和设施防灾减灾的合理设计标准；

（2）大力发展经济高效乃至多功能的防灾减灾措施，以减少防灾的附加建设费用；

（3）在防灾工程建设中，坚持以"示范工程"开路的原则，引进国外先进科技和高新技术，力争通过二次开发转化为可用于其他能产生直接经济效益的领域，以形成良性循环；

（4）开展建设项目全寿命周期分析，应用工程可靠性及事故分析技术，研究老化、腐蚀、疲劳、蜕变和性能蜕化的损伤机理，以寻找剩余寿命及防灾、减灾能力评估的有效方法。

（十四）气象灾害学

气象灾害主要有强气流、强高压气旋、台风、龙卷风、飓风以及雪灾、低温冻害、霜害、旱涝灾、雷灾等。气象灾害学正是一门研究这些灾害的发生规律，并探讨减弱它们的对策的科学。

一般而言，气象灾害与太阳活动、地壳活动及一些宇宙现象等自然因素有关，相当比例的人为活动又加剧了气象灾害。如：滥伐森林，尤其是破坏热带雨林，造成了全球气候反常、大气污染和温室效应导致的全球变暖等。以城市气候为例，城市气候是在不同的纬度、大气环流、海陆位置和地形所形成的区域气候背景下，在人类活动，特别是城市化的影响下形成的一种特殊的气候。在城市规划建设和环境保护工作中，如能了解和掌握城市气候的特点及其与大气污染的关系，采取合理的城市规划设计及适当的建设措施，就可趋利避害，甚至化害为利。

就当前的认识而言，下述基础研究应该是气象灾害学的前沿课题：

（1）全球变化的气象灾害问题；

（2）气候系统动力学与气候变化预测；

（3）中、小尺度系统动力学；

（4）大气环境与边界层物理；

（5）自然控制论与非线性动力学，如气候系统变化中的自组织问题等。

（十五）安全减灾史学

人类对于安全的认识是与生产和科学技术的发展、与人类社会的发展密切相关的。追溯人类生产和社会发展的历史轨迹，人类的安全认识可分为以下四个阶段：

1. 安全认识的蒙昧阶段（17世纪以前）

在这一阶段，人类对于安全的认识表现为宿命论的认识观，对天灾人祸"无能为力，听天由命"。这是因为，当时的生产方式极其简单，生存手段极为落后，生活水平相当低下，人类相对于自然极为弱小，人类对于自身安全的认识尚处于无知、被动的状态。

2. 安全认识的初级阶段

从17世纪后半叶工业革命出现到20世纪初，人类的安全认识进入了局部安全认识观的阶段，安全活动表现为"头痛医头、脚痛医脚"。在这一阶段，人类显然从自发、被动的安全认识阶段进入了自觉、主动的安全认识阶段，安全的意识有了突破性的进展，但仍受历史的局限。这种安全认识仍有明显的弱点，即安全活动的局部性、被动性和有限性。

3. 安全认识的发展阶段

从20世纪初至20世纪50年代，电子时代的崛起和军事工业的发展使人类的安全认识提高到综合安全认识观的水平，表现为：从局部、专业的安全处理方式转变为综合分析和系统考虑的科学运作。如：在矿山、化工、石油、机械等行业，机械安全与电子安全交叉，物理安全和化学安全交叉等等形式的安全综合对策和技术得到了发展和趋于成熟，从而促进了安全工程（系统综合安全技术）的发展，为创立现代安全科学技术奠定了基础。但这一阶段的综合安全认识观也还存在着一定的缺陷，这就是安全对于服务系统（技术系统、生产系统等）还处于辅助性、被动性和滞后性的状态。这对于 20 世纪 50 年代以后发展起来的航天和宇航技术领域是不相适应的。由于航天技术不可能在经验和统计学基础上发展，因此人类的安全认识又面临着新的挑战。

4. 安全认识的高级阶段（20 世纪 50 年代后）

由于宇航技术的出现，人类的安全认识有了新的飞跃，即进入了安全系统认识观的阶段，表现为：安全成为系统（生产系统、技术系统等）的核心以及安全的超前性、主动性，安全的自我组织和重构功能得到充分的实现，改变了综合安全认识阶段的安全辅助性、被动性、滞后性的状态。只有这样，现代高技术系统和宇航技术的可靠性和安全性才能得以提高，技术功能才得以实现。尽管目前建立在这种认识基础上的安全运作在一些传统行业的推广应用还有一定的难度和局限，但这种认识的基点和原则对于生产、生活以及社会的各方面均有普遍意义。这是现代最为先进和科学的安全认识观。

安全减灾史学研究人类安全科学发展的进程。从历史的研究中，我们可以吸取教训，积累经验，明确方向，最终把安全科学技术推向新的发展阶段。

第二节　城市防灾学科相关研究

一、中国传统救灾思想史

自古以来，中国就是一个自然灾害发生频繁的国家，因而中华民族抗灾救灾的思想意识也源远流长，极为丰富。中国传统救灾思想深深植根于其抗灾救灾的伟大实践中，成为中国古代日渐完备且至今仍具有资鉴作用的救灾政策和措施，即所谓"荒政"的理论依据。这些思想构成为中国优秀传统文化的重要组成部分，显示了中华民族战天斗地的英雄气概和无穷智慧，及其巨大的民族凝聚力和爱国主义精神。

（一）中国传统救灾思想的发展轨迹

中国传统救灾思想总的发展趋势是越来越成熟，越来越丰富，它大体上可分为远古三代、春秋战国、秦汉、魏晋隋唐、宋元、明清共 6 个阶段，其高潮又分别出现在战国、两汉、北宋和清代。每一阶段特别是高潮时期都有一批著名人物和著作提出关于抗灾救灾的思想理论，并在救灾实践中发挥重要作用，收到显著功效。

1. 战国

说起中国传统救灾思想的萌芽，还要追溯到中华文明的幼年时期，不论是精卫填海、夸父追日等远古传说，还是确有相当历史真实成分的大禹治水等口碑相传的抗灾史诗，都反映了中华民族的先民们敢于挑战自然和善于抗御天灾的气概与智慧，其中特别塑造了以大禹为代表的抗灾英雄形象。此后，伴随着文明前进的坚实步伐和抗灾救灾得失成败的实践经验的日渐丰富，以李悝、商鞅等为代表的战国政治改革家们设计出"尽地力之教"、"平籴法"等着眼于防灾、救灾的开发性措施，并推动修建了漳水溉邺排、李冰开离碓以溉成都平原、秦开郑国渠以溉关中等著名的战国时期的三大水利工程，化水患为水利。

在著名的仁政学说中，孟子明确指出，统治者应保证民众能够拥有百亩土地等相当财产和足够的劳动时间，并使赋敛程度适宜，以抵御自然灾害，达到"乐岁终身饱，凶年免于死亡"的最低目标。荀子对救灾的见解基本类似于孟子，也认为风雨、水旱等自然灾害是"不为尧存，不为桀亡"的客观规律，而救灾的成效如何，取决于世间政治、社会是否有效运转，应对得当："应之以治则吉，应之以乱则凶。""夫日月之有蚀，风雨之不时，怪星之党见，是无世而不常有之。上明而政平，则虽有并世起，无伤也"（《荀子·天论》）。荀子同时批评了墨子等人过分囿于节俭的防灾思想，着重强调发展经济、提高全社会生产水平等开源性措施才是真正有效的治本之策。这种救灾观念和他"制天命而用之"的天道观一样，洋溢着昂扬向上的乐观、自信精神。孟、荀以外，墨子、邹衍以及齐国稷下黄老学派等众多思想家也都论及救灾问题，共同构成了传统救灾思想的基本内容。

2. 两汉

两汉是中国传统救灾思想发展的第一个高潮时期。贾谊在《论积贮疏》、《治安策》等奏疏中，以较深的忧患意识强调了居安思危、积贮粮财以备饥荒的迫切性："世之有饥穰，天之行也，禹、汤被之矣。即不幸有方二三千里之旱，国胡以相恤？"（《汉书·食货志》）只有未雨绸缪，方能有备无患。晁错在《论贵疏》中则具体阐明了增加积贮的较佳途径就是：通过国家宏观控制，提高粮食价格，引导民众积极投身农业生产，从而达到"蓄积多而备先具"、应付大的自然灾害的效果。司马迁《史记·沟洫志》和班固《汉书·沟洫志》也是两篇侧重于控制水患、兴修水利的防灾救灾文献，尤其是《汉书·沟洫志》中所收的西汉贾让《治河三策》堪称名作。其中提出的主动疏导为上、被动拦堵为下的治河原则至今仍有参考价值。创立常平仓的耿寿昌、主持治河的王景、开湖防旱的召信臣等两汉名臣在救灾实践和理论方面亦多有创见。

3. 北宋

北宋是传统救灾思想形成的又一高潮时期。首先是以宋太祖为代表的最高统治者吸取唐末五代多因火灾、饥荒而导致社会动荡的历史教训，重视并提倡节俭之风，把"荒年募兵"、给灾民以生活出路作为一项基本国策确定下来；这对于救灾的顺利进行发挥了积极的作用。

其次，在皇帝"为与士大夫治天下"（《续资治通鉴长编》卷221），政治运作理性化、文明化成分大大加强的宽松政治大环境下，北宋士大夫多能本着范仲淹"先天下之忧而忧，后天下之乐而乐"的胸怀，以天下为己任，勇于发表个人政见；表现在救灾领域，则是包拯、欧阳修、范仲淹、司马光、苏轼等一批名臣都有资料翔实的著述传世，其真知灼见不胜枚举。而成就最大的当推著名改革家王安石。他的"赈贫乏，抑兼并，广储蓄以备百姓凶荒"（《续资治通鉴长编·纪事本末》卷68）的青苗法以及鼓励兴修水利、防治水患的农田水利法等都是救灾史上的创举，尤其是贯穿其中的"因天下之力而生天下之财，取天下之财以供天下之费"（《临川文集》卷39）的开发性理财、救灾思想更应得到高度评价。

4. 清代

清代的救灾思想与传统文化一样进入了总结阶段，在"务为实用之学"的实学思想指导下，出现了众多总结性的救灾著作。潘季驯的治河思想、洪亮吉把人口和灾荒问题联系起来考察的做法都颇具价值。

当然，除了上述4个重要的历史时期以外，曹操的屯田救灾、唐代广泛推行的义仓制、明代张居正的救灾思想也都在中国传统救灾思想发展史上有着重要的地位。

（二）中国传统救灾思想的特点与规律

中国传统救灾思想可以概括为以下几个特点与规律：

1. 儒学是传统救灾思想的理论支柱和基本内核

儒家学说及其经典中的确有一些涉及救灾的内容。汉武帝独尊儒术以后，随着儒学之成为统治思想，儒家的仁政、民本、重农主张构成了救灾思想的理论前提和核心内容。儒学本身的演变，如汉代经学、宋明理学、明清实学的相继兴起，都对救灾思想有着不容忽视的影响；而救灾思想的发展也促进了儒学的不断深化。

2. 追求天人合一、物我合一，追求人与自然生态环境之间的和谐，是传统救灾思想的重要出发点和立足点，而推天道以明人事则是其重要的思维方式

中国传统救灾思想中存在着很强的环境保护意识。《周礼》、《秦律》等文献中就有不少自然资源保护法规，强调人类社会必须保护生态环境，处理好人际关系，对自然资源不能进行无节制的掠夺性开采。

3. 注重在节俭、积储、赈济基础上的开发性救灾，是传统救灾思想的重要视角

充足的物资储备和对灾民的适当赈济是抗灾救灾的起码条件和有效措施，但这仅仅限于节流和治标，而且实际上往往是杯水车薪。所以，传统救灾思想特别注意标本兼治，强调以兴修水利、种植林木为中心的开发性救灾，认为：这不仅能保证灾民的生活急需，而且可以为日后发展生产、防范灾害奠定坚实的基础。

4. 救灾活动中的积极投入是传统救灾思想论述的重要内容

北宋王安石就曾以极大的兴趣，投入较多的资金来支持研制铁龙爪、浚川耙等新的治河工具。农学、气象学、医药学、建筑学等与防灾救灾有关的科目，在中国传统救灾思想中都得到不同程度的重视。

5. 日趋合理化的救灾管理思想在传统救灾思想中占有重要地位

救灾活动不可避免地要涉及大量的人力使用、资金和物资调配、财务管理等事务；救灾的成效如何，在很大程度上取决于管理系统能否高效、有序运转。因此，救灾管理思想在传统救灾思想中显得特别突出。

当然，中国传统救灾思想中也有一些明显的消极因素，如君主专制、宗教迷

信等思想观念。另外，在当时的社会历史条件下，许多具有进步意义的救灾思想也只能是空想，并不能落到实处。

二、城市灾害行政学研究

城市灾害行政学不同于一般的灾害管理学。灾害管理学仅仅从一般的管理学原理出发研究灾害管理的理论与方法，而城市灾害行政学从行政学的基本原理出发来研究城市政府对防灾救灾进行组织与管理的过程及其规律性。

（一）城市政府的防灾救灾职能、组织机构及社会动员

1. 城市政府的防灾救灾职能

由于灾害在每个时代均存在，因此每个时代的城市政府实际上都把防灾救灾及其管理作为自己职能的一部分。社会主义国家的城市政府更是如此。因为在社会主义条件下，作为为人民服务的公共管理机关，城市人民政府的公共服务职能更加突出；而城市政府对防灾救灾的组织管理职能正是这种公共服务职能的一项重要内容。

2. 城市政府防灾救灾的组织设计与机构设置

就全社会而言，城市政府是防灾救灾的组织者和管理者，而有关防灾救灾的具体组织和管理工作又必须由城市政府的特定组织和机构负责。因此，城市政府必须建立专门的或综合性的防灾救灾组织机构。城市灾害行政学也应该研究这些组织机构的设计和设置问题，其主要内容有：

（1）防灾救灾组织机构的名称、性质和规模；

（2）防灾救灾组织机构的权力与责任配置；

（3）不同防灾救灾组织机构之间的权力关系；

（4）防灾救灾组织机构的运行方式。

3. 城市政府在组织防灾救灾工作中的社会动员

城市政府在防灾救灾工作中的作用主要是担当组织者和管理者的角色。而其组织工作中的一项重要内容就是要动员全社会积极参与城市防灾救灾工作，以集中必要的人力、财力、物力有效地应付紧急事态。由于城市防灾救灾工作的特殊性，城市政府在防灾救灾过程中的社会动员也有其鲜明的特点，这就是：

（1）社会动员的紧急性；

（2）社会动员的全面性；

（3）社会动员的必要强制性。

（二）城市政府防灾救灾管理的方法及其制度

在城市防灾救灾过程中，城市政府涉及大量有关防灾救灾的行政管理工作；概括起来，主要有以下几个方面：

1. 城市防灾救灾计划管理

城市政府必须把防灾救灾纳入其长期计划和年度计划体系。城市政府有关部门应通过对灾情的预测，制定出比较严密的防灾救灾计划，并应像对待社会、经济发展规划一样高度重视这些计划。

2. 城市防灾过程管理

城市防灾工作是一项经常性的工作。城市政府及其有关部门应把这项工作纳

341

入日常管理之中，制定具体的管理制度；否则，城市防灾工作就会落空。

3. 城市救灾过程管理

它包括城市救灾工作的决策、指导和信息传递等一系列环节。这方面的研究应重点探讨如何建立高效和科学的决策系统、快速和集中的指挥系统、灵敏和准确的信息传递系统。

4. 城市防灾救灾的经费和物资管理

为了搞好城市防灾救灾工作，城市政府每年要拨出大量的经费和物资；当出现严重灾情时，还有大量的捐款捐物。城市政府对这些经费和物资的管理，必须实行专款专用、专物专用；为此，城市政府需要采取一系列行之有效的管理方法和措施，制定和实施严密的管理制度。

从近年来的实践看，尽管目前我国城市的防灾救灾行政管理工作较过去大有改进，但还存在不少问题。如何进一步改进城市政府防灾救灾的行政管理方法，完善城市政府有关防灾救灾行政管理制度，是城市灾害行政学研究的重要内容之一。城市灾害行政学的研究对于城市政府防灾救灾组织与管理工作的科学化、高效化具有极其重要的现实意义。

三、城市减灾保险体系研究

由于城市具有人口与财富集中、活动集中的特点，一旦遭受灾害，损失惨重。除目前采取的各种防灾措施以外，充分发挥保险的作用，减轻灾害的冲击，无论在意识上、还是具体措施上，都有显著的积极意义。从性质上看，保险措施并没有避开灾害，因而仍属于城市防灾救灾的措施。

（一）城市减灾保险的特点与作用

保险是积累一种保险基金的科学、完善的经济上的组织形式。它是社会专门经济组织依法用投保人交纳的保险费建立保险基金，用以补偿投保人因自然灾害和意外事故造成的损失，故保险的对象是灾害事故中遭到损失的财产及利益。因此，城市能通过投保将灾害风险合法地转嫁给保险公司，使城市在遭到灾害后得到补偿。

1. 城市减灾保险的特点

城市灾害表现出易发性、突发性、相关性的特点；随着财富不断地向城市集中，灾害造成的损失将越来越大，残酷性在加剧。从城市的特点和城市灾害的特殊性可以看出城市减灾保险有如下特点：

（1）城市保险业潜力巨大

仅 1996 年全国城市建设固定资产投资就完成 948.63 亿元，投资 2 亿元以上的城市有 64 个，城市住宅建设投资完成 2987.23 亿元；如果按多年累计投资计算，即使这些项目部分参加保险，也将把保险业推向顶峰。

（2）城市巨灾风险大

由于城市财富集中，灾害频繁，城市巨灾也时有发生。如：1976 年唐山大地震，死亡 24.27 万人，损失超过百亿元；1991 年华东地区洪水泛滥，损失 300 多亿元，近一半损失发生在城市。

（3）城市减灾保险难度大、合作性强

如何吸引企业和项目参加保险，从哪一科目支付保险费，仍是一个很费时日的问题。在这些投资仍由国家安排、国家管理的情况下，目前没有科目支付保险费，保险企业须与行业管理部门认真合作，争取早日达成共识。

2. 城市减灾保险的作用

（1）保险公司的防灾防损措施与社会减灾措施的有机结合对于形成城市立体化、全方位综合防灾体系具有举足轻重的作用，对于树立保险企业形象、保持良好社会信誉也有积极的推动作用。

（2）保险公司在城市综合防灾减灾专业规划的制定过程中，以及这些规划纳入城市总体规划时，都可提出自己的意见，以确保这些规划实施的科学性和可行性；部门间的理性思考与保险公司经济分析的有机结合将使这些规划更加完善。

（3）企业财产保险承保金额中，建、构筑物占有相当大的比重。保险公司可以投资进行加固，或对加固的建、构筑物给予低费率优惠；云南丽江大地震就很好地说明了这笔投入是值得的。保险企业如果看好城建项目、肯将保险基金用于城市建设，将对完善城市投资环境、促进城市建设发展起到积极的推动作用。

（二）城市减灾保险体系的构成

可以认为，保险以其特有的优势在城市减灾领域日趋活跃，因而建立一套科学合理的城市保险体系已势在必行。下面是在现有险种体系上新增险种的内容说明。

1. 家庭财产保险中的住宅险

现有险种中已列入附加条款，主要面向私房，在住房商品化形势下可扩大到商品房。

2. 企业财产保险中的住宅险

企业财产保险中没有列入住宅保险，但很多单位拥有住宅产权，且在一定时期内难以更改，可在原有险种基础上加设住宅保险，以分散企业因拥有未能列入企业财产保险的住宅而承担的风险。

3. 生命线系统险

包括电力、燃气、供水、污水处理、通信等；这些企业一般固定资产较多，产品价格受国家限制，一次性支付保险费数额巨大，企业自身负担有很大困难。如果国家从救灾款中拨付保险费补贴，可将城市生命线系统风险从国家转嫁到保险公司；由于保险公司在资金运用上较掌握救灾款的民政部门更有优势，其总体经济效果更佳。另一方面，还防止了在救灾款拨付上的腐败现象。

在争取国家给保费补贴的同时，保险公司还应该根据各城市的实际情况，主要是防洪设防情况、应急预案编制情况、建筑物和构筑物抗震设防或加固情况，积极降低费率，扩大承保面。

4. 新建工程险

据了解，新建工程竣工后的几年是最易出险的时期，而保险公司尚无相应险种。建议设立这一险种，保费按工程造价的一定比例收取，施工单位和建设单位各分担一半；或由建设单位投保，相应扣减应付施工单位费用。竣工验收应由施工单位、建设单位、有关施工质量管理部门和保险公司四方联合进行。

就城市保险而言，保险企业应与住建部门通力合作，这是住建部门的职能所决定的。同时，还要与民政部门合作，救灾工作由民政部门归口管理；当然，还有公安部门等。总之，只有加强与有关部门的合作，保险公司才能将防灾工作做得更好，把损失减到最少。

5. 恐怖责任险

美国"9·11"事件后，国际上才出现了恐怖责任类的相关险种。恐怖类保险主要针对在建工程、标志性建筑、交通枢纽、商场等大型建筑或公共场所。国内对恐怖主义风险提供保障的保险产品多以附加险形式存在，且由于我国恐怖主义活动风险缺乏数据，保险公司缺乏恐怖主义活动应急处理和理赔经验等原因，普及面很窄。未来应针对此类产品的市场需求、产品费率，以及针对恐怖行为的鉴定标准进行研究，然后建立针对恐怖活动的责任险。

6. 巨灾险

我国是世界上自然灾害最严重的国家之一。联合国的统计资料显示，20世纪全球54个最严重的自然灾害中有8个发生在中国。根据我国民政部门的统计报告，1998～2008年的十年间我国每年因地震、洪水、台风等灾害造成的经济损失大都在2000亿元人民币左右。

在2008年雪灾和汶川大地震发生后，中国人保、中国人寿、中国平安、太平洋保险等立即启动了重大灾害理赔机制。针对2008年初的雪灾，保险业共支付了10.4亿元赔偿款，所占比例不到1%，与发达国家平均36%的灾害保险赔付水平差距较大。而汶川大地震灾害属于保险赔偿范围的险种仅占5%左右。

2015年12月5日，以人保财险宁波分公司为首的共保体完成了对宁波市13.8万户受灾户的赔偿。宁波市政府花3800万元购买的一年期巨灾保险，让这些受灾户得到了总计8000余万元的赔偿。2013年，百年一遇的"菲特"台风给宁波造成了300多亿元的直接损失，部分居民家庭财产损失惨重，生活受到严重影响，同时引发了一些社会矛盾。为此，2014年11月市民政局代表市政府向保险公司购买了一年期巨灾保险。当宁波发生台风、龙卷风、暴雨和洪水四类灾害时，对受到人身伤害的人员或财产受到损失的家庭进行赔偿，一年全市最高赔偿总额为6亿元。该巨灾保险的功能除了惠及民生、维护稳定外，还有预防灾害和辅助决策的功能。据悉，宁波市将续保巨灾保险。2015年7月"灿鸿"台风过后，保险公司利用专业优势将采集到的大数据绘制了一张全市"风险地图"，台风中各村、各社区平均进水深度、受灾户数一目了然。在之后的台风防御和低洼居民区改造中，这张图成了基层干部的"掌中宝"。

几乎所有的发达国家都建立了巨灾风险保险体系。而目前国内并没有专门的地震险，只有一些附加条款而已。地震属于典型的巨灾风险，而我国又是地震灾害多发的国家之一，没有哪一家保险公司敢冒巨大风险承担该业务。如果没有财税优惠政策鼓励，保险公司根本不可能去以小搏大。因此，当前应尽快明确巨灾保险立法工作，设立巨灾保险专项基金，建立政府支持下的巨灾保险制度和巨灾风险分级制度，让保险充分发挥灾后援助和赔付的保障功能。

四、城市综合防灾减灾法规建设

（一）国外城市防灾减灾法规建设的启示

1. 美国防洪法规

美国科学基金会1980年完成的《防洪减灾总报告》以及1983年完成的《美国的洪水及减灾研究规划》系美国权威文献，其中涉及防洪减灾的社会人文因素如法制建设的篇幅，对我国很有启发。

该报告论证了防洪法规的法学含义，举例阐明了法规的实质意义和产生过程，如：气象预报——气象预报和报告产生的法定进程；水文与水力学——洪水风险迁移和风险图的法律效应；环境学——从环境学的角度对河流渠化、洪水水位和流量等提出建议；健康与公共卫生——在洪泛区内实施保障生命安全与卫生的地方、州和联邦法规；社会学——鼓励和规范水灾时人们遵守公共卫生、公共安全和爱护公共财物的社会行为；经济学——建立和保障公共经济的有关法规；行政学——组织和协调跨行政地域的减灾行为，并提供法律保障。报告还特别列举了有关防洪减灾法制建设的3个重点：

（1）洪水保险项目和紧急事件应急措施；

（2）工程防洪减灾行为转移过程中的法规建设；

（3）防洪减灾规划中涉及社区的应急措施。

2. 日本防灾减灾法规

日本是世界上较早制定灾害管理基本法的国家。目前，日本制定的灾害法律有30多部，每一部法律都是伴随着一次重大灾害的发生而提出的。其中，最重要的法律是1947年10月制定的《灾害救助法》和1961年11月制定的《灾害对策基本法》，这两部法律是日本防灾减灾法规体系的基础。

（1）《灾害救助法》

由总则、救助、费用和罚则四部分构成。主要规定各级政府在灾害发生后进行紧急救助的任务和权限，规定各级政府应在平时作好计划，建立救助组织，规定政府有关部门在应付灾害紧急情况时可以拥有救助物资的征用权限等，规定救助费用的来源、使用、管理以及违反本规定的处罚等。

（2）《灾害对策基本法》

对有关防灾组织、防灾计划、灾害预防、灾害应急对策、灾后恢复的财政金融措施、灾害紧急状态及其他事项作出具体的法律规定。同时，日本政府还颁布了《灾害对策基本法实施令》和《灾害对策基本法实施细则》等配套法令，从而使《灾害对策基本法》具有高度的可操作性。

（3）1963年制定的"防灾规划"

它也是一项重要的法规。在该规划中，中央防灾会议指出了日本推进灾害对策的4项重点：

1）建立防灾体系，它包括防灾工作体系、自主的防灾体系、防灾业务设施和防灾设备；

2）促进防灾事业，努力促进国土保护和城市防灾结构化以及其他环境安全对策；

3）谋求迅速而切实的灾害恢复；

4）推进有关防灾科学技术研究，并对这 4 个重点的实施作出具体的指导。

（4）其他法规

除上述法律外，日本的防灾减灾法律还有《关于地震保险的法律》、《消防法》、《大地震对策特别措施法实施法》、《公共土木设施灾害的事业费国库负担法》、《水防法》、《活动火山对策特别措施法》、《台风常袭地带灾害防治特别措施法》、《砂防法》、《公共学校设施灾害复旧费国库负担法》、《海洋污染及海上灾害防治法》、《受灾者租税减免法》等。

由此可知，日本是世界上防灾减灾法规最完备的国家之一，其所有防灾减灾法规都已有机组织在一起，形成一个完整的法律体系。这一法律体系的有效执行为日本防灾减灾事业的发展以及整个日本经济的发展作出了贡献，我们尤应吸取的经验是日本格外强调综合防灾减灾法制建设的作法。

（二）我国城市综合防灾减灾法规建设的现状及对策

1. 法规建设的现状与迫切性

目前，我国已先后颁布了一系列有关防灾减灾的法律、条例、规定，为促进我国防灾减灾事业的发展、保护公共生命财产安全、调整防灾减灾活动中各种社会关系提供了法律保障。但从总体上看，我国的防灾减灾立法还处于相对落后的状况，还存在许多急需用法律手段加以解决的问题。

（1）体制问题

现在我国城市一旦发生大的自然灾害，各城市所需的救灾资金和救灾物资均向中央要，造成中央财政吃紧。同时，中央政府、城市政府、社会团体及个人在防灾工作中的职责还不明确，对各方面应承担的义务也没有详细的规定，造成一些城市和部门存在"等、靠、要"的思想。这样，既不利于调动各方面的积极性，也延误了防灾工作的及时性，必须依靠防灾立法来予以解决。

（2）城市基本建设问题

许多城市建筑物建在危险地段上，埋下了灾害隐患，还有的建筑占用了蓄洪、滞洪区段；一旦发生灾害，不但这些建筑本身有危险，而且还将严重妨碍整个防灾工作的顺利开展。这说明建筑规范的制定、实施和检查还缺少有力的法律保护。

（3）防灾立法体系问题

建国伊始，我国就开始了防灾立法工作，然而到 1989 年我国"国际减灾十年委员会"成立之后才真正重视防灾立法工作。原国家科委全国重大自然灾害综合调研组在其报告中论述了灾害立法的必要性，介绍了国内、外立法的现状，并提出了建立我国的"灾害基本法"和"灾害救助法"的建议，但迄今未实施。

据统计，新中国目前颁布与自然灾害有关的法律法规文件共有 6000 余部，与减灾相关法律法规文件共有 30 余部。但我国防灾、减灾立法主要还是针对地震、水灾、火灾、气象灾害等单一灾种，虽然涉及面不少，但存在法律条例重复、相互协调性差、不同法律间缺乏整体性与联系性、可操作性不强等问题。尤其是我国一直缺乏一部多灾种的综合性的防灾基本法，导致在各种防灾减灾中的共性问题缺乏统一规定，灾害发生后救灾券责划分不明确。其次，相较于发达国家的防灾减灾法律体系，我国的防灾减灾立法只囊括了我国发生较为频繁的几种灾害，灾种覆盖面窄，灾后的救助与灾后恢复重建领域的法律法规十分缺乏（表 8-1）。

我国已颁布实施的防灾减灾法 表 8-1

自然灾害	事故灾害	突发公共卫生事件	突发社会安全事件
《防灾减灾法》、《防洪法》、《水法》、《草原法》、《森林法》、《防沙治沙法》、《气象法》、《水土保持法》	《矿山安全法》、《安全生产法》、《消防法》、《海洋环境保护法》、《大气污染防治法》、《水污染防治法》、《放射性污染防治法》、《固体废物污染环境防治法》	《食品安全法》、《传染病防治法》	《突发事件应对法》

2. 对策

（1）运用并完善已有的法律成果

以北京为例，从 1983 年起，北京市建委已起草或制定了规章、草案和规范性文件 130 多项，基本上作到了建设工程从开工到竣工的各重点环节都有相应的管理办法或实施细则。但这些法规多为日常建设所需，无法与北京城市总体规划相配套，无疑有碍于北京城市综合防灾工作的深化。

（2）加强城市防灾减灾法规体系建设的理论研究

城市综合防灾减灾法规所涉及的内容非常广泛，包括各个灾种和防灾领域的各个方面。防灾立法的基本任务是规范防灾工作的内、外部关系，即灾害管理部门与社会其他部门之间的相互关系，以形成一个合理的、符合经济社会发展需要的灾害管理行政结构，保证防灾事业的协调发展。科学设计我国的防灾法规体系，可使防灾立法活动减少主观性和盲目性，而增强科学性和计划性，并与其他已经或即将制定的法律文件在内容和形式上相统一，从而使防灾立法从整体上真正发挥预期的社会作用。

（三）我国防灾减灾法规体系的基本模式

我国的防灾减灾法规，根据制定机关和法律形式的不同可分为不同层次的法规，根据防灾减灾法律规范所包括的内容的不同可划分为不同部门的法规。根据国情，我国的防灾减灾法规体系应包括综合防灾减灾基本法、部门防灾减灾法、防灾减灾行政法规和规章、地方性防灾减灾法规等 4 个层次。

（1）《灾害基本法》应是我国防灾减灾法规体系的第一个层次

它是以我国宪法为基础制定的有关防灾减灾工作责任和义务的基本法律，对灾害管理的基本内容、原则及大政方针予以明确，对灾害管理的目的、范围、方针、政策、基本原则、重要措施、管理制度、组织机构、法律责任等作出原则性规定。《灾害基本法》中最重要的部分是有关灾害管理组织和灾害防御预算方面的内容。从长远来看，我国的税收法应当确定全部税收中的一定比例为减灾资金，由中央政府的相应机构管理，以解决目前我国城市普遍存在的减灾资金不足的问题。

（2）部门减灾法是我国防灾减灾法规体系的第二层次

根据规范内容的不同，部门减灾法可包括灾害救助法、防灾基本计划、传染病防治法、地震法、消防法、防洪法、人民防空法、地质灾害法、气象法、保险法等内容。

除已颁布实施的法律外，各有关部门应积极制定相应的法律以及配套性的实施法规，还应根据《灾害基本法》制定防灾基本计划、防灾业务计划和地区防灾基本计划及标准，规定必要的防灾措施的基本要点。

（3）防灾减灾行政法规和规章是防灾减灾法规体系的第三层次

主要是为实施《灾害基本法》和部门防灾减灾法律而制定的规范性文件。此外，对于较具体的基本法或部门防灾减灾法中未予规范的问题，也由防灾减灾行政法规加以规定。这一层次的法规从数量上说应是我国防灾减灾法规的主体。

（4）地方性防灾减灾法规是防灾减灾法规体系的第四层次

它是为执行国家有关防灾减灾的法律、行政法规及根据本城市区域的实际需要而制定的规范性文件。由于各地实际情况的差异，这一层次的法规应因地而异。

由上可知，我国目前防灾减灾立法在各个层次还有不少缺口，特别是高层次立法，如防灾基本法、救援法、地震法、重大事故法等还是空白，没有形成相对完备的一整套法规；这就降低了法规的权威性，影响了防灾减灾法规整体作用的发挥。

五、城市防灾的价值工程分析

（一）价值工程的概念、意义及模型

1. 价值工程的概念与意义

（1）概念

价值工程（Value Engineering，简称 VE）是一种新兴的现代化管理技术；顾名思义，价值工程就是一种为了体现研究对象价值、使其价值最大化的管理方法。它运用调查、分析、对比、计算、评价的方法来探索并解决有关产品生产、科学技术研究和行政决策等部门的经济效益问题。价值工程既研究技术问题，也研究经济问题，其目的是使技术和经济相结合，使综合效果处于最佳状态。因此，它不仅是一种提高工程和产品价值的技术方法，而且也是一项具有指导决策作用的、有效的现代化经营和管理科学。应用价值工程的理论和方法去分析和解决问题，将取得显著的技术经济效益。

（2）意义

运用价值工程原理分析城市防灾工程的效益，有利于城市决策者了解城市防灾工程的价值，下决心采取多渠道筹措资金，来为城市防灾工程及其设施的规划、设计和施工创造条件。

2. 价值工程分析模型

作为一种评价产品功能有效程度的衡量标准，价值工程涉及研究对象的价值、功能和寿命周期成本这三个基本要素。

通常，价值工程分析与计算采用如下公式进行：

$$V = F_i/C_i = (F_1 + F_2 + \cdots\cdots + F_n)/(C_1 + C_2 + \cdots\cdots + C_n) \qquad (8\text{-}1)$$

式中：V——价值或价值系数；

　　F_i——功能值或功能系数；

　　C_i——投入的成本或投入系数。

上式体现了当研究对象的功能不变的情况下，寿命或全寿命周期成本越低，所得到的价值越大；即：以最少的费用换取人们所需的功能。那么，价值工程的研究对象正是如何提高产品的功能与寿命周期成本的比值。

将其应用于城市防灾工程的价值工程分析，则为：

$$V = \frac{F_i}{C_i} \qquad (8\text{-}2)$$

式中：V——城市防灾工程的价值；

　　F_i——城市防灾工程的功能值；

　　C_i——城市防灾工程的投入值。

从式中可以看出，如果城市防灾工程的功能值 F_i 发挥得越充分、所需的投入 C_i 越少，则价值系数 V 就会越大。因此，加强城市防灾工程体系的前期工作，优化工程方案，充分发挥其功能，是应该在防灾工程方案实施之前、实施过程中以及实施后都必须不断地优化和重视的工作。

（二）价值工程的特点、分析方法与工作流程

1. 价值工程的特点

（1）价值工程的目的是如何提高项目的价值，也就是如何以该项目最低的寿命周期成本来获取业主所需的功能。

（2）价值工程的核心是对项目应该具有的功能进行分析。在价值工程中，研究对象的功能主要是指其能满足业主某些需求的一种属性。通俗地讲，比如一栋建筑，业主可以选择安装直升电梯或者是只修建楼梯，这就是这个项目的功能的一种体现。业主根据自己的需要，通过对功能的分析、定位，就可以客观、科学地确定项目所需功能，从而找出实现项目所需功能的最优方案。

（3）价值工程不仅考虑了项目的寿命周期成本，同时兼顾了业主的需求和利益，其对价值、功能、成本的考虑是有机结合的。这样，更有利于创造出价值最大化的建设项目。

（4）价值工程要求规划设计人员不断改革创新，开拓新思路，运用新技术、新材料，以获得新的方案来承载更多的功能，以最节约的方式来提高经济、技术效益。

（5）价值工程着眼于项目的寿命周期成本。项目寿命周期成本是建造成本和使用成本的总和，二者之间存在此消彼长的关系。在价值工程中，只有当二者之和达到最低点时，其所对应的功能才是以成本的角度出发所确定的最适宜的功能水平(图 8-1)。

（6）与寿命周期成本分析有共同之处的是，价值工程也是一个量化分析的过程，必须将项目的功能和寿命周期成本均转化为最优值，才能得出项目的价值。

349

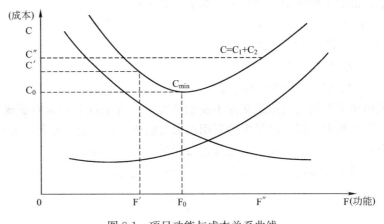

图 8-1　项目功能与成本关系曲线

2. 价值工程的分析方法

价值工程是以采用最低的寿命周期成本来获取业主所需的功能为目的而进行的集体智慧的应用和有组织的活动。通过价值工程的数学表达式 $V = F/C$，可以得出一系列提高项目价值的途径，总结出一套科学的价值工程分析方法。

（1）在提高项目功能的同时降低项目的寿命周期成本，是提高项目价值最理想的途径。

（2）在项目功能不变的条件下降低项目的寿命周期成本，可以提高项目的价值。

（3）在项目寿命周期成本不变的条件下提高项目的功能，可以提高项目的价值。

（4）在项目寿命周期成本略有上升的条件下大幅提高项目的功能，可以提高项目的价值。

（5）在项目功能略有下降的条件下，大幅降低项目寿命周期成本，可以提高项目的价值。

当价值工程应用于城市防灾工程建设项目时，通过对城市防灾需求的分析，对多个规划设计方案进行比选，选择出价值较高的方案或者选择出可以改进的方案，保证其必要的防灾功能，剔除不必要的功能，补充不足的功能。这样，就使得城市防灾工程建设项目的功能结构更加合理，从而达到可靠地实现城市所需防灾功能的目的。同时，也要求规划设计人员努力寻求提高城市防灾工程项目价值的途径，创新思维，应用新技术、新材料；这样，才能实现城市防灾工程建设项目的价值最大化。

3. 价值工程的工作流程

价值工程的工作流程大致分为四个阶段，分别为：准备阶段、分析阶段、创新发展阶段和方案实施与评价阶段。实际上也就是对问题的提出、分析、解决的一系列过程，大致如表 8-2 所示。

价值工程工作流程　　　　　　　　　　　　　　　　表 8-2

工作阶段	工作流程
准备阶段	确定研究对象，组成工作小组，制定工作计划
分析阶段	收集信息资料，对功能进行定义、分析、整理与评价
创新发展阶段	创造并评价方案，编写提案
方案实施与评价阶段	审批并实施方案，评价成果

价值工程的基本思路就是强调功能与成本的匹配，通过对项目的功能进行定义、分析、整理，将其各组成部分的功能转化为量的表达形式，最终确定其功能评价系统，在做规划设计限额分配的时候以此做为供参考的技术参数。

（1）准备阶段

在准备阶段，首先要确定价值工程的研究对象，围绕对象才能开展分析、评价、改进。在对象的选择上，一定要以对项目运行影响大的部分作为研究、改进的对象而开展价值工程活动。例如，在城市防灾工程设计上，对功能要求较高、施工工艺复杂、工程量较大的部位进行价值工程研究，可以使城市防灾工程项目的功能、质量、技术水平得到优化，从而提高防灾工程项目的价值；而从成本上看，要选择成本所占比重较大的部分，例如人工、材料、管理等方面。

在确定研究对象以后，就可以组成价值工程研究小组，制定工作计划，以便科学、合理地开展后续工作。

（2）分析阶段

分析阶段是价值工程研究活动的核心阶段，其对项目相关信息的收集、分析，对项目的功能进行定义、分析，确定项目各功能之间的关系，准确掌握业主对项目的功能需求。同时，在收集资料的时候，要特别注意涉及项目寿命周期成本确定的一切可能性因素资料的收集。

1）功能分析。是对业主所提出的功能进行定义，并根据功能的重要程度、性质、量化标准等进行分类，通过建立科学的功能整理，使得该项目的功能系统化，让业主可以识别出不合理或者不必要的功能，并将其剔除出去，调整功能之间的比例关系，使项目的功能定位更加准确、经济效益更高，为下一步要进行的功能评价和方案构思工作提出可靠依据。

2）功能评价。在对业主所需的功能进行分析和整理之后，就要对功能进行评价，确定功能的价值；找出实现功能的最低费用，作为实现该功能的目标成本，并以目标成本为衡量标准，通过与为实现该功能可能发生的成本做比较，得出以下公式：

$$功能价值系数＝功能的目标成本/功能的实现成本 \qquad (8-3)$$
$$改善期望值＝功能的实现成本/功能的目标成本 \qquad (8-4)$$

当功能价值系数等于 1 时，就意味着功能的目标成本与实现成本相匹配，价值水平最佳，方案无需改进。当功能价值系数大于 1 时，就意味着功能的实现成本小于目标成本，是最理想的价值水平，但同时规划设计人员也可以考虑是否该部分功能过剩或者考虑增加成本。当功能价值系数小于 1 时，就意味着功能的实

351

现成本大于目标成本，此方案的实现成本偏高，有需要改进的地方：可能是该方案功能过剩，亦或是该方案实现该功能的方法不佳；这就要求规划设计人员对方案进行修改、完善并趋于经济、技术的合理化。改善期望值则正好反映了该方案要求规划设计人员进行修改、完善的程度。

这里要注意的是，各功能的目标成本是较难确定的，一般要根据功能的重要性系数评价法来确定。顾名思义，在将业主所需的功能进行定义、分析、整理后，根据功能的重要性来确定功能的重要性系数；然后，根据所得到的功能重要性系数将项目的目标成本按比例分配到每个功能区。

（3）创新发展阶段

创新发展阶段的主要工作内容包括：方案创造、评价及提案的编写。其根据前面两个阶段所计算出的依据编写设计方案，然后根据价值工程原理对方案进行评价、筛选，将最优方案进行修改、完善后绘制出最佳的实施方案。

1）提出新方案。之所以称为"创新发展阶段"，就是规划设计人员在确定改进目标后，通过创造性思维提出整改方案，使其达到业主所需的功能要求，并提高项目的功能价值。

2）方案评价。在创新发展阶段，规划设计人员提出的规划设计方案是多样的，价值工程要针对多种规划设计方案进行分析、比较、论证和评价，对最有可能付诸实施的方案进行调整和完善。对方案的评价一般从技术可行性、经济可行性和社会评价三方面入手：技术可行性主要研究方案中实现业主所需必要功能的可能性水平；经济可行性主要考虑项目的寿命周期费用及实现目标成本的可能性；社会评价主要研究方案对社会带来的各种利弊影响。最后，要对方案进行综合评价，对整个方案的组成部分做出系统、全面的评价，从中选出最先进、合理，对社会最有利的最佳方案。

（4）方案实施与评价阶段

经过对众多方案的评价分析并选定最优方案后，由工作小组对方案进行审批、实施。在实施过程中对实施情况进行监督、检查；遇到问题或偏差，迅速进行调整、纠偏，直到方案实施完成。最后，当然少不了对项目实施进行验收和总结；这样，才能为以后的工作带来好的经验。

（三）城市防灾的价值工程分析实例

1. 价值系数计算

以下以《建国40年水利建设经济效益》一书所介绍的资料（表8-3）作为城市防洪排涝工程的价值工程分析的基础资料。

建国 40 年来长江流域防洪排涝经济效益、投资资金、投劳折资表　　　表 8-3

省　名	防洪经济效益值（万元）				投入资金（万元）	投劳折资（万元）
	合　计	减免农林经济损失	减免城市经济损失	负效益		
湖　南	1241489.68	1241489.68		13967.00	119684.48	120456.00
湖　北	5073410.66	2964961.66	2108449	39795.38	231250.62	134671.54

续表

省 名	防洪经济效益值(万元)				投入资金 (万元)	投劳折资 (万元)
	合 计	减免农林 经济损失	减免城市 经济损失	负效益		
其中:武汉市	2108449.00		2108449		30686.35	678.75
汉江中下游	1315239.60	1315239.60		10216.15	54239.71	16607.62
江 西	702222.93	702222.93		19317.55	52522.31	96034.21
安 徽	1958613.00	1715613.00	243000	23724.00	87804.00	246161.00
江 苏	1884738.00	1604492.00	280246	3998.00	44336.85	139608.80
河 南	169835.60	169835.00		8904.00	12505.60	42542.00
陕 西	38346.00	38346.00		4897.00	4965.00	7045.00
四 川	831046.04	831046.04			34217.44	56379.81
合 计	1189701.31	9268006.31	2631695	114602.93	587285.70	822898.36

依表中资料,运用价值工程原理来分析、计算武汉市的防洪效益值,即减免城市经济损失值为 2108449 万元,武汉市的防洪投入为 30686.35 万元,投劳折资为 678.75 万元,则价值系数为:

$$V = \frac{F_i}{C_i} = \frac{2108449}{30686.35 + 678.75} = 67.2 \tag{8-5}$$

由上式可以看出,建国 40 年来武汉市的城市防洪排涝工程的价值是非常高的,是很值得各级决策者和经济建设者与开发者予以高度重视的一项事业。

如果以整个长江流域的防洪工程情况进行价值工程分析与计算,则

$$V = \frac{F_i}{C_i} = \frac{11899701.31}{587285.70 + 822898.36 + 114602.93} = 7.8 \tag{8-6}$$

式中,F_i——整个长江流域的防洪经济价值,C_i——整个长江流域的防洪工程投入加投劳折资加防洪工程负效益。

武汉市的防洪排涝工程价值系数是整个长江流域的价值系数的倍数,为:

$$B = \frac{67.2}{7.8} = 8.6 \text{ 倍} \tag{8-7}$$

2. 结论分析

由上不难看出,防洪工程设施中尤其应重视城市防洪排涝工程的作用与地位,大江大河及有关流域规划应以城市防洪为重点来开展全流域的综合治理与开发规划;在当今城市化日益发展的情况下,尤应如此。

与此同时,运用价值工程原理分析城市防洪排涝工程的经济效益,也给我们以极大的启示:在当前,我国各级城市迅速发展的情形下和社会主义市场经济条件下,应以极大的力量积极抓好投入较小而效益很大的城市防灾工程的规划设计、施工及管理工作,提高居民的城市防灾科技意识,大力开展科学决策,让城市防灾工作在现代化城市建设和经济、社会发展中发挥其应有的功能与作用。

六、现代城市防灾学的理论模型

(一)城市综合防灾的系统论思想

一般系统论认为，系统是相互作用的诸要素的复合体，强调系统运动的动态观点和系统结构的等级观点。系统科学不但已成为现代科学技术发展重要的来源，而且为丰富和发展辩证唯物主义提出了新课题，并提供了大量的新素材。无论是城市自然灾害，还是人为灾害，致灾因素、灾害载体与受灾体都构成了单个灾害系统；各类自然灾害之间相互联系，又组成复杂的多元自然灾害系统。防灾涉及自然、社会、经济的各个方面，必然是一项复杂的社会系统工程。因此，城市防灾学研究必须以现代系统论为指针。

（二）控制论在城市防灾学中的应用

维纳于 1943 年创立的控制论是系统科学体系的重要组成部分，它主要研究系统的可控性及自动控制系统的途径和理论。到 20 世纪 70 年代，控制论已从机械领域扩展到经济控制领域和社会控制领域，从而也使控制论成为城市防灾学的重要理论基础。所谓灾害的可管理性即可控性。观照大多数自然灾害，是很难阻止其发生的，但人类仍有可能运用控制论的方法，特别是反馈原理对其进行监测，并在一定程度上控制和缩小其负面影响。

（三）信息论与城市防灾学

信息论的基本内容是研究信源、信宿、信道及编码问题，后来扩展到研究信息的产生、传输、存储、处理、识别、利用等，成为系统科学的重要组成部分和控制论的基础。无论是减轻城市自然灾害，还是人为灾害，都要获得和处理灾害信息，分析其成因及影响因素，才能发现正确的减灾途径。而每次灾害之后积累的减灾信息又可成为今后改进城市防灾工作的宝贵依据。

（四）耗散结构理论在城市防灾学中的应用

普里戈津于 1969 年创立的耗散结构理论在 40 多年间取得了迅速的发展。这一理论指出，自组织现象只有在非平衡系统中，在与外界有着物质和能量交换的情况下，系统内各要素存在着复杂的非线性相干效应时才可能发生，并把这些条件下产生的自组织有序态称为"耗散结构"。它表明，一个自组织开放系统是能够从外界引入熵而提高有序度的。哈肯创立的协同学也是研究系统从无序走向有序的科学，它从不同的角度得出了与普里戈津相同的结论。灾害在一定意义上也可看作是一种无序化的破坏，要提高系统抗御灾害的能力，保证社会、经济的持续发展，就需要从系统外部输入物质、能量和信息，改进系统的结构，提高系统的稳定度和自组织能力。

（五）突变论与城市突变性灾害

托姆于 1972 年创立突变论，研究系统结构的突变现象及其机制；突变即系统旧结构的顷刻瓦解和新结构的立即诞生。他运用拓扑学、奇点理论和结构稳定性等数学工具研究非连续性的突变现象，描述了飞跃（突变）与渐变两种质变方式的实现条件和范围。严重的城市自然灾害可看成是一种突变现象；研究系统惯性回归作用与涨落之间的关系，有助于改进对突发性灾害的预测工作。

（六）风险理论与城市灾害风险管理

风险分析是利用概率论和统计方法定量估计系统出现失效的风险程度，在系统缺乏现成的失败或故障数据的情况下，提供该系统出现事故可能性的大小；根据决策树给出的数据，领导部门可以作出如下决策：

（1）该系统是否应该上马或继续工作；

（2）需要增加哪些安全措施；

（3）如不能决策，还应进行哪些研究。

通常，对准备实施的计划都应进行风险预测和风险决策，计算和估计决策方案在不同状态下实施的损益值。对高新技术的风险投资和对灾害的保障事业都是以风险理论为依据的。对风险的管理不仅是要作出风险分析和预测，还要进行跟踪分析，对可能出现的各种风险要提出相应对策，使风险降低到最低程度。

（七）危机理论与城市防灾

危机管理是现代城市防灾风险管理的高级阶段，它适用于灾害临近或发生后的管理。制定危机管理计划，是危机管理的最初步骤，其主要内容包括：

（1）危机的调查；

（2）危机的预测；

（3）危机处理手段的选择；

（4）危机处理预案的编制；

（5）危机的控制策略等。

在制定危机管理计划之后，重要的是建立危机管理系统，并进一步确定具体的应急行动方案。

（八）博弈论与城市防灾

交战中一方采取某种策略之后，另一方总是采取最不利于对方的策略群与之对抗，使对方得利最小。当然，这里要选择使己方获得最大的安全防灾策略组合。

七、城市救灾与重建事项

（一）搜救

根据各国的经验，在碰巧有一定生活资料的情况下，幸存者可能在坍塌建筑物中的蜂窝状空隙存活 2～3 周。在完全排查所有空隙之前，或搜救时间已超过三周之前，不要轻易放弃，具体做法如下。

（1）为达到最高效率，搜索和营救应由独立团队完成。

（2）当使用不能直接确认幸存者存在（如目视、对话）的搜索方式（搜救犬、声学仪器）时，须由两个独立搜索分队确认，以保证之后的营救工作有的放矢。

（3）搜救区域必须严格戒严，并最大可能保持安静。

（4）使用固定、醒目的符号对已经完成搜索的区域进行标识，以节约宝贵的时间和人力。

（5）在搜救人力、资源、时间有限时，须对搜救地点的优先级进行选择。

（6）每个营救地点都必须指定一人专门负责协调，统一指挥，全权进行人员调度。

（二）遗体处理

遗体处理要人道，一个是对于死者的尊重，二是死难者遗体对家属的心理康复也别具意义，需要谨慎处理。

355

日本规定：灾情发生后 24 小时之内，确保棺材和干冰；72 小时之内，向志愿者提供信息，发动志愿者搬运遗体到火葬场。

综合防疫、人情与幸存者心理康复等方面需要，当前条件下，地震死难者的遗体处理可大致参考如下步骤：

（1）所有遇难者马上消毒掩埋或火化。

（2）在掩埋、火化之前，能得到亲属辨识最好。没有得到辨识的，必须用数码相机等工具大量照相。特别是注意死难者的衣物，并将各种随身物品一起照，每位遇难者应照多个不同的角度。

（3）应该有专人（可由志愿者协作）建立细致的遇难者档案库，把每位遇难者相关的情况集中在一起，例如，遇难地点，掩埋、火化地点，找到的场所、遗物、照片等。

（三）心理抚慰

当事人的痛苦一般会经历几个阶段：失去亲人悲痛；从丧失亲人的不幸中体验到痛苦；接受丧失亲人的现实；适应没有心爱的人存在的生活。由于心理问题的多样性，需要根据受援助者不同的情况，由不同层次的心理工作者来选择相应的咨询方案和治疗手段。

1. 不同阶段的心理援助重点

具体来说，专业的心理从业人员应该构建整体心理援助，分清灾难不同阶段的工作重点：

（1）1 个月内，心理受冲击人群间的相互心理陪伴，并结合专业的心理陪护和心理咨询；

（2）1 个月后，将团体和个体心理咨询和治疗相结合；

（3）3 个月到 3 年，为个案的心理治疗。

2. 心理救援方式

早期工作重点应放在稳定当事人的情绪，使他们重新获得危机前的情绪平衡。

在当事人情绪稳定后，咨询师应帮助他认识到存在于自己心中的过度冲动和自我否定成分，重获冷静思考和自我肯定，从而实现对生活危机的控制。

第三是心理、社会转变，将个体内部适当的应对方式与社会支持、环境资源充分地结合起来，使当事人对问题解决的方式有更多的选择机会。因此，帮助受灾人群完成心理自助团体的搭建和异地长期跟踪指导，就非常必要。

咨询师要根据当事人的情况和阶段对不同的模式进行选择与实施。

（四）志愿行动

1. NGO（非政府组织）的"无声"之作

在判定救援重点的基础之上，NGO 的参与应该发挥自己特色，与政府救助形成良好的协同力，工作要定向，有的放矢。简而言之，NGO 的长项就是"无声"工作。

（1）无声的场所

政府开展大规模的统一救助，总会有一些被忽略的地方；人们通过个体传达、手机短信、网络论坛等形式发出的微弱呼声是 NGO 应该特别关注的信息。

（2）无声的群众

如救援资源较容易沿媒体视线向某些方向集中，造成资源数量和类型上的配置不平衡，NGO 应该能够更及时地发现更弱者的需求。

（3）无声的视角

如在公众视线停留在救生的感动时，NGO 应该留意和提醒在尸体处理、水污染、二次灾害、流行疾病等各方面潜在的危险。

（4）无声的领域

如受难者的心理关怀、孩子或妇女的特殊需求、救援人员本身的健康等细微的领域。

我国的 NGO 已经在实践，例如：设立网站，专题汇聚信息；发布赈灾专刊，传递需求；紧急专业培训；有意关注弱势等。NGO 也在救灾过程中学习，认知自己的特性不是感动，而是专业。现在已有相当多的 NGO 与志愿者进入灾区，协助政府部门完成各项工作。

2. 志愿者的工作

（1）志愿者的工作任务

根据台湾社工参与灾后重建的经验，进入灾区的志愿者的工作任务大致包括：在短时间之内，迅速建立灾民收容中心的有效管理机制，协助灾民解决卫生、治安、生活饮食等问题；迅速建立有效联络管道，促使资源能有效、合理分配；通过志愿者的倾听与接纳，协助灾民纾解所承受的压力；收集、调查灾民需求，协助政府与民间后续救灾。

（2）志愿者的组织框架

志愿者的组织框架需要有效发挥作用，最好不要以原子式的个体直接切入救灾重建的过程，而是要主动建立起合适的组织架构，形成整体协同工作的能力。可以组织为每 20 人一个梯次，下面再分小组；每一小组有组长，所有成员的行事与工作分配应接受组长指挥。各种小组应该分工，比如分为决策小组、后勤调度小组、具体执行小组等几个部分。

1）决策小组。了解灾区正式与非正式组织，与其所能提供的资源与协助；联络各救灾中心、指挥中心、服务中心、收容中心的负责人并建立资源手册；协助当地召开"赈灾协调会议"，在会议中提供现有资源与报告灾民需求调查结果，促使政府部门或民间资源提供者针对灾民需求提供相关服务。

2）后勤调度小组。确定政府部门提供的相关协助或资源；前线工作小组的招募、编组、训练与后勤支持；提供工作小组各项最新资料或资源；联系相关资源单位；动员、整编相关人力、工作手册与训练。

3）具体执行小组。协助资源收集；协助灾民收容中心的组织运作；将先遣小组提供的资源与信息提供给灾民；参与灾民需求调查与家庭访问等。

4）工作小组组长。向决策小组报到接洽，确定工作内容；指挥与督导小组成员每日工作情况；协助前线社工人员与心理压力之处理；各组间协调与沟通工作。

（3）志愿者的工作流程

报到（行前说明：认识组长与组员）→出发与抵达（与上梯次的小组交接、了解工作内容；生活安顿）→由组长安排、分配任务→展开工作→每日工作会议→记录工作日志→与下梯次人员交接→返回原出发地→与调度人员分享经验→解散。

（五）灾民安置

1. 灾民安置工作阶段

大规模的生命抢救活动告一段落后，接下来的就是灾民的安置工作。

（1）第一阶段

建立供临时居住几周到几个月的避难所。日本阪神大地震中，高峰期共设置避难所1235处，接收灾民约32万人。设立避难所，除了保障各家庭生活、医疗和对外通信联络外，还应该在重建社区方面下功夫。这样，有利于灾民之间互相激励，互相帮助，有利于灾民的心理健康和康复治疗。

关于避难所的管理，在初期应动员、利用志愿者参与；同时，为了促进灾民的自主、自立精神，应尽早地制定避难所内的生活规章，设立临时管理组织和由灾民选出各自的负责人，明确值班制度，发挥每个避难者的能动性。

（2）第二阶段

建设临时简易住房。根据其经验教训，日本认为安置工作应该提出一揽子的方案供灾民选择，可以鼓励灾民投亲靠友或租房暂住，也可以按照受损建筑的破坏程度帮助灾民进行修缮、加固。为了使灾民能尽快地搬进临时简易住房，应避免建设大规模的住宅区，以降低成本，缩短入住时间。房型结构以独单或二居室为主。为了节约空间，可以采用设计公共厕所、公用厨房、公共洗澡间的办法，也可以建设一些双层的单身宿舍，以解决未婚青年和单身职工的入住需要。

关于入住灾民的选定，日本阪神地震后采取了以市、区、町为单位，优先照顾老弱病残，通过抽签来选定入住者的办法。但这种办法打乱了原来的社区单位，在邻里关系、互助互救等方面存在诸多缺陷，也导致管理不便。因此，应采取按社区或村落为单位实行抽签的办法，使原来的社区不致打乱。

2. 建设简易住房区的要求

由于灾民在简易住房中可能要生活很长一段时间，因此在建设简易住房区时还应同时建设临时的诊疗所和心理咨询中心、小型百货商店、临时公安派出所，必要时还要设立公交线路，以方便灾民的生活和工作。

参考日本阪神大地震灾后建设简易住房区的经验，同时考虑中国的国情，建设简易住房区时应注意以下要求：

（1）充分利用当地材料（包括地震倒塌房屋的废旧建材），在当地灾民已经自发建设的简易地震棚的基础上进行必要的技术指导和提供必需的材料，对已有简易住房进行加固。同时，划片规划整理，形成有秩序的简易住房区。尤其要注意简易住房的屋顶梁架轻量化，做到"头轻脚重"，防止次生灾害的发生，同时还要保持通风、日照，防止传染病流行。

358

（2）统一制定包括消防、急救等在内的安全保障措施，尤其是要规划出消防安全距离及紧急车辆通道。同时,在简易住房区内尽早建立居民互助体制,并为其提供必要的活动场所。

(3)在规划建设简易住房区时要有较为长期的打算和安排。在包括水、电、气、交通、购物、就诊等基本生活设施方面,应该做到向灾民提供一年甚至长达数年的基本生活环境和市政服务。

(4)在简易住房区内划片设置公用厨房食堂、公用浴室及公用仓库等,以便于更加合理地利用有效空间及节约初期投资。

(5)简易住房区应尽量选址在附近有未遭受破坏的大型公共设施如坚固的体育馆、礼堂、剧场、医院、大商场或宾馆和大型厂、矿宿舍等处。这样,可以更有效地利用既有水、电设施及厕所、浴室等,也可以确保必要的生活及活动空间。

(六)建立救援部队

军中建立灾害救助部队。野战军进入灾区,仅止于挖掘,徒手部队在灾区能做的事与平民没有区别。筹划应急救援工作时,应该优先考虑在第一时间最需要的通信、工程、医疗这三个兵种。

1. 通信兵

灾区通信系统被毁,通信兵必须以二人为一组被空降到灾区;预警机立即升空,在灾区上空中继无线电讯号。通信兵能汇报各个灾区或缺饮水、或缺粮食、或缺药品的情形,救援机构可以有的放矢。接着,野战通信单位进入灾区建立无线、有线通信网。

2. 工兵

抢修道路最重要,由工兵承担。只要道路可通灾区,医药、饮水、食品就可送往灾区,伤患和尸体也可运离灾区,以免疫情散播。工兵车辆和军用救护车承受恶劣路面的能力远强过民用车辆。工兵轮番向灾区挺进,遇到第一个坍塌障碍时,排障时只求后续梯队车辆和救护车能通过。第一梯队留在原地继续抢修,直至民用车辆可以通行;第二梯队再遇到障碍,同样抢修,让第三梯队快速通过;等到第三梯队排除新障碍时,第一梯队已经超前赶到下一个障碍点了。这样,可以锐减抢修整条道路所需的时间。

通信兵和工兵还需要挑选学校操场,清理出简易的直升机起降场。抢修道路中,物资运入灾区,塞车难免。灾区急需药品或重患要送医院治疗,需直升机运输。救援总部也需要建立直升机前进基地,由地勤人员带着器材和易耗部件,就地维修各军种直升机,以争取时效。

3. 卫生兵

野战医院也很重要。军用救护车等于小诊所,小手术能在车上进行,药品也可空投。重患用直升机送往后方。

所以,如果国家有一支专业部队,就像对待战争那样,时时处于高度警惕状态,随时都可以奔赴灾害现场,就可减少自然灾害所带来的生命和经济损失。

救灾是一个系统工程,涉及从拯救、治疗和输送人员到分发救灾物资和提供临时房屋的整个系列。雪灾、水灾、震灾等自然灾害带来的损失不一样,事后应对的步骤和方法也不同。灾害救助部队可以在平时针对不同灾害研究最佳救助方

359

案，研发救助技术和器材，进行救助训练和演习。这样一支具有高救助技术，能够做到兵来将挡、水来土掩的专业部队，一定会提高救助效率。

把灾害救助专业队伍建在军队中具有可行性，所需预算也最少，人员和直升机等运输工具都可以从现有部队抽调。这支专业部队和平时期以灾害救助为任务，战争时期则可以作为后勤部队负责伤病员的救护和输送等。

2001年4月27日，中国国家地震灾难紧急救援队正式成立，主要依托工兵团某部，由国家地震局应急司主管。中国地震应急搜救中心则负责相关的技术培训和物资保障。他们是目前中国最精锐、最有经验的地震救援队。在过去十年中，他们曾出现在阿尔及利亚、印尼、伊朗等国地震现场。这支队伍配有300多种装备及20余条搜索犬，是一支达到了联合国重型救援队标准的专业地震灾害紧急救援队。其包括救援队员、地震专家和医护人员，共分3个支队和一个直属队。3个支队各有5个分队：搜索分队、营救分队、医疗分队、技术分队、保障分队，直属队则由参谋组、技术组、保障组组成。救援队由国务院统一协调指挥。

目前，我国大部分省的地震救援队主要依托当地消防、武警部队，主要由公安部调遣，由地震局负责提供培训和设备支持。但是，由于进口地震救援、灾害评估、通信保障设备昂贵，不少省都缺少专业设备。

（七）灾后纪念活动

1. 防灾抗灾日

国家可以把地震大灾害发生的日子定为国民的"防灾抗灾日"。以此为契机，提高全民的安全和防灾抗灾意识。

2. 震灾纪念馆

可在灾区设立震灾纪念馆。规模不拘，让民众广泛接受震灾和救援的知识。馆内还应展出实物，表彰在震灾中表现突出的事例，揭露表现恶劣的案例。对于平日从"豆腐渣工程"中牟取暴利的承包商，震灾发生后临危逃遁或者侵吞救灾款项的官员，在给予法律严惩之后，尤其应该在纪念馆将其劣迹展出，警示世人。

3. 新型互动式纪念物

对幸存者来说，还需要一些更感性、更普遍的纪念方式，即新型互动式纪念物。

（1）生命林

把死的追思转化成生的怀念，这是中国自古就有的；比如，用杏林来表达感激。

（2）纪念物的容器

纪念物的容器可以承载留念和寄托。

（3）哭墙

虽然中国文化和西方文化不同，但还是建议建立哭墙。

4. 传统文化中存在的基本仪式或象征物

借助传统文化中存在的基本仪式或象征物如长明灯、不灭的火炬等，按照心理学的规律，通过仪式来完成创伤或痛苦告慰这是理学艺术化的方法介入，不是严格意义上的治疗，但会起到"润物细无声"的慰藉效果。

此外，还可以通过事后富于人情味的回顾，逐渐抚平幸存者的悲伤回忆。一些文学与艺术工作者可以通过创作和行为艺术，在较长时段里抚慰人心。

八、城市应急体制建设

（一）城市应急指挥系统

1. 城市应急指挥系统等级结构

城市应急指挥系统等级结构可分为2～3级。其中，一级指挥系统指城市人民政府应急指挥中心；二级指挥系统包括市辖区级人民政府及各专业指挥中心，如各区人民政府、公安、消防、医疗等应急指挥中心；三级指挥系统则由社区居委会组织社区居民形成防灾救灾指挥组。

各应急指挥中心可在公安局集中办公，平时用于公安系统的日常使用并承担维护工作，灾时由市政府应急指挥中心接管，全权负责与调度全市一切力量用于综合防灾救灾。

2. 城市应急指挥系统职能规划（表8-4）

城市应急指挥系统职能规划　　　　　　　　　　　　　　　表8-4

分级 ＼ 项目	规划机构	组成成员	职责范围
一级指挥系统	市政府	抗震减灾、防汛抗旱、道路交通、消防、安全生产、核化救援、公安、医疗等	1）预测与预警突发公共事件信息，并发布重大事件； 2）应急处置响应，并指挥、协调各专业组应急联动； 3）善后处置、调查、评估致灾原因、损失，并恢复重建； 4）信息采集、核实与发布
二级指挥系统	区政府	区政府	1）一般级别的突发公共事件应急处置； 2）信息搜集与汇报； 3）接受上级指挥，处置各类突发公共事件； 4）接受上级指挥，善后处置与恢复重建
	专业机构	消防、公安、抗震减灾、防汛抗旱、道路交通、医疗等	
三级指挥系统	社区居委会	社区防灾救灾指挥组	1）接受与传递上级关于防灾救灾的各项指令； 2）深入居委会了解灾情、死情、民情并及时上报； 3）组织社区自救互救和群众疏散； 4）配合救灾专业队伍实施救灾行动； 5）安置灾民，发放救灾救济物品； 6）执行上级下达的其他任务

（二）城市应急指挥平台

1. 城市应急指挥平台构建

为实现灾时城市有效防灾救灾，市民得到有效转移、疏散、救援等，实现信息的收集、分析、决策和发布并整合各级信息平台（如安全评估平台、避难场所平台、指挥信息平台、交通管理平台等），实现对整个应急体系的各项功能（如场所应急避难、分区安全评估、全程动态疏散、资源及时分配、指挥及时得当等），需要一个强大的指挥平台。

城市应急综合指挥平台应由市政府牵头、市应急办负责实施，整合部门涉及地震、公安、消防、通信、交通、卫生、防洪、人防等城市公共事业部门。整合后成为一个强大的公共应急指挥平台，在紧急时刻由指挥系统统一收集信息，作出判断并下达指令。指令下达后，迅速反馈至各相关部门，统一指挥，协调联动。同时，该平台可向上级汇报灾害情况，并通过 Internet 网、无线通信、传媒、移动宣传车、警报系统等渠道，向广大群众发布最新灾情与预测等信息，引导疏散、避难等。

2. 城市应急综合指挥平台设备组成

（1）业务协同平台

提供跨部门的信息交换和异构系统间数据共享，支持同步控制。

（2）应急专网系统

各专业指挥中心的网络可通过 Internet 网、局域网等形成互联。

（3）有线、无线通信平台

以有线或无线的通信方式实现互联。

（4）视频监控与视频资源共享平台

即市区各主要出入口及其他关键点的视频监控、移动指挥车的现场图像监控及卫星图像传输系统的监控，建立以市公安局为主的视频整合共享平台，使市决策指挥中心、公共安全监控中心、现场指挥中心、各专业指挥中心、区县指挥中心、移动指挥中心能查看以上视频监控资源以及各职能部门已见、待见的资源。

（5）视频会议系统

覆盖市应急综合指挥中心、现场指挥中心、专业指挥中心、决策机构等。

（6）北斗卫星/GPS 卫星定位系统

能接入各种移动终端，并通过业务协同平台为不同指挥中心、专业指挥中心及职能部门提供统一、共享的定位及跟踪业务。

（7）安全保密平台

应急综合信息指挥平台可采用物理隔离网闸、防火墙、网络入侵检测系统、漏洞扫描系统、防病毒系统以及加密机等手段构建。

（三）城市应急救援志愿者联盟

2015 年 12 月 5 日，宁波市首个应急救援志愿者联盟正式成立，10 家发端于"草根"的民间户外救援志愿服务队伍"捏指成拳"，为全市的统一灾害救援和安全教育普及提供有力"外援"。

据统计，目前，宁波市在民政部门注册的户外救援组织已涵盖队员 470 余人，不少参与了雅安地震、鲁甸地震及宁波市抗台风抢险的抗灾救灾志愿服务活动，作出了积极贡献。此次，宁波市将目前在民政部门注册的所有户外救援组织纳入联盟，并将以此为依托，建立政府部门与民间救援组织的常态联系，将民间救援组织纳入应急救援体系，形成政府应急体系和民间救援组织共同治理、分工合作的局面，以便在灾害来临时开展统一科学调度、分头精确救援。

与此同时，"宁波市安全大课堂"正式开课，并将作为宁波市应急救援志愿者联盟的一个长期项目，涵盖火场逃生、演练与评估，减灾防灾培训，突发急症与意外伤害的现场应急救援等内容，进社区、进学校、进公共场所，进一步普及应急救援安全知识，提升群众防灾减灾能力，强化户外救援组织专业能力。

附录：城市防灾规划图例

名　称	黑白图例	彩色图例	名　称	黑白图例	彩色图例
消防队			地下公共隐蔽空间		
消防站			疏散通道		
消防栓			防护绿地		
防灾指挥部			泄洪沟		
防灾通信中心			截洪沟		
急救中心			防洪沟		
防灾疏散场地			防洪堤		
地下电厂			坝防		
地下仓库	W	W	排水方向．坡度	i=0.5%	i=0.5%
地下油库			洪水淹没线	50	50
地下停车场	P	P	人防坑道		

主要参考文献

1. 中华人民共和国国家统计局编. 中国灾情报告. 北京：中国统计出版社，1995 年 12 月

2. 汪兆椿编著. 海洋的灾害. 武汉：湖北少年儿童出版社，2000 年 1 月

3. 湖北省水利厅水保处编. 三峡库区滑坡泥石流预警指南. 武汉：武汉水利电力大学出版社，1999 年 12 月

4. 王丽萍，傅湘编著. 洪灾风险及经济分析. 武汉：武汉水利电力大学出版社，1999 年 8 月

5. 王炳坤编. 城市规划中工程规划. 天津：天津大学出版社，1994 年 12 月

6. 王祥荣. 生态与环境. 南京：东南大学出版社，2000 年 4 月

7. 中华人民共和国消防法. 北京：中国法制出版社，1998 年 5 月

8. 国家发改委，住建部. 城市消防站建设标准（建标 152－2011）.

9. 中华人民共和国人民防空法. 1996 年

10. 中华人民共和国国家标准. 建筑抗震设防分类标准（GB 50233—2008）. 北京：中国建筑工业出版社，2008 年

11. 中华人民共和国行业标准. 城市防洪工程设计规范（GB/T 50805—2012）. 北京：中国计划出版社，2012 年

12. 中华人民共和国行业标准. 堤防工程设计规范（GB 50286—2013）. 北京：中国计划出版社. 2014 年

13. 中华人民共和国国家标准. 防洪标准（GB 50201—2014）. 北京：中国计划出版社，2010 年

14. 中华人民共和国国家标准. 人民防空地下室设计规范（GB 50038—2005）. 2005 年

15. 苏邦礼，朱文坚编著. 建筑物避雷与接地. 广州：华南理工大学出版社，1988 年 12 月

16. 金磊编著. 城市灾害学原理. 北京：气象出版社，1997 年 12 月

17. 万庆等著. 洪水灾害系统分析与评估. 北京：科学出版社，1999 年 12 月

18. 中华人民共和国防震减灾法. 北京：法律出版社，1998 年 1 月

19. 王文卿编著. 城市地下空间规划与设计. 南京：东南大学出版社，2000 年 6 月

20. 中华人民共和国防洪法. 北京：中国法制出版社，1997 年 9 月

21. 戴行信，王友顺. 企业灾害风险管理. 石家庄：河北科学技术出版社，1999 年 12 月

22. 韩渊丰. 中国灾害地理. 西安：陕西师范大学出版社，1993 年

23. 金磊主编. 中国城市减灾与可持续发展战略. 南宁：广西科学技术出版社，2000 年 4 月

24. 刘伊生. 建设工程造价管理. 北京：中国计划出版社，2013 年

25. 罗云. 安全经济学. 北京：中国劳动社会保障出版社. 2007 年

26. 卓志. 风险管理理论研究. 北京：中国金融出版社，2006 年

27. 尚春明. 翟宝辉. 城市综合防灾理论与实践. 北京：中国建筑工业出版社，2006 年

28. 《城市规划》、《城市规划学刊》、《规划师》、《新建筑》、《华中建筑》各期

29. 《楚天都市报》、《光明日报》、《南方周末》等各报刊

30. 各高校相关研、博论文